普通高等教育“十三五”规划教材（网络工程专业）

Windows Server 2012 配置与管理项目教程（微课版）

董艳华　秦其虹　张全英　杨　云　编著

中国水利水电出版社
www.waterpub.com.cn
·北京·

内 容 提 要

本书采用“任务驱动、项目导向”的方式，着眼实践，以企业真实案例为基础，系统介绍 Windows Server 2012 在企业中的应用。

本书包含 13 个项目：利用 VMware Workstation 构建网络、规划和安装 Windows Server 2012、管理域和活动目录、管理用户账户和组、管理存储设备、配置与管理 DNS 服务器、配置与管理 DHCP 服务器、配置与管理 Web 服务器、配置与管理 FTP 服务器、配置与管理 VPN 服务器、配置与管理 NAT 服务器、配置与管理证书服务器和安全管理 Windows Server 2012。

本书结构合理、知识全面、实例丰富，语言通俗易懂，易教易学；知识点微课+实训项目慕课，扫描学习随时随地。

本书既可作为高等院校计算机相关专业的理论与实践一体化教材，又可作为 Windows Server 2012 系统管理和网络管理工作者的指导书。

图书在版编目（CIP）数据

Windows Server 2012配置与管理项目教程 ：微课版/
董艳华等编著. -- 北京 ：中国水利水电出版社，2019.6（2023.6 重印）
普通高等教育“十三五”规划教材. 网络工程专业
ISBN 978-7-5170-7845-6

Ⅰ. ①W… Ⅱ. ①董… Ⅲ. ①Windows操作系统－网络服务器－高等学校－教材 Ⅳ. ①TP316.86

中国版本图书馆CIP数据核字(2019)第150164号

策划编辑：石永峰　责任编辑：张玉玲　加工编辑：吕　慧　封面设计：李　佳

书　　名	普通高等教育“十三五”规划教材（网络工程专业） Windows Server 2012 配置与管理项目教程（微课版） WINDOWS SERVER 2012 PEIZHI YU GUANLI XIANGMU JIAOCHENG（WEIKEBAN）
作　　者	董艳华　秦其虹　张全英　杨　云　编　著
出版发行	中国水利水电出版社 （北京市海淀区玉渊潭南路 1 号 D 座　100038） 网址：www.waterpub.com.cn E-mail：mchannel@263.net（答疑） sales@mwr.gov.cn 电话：（010）68545888（营销中心）、82562819（组稿）
经　　售	北京科水图书销售有限公司 电话：（010）68545874、63202643 全国各地新华书店和相关出版物销售网点
排　　版	北京万水电子信息有限公司
印　　刷	三河市德贤弘印务有限公司
规　　格	184mm×260mm　16 开本　18 印张　440 千字
版　　次	2019 年 6 月第 1 版　2023 年 6 月第 4 次印刷
印　　数	4501—6500 册
定　　价	45.00 元

前　言

一、编写背景

《Windows Server 2012 配置管理项目实训教程》（第二版）是教育部高等学校高职高专计算机类专业教学指导委员会优秀教材。该书出版 4 年来，得到了兄弟院校师生的厚爱，已经重印 7 次。为了适应计算机网络的发展和应用型教材改革的需要，我们对该书进行了修改，邀请有实践经验的网络企业工程师参与教材大纲的审订，改写或重写了核心内容，删除部分陈旧内容，增加部分新技术。

二、修订内容

本书的主要修订内容有：

（1）版本进行升级，由 Windows Server 2008 升级到 Windows Server 2012 R2。

（2）增加了微课资源，通过扫描二维码随时随地观看项目视频。

（3）增加两个项目："利用 VMware Workstation 构建网络"和"配置与管理证书服务器"。

（4）删除两个项目："安装与配置 Hyper-V 服务器"和"配置与管理 WINS 服务器"。

（5）扩充"配置与管理 IIS 服务器"为两个项目："配置与管理 Web 服务器"和"配置与管理 FTP 服务器"；扩充"配置路由和远程访问"为两个项目："配置与管理 VPN 服务器"和"配置与管理 NAT 服务器"。

（6）增加授课计划、项目指导书、电子教案、电子课件、课程标准、大赛、试卷、拓展提升、项目任务单、实训指导书等相关电子参考资料。

三、本书特点

本书共包含 13 个教学项目和 13 个拓展训练项目，最大的特色是"易教易学"。

（1）细致的项目设计+详尽的网络拓扑图。

作者对每个项目都进行细致的设计，绘制详尽的网络拓扑图。每个项目包含多个任务，每个任务都对应一个包含各种网络参数的网络拓扑图，并以此为主线设计教学方案，利于教师上课。

（2）教学名师和微软工程师共同打造基于工作过程导向的工学结合教材。

本书集项目教学与拓展实训为一体，按照"项目描述"→"项目目标"→"相关知识"→"项目设计及准备"→"项目实施"→"项目拓展"的梯次进行组织。

全书以学生能够完成中小企业建网、管网的任务为出发点，以工作过程为导向，以工程实践为基础，注重工程实训，是为高职院校学生量身定制的教材。

（3）打造立体化教材。

丰富的电子资源、精彩的项目实录视频为教和学提供最大便利。

项目实录视频是由微软高级工程师录制的，包括项目背景、网络拓扑、项目实施、深度思考等内容，配合教材，极大地方便了教师教学、学生预习和自主学习。

授课计划、项目指导书、电子教案、课程标准、大赛、试卷、拓展提升、项目任务单、实训指导书、习题解答等相关内容可到中国水利水电出版社网站（http://www.waterpub.com.cn）免费下载。

四、教学大纲

参考学时为72学时，其中实践环节为38学时，各项目的参考学时参见下面的学时分配表。

章节	课程内容	学时分配	
		讲授	实训
项目1	利用VMware Workstation构建网络	2	4
项目2	规划和安装Windows Server 2012	2	2
项目3	管理域和活动目录	4	4
项目4	管理用户账户和组	2	2
项目5	管理存储设备	2	2
项目6	配置与管理DNS服务器	4	4
项目7	配置与管理DHCP服务器	2	2
项目8	配置与管理Web服务器	4	4
项目9	配置与管理FTP服务器	2	2
项目10	配置与管理VPN服务器	2	2
项目11	配置与管理NAT服务器	2	2
项目12	配置与管理证书服务器	2	4
项目13	安全管理Windows Server 2012	2	2
电子资料	配置与管理打印服务器	2	2
学时总计		34	38

五、其他

本书是由教学名师、微软工程师和骨干教师共同策划编写的一本工学结合教材，主要由山东现代学院的董艳华、秦其虹、张全英、杨云编写，杨昊龙、张晖、王世存、杨翠玲、杨秀玲、王瑞、王春身、韩巍、戴万长、唐柱斌、杨定成等也编写了部分内容。

计算机研讨&资源共享QQ群：414901724，QQ：68433059。

编者

2019年3月

目　录

第三篇　常用网络服务

第四篇　网络互联与安全

第一篇　系统安装与环境设置

项目 1　利用 VMware Workstation 构建网络

项目 2　规划和安装 Windows Server 2012

不积跬步，无以至千里。

——荀子《劝学》

项目 1　利用 VMware Workstation 构建网络

17 世纪英国著名化学家罗伯特·波义耳说过:“实验是最好的老师”。实验是从理论学习到实践应用必不可少的一步，尤其是在计算机、计算机网络、计算机网络应用这种实践性很强的学科领域，实验与实训更是重中之重。

选择一个好的虚拟机软件是顺利完成各类虚拟实验的基本保障。有资料显示，VMware 就是专门为微软公司的 Windows 操作系统及基于 Windows 操作系统的各类软件测试而开发的。由此可知 VMware 软件功能的强大。

本项目旨在介绍虚拟机的基础知识和如何使用 VMware Workstation 12 软件建立虚拟网络环境。

- 了解 VMware Workstation。
- 掌握 VMware Workstation 的配置。
- 掌握利用 VMware Workstation 构建网络环境的方法和技巧。

1.1　相关知识

只有理论学习而没有经过一定的实践操作，一切都是“纸上谈兵”，在实际应用中碰到一些小问题都有可能成为不可逾越的“天堑”。然而，在许多时候我们不可能在已经运行的系统设备上进行各种实验，如果为了掌握某一项技术和操作而单独购买一套设备，在实际应用中几乎是不可能的。虚拟实验环境的出现和应用解决了以上问题。

“虚拟实验”即“模拟实验”，它借助一些专业软件的功能来实现与真实设备相同效果的过程。虚拟实验是当今技术发展的产物，也是社会发展的要求。

VMware Workstation 是一款功能强大的桌面虚拟计算机软件，可在一部实体机器上模拟完整的网络环境以及虚拟计算机，对于企业的 IT 开发人员和系统管理员而言，VMware Workstation 在虚拟网络、快照等方面的特点使它成为重要的工具。

通过虚拟化服务，可以在一台高性能计算机上部署多个虚拟机，每一台虚拟机承载一个或多个服务系统。虚拟化有利于提高计算机的利用率，减少物理计算机的数量，并能通过一台宿主计算机管理多台虚拟机，让服务器的管理变得更为便捷高效。

1. VMware Workstation 的快照技术

磁盘“快照”是虚拟机磁盘文件（.vmdk）在某个时间点的副本。系统崩溃或系统异常时，用户可以通过使用恢复到快照来还原磁盘文件系统，使系统恢复到创建快照的位置。如果用户创建了多个虚拟机快照，那么用户将有多个还原点可以用于恢复。

为虚拟机创建每一个快照时都会创建一个 delta 文件。当快照被删除或在快照管理里被恢复时，这些文件将自动删除。

快照文件最初很小，其增长率由服务器上磁盘写入活动的发生次数决定。拥有磁盘写入增强应用的服务器，诸如 SQL 和 Exchange 服务器，它们的快照文件增长率很高。另一方面，拥有大部分静态内容和少量磁盘写入的服务器，诸如 Web 和应用服务器，它们的快照文件增长率很低。当用户创建许多快照时，新 delta 文件被创建并且原来的 delta 文件变成只读的。

2. VMware Workstation 的克隆技术

VMware Workstation 可以通过预先已安装好的虚拟机 A 快速克隆出多台同 A 相类似的虚拟机 A1、A2、…此时源计算机 A 与克隆计算机 A1 和 A2 的硬件 ID 不同（如网卡 MAC），但操作系统 ID 和配置完全一致（如计算机名、IP 地址等）。如果计算机间的一些应用与操作系统 ID 相关，则会导致该应用出错或不成功，因此通常克隆的计算机还必须手动修改系统 ID。在活动目录环境中，计算机的系统 ID 不允许相同，因此克隆的计算机必须修改系统 ID 信息。

克隆有两种方式：完整克隆和链接克隆。

（1）完整克隆。完整克隆相当于拷贝源虚拟机的硬盘文件（.vmdk），并新建一个和源虚拟机相同配置的硬件信息文件，完整克隆的虚拟机大小和源虚拟机大小相同。

由于克隆的虚拟机有自己独立的硬盘文件和硬件信息文件，因此克隆虚拟机和被克隆虚拟机被系统认为是两个不同的虚拟机，它们可以被独立运行和操作。

由于克隆的虚拟机和源虚拟机的系统 ID 相同，通常克隆后都要修改系统 ID。

（2）链接克隆。链接克隆要求源虚拟机创建一个快照，并基于该快照创建一个虚拟机。如果源虚拟机已经有了多个快照，链接克隆也可以选择一个历史快照创建新虚拟机。

链接克隆由于采用快照方式创建新虚拟机，因此新建的虚拟机磁盘文件很小。类似于差异存储技术，该磁盘文件仅保存后续改变的数据。

链接克隆需要的磁盘空间明显小于完整克隆，如果克隆的虚拟机数量太多，那么由于所有的克隆虚拟机都要访问被克隆虚拟机的磁盘文件，大量虚拟机同时访问该磁盘文件将会导致系统性能下降。

由于克隆的虚拟机和源虚拟机的系统安全标识符（Security Identifiers，SID）相同，通常克隆后都要修改系统 SID。

SID 是标识用户、组和计算机账户的唯一号码。在第一次创建该账户时，将给网络上的每一个账户发布一个唯一的 SID。

如果存在两个同样 SID 的账户，这两个账户将被鉴别为同一个账户，但是如果两台计算机是通过克隆得来的，那么它们将拥有相同的 SID，在域网络中将会导致无法识别这两台计算机，因此克隆后的计算机需要重新生成一套 SID 以区别于其他的计算机。

用户可以通过在命令行界面中输入 whoami/user 命令来查看 SID，如图 1-1 所示。

使用命令：C:\windows\system32\sysprep\sysprep.exe 可以对 SID 进行重整。

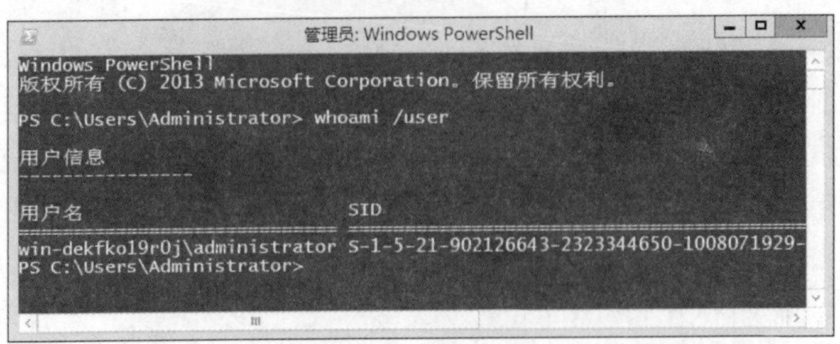

图 1-1　查看 SID

1.2　项目设计及准备

1.2.1　项目设计

未名公司拟通过 Windows Server 2012 域管理公司用户和计算机，以便网络管理部的员工尽快熟悉 Windows Server 2012 域环境。

为了构建企业实际网络拓扑环境，网络管理部拟采用虚拟化技术，预先在一台高性能计算机上配置网络虚拟拓扑，并在此基础上创建虚拟机，模拟企业应用环境。网络拓扑如图 1-2 所示。

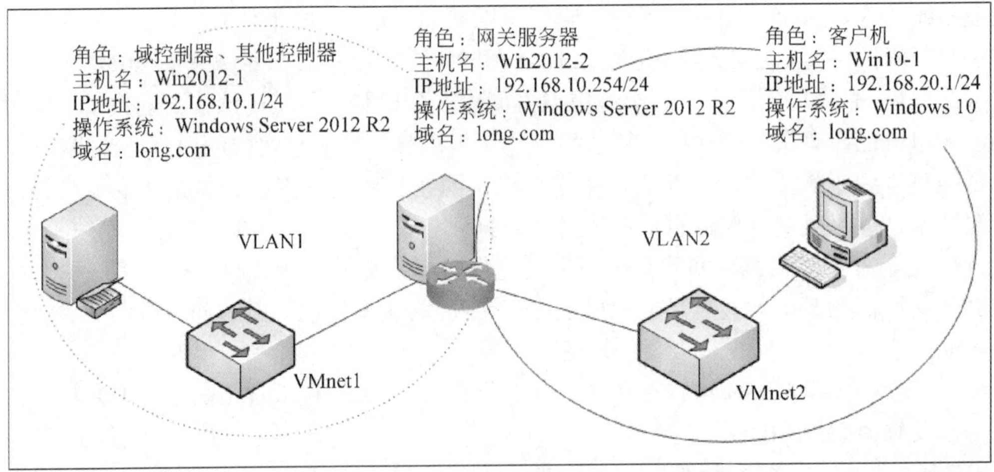

图 1-2　未名公司网络拓扑图

通过在虚拟化技术构建的企业应用环境中实施活动目录，不仅可以让网络管理部员工尽快熟悉 AD 的相关知识和技能，并能为企业前期部署 AD 可能遇到的问题提供宝贵的解决经验，确保企业 AD 的项目实施顺利进行。

1.2.2　项目准备

通过在一台普通计算机上安装 VMware Workstation 12.0，配置虚拟网卡 VMnetl 和 VMnet2，即达到搭建公司 VLAN1 和 VLAN2 虚拟网络环境的要求，其中 VLAN1 对应 VMnet1，VLAN2 对应 VMnet2（VMnet2 也可以用 VMnet8 代替）。

在 VMware Workstation 上创建虚拟机并命名为“win2012 母盘”，再通过 Windows Server 2012 R2 安装盘按向导安装 Windows Server 2012 操作系统，完成第一台虚拟机的安装。通过 VMware Workstation 的克隆技术可以快速完成“域服务器”和“网关服务器”的安装。

同理，可在 VMware Workstation 上创建虚拟机并命名为“win10 母盘”，再通过 Windows 10 安装盘按向导安装 Windows 10 操作系统，完成虚拟机的安装。通过 VMware Workstation 的克隆技术可以快速完成客户机的安装。

1.3　项目实施

任务 1-1　安装配置 VM 虚拟机“win2012 母盘”

Step 1　安装 VMware Workstation，安装成功后的界面如图 1-3 所示。

图 1-3　虚拟机软件的管理界面

Step 2　单击“创建新的虚拟机”选项，在弹出的“新建虚拟机向导”对话框中选择“典型”单选项，然后单击“下一步”按钮，如图 1-4 所示。

Step 3　选择“稍后安装操作系统”单选项，然后单击“下一步”按钮，如图 1-5 所示。

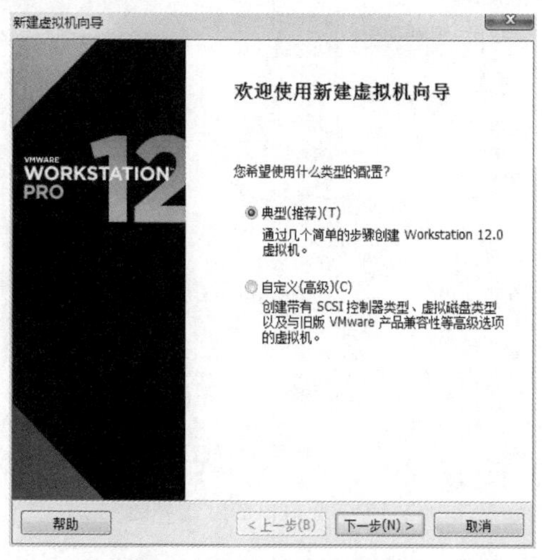

图 1-4　新建虚拟机向导

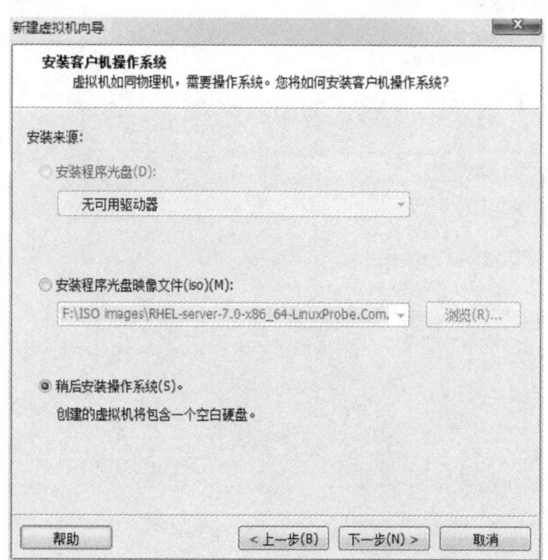

图 1-5　选择虚拟机的安装来源

注意 请一定选择“稍后安装操作系统”单选项，如果选择“安装程序光盘镜像文件”单选项，并且把下载好的 RHEL 7 系统的镜像选中，虚拟机会通过默认的安装策略为您部署最精简的 Linux 系统，而不会再向您询问安装设置的选项。

Step 4 在图 1-6 所示的对话框中，将客户机操作系统的类型选择为 Microsoft Windows，版本为 Windows Server 2012，然后单击“下一步”按钮。

Step 5 在“虚拟机名称”文本框中输入“win2012 母盘”，并在选择安装位置后单击“下一步”按钮，如图 1-7 所示。

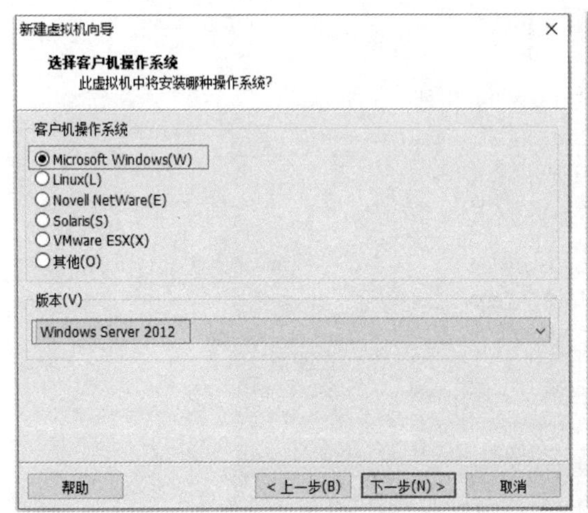

图 1-6 选择操作系统的版本

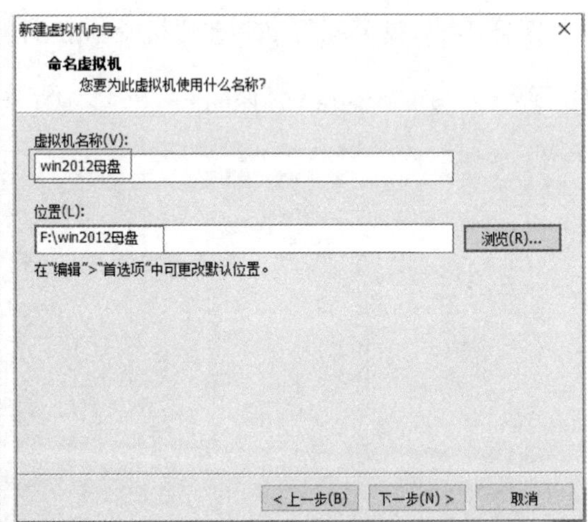

图 1-7 命名虚拟机并设置安装路径

Step 6 将虚拟机系统的“最大磁盘大小”设置为 60.0GB（默认即可），如图 1-8 所示，然后单击“下一步”按钮。

Step 7 打开如图 1-9 所示的对话框，单击“自定义硬件”按钮。

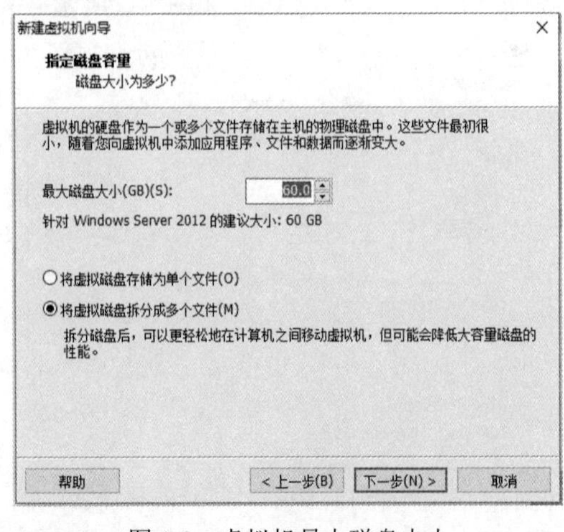

图 1-8 虚拟机最大磁盘大小

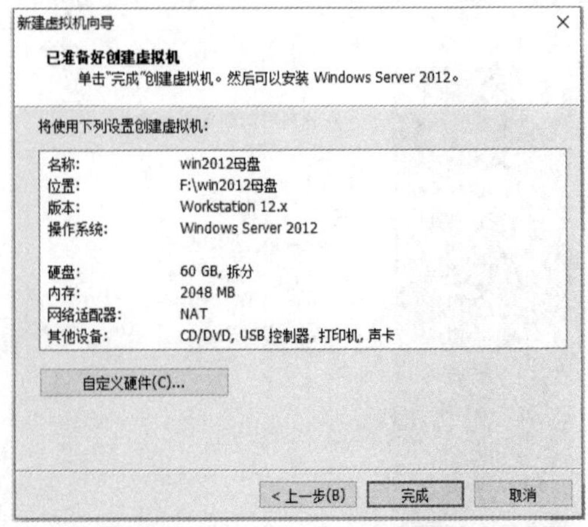

图 1-9 虚拟机的配置界面

Step 8 弹出如图 1-10 所示的界面，在其中建议将虚拟机系统内存的可用量设置为 2GB，最低不应低于 1GB；根据您宿主机的性能设置 CPU 处理器的数量以及每个处理器的核心数量，并开启虚拟化功能，如图 1-11 所示。

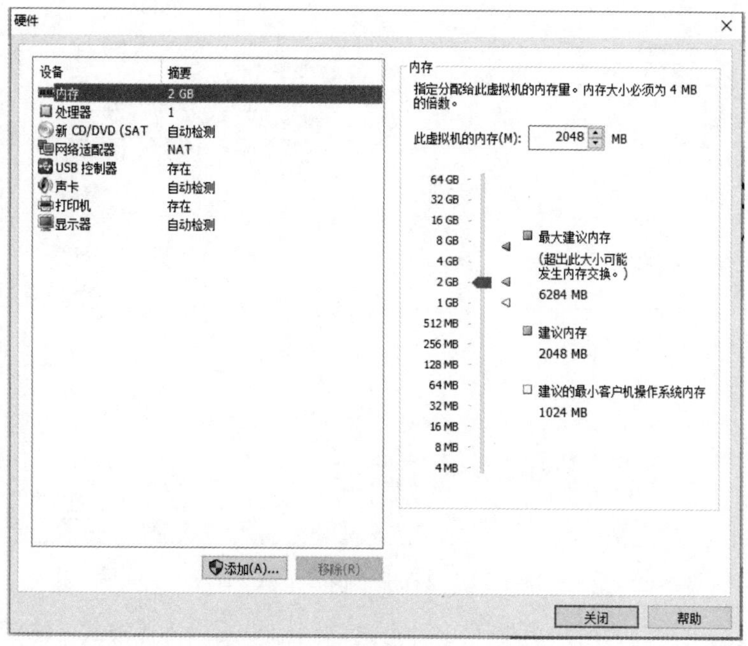

图 1-10　设置虚拟机的内存量

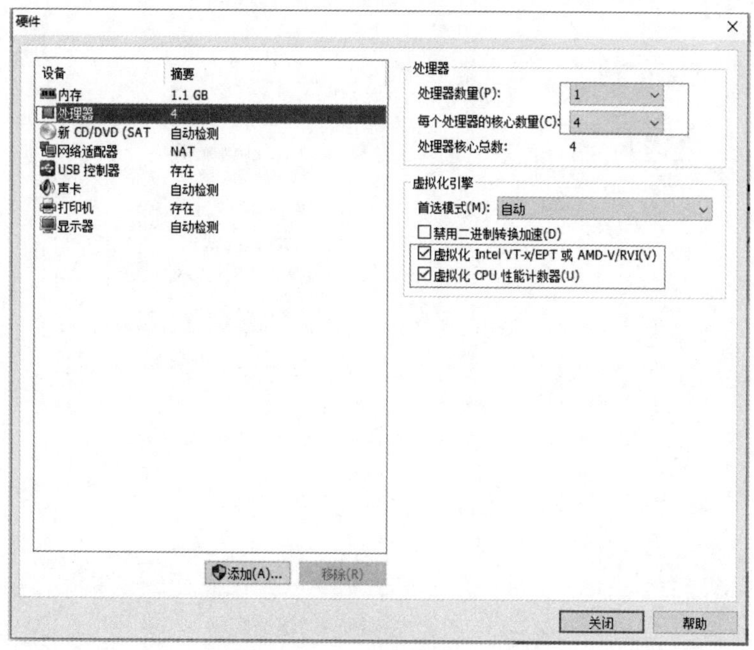

图 1-11　设置虚拟机的处理器参数

Step 9　光驱设备此时应在“使用 ISO 镜像文件”中选中了下载好的 Windows Server 2012 R2 系统镜像文件，如图 1-12 所示。

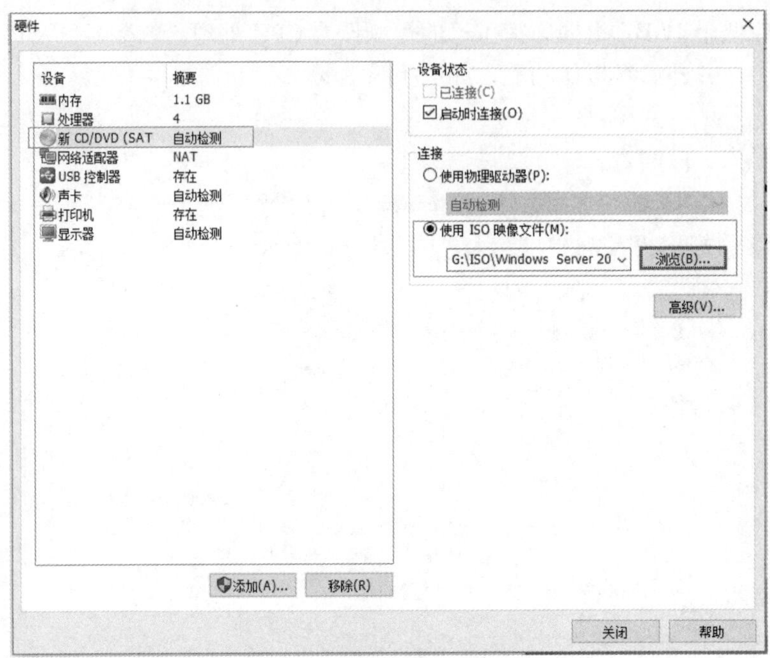

图 1-12 设置虚拟机的光驱设备

Step 10 VM 虚拟机软件为用户提供了 3 种可选的网络模式：桥接模式、NAT 模式和仅主机模式，这里选择“仅主机模式”，如图 1-13 所示。

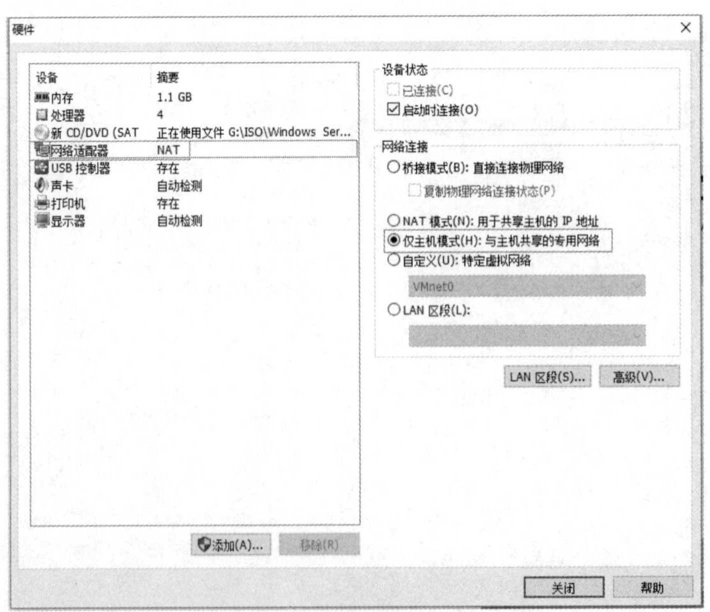

图 1-13 设置虚拟机的网络适配器

- 桥接模式：相当于在物理主机与虚拟机网卡之间架设了一座桥梁，从而可以通过物理主机的网卡访问外网。
- NAT 模式：让 VM 虚拟机的网络服务发挥路由器的作用，使得通过虚拟机软件模拟的主机可以通过物理主机访问外网，在真机中 NAT 虚拟机网卡对应的物理网卡是 VMnet8。

- 仅主机模式：仅让虚拟机内的主机与物理主机通信，不能访问外网，在真机中仅主机模式模拟网卡对应的物理网卡是 VMnet1。

Step 11 把 USB 控制器、声卡、打印机等不需要的设备全部移除，移除声卡后可以避免在输入错误后发出提示声音，确保自己在今后的实验中思绪不被打扰，如图 1-14 所示，单击“关闭”按钮。

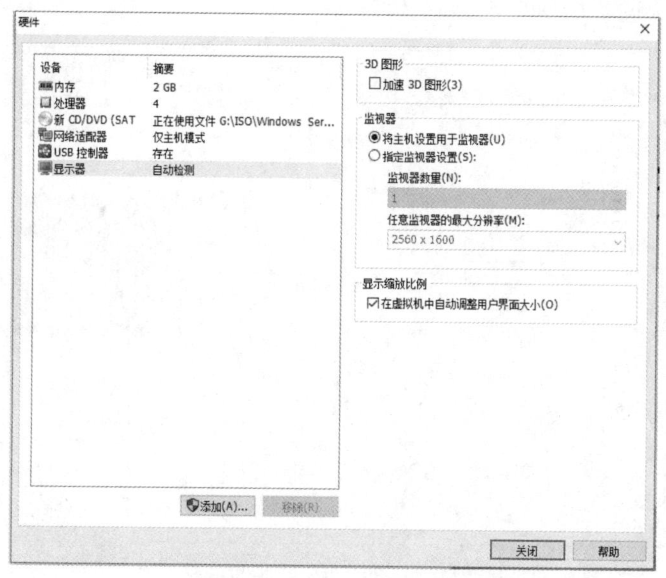

图 1-14 最终的虚拟机配置情况

Step 12 返回到虚拟机配置向导界面后单击“完成”按钮，虚拟机的安装和配置顺利完成。当看到如图 1-15 所示的界面时，就说明虚拟机已经被配置成功。

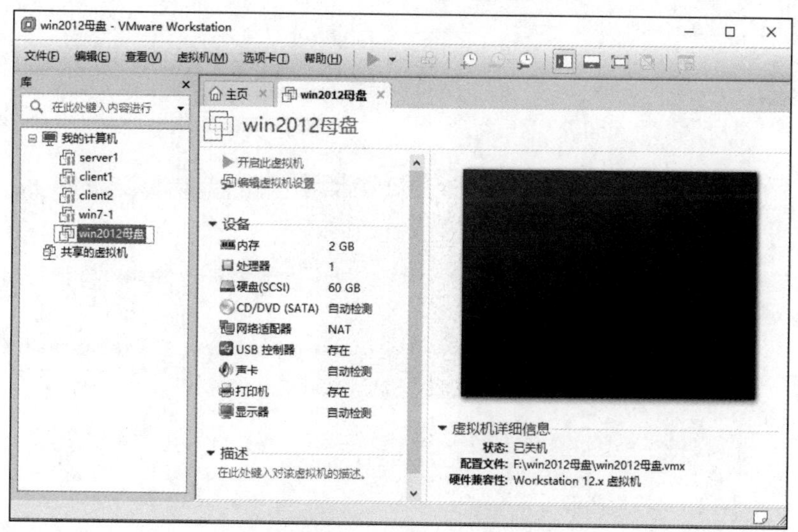

图 1-15 虚拟机配置成功的界面

Step 13 单击“开启此虚拟机”按钮后开启 Windows Server 2012 R2，请读者按向导完成一个简单的 Windows Server 2012 R2 操作系统的安装，其计算机名称为“win2012 母盘”（详细的 Windows Server 2012 R2 操作系统的安装与配置过程请参见项目 2）。

任务 1-2 克隆域服务器

Step 1 打开 VMware Workstation 软件，右击“win2012 母盘”，在弹出的快捷菜单中选择“管理”→“克隆”选项，如图 1-16 所示。

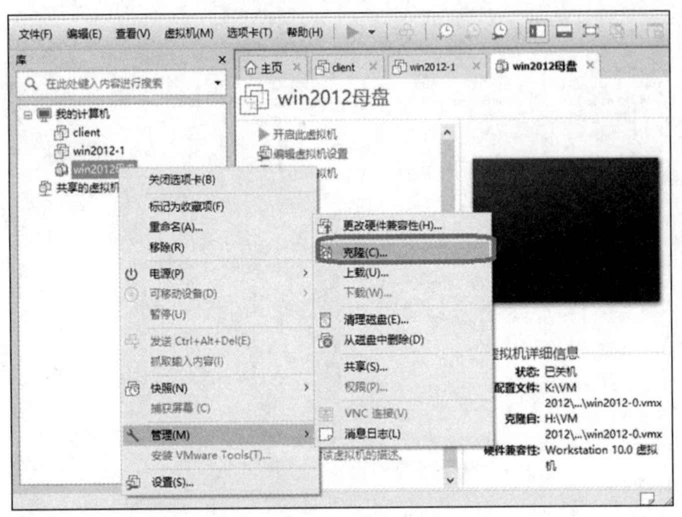

图 1-16 打开“克隆虚拟机向导”

Step 2 打开“克隆虚拟机向导”，在“克隆源”界面的“克隆自”区域中选择“虚拟机中的当前状态”单选项，单击“下一步”按钮，如图 1-17 所示。

Step 3 在“克隆类型”对话框中选择“创建链接克隆”单选项，如图 1-18 所示。

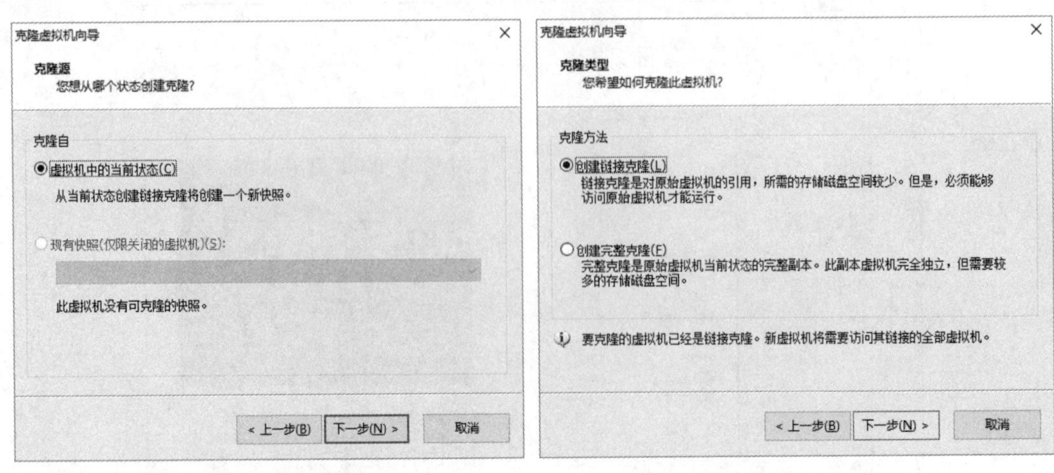

图 1-17 选择克隆源　　　　图 1-18 选择克隆方法

Step 4 在“新虚拟机名称”界面中输入虚拟机名称并选择新虚拟机位置，如图 1-19 所示。

Step 5　单击“完成”按钮，完成链接虚拟机的创建，如图 1-20 所示。

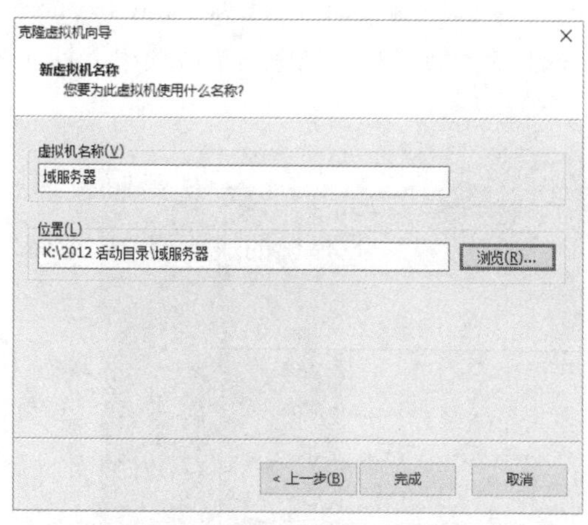

图 1-19　输入新虚拟机名称并选择保存位置

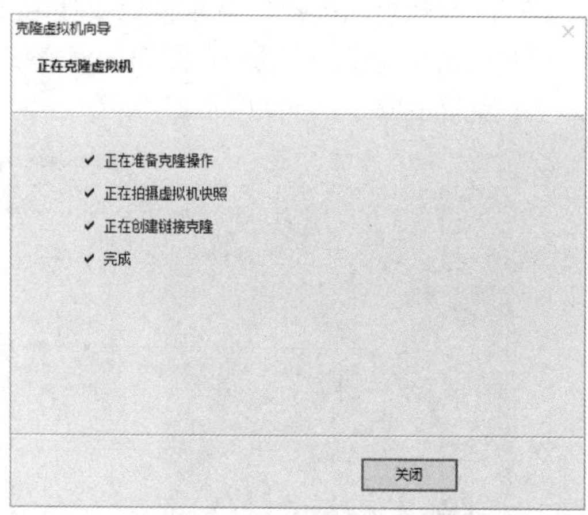

图 1-20　完成链接虚拟机克隆

Step 6　使用同样的方式，在“win2012 母盘”中链接克隆出“网关服务器”虚拟机。

Step 7　使用同样的方式，在“win10 母盘”中链接克隆出“客户机”虚拟机。

任务 1-3　修改系统 SID 和配置网络适配器

Step 1　右击 VMware Workstation 中的“域服务器”虚拟机，在弹出的快捷菜单中选择“设置”，弹出“虚拟机设置”对话框，在其中选择“网络适配器”，将“网络连接”改成 VMnet1，如图 1-21 所示。

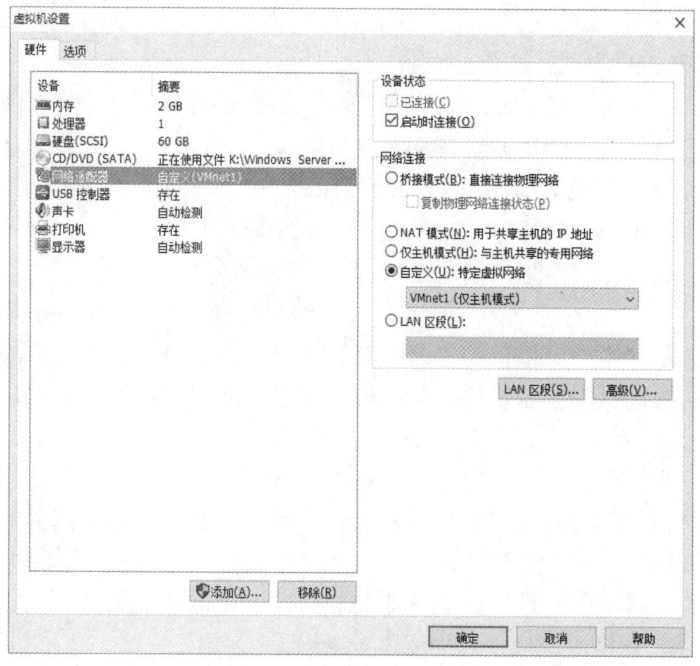

图 1-21　“虚拟机设置”对话框

Step 2 启动“域服务器”虚拟机。

Step 3 在启动后的虚拟机命令窗口或 PowerShell 窗口中输入命令：C:\windows\system32\sysprep\sysprep.exe，在弹出的“系统准备工具 3.14”对话框中勾选“通用”复选框，重新生成 SID，如图 1-22 所示。

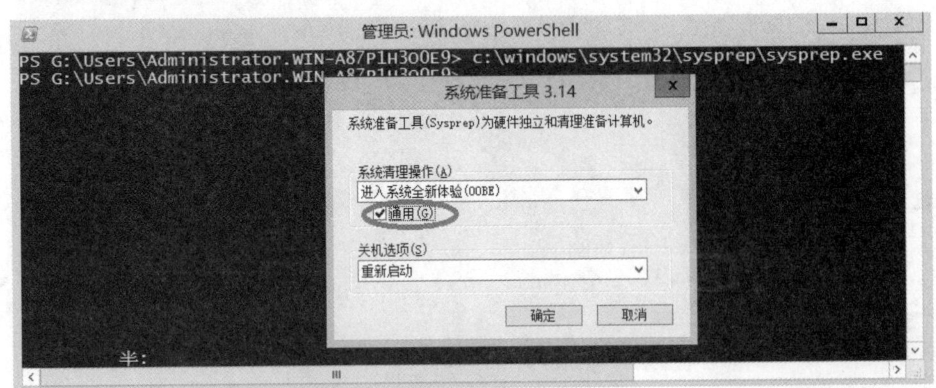

图 1-22 系统准备工具更改 SID

Step 4 系统重新启动完成后，右击任务栏上的“开始”图标，在弹出的快捷菜单中选择“网络连接”选项，在弹出的对话框中选择 Ethernet0 网卡，并设置其 IP 地址为 192.168.10.1，子网掩码为 255.255.255.0，默认网关为 192.168.10.254。

Step 5 使用同样的方式，在“网关服务器”虚拟机中再添加一块网卡，第一块网卡的“网络连接”改成 VMnet1，第二块网卡的“网络连接”改成 VMnet2。

Step 6 将“网关服务器”虚拟机开机并重新生成 SID。

Step 7 配置“网关服务器”虚拟机 Ethernet0 网卡的 IP 地址为 192.168.10.254，子网掩码为 255.255.255.0，默认网关为空；Ethemet1 网卡的 IP 地址为 192.168.20.254，子网掩码为 255.255.255.0，默认网关为空。

Step 8 使用同样的方式，将“客户机”网卡的“网络连接”改成 VMnet2。

Step 9 将“客户机”虚拟机开机并重新生成 SID。

Step 10 配置 Ethernet0 网卡，设置其 IP 地址为 192.168.20.1，子网掩码为 255.255.255.0，默认网关为 192.168.20.254。

任务 1-4 启用 LAN 路由

Step 1 在“网关服务器”虚拟机的“服务器管理器”主窗口中，单击“添加角色和功能”按钮，在“选择服务器角色”对话框中勾选“远程访问”复选框，在“选择角色服务”对话框中勾选“路由”复选框并添加其所需要的功能，如图 1-23 和图 1-24 所示。

Step 2 在“服务器管理器”主窗口中，单击“工具”→“路由和远程访问”选项，在弹出的“路由和远程访问”对话框中右击，在弹出的快捷菜单中选择“配置并启用路由和远程访问”选项，如图 1-25 所示。

Step 3 在弹出的“路由和远程访问服务器安装向导”对话框中单击“自定义”按钮，然后勾选“LAN 路由”复选框，如图 1-26 所示。

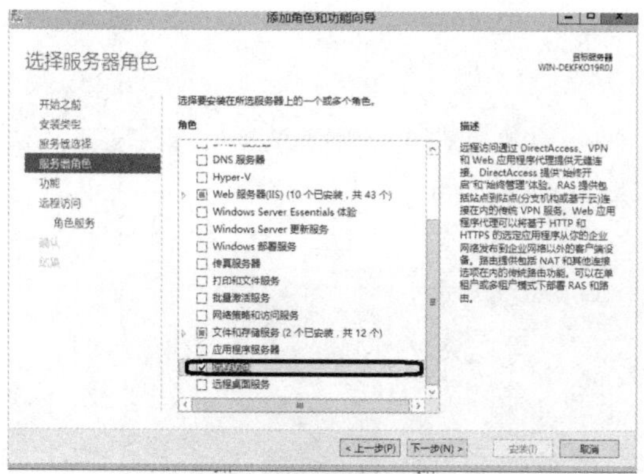

图 1-23　选择服务器角色

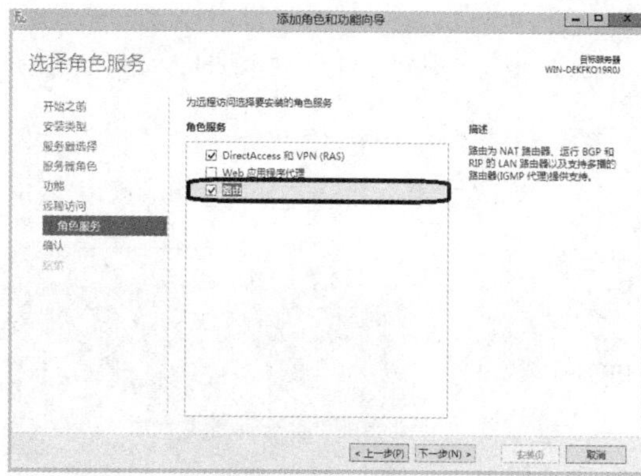

图 1-24　选择角色服务

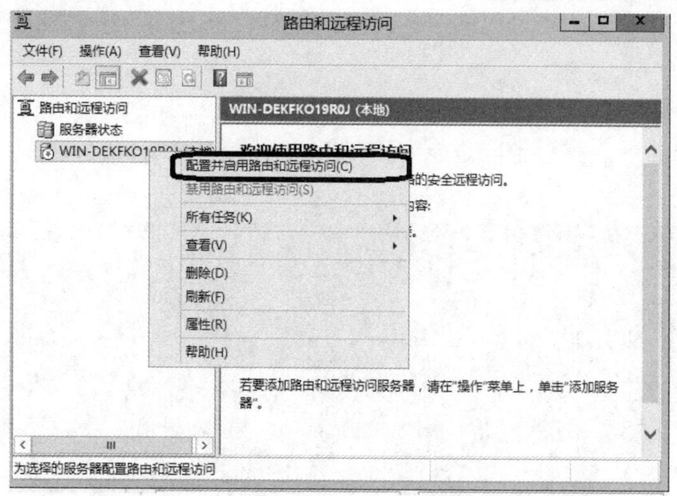

图 1-25　配置并启用路由和远程访问

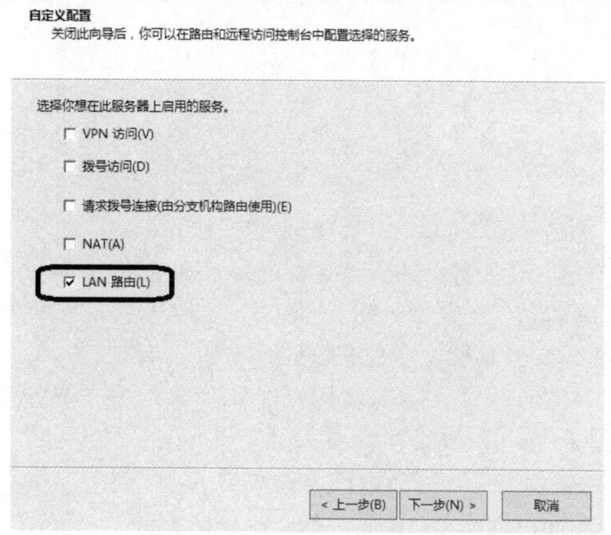

图 1-26　选中“LAN 路由”复选框

任务 1-5 测试客户机和域服务器的连通性

Step 1 在客户机中打开“命令提示符”并输入 ping 192.168.10.1 测试能否和域服务器通信，测试结果显示，客户机是能够和域服务器进行通信的，如图 1-27 所示。

```
管理员: Windows PowerShell
PS C:\Users\Administrator> ping 192.168.10.1

正在 Ping 192.168.10.1 具有 32 字节的数据:
来自 192.168.10.1 的回复: 字节=32 时间<1ms TTL=127
来自 192.168.10.1 的回复: 字节=32 时间=1ms TTL=127
来自 192.168.10.1 的回复: 字节=32 时间=1ms TTL=127
来自 192.168.10.1 的回复: 字节=32 时间<1ms TTL=127

192.168.10.1 的 Ping 统计信息:
    数据包: 已发送 = 4, 已接收 = 4, 丢失 = 0 (0% 丢失),
往返行程的估计时间(以毫秒为单位):
    最短 = 0ms, 最长 = 1ms, 平均 = 0ms
PS C:\Users\Administrator> _
```

图 1-27 测试连通性

Step 2 在域服务器中打开“命令提示符”并输入 ping 192.168.20.1 测试能否和客户机通信，测试结果显示，域服务器是能够和客户机进行通信的，如图 1-28 所示。

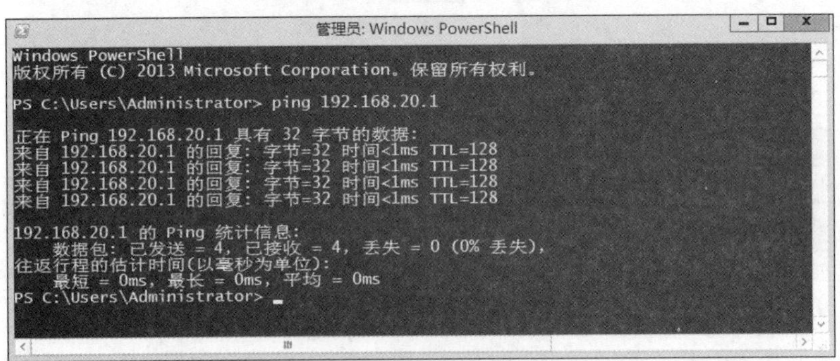

图 1-28 测试连通性

1.4 习题

一、填空题

1．虚拟化有利于提高计算机的______，减少物理计算机的______，并能通过一台宿主计算机管理______台虚拟机，让服务器的管理变得更为便捷高效。

2．磁盘“快照”是______在某个时间点的复本。系统崩溃或系统异常时，用户可以通过使用________来还原磁盘文件系统，使系统恢复到______。

3．源计算机 A 与克隆计算机 A1 和 A2 的硬件 ID______（如网卡 MAC），但操作系统 ID 和配置______（如计算机名、IP 地址等）。如果计算机间的一些应用和操作系统 ID 相关，则会导致该应用______，因此通常克隆的计算机还必须手动修改______。在活动目录环境中，计算机的系统 ID 不允许相同，因此克隆的计算机必须修改______。

二、简答题

1．VMware Workstation 的联网方式有哪几种？有哪些区别？
2．举例说明如何将虚拟机由桥接模式改为 NAT 模式或仅主机模式。

1.5　项目拓展　使用 VMware 安装 Windows Server 2012

一、项目目的

- 熟练使用 VMware。
- 掌握 VMware 的详细配置与管理。
- 掌握使用 VMware 进行 Windows Server 2012 网络操作系统的安装。

二、项目环境

公司新购进一台服务器，硬盘空间为 500 GB。已经安装了 Windows 7/8 网络操作系统，计算机名为 client1。Windows Server 2012 R2 的镜像文件已保存在硬盘上。网络拓扑图如图 1-29 所示。

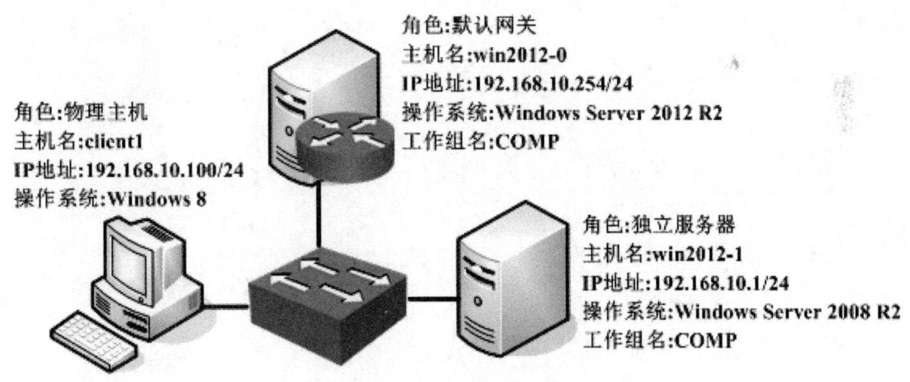

图 1-29　网络拓扑图

三、项目要求

- 在 Windows 7/8 操作系统 client1 上安装 VMware 10/12，并在 VMware 中安装 Windows Server 2012 R2 网络操作系统。服务器的硬盘空间约为 500GB。测试物理主机与虚拟机之间的通信状况。
- 主分区 C：300GB；主分区 D：100GB；主分区 E：100GB。
- 要求 Windows Server 2012 的安装分区大小为 60GB，文件系统格式为 NTFS，计算机名为 win2012-0，管理员密码为 P@ssw0rd1，服务器的 IP 地址为 192.168.10.1，子网掩码为 255.255.255.0，DNS 服务器为 192.168.10.1，默认网关为 192.168.10.254，属于工作组 COMP。
- 设置不同的虚拟机网络连接方式，测试物理主机与虚拟机之间的通信状况。

- 为 win2012-0 添加第二块网卡和第二块硬盘。
- 利用快照功能快速恢复到错误前的系统。
- 利用克隆功能生成多个操作系统。

四、做一做

根据项目实录视频进行项目实训，检查学习效果。

项目 2　规划和安装 Windows Server 2012

某高校组建了学校的校园网，需要架设一台具有 Web、FTP、DNS、DHCP 等功能的服务器来为校园网用户提供服务，现需要选择一种既安全又易于管理的网络操作系统。

在完成该项目之前，首先应当选定网络中计算机的组织方式；其次，根据 Microsoft 系统的组织确定每台计算机应当安装的版本；此后，还要对安装方式、安装磁盘的文件系统格式、安装启动方式等进行选择，最终才能开始系统的安装过程。

- 了解不同版本的 Windows Server 2012 系统的安装要求。
- 了解 Windows Server 2012 的安装方式。
- 掌握完全安装 Windows Server 2012 R2 的方法。
- 掌握配置 Windows Server 2012 R2 的方法。
- 掌握添加与管理角色的方法。

2.1　相关知识

Windows Server 2012 R2 是基于 Windows 8/8.1 和 Windows 8RT/8.1RT 界面的新一代 Windows Server 操作系统，提供企业级数据中心和混合云解决方案，以应用程序为重点，以用户为中心，易于部署，具有成本效益。

在 Microsoft 云操作系统版图的中心地带，Windows Server 2012 R2 将能够提供全球规模云服务的 Microsoft 体验带入您的基础架构，在虚拟化、管理、存储、网络、虚拟桌面基础结构、访问和信息保护、Web 和应用程序平台等方面具备多种新功能和增强功能。

Windows Server 2012 R2 是微软的服务器系统，是 Windows Server 2012 的升级版本。微软于 2013 年 6 月 25 日正式发布 Windows Server 2012 R2 预览版，包括 Windows Server 2012 R2 Datacenter（数据中心版）预览版和 Windows Server 2012 R2 Essentials（精华版）预览版。Windows Server 2012 R2 正式版于 2013 年 10 月 18 日发布。

2.1.1　Windows Server 2012 R2 系统和硬件设备要求

Windows Server 2012 R2 功能涵盖服务器虚拟化、存储、软件定义网络、服务器管理和自动化、Web 和应用程序平台、访问和信息保护、虚拟桌面基础结构等。

1. 最低系统要求

- 处理器：1.4GHz 64 位
- RAM：512MB
- 磁盘空间：32GB

2. 其他要求

- DVD 驱动器
- 超级 VGA（800×600）或更高分辨率的显示器
- 键盘和鼠标（或其他兼容的指点设备）
- Internet 访问（可能需要付费）

3. 基于 x64 的操作系统

确保具有已更新且已进行数字签名的 Windows Server 2012 内核模式驱动程序。如果安装即插即用设备，则在驱动程序未进行数字签名时可能会收到警告消息。如果安装的应用程序包含未进行数字签名的驱动程序，则在安装期间不会收到错误消息。在这两种情况下，Windows Server 2012 均不会加载未签名的驱动程序。

如果无法确定驱动程序是否已进行数字签名，或在安装之后无法启动计算机，请使用下面的步骤禁用驱动程序签名要求。通过此步骤可以使计算机正常启动，并成功加载未签名的驱动程序。

（1）重新启动计算机，并在启动期间按 F8 键。

（2）选择“高级引导选项”。

（3）选择“禁用强制驱动程序签名”。

（4）引导 Windows 并卸载未签名的驱动程序。

2.1.2 Windows Server 2012 的安装方式

Windows Server 2012 有多种安装方式，分别适用于不同的环境，选择合适的安装方式可以提高工作效率。除了常规的使用 DVD 启动安装方式以外，还有升级安装、远程安装和服务器核心安装。

1. 全新安装

使用 DVD 启动服务器并进行全新安装，这是最基本的方法。根据提示信息适时插入 Windows Server 2012 安装光盘即可。

2. 升级安装

Windows Server 2012 R2 的任何版本都不能在 32 位机器上进行安装或升级。遗留的 32 位服务器要想运行 Windows Server 2012 R2，必须升级到 64 位系统。

在开始升级过程之前要确保断开一切 USB 和串口设备，Windows Server 2012 R2 安装程序会发现并识别它们，在检测过程中会发现 UPS 系统等此类问题。可以安装传统监控，然后再连接 USB 或串口设备。

3. 通过 Windows 部署服务远程安装

如果网络中已经配置了 Windows 部署服务，则通过网络远程安装也是一种不错的选择。但需要注意的是，采取这种安装方式必须确保计算机网卡具有 PXE（预启动执行环境）芯片，支持远程启动功能，否则就需要使用 rbfg.exe 程序生成启动软盘来启动计算机进行远程安装。

在利用 PXE 功能启动计算机的过程中，根据提示信息按下引导键（一般为 F12 键），会显示当前计算机所使用的网卡的版本等信息，并提示用户按下 F12 键启动网络服务引导。

4. 服务器核心安装

服务器核心是从 Windows Server 2008 开始推出的功能，如图 2-1 所示。确切地说，Windows Server 2012 服务器核心是微软公司的革命性功能部件，是不具备图形界面的纯命令行服务器操作系统，只安装了部分应用和功能，因此会更加安全可靠，同时降低了管理的复杂度。

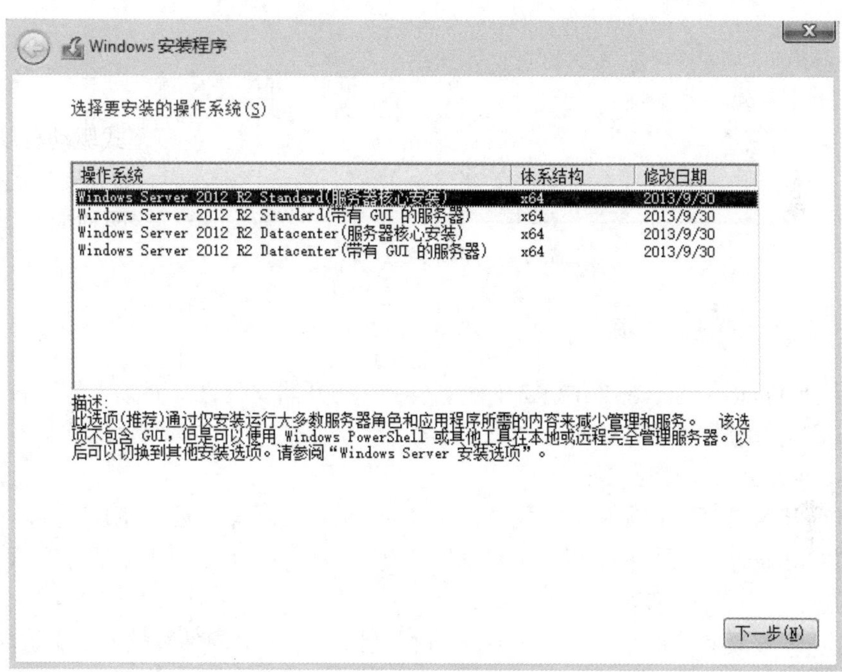

图 2-1　服务器核心

通过 RAID 卡实现磁盘冗余是大多数服务器常用的存储方案，既可提高数据存储的安全性，又可提高网络传输速度。带有 RAID 卡的服务器在安装和重新安装操作系统之前，往往需要配置 RAID。不同品牌和型号服务器的配置方法略有不同，应注意查看服务器使用手册。对于品牌服务器而言，也可以使用随机提供的安装向导光盘引导服务器，这样将会自动加载 RAID 卡和其他设备的驱动程序，并提供相应的 RAID 配置界面。

在安装 Windows Server 2012 时，必须在“您想将 Windows 安装在何处”对话框中单击“加载驱动程序”超链接，打开如图 2-2 所示的“选择要安装的驱动程序”对话框，为该 RAID 卡安装驱动程序。另外，RAID 卡的设置应当在操作系统安装之前进行。如果重新设置 RAID，将删除所有硬盘中的内容。

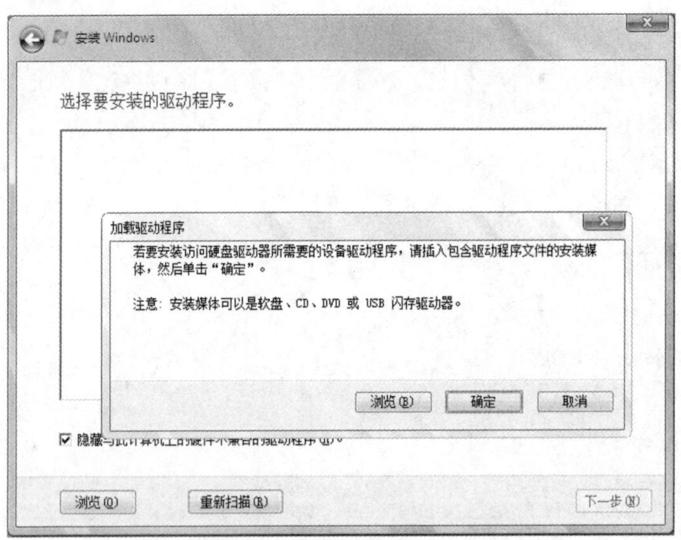

图 2-2　加载 RAID 驱动程序

2.1.3　安装前的注意事项

为了保证 Windows Server 2012 R2 的顺利安装，在开始安装之前必须做好准备工作，如备份文件、检查系统兼容性等。

1. 切断非必要的硬件连接

如果当前计算机正与打印机、扫描仪、UPS（管理连接）等非必要外设连接，则在运行安装程序之前将其断开，因为安装程序将自动监测连接到计算机串行端口的所有设备。

2. 检查硬件和软件兼容性

为升级启动安装程序时，执行的第一个过程是检查计算机硬件和软件的兼容性。安装程序在继续执行前将显示报告。使用该报告以及 Relnotes.htm（位于安装光盘的\Docs 文件夹）中的信息确定在升级前是否需要更新硬件、驱动程序或软件。

3. 检查系统日志

如果在计算机中以前安装有 Windows 2000/XP/2003/2012，建议使用“事件查看器”查看系统日志，寻找可能在升级期间引发问题的最新错误或重复发生的错误。

4. 备份文件

如果从其他操作系统升级至 Windows Server 2012 R2，建议在升级前备份当前的文件，包括含有配置信息（如系统状态、系统分区和启动分区）的所有内容，以及所有的用户和相关数据。建议将文件备份到各种不同的媒介，如磁带驱动器或网络上其他计算机的硬盘，尽量不要保存在本地计算机的其他非系统分区中。

5. 断开网络连接

网络中可能会有病毒在传播，因此，如果不是通过网络安装操作系统，在安装之前应拔下网线，以免新安装的系统感染上病毒。

6. 规划分区

Windows Server 2012 R2 要求必须安装在 NTFS 格式的分区上，全新安装时直接按照默认设置格式化磁盘即可。如果是升级安装，则应预先将分区格式化成 NTFS 格式，并且如果系统分区的剩余空间不足 32GB，则无法正常升级。建议将 Windows Server 2012 R2 目标分区至少设置为 60GB 或更大。

2.2　项目设计及准备

2.2.1　项目设计

在为学校选择网络操作系统时，首先推荐 Windows Server 2012 操作系统。在安装 Windows Server 2012 操作系统时，根据教学环境不同，为教与学的方便设计不同的安装形式。本项目实现在 VMware 中安装 Windows Server 2012 R2 操作系统，具体要求如下：

（1）物理主机安装了 Windows 8/10，计算机名为 client1。

（2）Windows Server 2012 R2 DVD-ROM 或镜像已准备好。

（3）要求 Windows Server 2012 的安装分区大小为 55 GB，文件系统格式为 NTFS，计算机名为 win2012-1，管理员密码为 P@ssw0rd1，服务器的 IP 地址为 192.168.10.1，子网掩码为 255.255.255.0，DNS 服务器为 192.168.10.1，默认网关为 192.168.10.254，属于工作组 COMP。

（4）要求配置桌面环境、关闭防火墙，放行 ping 命令。

（5）网络拓扑图如图 2-3 所示。

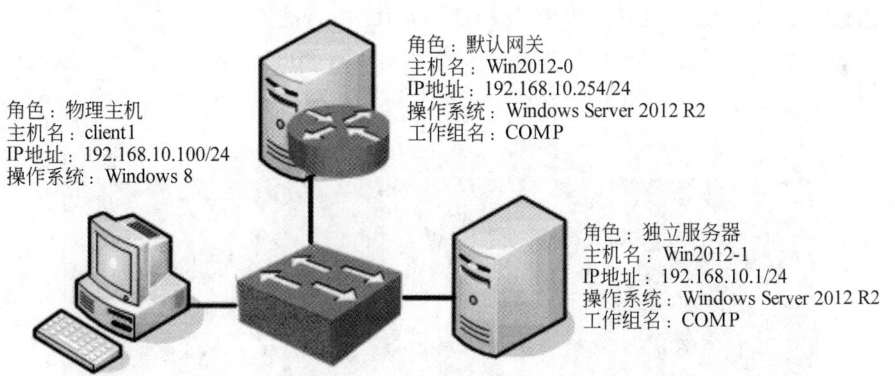

图 2-3　安装 Windows Server 2012 的网络拓扑图

2.2.2　项目准备

（1）满足硬件要求的计算机一台。

（2）Windows Server 2012 R2 相应版本的安装光盘或镜像文件。

（3）用纸张记录安装文件的产品密匙（安装序列号），规划启动盘的大小。

（4）在可能的情况下，在运行安装程序前用磁盘扫描程序扫描所有硬盘，检查硬盘错误并进行修复，否则安装程序运行时如检查到有硬盘错误会很麻烦。

（5）如果想在安装过程中格式化 C 盘或 D 盘（建议安装过程中格式化用于安装 Windows Server 2012 R2 系统的分区），需要备份 C 盘或 D 盘中有用的数据。

（6）导出电子邮件账户和通讯簿：将 C:\Documents and Settings\Administrator（或自己的用户名）中的“收藏夹”目录复制到其他盘以备份收藏夹。

2.3 项目实施

Windows Server 2012 R2 操作系统有多种安装方式，下面讲解如何安装与配置 Windows Server 2012 R2。

任务 2-1 使用光盘安装 Windows Server 2012 R2

使用 Windows Server 2012 R2 企业版的引导光盘进行安装是最简单的安装方式。在安装过程中，需要用户干预的地方不多，只需掌握几个关键点即可顺利完成安装。需要注意的是，如果当前服务器没有安装 SCSI 设备或 RAID 卡，则可以略过相应步骤。

下面的安装操作可以用 VMware 虚拟机来完成。需要创建虚拟机，设置虚拟机中使用的 ISO 镜像所在的位置、内存大小等信息。操作过程类似。

Step 1 设置光盘引导。重启系统并把光盘驱动器设置为第一启动设备，保存设置。

Step 2 从光盘引导。将 Windows Server 2012 R2 安装光盘放入光驱并重新启动。如果硬盘内没有安装任何操作系统，计算机会直接从光盘启动到安装界面；如果硬盘内安装有其他操作系统，计算机就会显示“Press any key to boot from CD or DVD……”的提示信息，此时在键盘上按任意键会从 DVD-ROM 启动。

Step 3 启动安装过程以后，会显示如图 2-4 所示的“Windows 安装程序”窗口，首先需要选择安装语言及输入法。

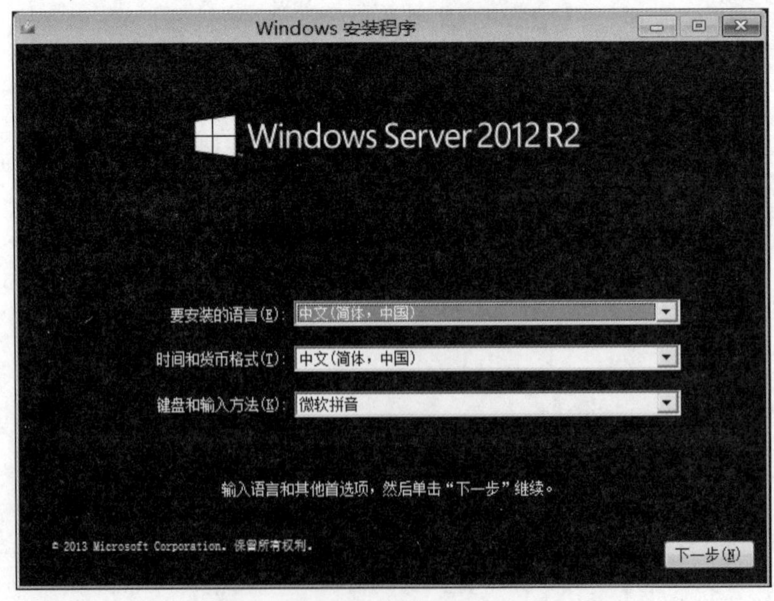

图 2-4 “Windows 安装程序”窗口

Step 4 单击“下一步”按钮，接着出现询问是否立即安装 Windows Server 2012 R2 的窗口，如图 2-5 所示。

图 2-5　现在安装

Step 5 单击“现在安装”按钮，显示如图 2-6 所示的“选择要安装的操作系统”对话框。“操作系统”列表框中列出了可以安装的操作系统，这里选择“Windows Server 2012 R2 Standard（带有 GUI 的服务器）”，安装 Windows Server 2012 R2 标准版。

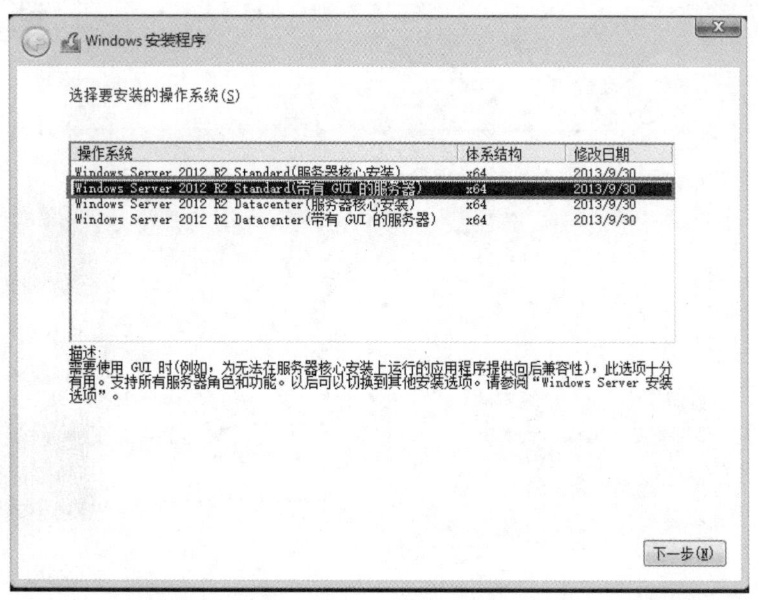

图 2-6　“选择要安装的操作系统”对话框

Step 6 单击“下一步”按钮，选择“我接受许可条款”接受许可协议，单击“下一步”按钮，出现如图 2-7 所示的“您想进行何种类型的安装”对话框，“升级”用于从 Windows Server 2008 升级到 Windows Server 2012，且如果当前计算机没有安装操作系统，则该项不可用；“自定义（高级）”用于全新安装。

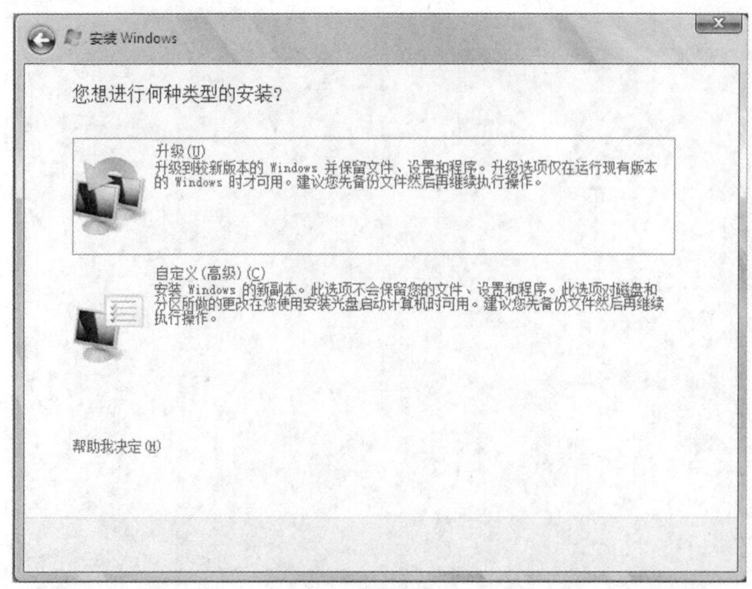

图 2-7　“您想进行何种类型的安装”对话框

Step 7　单击“自定义（高级）”选项，出现如图 2-8 所示的“您想将 Windows 安装在哪里”对话框，显示当前计算机硬盘上的分区信息。如果服务器安装有多块硬盘，则会依次显示为磁盘 0、磁盘 1、磁盘 2、…。

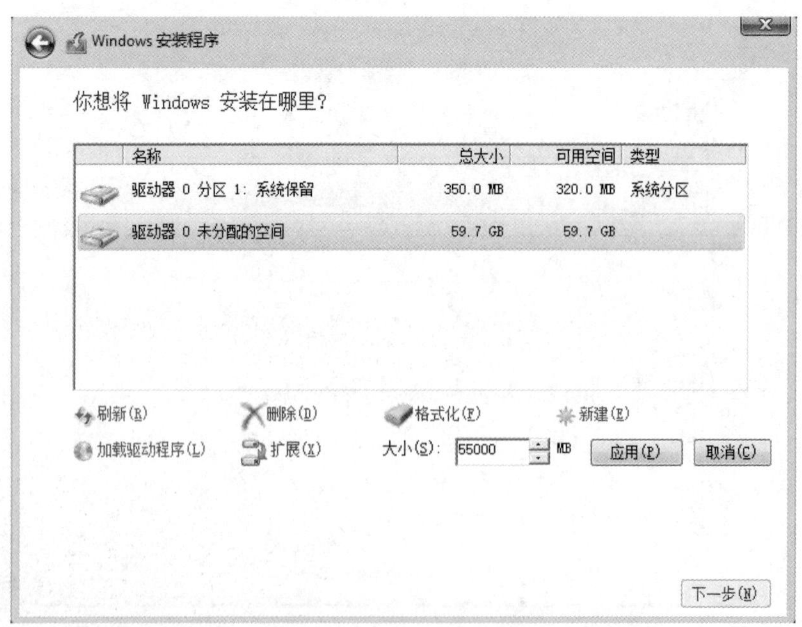

图 2-8　“您想将 Windows 安装在哪里”对话框

Step 8　对硬盘进行分区，单击“新建”按钮，在“大小”文本框中输入分区大小，比如 55000MB，单击“应用”按钮，弹出如图 2-9 所示的自动创建额外分区的提示。单击“确定”按钮，完成系统分区（第一分区）和主分区（第二分区）的建立。其他分区照此操作。完成分区后的窗口如图 2-10 所示。

图 2-9　创建额外分区的提示信息

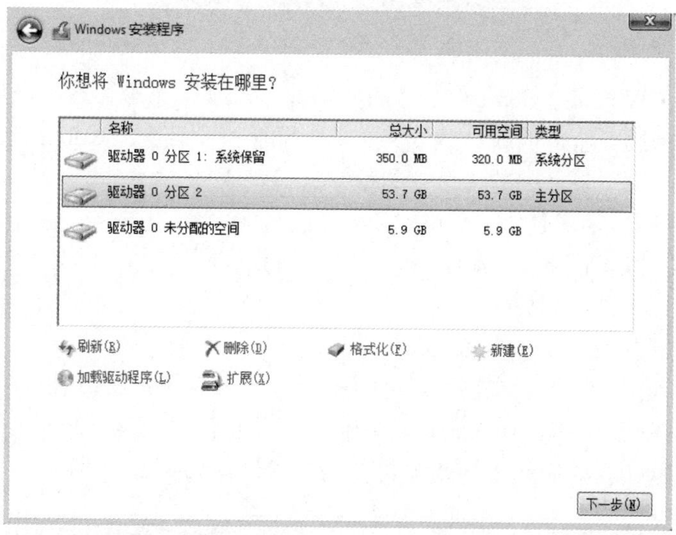

图 2-10　完成分区后的窗口

Step 9　选择第二分区来安装操作系统，单击“下一步”按钮，显示如图 2-11 所示的“正在安装 Windows”对话框，开始复制文件并安装 Windows。

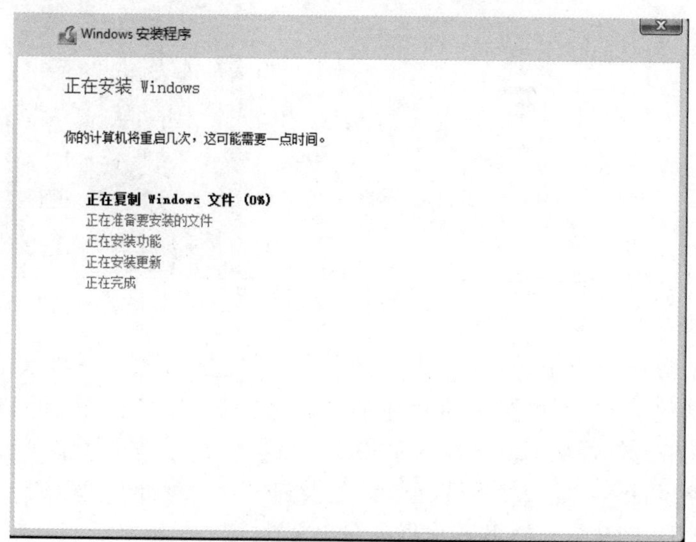

图 2-11　“正在安装 Windows”对话框

Step 10 在安装过程中，系统会根据需要自动重新启动。在安装完成之前，要求用户设置 Administrator 的密码，如图 2-12 所示。

图 2-12　提示设置密码

对于账户密码，Windows Server 2012 的要求非常严格，无论管理员账户还是普通账户，都要求必须设置强密码。除必须满足“至少 6 个字符”和“不包含 Administrator 或 admin”的要求外，还至少满足以下条件中的两个：

- 包含大写字母（A、B、C 等）。
- 包含小写字母（a、b、c 等）。
- 包含数字（0、1、2 等）。
- 包含非字母数字字符（#、&、～等）。

Step 11 按要求输入密码后按回车键，即可完成 Windows Server 2012 R2 系统的安装。接着按 Alt+Ctrl+Del 组合键，输入管理员密码就可以正常登录 Windows Server 2012 R2 系统了。系统默认自动启动“初始配置任务”窗口，如图 2-13 所示。

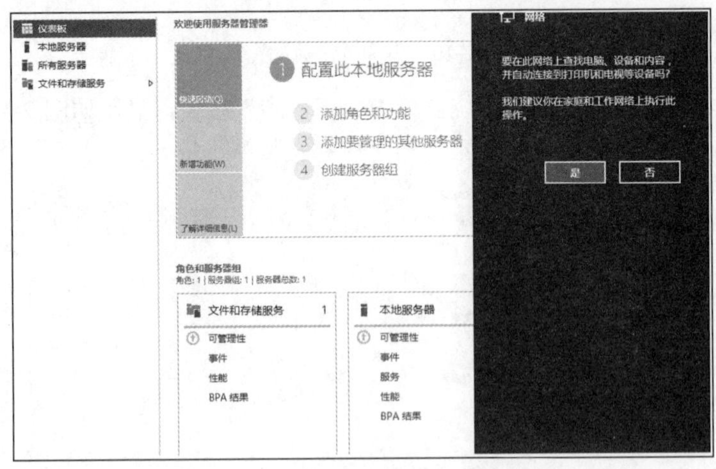

图 2-13　“初始配置任务”窗口

Step 12 激活 Windows Server 2012。单击“开始”→“控制面板”→“系统和安全”→“系统”菜单命令，打开如图 2-14 所示的“系统”窗口。右下角显示 Windows 激活的状况，可以在此激活 Windows Server 2012 R2 网络操作系统和更改产品密钥。激活有助于验证 Windows 的副本是否为正版，以及在多台计算机上使用的 Windows 数量是否已超过 Microsoft 软件许可条款所允许的数量。激活的最终目的是帮助防止软件伪造。如果不激活，可以试用 60 天。

图 2-14　“系统”窗口

至此，Windows Server 2012 R2 安装完成，现在就可以使用了。

任务 2-2　配置 Windows Server 2012 R2

Windows Server 2012 R2 安装完成后，应先设置一些基本配置，如计算机名、IP 地址、配置自动更新等，这些均可在“服务器管理器”窗口中完成。

1. 更改计算机名

Windows Server 2012 系统在安装过程中不需要设置计算机名，而是使用由系统随机配置的计算机名，但系统配置的计算机名不仅冗长，而且不便于标记。因此，为了更好地标识和识别服务器，应将其更改为易记或有一定意义的名称。

Step 1　单击“开始”→“管理工具”→“服务器管理器”命令，或者直接单击任务栏处的“服务器管理器”按扭，打开“服务器管理器”窗口，再单击左侧的“本地服务器”选项卡，如图 2-15 所示。

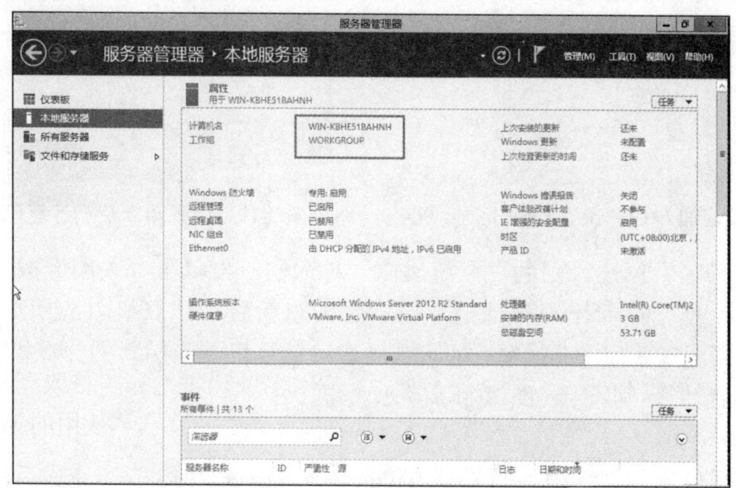

图 2-15　“服务器管理器”窗口

Step 2 直接单击“计算机名”和“工作组”后面的名称，对计算机名和工作组名进行修改即可。先单击计算机名称，出现修改计算机名的对话框，如图 2-16 所示。

Step 3 单击“更改”按钮，显示如图 2-17 所示的“计算机名/域更改”对话框。在“计算机名”文本框中输入新的名称，如 win2012-1，在“工作组”文本框中可以更改计算机所处的工作组。

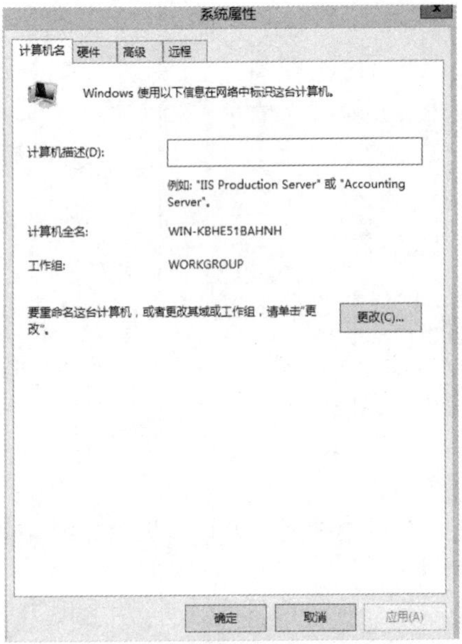

图 2-16 “系统属性”对话框

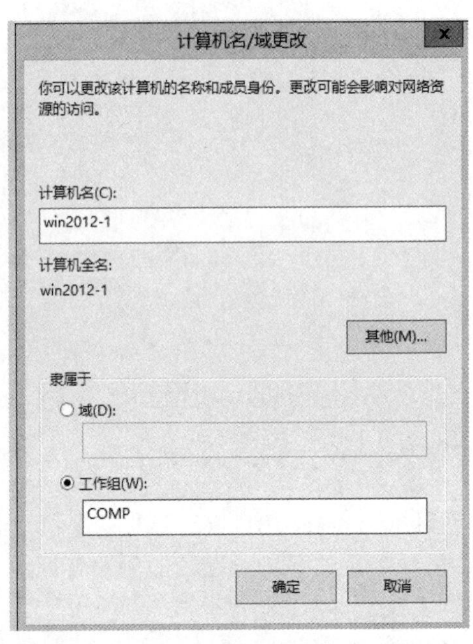

图 2-17 “计算机名/域更改”对话框

Step 4 单击“确定”按钮，显示“欢迎加入 COMP 工作组”的提示框，如图 2-18 所示。单击“确定”按钮，显示需要重新启动计算机的提示框，提示“必须重新启动计算机才能应用这些更改”，如图 2-19 所示。

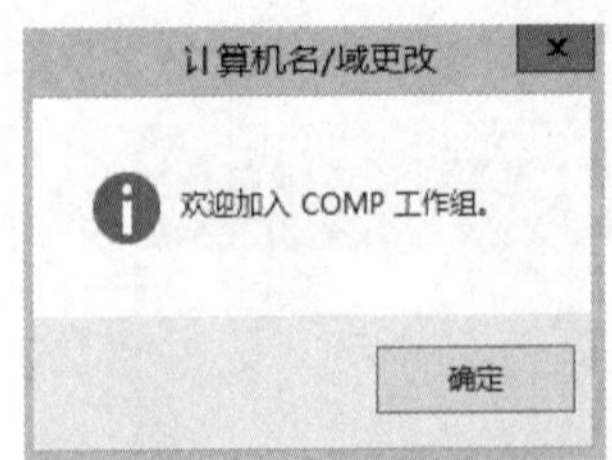

图 2-18 “欢迎加入 COMP 工作组”提示框

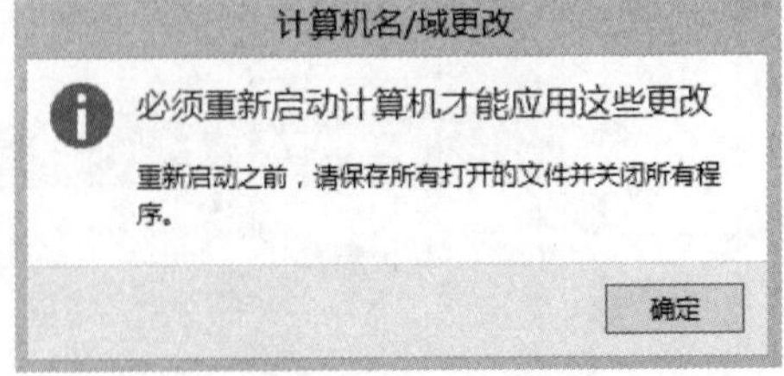

图 2-19 需要重新启动计算机的提示框

Step 5 单击“确定”按钮，回到“系统属性”对话框，再单击“关闭”按钮关闭“系统属性”对话框。接着出现对话框，提示必须重新启动计算机以应用更改。

Step 6 单击“立即重新启动”按钮，即可重新启动计算机并应用新的计算机名。若选择“稍后重新启动”，则不会立即重新启动计算机。

2. 配置网络

网络配置是提供各种网络服务的前提。Windows Server 2012 安装完成后，默认为自动获取 IP 地址，会自动从网络中的 DHCP 服务器获得 IP 地址。不过，由于 Windows Server 2012

用来为网络提供服务，所以通常需要设置静态 IP 地址。另外，还可以配置网络发现、文件共享等功能，实现与网络的正常通信。

（1）配置 TCP/IP。

Step 1 右击桌面右下角任务托盘区域的网络连接图标，选择快捷菜单中的“网络和共享中心”选项（如图 2-20 所示），打开如图 2-21 所示的“网络和共享中心”窗口。

图 2-20　“网络连接”快捷菜单

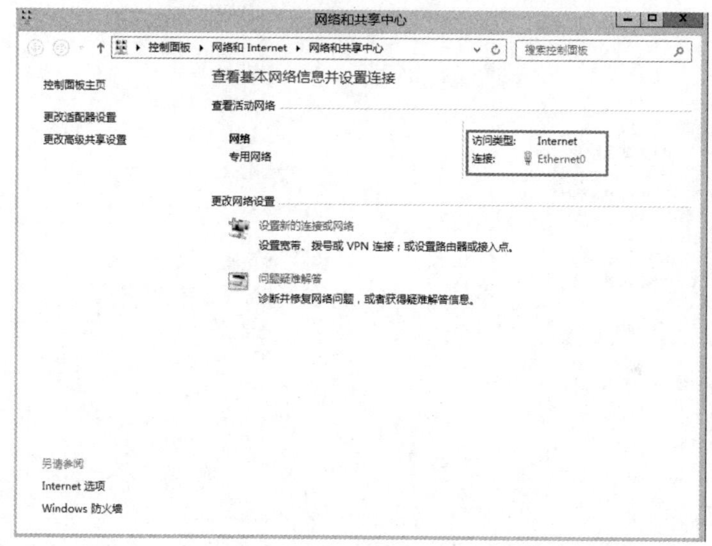

图 2-21　“网络和共享中心”窗口

Step 2 单击 Ethernet0，打开“Ethernet0 状态”对话框，如图 2-22 所示。

图 2-22　“Ethernet0 状态”对话框

Step 3 单击“属性”按钮，显示如图 2-23 所示的“Ethernet0 属性”对话框。Windows Server 2012 中包含 IPv6 和 IPv4 两个版本的 Internet 协议，并且默认都已启用。

Step 4 在“此连接使用下列项目”栏中勾选“Internet 协议版本 4（TCP/IPv4）”复选项，单击“属性”按钮，显示如图 2-24 所示的“Internet 协议版本 4（TCP/ IPv4）属性”对话框。选中“使用下面的 IP 地址”单选按钮，分别输入为该服务器分配的 IP 地址、子网掩码、默认网关和 DNS 服务器。如果要通过 DHCP 服务器获取 IP 地址，则保留默认的“自动获得 IP 地址”。

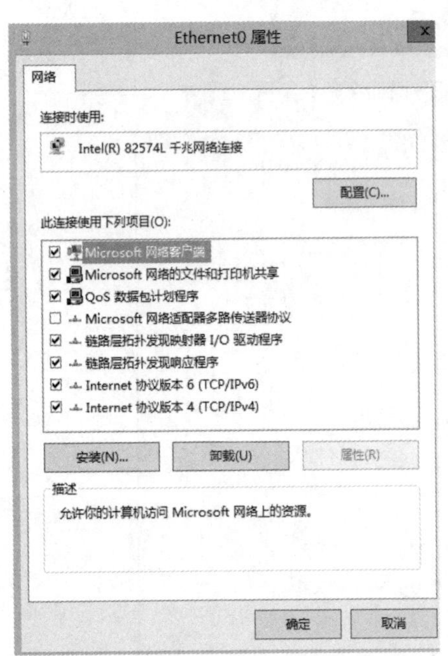

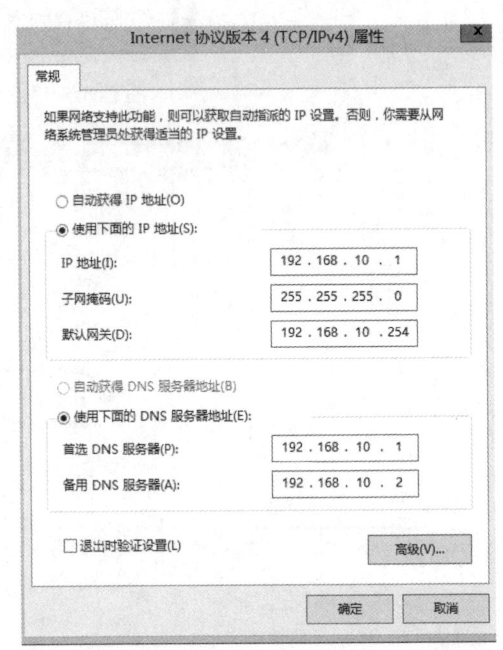

图 2-23 “Ethernet0 属性”对话框　　图 2-24 “Internet 协议版本 4（TCP/IPv4）属性”对话框

Step 5 单击“确定”按钮，保存所作的修改。

（2）启用网络发现。

Windows Server 2012 的“网络发现”功能用来控制局域网中计算机和设备的发现与隐藏。如果启用“网络发现”功能，则可以显示当前局域网中发现的计算机，也就是“网上邻居”功能。同时，其他计算机也可以发现当前计算机。如果禁用“网络发现”功能，则既不能发现其他计算机，也不能被发现。不过，关闭“网络发现”功能时，其他计算机仍可以通过搜索或指定计算机名、IP 地址的方式访问到该计算机，但不会显示在其他用户的“网上邻居”中。

为了便于计算机之间的互相访问，可以启用此功能。在图 2-21 所示的“网络和共享中心”窗口中，单击“更改高级共享设置”选项，出现如图 2-25 所示的“高级共享设置”窗口，选择“启用网络发现”单选项，单击“保存更改”按钮。

奇怪的是，当重新打开“高级共享设置”窗口时显示仍然是“关闭网络发现”。为了解决这个问题，需要在服务中启用以下 3 个服务：

- Function Discovery Resource Publication
- SSDP Discovery
- UPnP Device Host

依次单击"开始"→"控制面板"→"管理工具"→"服务"，将上述 3 个服务设置为自动并启动。

图 2-25 "高级共享设置"窗口

（3）文件和打印机共享。网络管理员可以通过启用或关闭文件共享功能实现为其他用户提供服务或访问其他计算机共享资源。在图 2-25 所示的"高级共享设置"窗口中，选择"启用文件和打印机共享"单选项并单击"保存更改"按钮，即可启用文件和打印机共享功能。

（4）密码保护的共享。在图 2-25 中，单击"所有网络"右侧的⌄按钮展开"所有网络"的高级共享设置，如图 2-26 所示。可以选择"启用共享以便可以访问网络的用户可以读取和写入公用文件夹中的文件"单选项。如果选择"启用密码保护共享"单选项，则其他用户必须使用当前计算机上有效的用户账户和密码才可以访问共享资源，Windows Server 2012 默认启用该功能。

3. 配置虚拟内存

在 Windows 中，如果内存不够，系统会把内存中暂时不用的一些数据写到磁盘上，以腾出内存空间给别的应用程序使用；当系统需要这些数据时，再重新把数据从磁盘读回内存中。用来临时存放内存数据的磁盘空间称为虚拟内存。建议将虚拟内存的大小设为实际内存的 1.5 倍，虚拟内存太小会导致系统没有足够的内存运行程序，特别是当实际的内存不大时。下面是设置虚拟内存的具体步骤。

Step 1 依次单击"开始"→"控制面板"→"系统和安全"→"系统"命令，然后单击"高级系统设置"打开"系统属性"对话框，再单击"高级"选项卡，如图 2-27 所示。

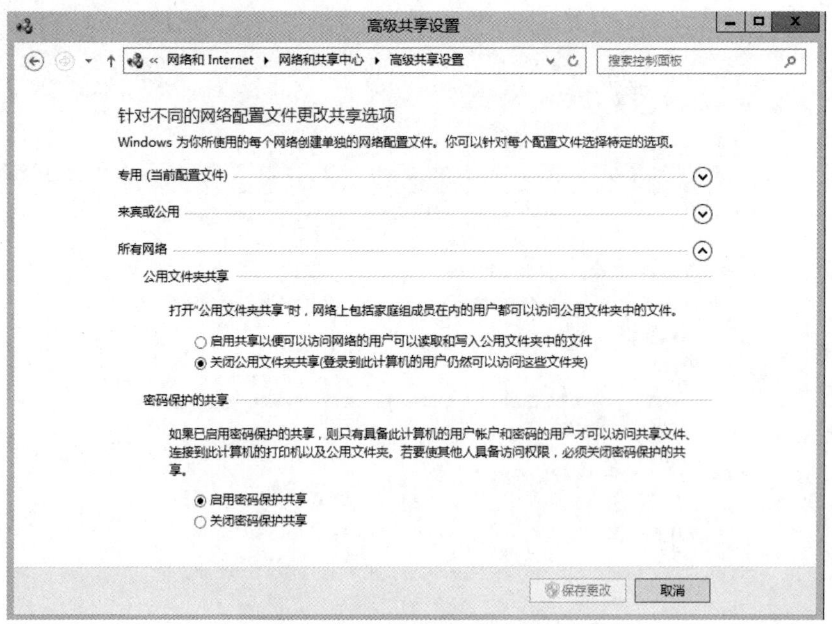

图 2-26 “高级共享设置”窗口

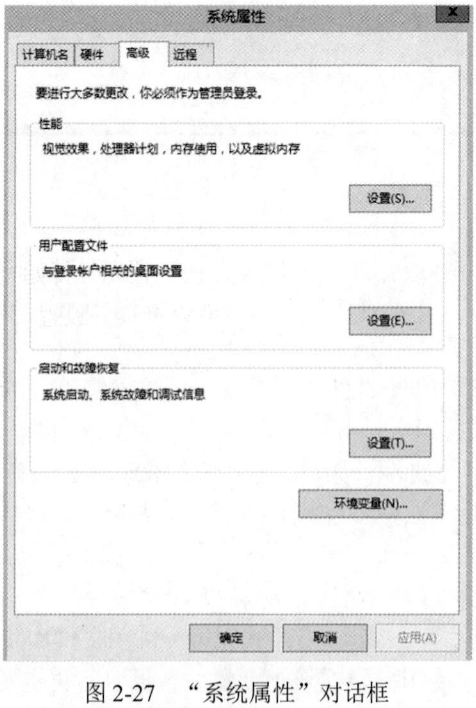

图 2-27 “系统属性”对话框

Step 2 单击“设置”按钮打开“性能选项”对话框，再单击“高级”选项卡，如图 2-28 所示。

Step 3 单击“更改”按钮打开“虚拟内存”对话框，如图 2-29 所示。取消选中“自动管理所有驱动器的分页文件大小”复选项。选择“自定义大小”单选项并设置初始大小为 40000MB，最大值为 60000MB，然后单击“设置”按钮，最后单击“确定”按钮并重启计算机即可完成虚拟内存的设置。

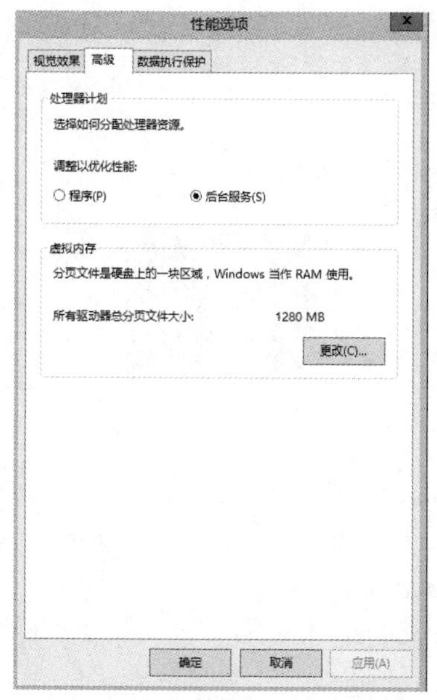

图 2-28 “性能选项”对话框

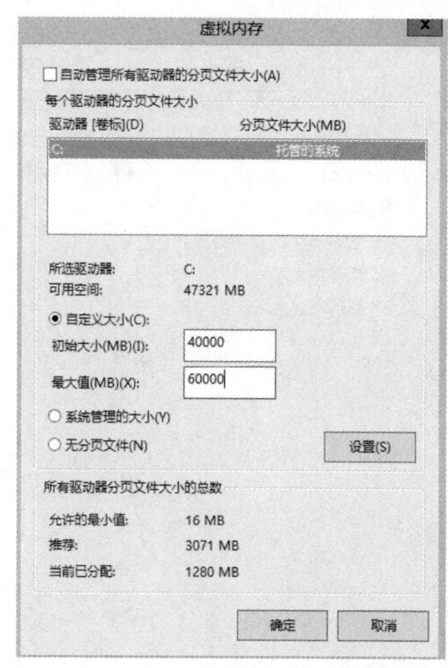

图 2-29 “虚拟内存”对话框

注意 虚拟内存可以分布在不同的驱动器中，总的虚拟内存等于各个驱动器上的虚拟内存之和。如果计算机上有多个物理磁盘，建议把虚拟内存放在不同的磁盘上以增加虚拟内存的读写性能。虚拟内存的大小可以自定义，即管理员手动指定，或者由系统自行决定。页面文件所使用的文件名是根目录下的 pagefile.sys，不要轻易删除该文件，否则可能会导致系统崩溃。

4. 设置显示属性

在“外观”对话框中可以对计算机的显示、任务栏和「开始」菜单、轻松访问中心、文件夹选项和字体进行设置。前面已经介绍了对文件夹选项的设置，下面介绍设置显示属性的具体步骤。

依次单击“开始”→“控制面板”→“外观”→“显示”命令，打开“显示”窗口，如图 2-30 所示。可以对分辨率、亮度、桌面背景、配色方案、屏幕保护程序、显示器、连接到投影仪、调整 ClearType 文本和设置自定义文本大小（DPI）等项目进行设置。

5. 配置防火墙，放行 ping 命令

Windows Server 2012 安装后，默认自动启用防火墙，而且 ping 命令默认被阻止，ICMP 协议包无法穿越防火墙。为了后面实训的要求及实际需要，应该设置防火墙，允许 ping 命令通过。若要放行 ping 命令，有两种方法：一是在防火墙设置中新建一条允许 ICMP v4 协议通过的规则并启用；二是在防火墙设置中，在“入站规则”中启用“文件和打印共享（回显请求-ICMP v4-In）（默认不启用）”的预定义规则。下面介绍第一种方法的具体步骤。

Step 1 依次单击“开始”→“控制面板”→“系统和安全”→“Windows 防火墙”→“高级设置”命令，在打开的“高级安全 Windows 防火墙”窗口中单击左侧目录树中的“入站规则”，如图 2-31 所示（第二种方法在此入站规则中设置即可，请读者思考）。

图 2-30 “显示”窗口

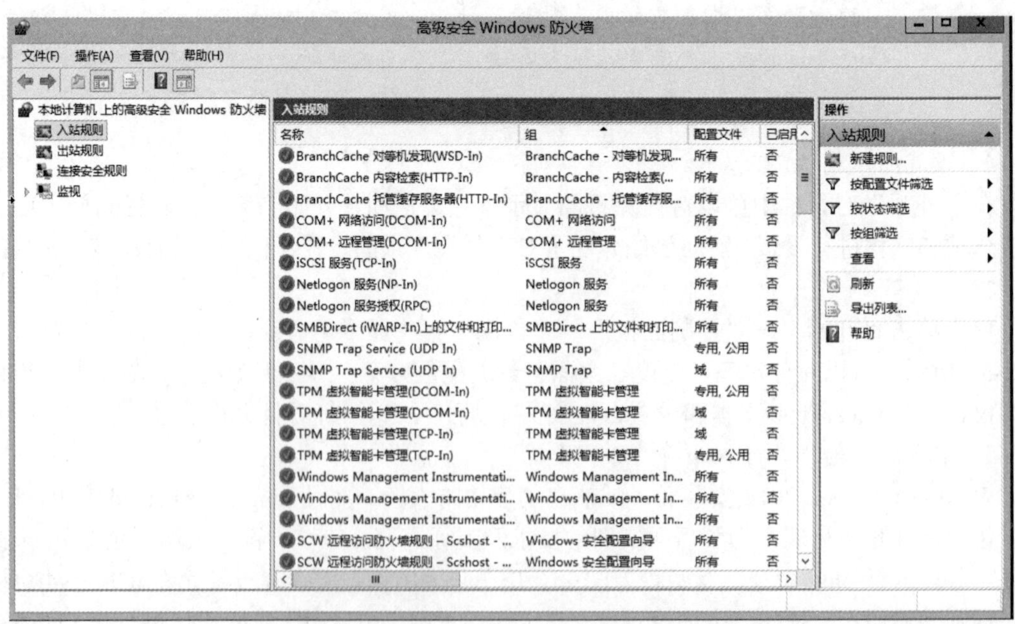

图 2-31 “高级安全 Windows 防火墙”窗口

Step 2 单击“操作”列中的“新建规则”，弹出“新建入站规则向导－规则类型”对话框，选择“自定义”单选项，如图 2-32 所示。

Step 3 单击“步骤”列中的“协议和端口”，进入“新建入站规则向导－协议和端口”界面，在“协议类型”下拉列表框中选择 ICMP v4，如图 2-33 所示。

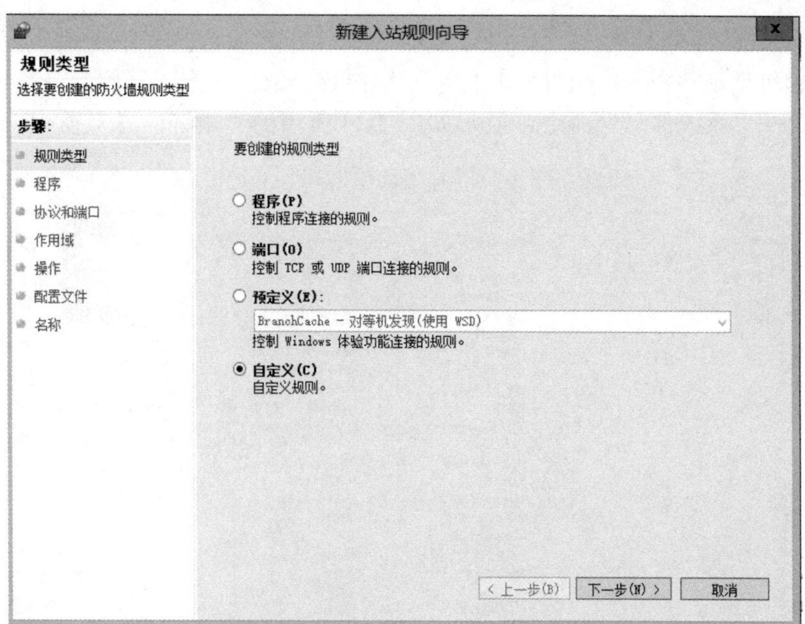

图 2-32　“新建入站规则向导-规则类型”对话框

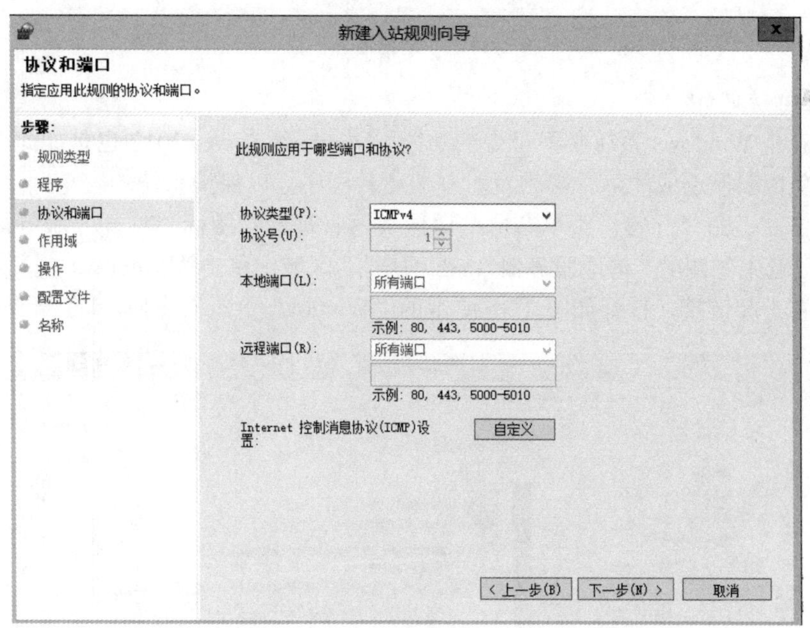

图 2-33　“新建入站规则向导-协议和端口”对话框

Step 4　单击“下一步”按钮，在弹出的对话框中选择应用于哪些本地 IP 地址和哪些远程 IP 地址。

Step 5　单击“下一步”按钮，选择是否允许连接，选择“允许连接”。

Step 6　单击“下一步”按钮，选择何时应用本规则。

Step 7　单击“下一步”按钮，输入本规则的名称，如 ICMP v4 协议规则，然后单击“完成”按钮使新规则生效。

6. 查看系统信息

系统信息包括硬件资源、组件和软件环境等内容。依次单击“开始”→“控制面板”→“管理工具”→“系统信息”命令，显示如图 2-34 所示的“系统信息”窗口。

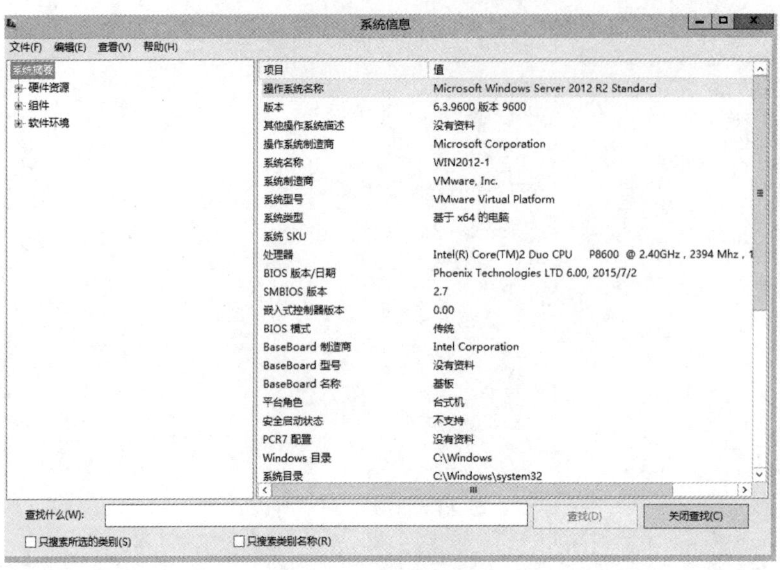

图 2-34 “系统信息”窗口

7. 设置自动更新

系统更新是 Windows 系统必不可少的功能，Windows Server 2012 也是如此。为了增强系统功能，避免因漏洞造成故障，必须及时安装更新程序，以保护系统的安全。

Step 1 单击左下角“开始”菜单右侧的“服务器管理器”图标，打开“服务器管理器”窗口。选中左侧的“本地服务器”，在“属性”区域中单击“Windows 更新”右侧的“未配置”超链接，打开如图 2-35 所示的“Windows 更新”窗口。

图 2-35 “Windows 更新”窗口

Step 2　单击“更改设置”显示如图 2-36 所示的“更改设置”窗口，在“选择你的 Windows 更新设置”栏中选择一种更新方法。

Step 3　单击“确定”按钮保存设置，Windows Server 2012 就会根据所作的设置自动从 Windows Update 网站检测并下载更新。

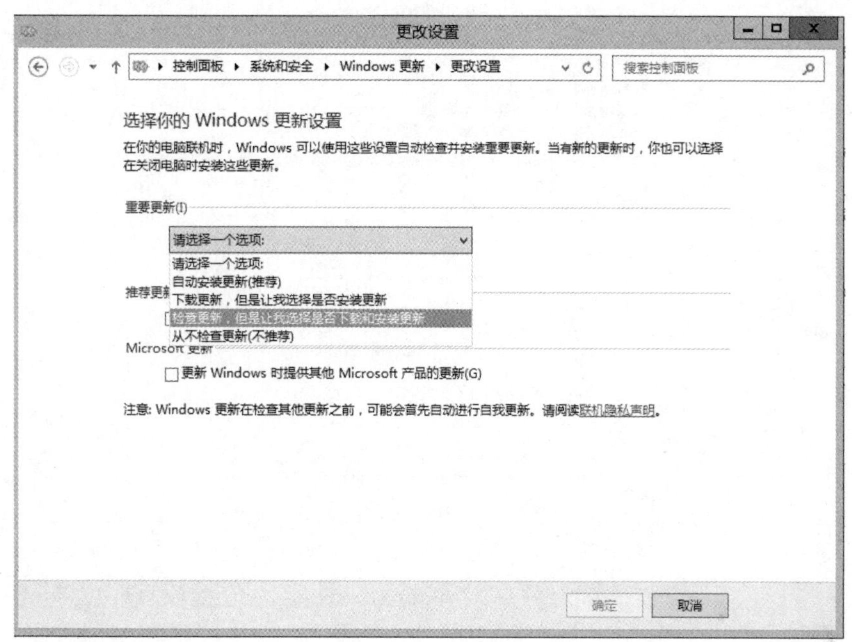

图 2-36　“更改设置”窗口

任务 2-3　添加角色和功能

Windows Server 2012 的一个亮点就是组件化，所有角色、功能甚至用户账户都可以在“服务器管理器”中进行管理。

Windows Server 2012 的网络服务虽然多，但默认不会安装任何组件，只是一个提供用户登录的独立的网络服务器，用户需要根据自己的实际需要选择安装相关的网络服务。下面以添加 Web 服务器（IIS）为例介绍添加角色和功能的方法。

Step 1　依次单击“开始”→“控制面板”→“管理工具”→“服务器管理器”命令，打开“服务器管理器”窗口，选中左侧的“仪表板”，再单击“添加角色和功能”超链接启动“添加角色和功能向导”，显示如图 2-37 所示的“开始之前”界面，提示此向导可以完成的工作以及操作之前需要注意的相关事项。

在“服务器管理器”窗口中，也可以选中“本地服务器”，单击“角色和功能”区域右上角的任务下拉按钮 任务 ▾ ，在弹出的下拉列表中选择“添加角色的功能”，同样可以打开“添加角色和功能向导”窗口。

Step 2　单击“下一步”按钮，进入“选择安装类型”界面，如图 2-38 所示，选择“基于角色或基于功能的安装”单选项。

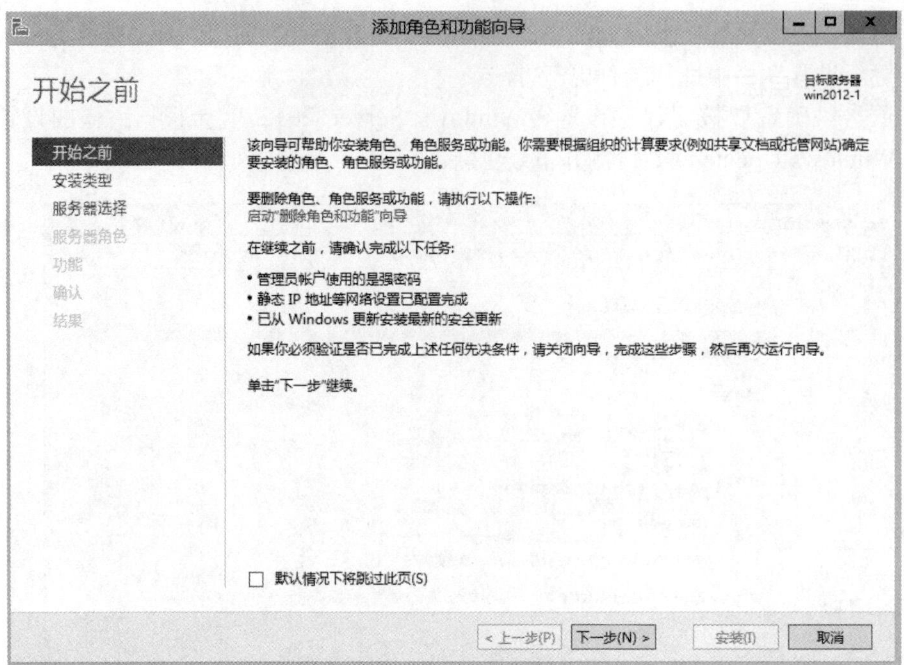

图 2-37 “开始之前”界面

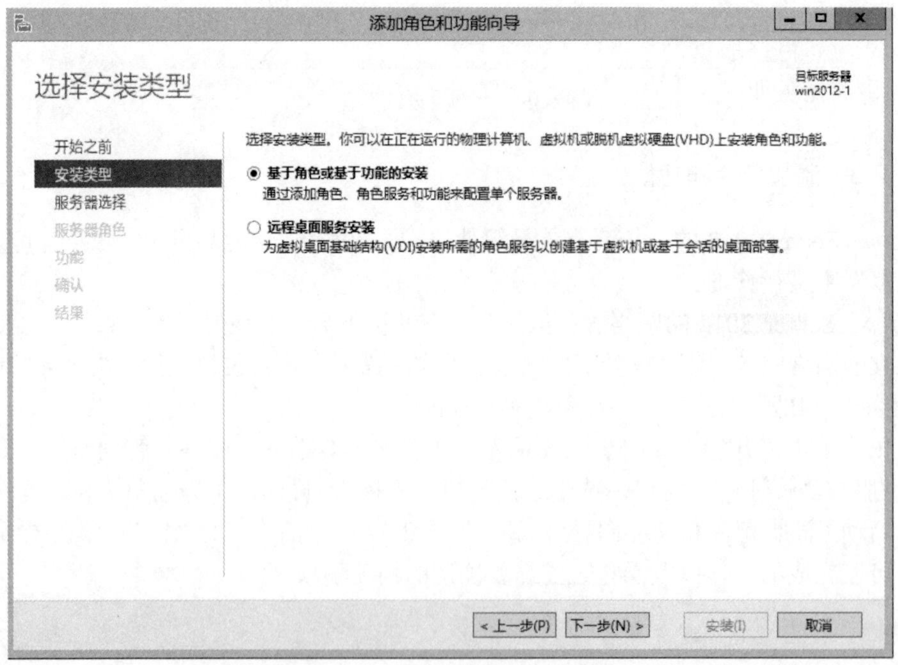

图 2-38 “选择安装类型”界面

Step 3 单击“下一步”按钮，进入“选择目标服务器”界面，如图 2-39 所示，保持默认选项。

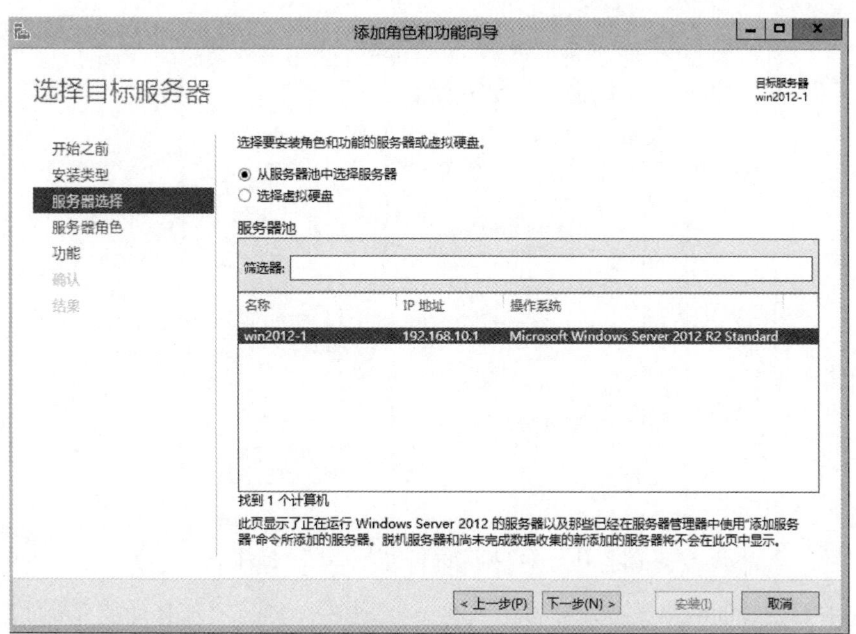

图 2-39　“选择目标服务器”界面

Step 4　单击“下一步”按钮，进入如图 2-40 所示的“选择服务器角色”界面，在“角色”列表框中显示了所有可以安装的服务角色。如果角色前面的复选框没有被选中，则表示该网络服务尚未安装；如果已选中，说明已经安装。在列表框中选择拟安装的网络服务即可，本例选择“Web 服务器（IIS）”复选项。

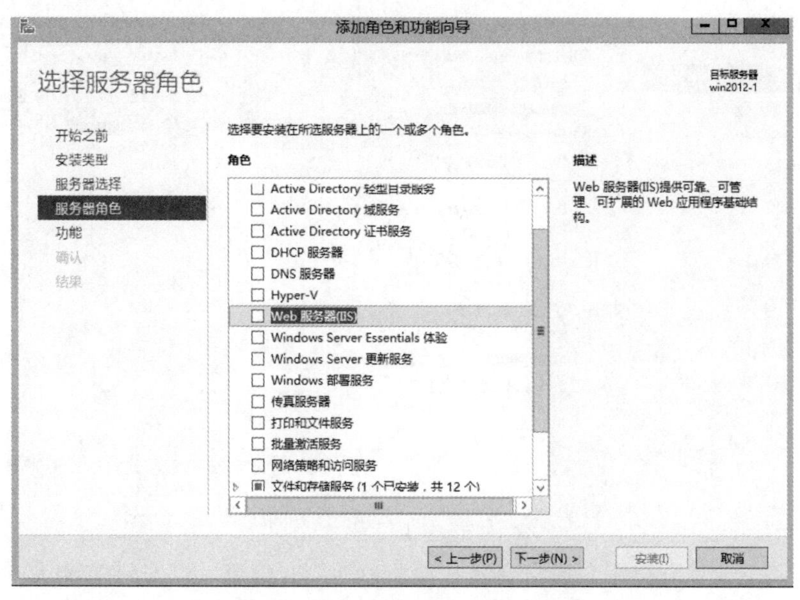

图 2-40　“选择服务器角色”界面

Step 5　由于一种网络服务往往需要多种功能配合使用，因此有些角色还需要添加其他功能，如图 2-41 所示，此时单击“添加功能”按钮添加即可。

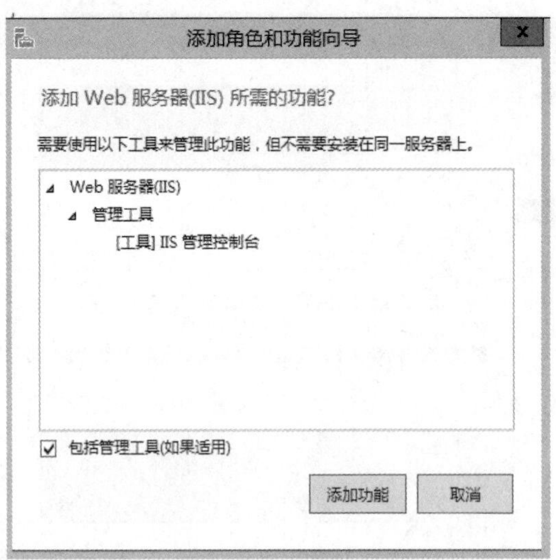

图 2-41 “添加角色和功能向导”对话框

Step 6 选中要安装的网络服务以后单击“下一步”按钮，进入“选择功能”界面，如图 2-42 所示。

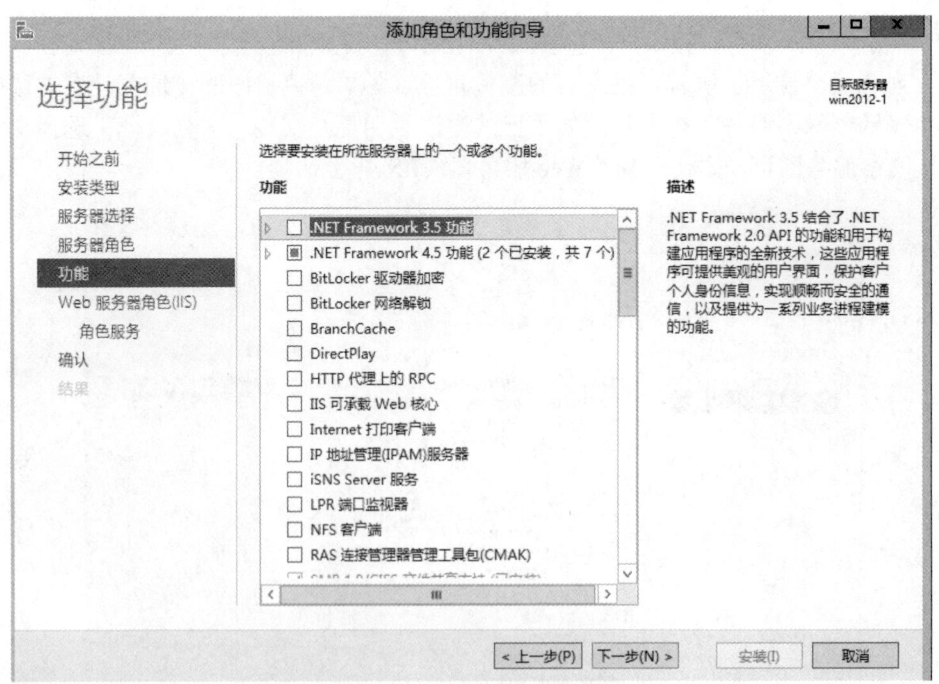

图 2-42 “选择功能”界面

Step 7 单击“下一步”按钮，通常会显示该角色的简介信息。以安装 Web 服务为例，显示如图 2-43 所示的“Web 服务器角色（IIS）”界面。

Step 8 单击“下一步”按钮，进入“选择角色服务”界面，可以为该角色选择详细的组件，如图 2-44 所示。

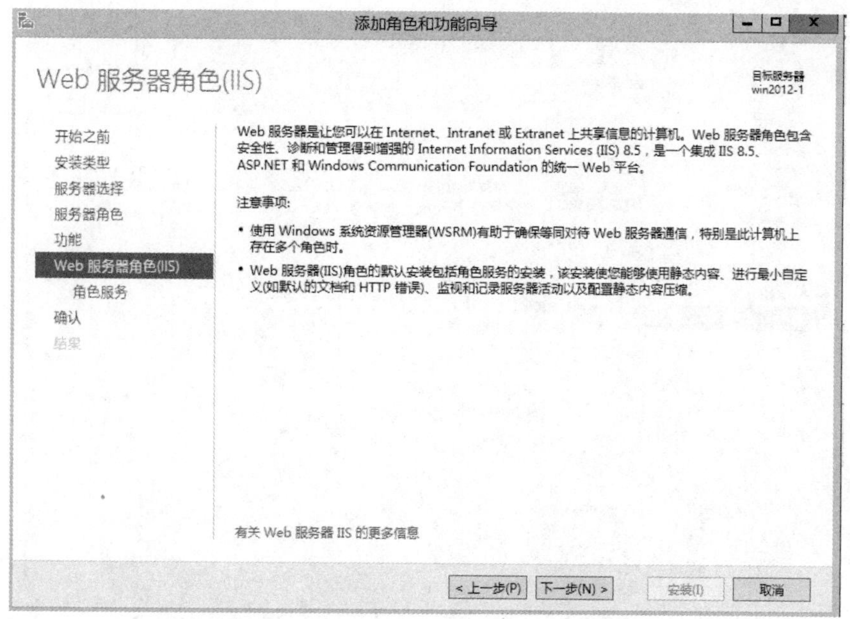

图 2-43 “Web 服务器角色（IIS）”界面

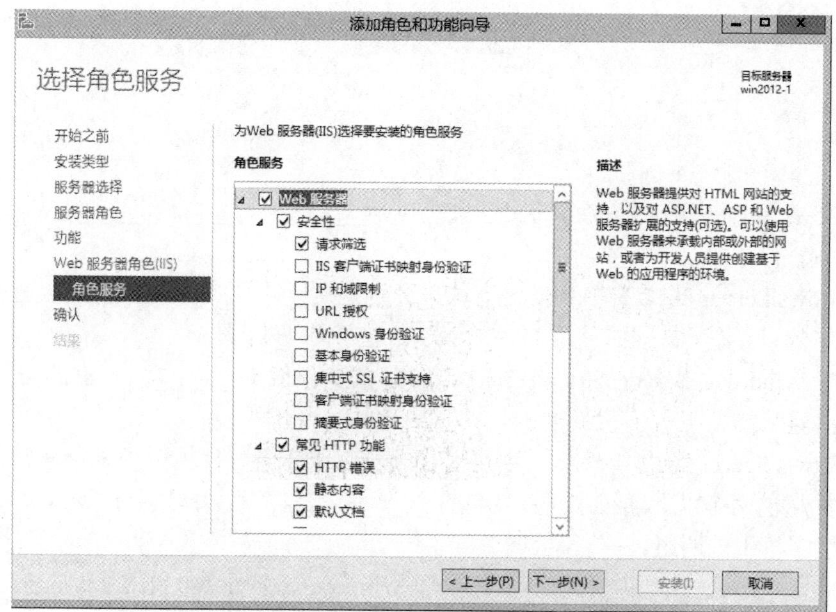

图 2-44 “选择角色服务”界面

Step 9 单击“下一步”按钮，进入如图 2-45 所示的“确认安装所选内容”界面。如果在选择服务器角色的同时选中了多个，则会要求选择其他角色的详细组件。

Step 10 单击“安装”按钮即可开始安装。

部分网络服务安装过程中可能需要提供 Windows Server 2012 安装光盘，有些网络服务可能会在安装过程中调用配置向导做一些简单的服务配置，但更详细的配置通常都借助于安装完成后的网络管理实现（有些网络服务安装完成后需要重新启动系统才能生效）。

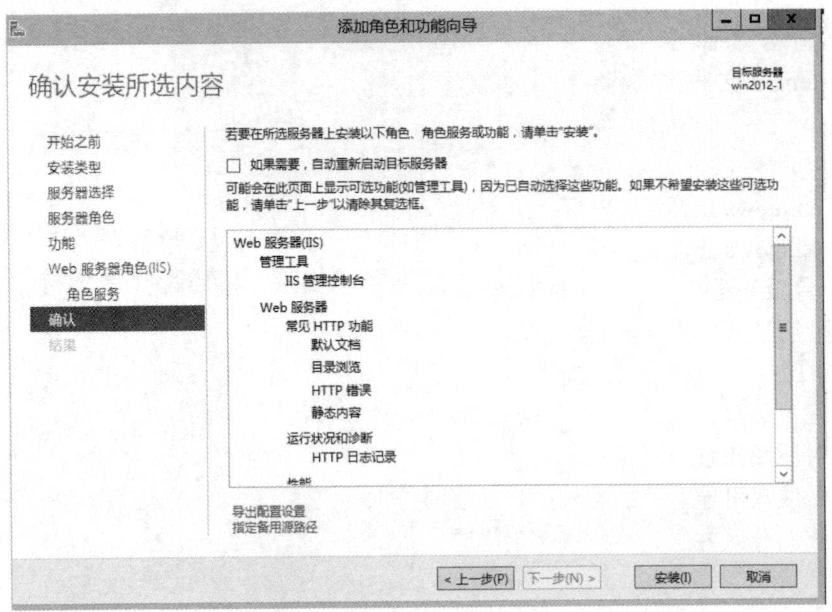

图 2-45 “确认安装所选内容”界面

2.4 习题

一、填空题

1．Windows Server 2012 所支持的文件系统包括______、______、______。Windows Server 2012 系统只能安装在______文件系统分区。

2．Windows Server 2012 有多种安装方式，分别适用于不同的环境，选择合适的安装方式可以提高工作效率。除了常规的使用 DVD 启动安装方式以外，还有______、______和______。

3．安装 Windows Server 2012 R2 时，内存至少不低于______，硬盘的可用空间不低于______，并且只支持______位版本。

4．Windows Server 2012 管理员口令要求必须符合以下条件：①至少 6 个字符；②不包含用户账户名称超过两个以上连续字符；③包含______、______、大写字母（A～Z）、小写字母（a～z）四组字符中的两组。

5．Windows Server 2012 中的______相当于 Windows Server 2003 中的 Windows 组件。

6．页面文件所使用的文件名是根目录下的______，不要轻易删除该文件，否则可能会导致系统崩溃。

7．对于虚拟内存的大小，建议为实际内存的________。

二、选择题

1．在 Windows Server 2012 系统中，如果要输入 DOS 命令，则在“运行”对话框中输入（　）。

A．CMD　　B．MMC　　C．AUTOEXE　　D．TTY

2．Windows Server 2012 系统安装时生成的 Documents and Settings、Windows 和 Windows\System32 文件夹是不能随意更改的，因为它们是（　　）。

A．Windows 的桌面

B．Windows 正常运行时所必需的应用软件文件夹

C．Windows 正常运行时所必需的用户文件夹

D．Windows 正常运行时所必需的系统文件夹

3．有一台服务器的操作系统是 Windows Server 2008，文件系统是 NTFS，无任何分区，现要求对该服务器进行 Windows Server 2012 的安装，保留原数据，但不保留操作系统，应使用下列方法中的（　　）才能满足需求。

A．在安装过程中进行全新安装并格式化磁盘

B．对原操作系统进行升级安装，不格式化磁盘

C．做成双引导，不格式化磁盘

D．重新分区并进行全新安装

4．现要在一台装有 Windows Server 2008 操作系统的机器上安装 Windows Server 2012，并做成双引导系统。此计算机硬盘的大小是 200 GB，有两个分区：C 盘 100 GB，文件系统是 FAT；D 盘 100 GB，文件系统是 NTFS。为使计算机成为双引导系统，下列（　　）选项是最好的方法。

A．安装时选择升级选项，并且选择 D 盘作为安装盘

B．全新安装，选择 C 盘上与 Windows 相同的目录作为 Windows Server 2012 的安装目录

C．升级安装，选择 C 盘上与 Windows 不同的目录作为 Windows Server 2012 的安装目录

D．全新安装，且选择 D 盘作为安装盘

5．与 Windows Server 2003 相比，下面（　　）不是 Windows Server 2012 的新特性。

A．Active Directory　　B．服务器核心

C．Power Shell　　D．Hyper-V

三、简答题

1．简述 Windows Server 2012 R2 系统的最低硬件配置需求。

2．在安装 Windows Server 2012 R2 前有哪些注意事项？

2.5　项目拓展　基本配置 Windows Server 2012 R2

一、项目目的

- 掌握 Windows Server 2012 R2 网络操作系统的桌面环境配置方法。
- 掌握 Windows Server 2012 R2 防火墙的配置方法。
- 掌握 Windows Server 2012 R2 控制台（MMC）的应用。
- 掌握在 Windows Server 2012 R2 中添加角色和功能的操作。

二、项目环境

公司新购进一台服务器，硬盘空间为 500GB。已经安装了 Windows 7 网络操作系统和 VMware，计算机名为 client1。Windows Server 2012 R2 的镜像文件已保存在硬盘上。网络拓扑图如图 2-46 所示。

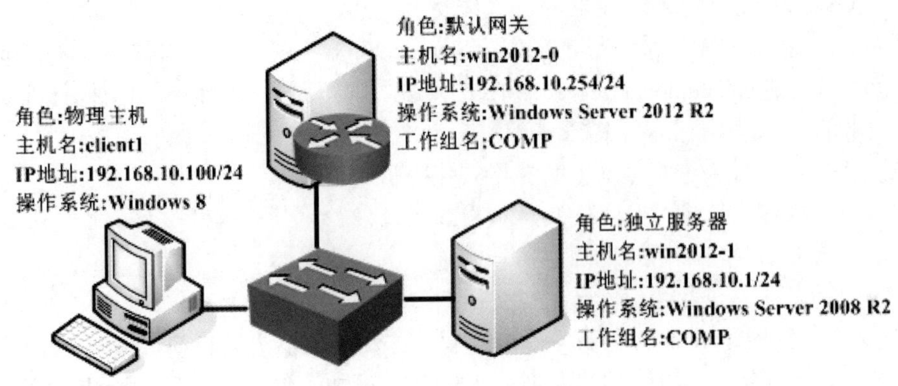

图 2-46　网络拓扑图

三、项目要求

（1）配置桌面环境。

- 对“开始”菜单进行自定义设置。
- 虚拟内存大小设为实际内存的 2 倍。
- 设置文件夹选项。
- 设置显示属性。
- 查看系统信息。
- 设置自动更新。

（2）关闭防火墙。

（3）使用规则放行 ping 命令。

（4）测试物理主机（client1）与虚拟机（win2012-0）之间的通信。

（5）使用 MMC 控制台。

（6）添加角色和功能。

四、做一做

根据项目实录视频进行项目实训，检查学习效果。

第二篇　活动目录与系统管理

欲穷千里目，更上一层楼。

——王之涣《登鹳雀楼》

项目 3　管理域和活动目录

某公司组建的单位内部办公网络原来是基于工作组方式的，近期由于公司业务发展，人员激增，基于网络的安全管理需要，考虑将基于工作组的网络升级为基于域的网络，现在需要将一台或多台计算机升级为域控制器，并将其他所有计算机加入到域中，成为成员服务器。同时将原来的本地用户账户和组也升级为域用户和组进行管理。

- 掌握规划和安装局域网中的活动目录的方法。
- 掌握创建目录林根级域的方法。
- 掌握安装额外域控制器的方法。

3.1　相关知识

Active Directory 又称活动目录，是 Windows Server 2003/2008/2012 系统中非常重要的目录服务，用于存储网络上各种对象的有关信息，包括用户账户、组、打印机、共享文件夹等，并把这些数据存储在目录服务数据库中，便于管理员和用户查询及使用。活动目录具有安全性、可扩展性、可伸缩性的特点，与 DNS 集成在一起，可基于策略进行管理。

3.1.1　活动目录

什么是活动目录呢？活动目录就是 Windows 网络中的目录服务。所谓目录服务，有两方面内容：目录和与目录相关的服务。

这里所说的目录其实是一个目录数据库，是存储整个 Windows 网络的用户账户、组、打印机、共享文件夹等各种对象的一个物理上的容器。从静态的角度来理解活动目录，与我们以前所认识的“目录”和“文件夹”没有本质区别，仅仅是一个对象，是一个实体。目录数据库使整个 Windows 网络的配置信息集中存储，使管理员在管理网络时可以集中管理而不是分散管理。

而目录服务是使目录中所有信息和资源发挥作用的服务。目录数据库存储的信息都是经过事先整理的信息。这使得用户可以非常方便、快速地找到所需要的数据，也可以方便地对活动目录中的数据执行添加、删除、修改、查询等操作。所以，活动目录更是一种服务。

总之，活动目录是一个分布式的目录服务，信息可以分散在多台不同的计算机上，保证用户能够快速访问，因为多台计算机上有相同的信息，所以在信息容错方面具有很强的控制能力，既提高了管理效率，又使网络应用更加方便。

3.1.2　域和域控制器

域是在 Windows NT/2000/2003/2008/2012 网络环境中组建客户机/服务器网络的实现方式。所谓域，是由网络管理员定义的一组计算机集合，实际上就是一个网络。在这个网络中，至少有一台称为域控制器的计算机，充当服务器角色。在域控制器中保存着整个网络的用户账号及目录数据库，即活动目录。管理员可以通过修改活动目录的配置来实现对网络的管理和控制。如管理员可以在活动目录中为每个用户创建域用户账号，使他们可以登录域并访问域的资源。同时，管理员也可以控制所有网络用户的行为，如控制用户能否登录、在什么时间登录、登录后能执行哪些操作等。而域中的客户计算机要访问域的资源，则必须先加入域，并通过管理员为其创建的域用户账号登录域。同时，也必须接受管理员的控制和管理。构建域后，管理员可以对整个网络实施集中控制和管理。

3.1.3　域目录树

当要配置一个包含多个域的网络时，应该将网络配置成域目录树结构，如图 3-1 所示。

在如图 3-1 所示的域目录树中，最上层的域名为 China.com，是这个域目录树的根域，也称为父域。下面两个域 Jinan.China.com 和 Beijing.China.com 是 China.com 域的子域，3 个域共同构成了这个域目录树。

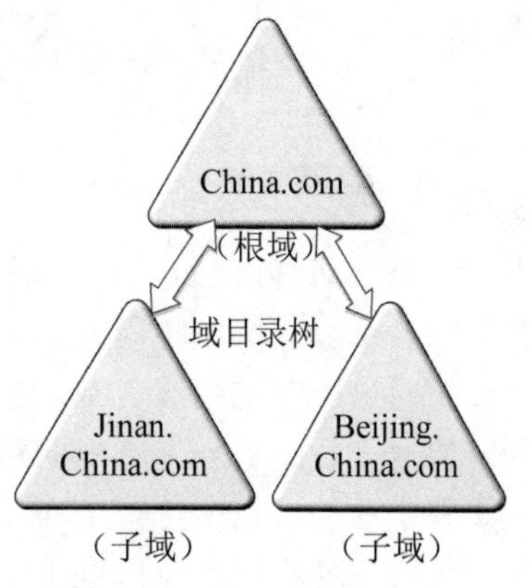

图 3-1　域目录树

活动目录的域名仍然采用 DNS 域名的命名规则进行命名。例如在图 3-1 所示的域目录树中，两个子域的域名 Jinan.China.com 和 Beijing.China.com 中仍包含父域的域名 China.com，因此，它们的命名空间是连续的。这也是判断两个域是否属于同一个域目录树的重要条件。

在整个域目录树中，所有域共享同一个活动目录，即整个域目录树中只有一个活动目录。只不过这个活动目录分散地存储在不同的域中（每个域只负责存储和本域有关的数据），整体上形成一个大的分布式的活动目录数据库。在配置一个较大规模的企业网络时，可以配置为域目录树结构，比如将企业总部的网络配置为根域，各分支机构的网络配置为子域，整体上形成一个域目录树，以实现集中管理。

3.1.4　域目录林

如果网络的规模比前面提到的域目录树还要大，甚至包含了多个域目录树，这时可以将网络配置为域目录林（也称森林）结构。域目录林由一个或多个域目录树组成，如图 3-2 所示。域目录林中的每个域目录树都有唯一的命名空间，它们之间并不是连续的，这一点从图 3-2 所示的两个目录树中可以看到。

在整个域目录林中也存在着根域，这个根域是域目录林中最先安装的域。在图 3-2 所示的域目录林中，China.com 是最先安装的，那么这个域就是域目录林的根域。

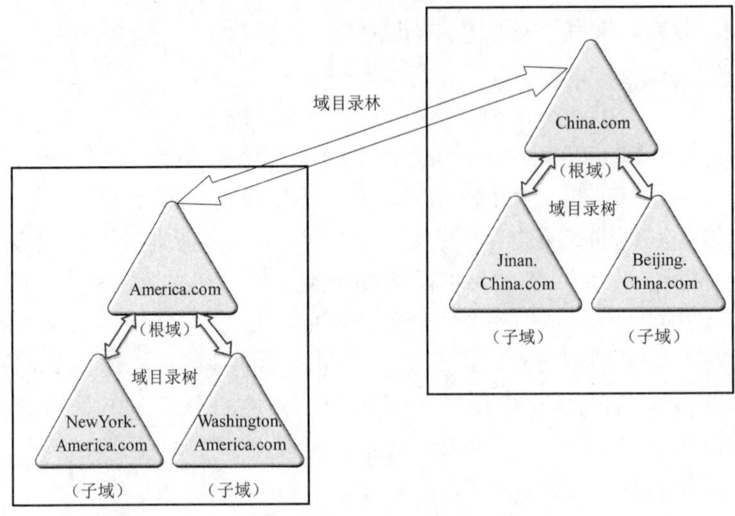

图 3-2　域目录林

在创建域目录林时，组成域目录林的两个域目录树的树根之间会自动创建相互的、可传递的信任关系。由于有了双向的信任关系，使域目录林的每个域中的用户都可以访问其他域的资源，也可以从其他域登录到本域中。

3.1.5　全局编录

有了域目录林之后，同一域目录林中的域控制器共享一个活动目录，这个活动目录是分散存放在各个域的域控制器上的，每个域中的域控制器存有该域的对象的信息。如果一个域的用户要访问另一个域中的资源，这个用户要能够查找到另一个域中的资源才行。为了让每一用户能够快速查找到另一个域内的对象，微软设计了全局编录（Global Catalog，GC）。全局编录包含了整个活动目录中每一个对象的最重要属性（即部分属性，而不是全部），这使得用户或者应用程序即使不知道对象位于哪个域内，也可以迅速找到被访问的对象。

3.2　项目设计及准备

3.2.1　项目设计

下面利用图 3-3 来说明如何建立第一个林中的第一个域（根域）：先安装一台 Windows Server 2012 R2 服务器，然后将其升级为域控制器并建立域；再架设此域的第二台域控制器（Windows Server 2012 R2）、第三台域控制器（Windows Server 2012 R2）、一台成员服务器（Windows Server 2012 R2）和一台加入 AD DS 域的 Windows 10 计算机。

建议利用 VMware Workstation 或 Windows Server 2012 R2 Hyper-V 等提供虚拟环境的软件来搭建图中的网络环境。若复制（克隆）现有虚拟机，记得要执行 Sysprep.exe 并勾选“通用”。在项目 1 中已详述，这里不再赘述。

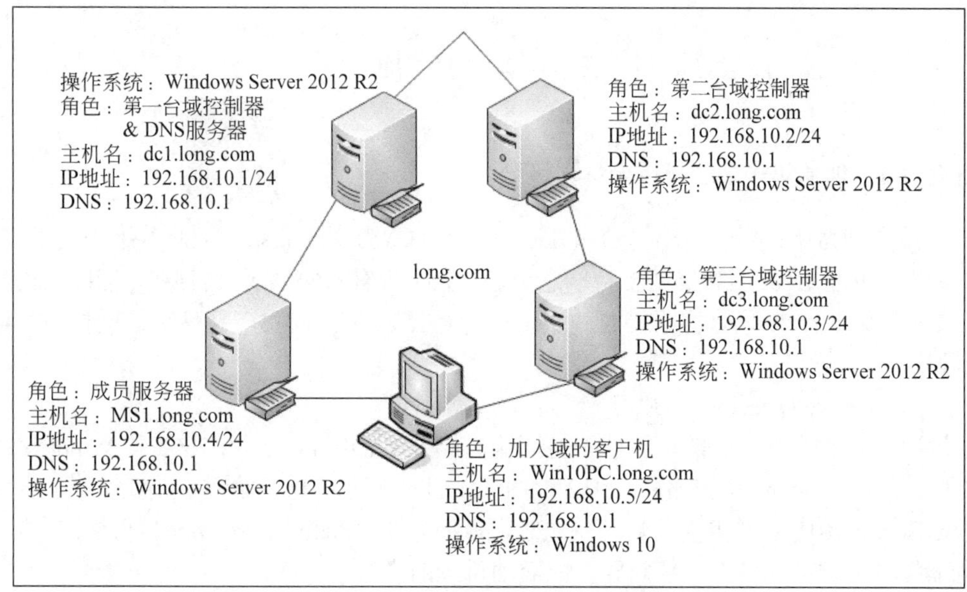

图 3-3　AD DS 网络规划拓扑图

3.2.2　项目准备

我们要将图 3-3 左上角的服务器升级为域控制器（安装 Active Directory 域服务），因为它是第一台域控制器，所以这个升级操作会同时完成以下工作：

- 建立第一个新林。
- 建立此新林中的第一个域树。
- 建立此新域树中的第一个域。
- 建立此新域中的第一台域控制器。

换句话说，在建立图 3-3 中的第一台域控制器 dcl.long.com 时，此域控制器所隶属的域 long.com 和域 long.com 所隶属的域树也会同时被建立，其中域 long.com 是此域树的根域。由于是第一个域树，因此一个新林也会同时被建立，林名称就是第一个域树根域的域名 long.com，域 long.com 就是整个林的林根域。

我们将通过新建服务器角色的方式将图 3-3 中左上角的服务器 dc1.long.com 升级为网络中的第一台域控制器。

注意　超过一台的计算机参与部署环境时，一定要保证各计算机间的通信畅通，否则无法进行后续的工作。当使用 ping 命令测试失败时，有两种可能：一种是计算机间配置确实存在问题，比如 IP 地址、子网掩码等；另一种也可能是本身计算机间通信是畅通的，但由于对方防火墙等阻挡了 ping 命令的执行。第二种情况可以参考《Windows Server 2012 网络操作系统项目教程》（第 4 版）（ISBN: 978-7-115-42210-1，人民邮电出版社，2016.07）书中“2.3.2 任务 2　配置 Windows Server 2012 R2”中的“配置防火墙，放行 ping 命令”相关内容进行相应处理，或者关闭防火墙。

3.3 项目实施

任务 3-1 创建第一个域（目录林根级域）

由于域控制器所使用的活动目录和 DNS 有着非常密切的关系，因此网络中要求有 DNS 服务器存在，并且 DNS 服务器要支持动态更新。如果没有 DNS 服务器存在，可以在创建域时一起把 DNS 安装上。这里假设图 3-3 中的 dc1 服务器未安装 DNS，并且是该域林中的第一台域控制器。

1. 安装 Active Directory 域服务

活动目录在整个网络中的重要性不言而喻。经过 Windows Server 2003 和 Windows Server 2008 的不断完善，Windows Server 2012 中的活动目录服务功能更加强大，管理更加方便。在 Windows Server 2012 系统中安装活动目录时，需要先安装 Active Directory 域服务，然后用“将此服务器提升为域控制器”安装向导完成活动目录的安装。

Active Directory 域服务的主要作用是存储目录数据并管理域之间的通信，包括用户登录处理、身份验证和目录搜索等。

Step 1 在图 3-3 中左上角的服务器 dc1.long.com 上安装 Windows Server 2012 R2，将其计算机名称设置为 dc1，IPv4 地址等按图 3-3 所示进行配置（图中采用 TCP/IPv4）。注意将计算机名称设置为 dc1，等升级为域控制器后它会被自动改为 dc1.long.com。

Step 2 以管理员用户身份登录到 dc1 上，依次执行“开始”→“控制面板”→“管理工具”→“服务器管理器”→“仪表板”命令。单击“添加角色和功能”按钮，打开如图 3-4 所示的“添加角色和功能向导”窗口。

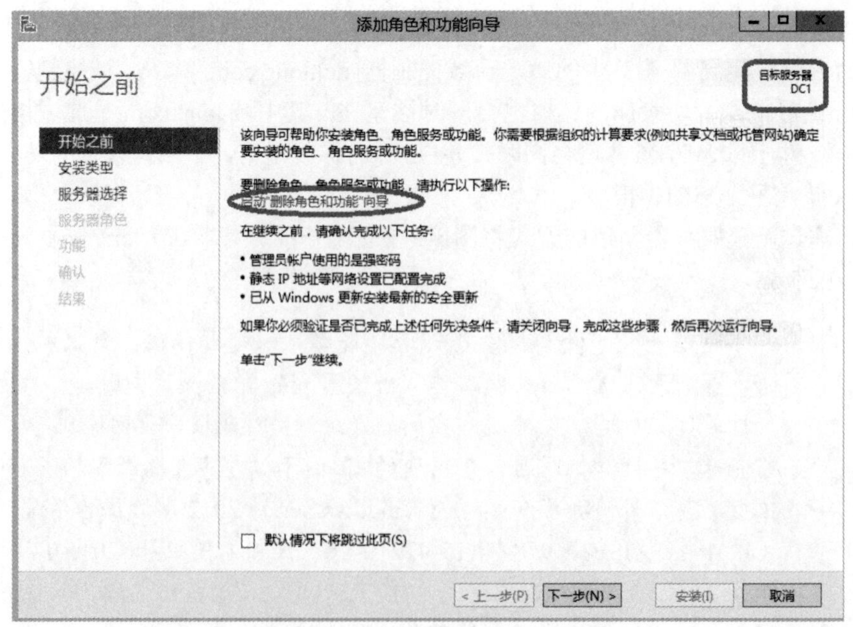

图 3-4 “添加角色和功能向导”窗口

请读者注意图 3-4 中的“启动‘删除角色和功能’向导”超链接。如果安装完 AD 服务后需要删除该服务角色，请在此单击“启动‘删除角色和功能’向导”超链接完成 Active Directory 域服务的删除。

Step 3 直到显示如图 3-5 所示的“选择服务器角色”界面时勾选“Active Directory 域服务”复选项，然后单击“添加功能”按钮。

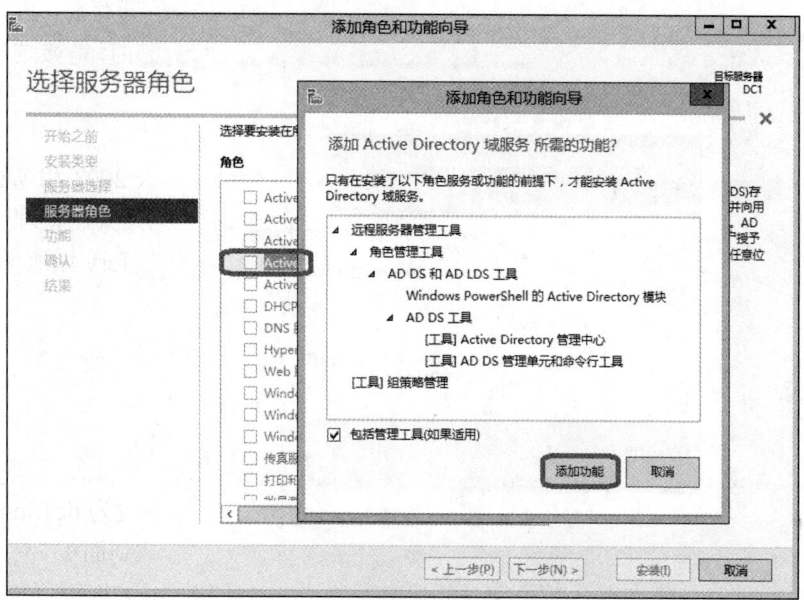

图 3-5　“选择服务器角色”界面

Step 4 连续单击“下一步”按钮，直到显示如图 3-6 所示的“确认安装所选内容”界面。

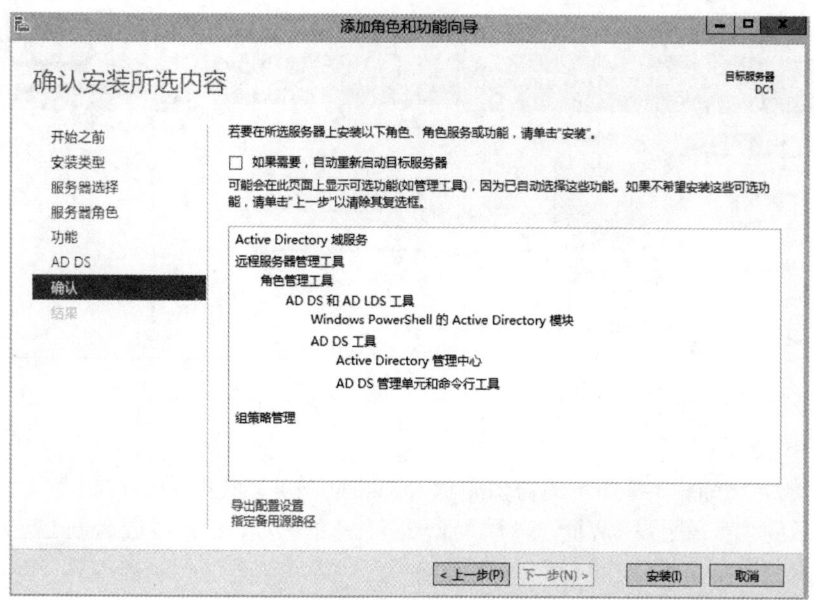

图 3-6　“确认安装所选内容”界面

Step 5 单击“安装”按钮即可开始安装。安装完成后显示如图 3-7 所示的“安装进度”界面，提示“Active Directory 域服务”已经成功安装，单击“将此服务器提升为域控制器”超链接。

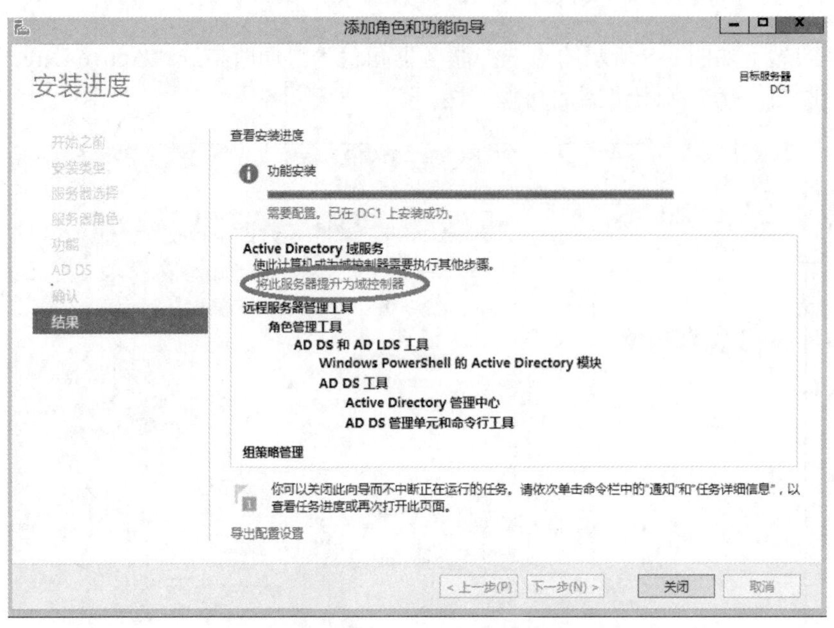

图 3-7 “安装进度”界面

提示：如果在图 3-7 所示的界面中直接单击“关闭”按钮，则之后要将其提升为域控制器，则在如图 3-8 所示的“服务器管理器”窗口中单击旗帜符号，再单击“将此服务器提升为域控制器”选项。

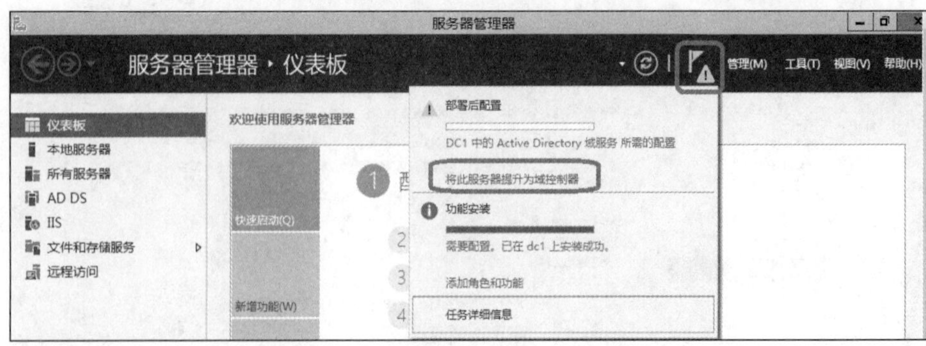

图 3-8 将此服务器提升为域控制器

2. 安装活动目录

Step 1 在图 3-7 或图 3-8 所示的窗口中选择“将此服务器提升为域控制器”，进入如图 3-9 所示的“部署配置”界面，选择“添加新林”单选项，设置根域名（本例为 long.com），创建一台全新的域控制器。如果网络中已经存在其他域控制器或林，则可以选择“将新域添加到现有林”或“将域控制器添加到现有域”单选项，在现有林中安装。

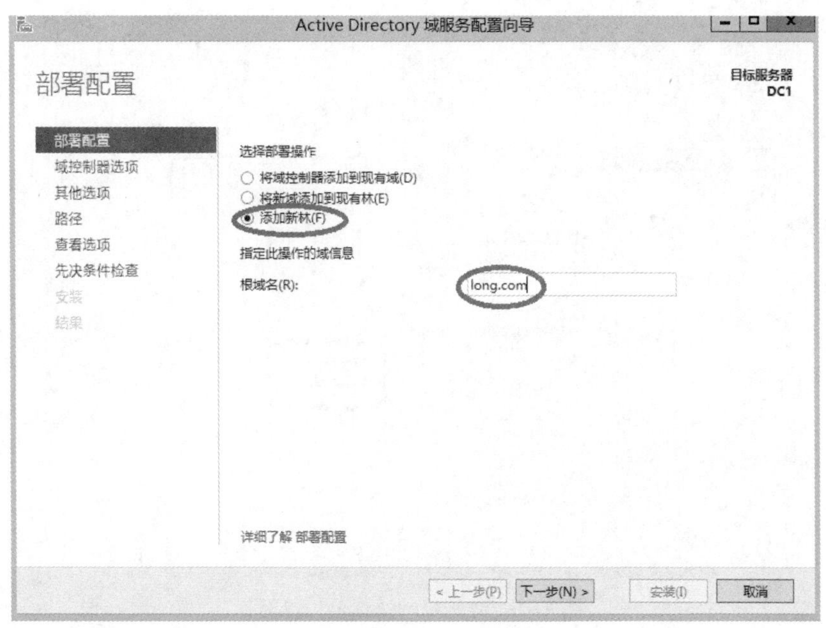

图 3-9 “部署配置”界面

3 个单选项的具体含义如下：

- 将域控制器添加到现有域：可以向现有域中添加第二台或更多台域控制器。
- 将新域添加到现有林：在现有林中创建现有域的子域。
- 添加新林：创建全新的域。

提示 网络既可以配置一台域控制器，也可以配置多台域控制器，以分担用户的登录和访问。多个域控制器可以一起工作，并会自动备份用户账户和活动目录数据，即使部分域控制器瘫痪后，网络访问仍然不受影响，从而提高网络安全性和稳定性。

Step 2 单击“下一步”按钮，进入如图 3-10 所示的“域控制器选项”界面。

（1）设置林功能和域功能级别。不同的林功能级别可以向下兼容不同平台的 Active Directory 服务功能。选择 Windows 2008 则可以提供 Windows 2008 平台下的所有 Active Directory 功能；选择 Windows Server 2012 则可提供 Windows Server 2012 平台下的所有 Active Directory 功能。用户可以根据自己实际的网络环境选择合适的功能级别。设置不同的域功能级别主要是为兼容不同平台下的网络用户和子域控制器，在此只能设置 Windows Server 2012 R2 版本的域控制器。

（2）设置目录还原模式密码。由于有时需要备份和还原活动目录，且还原时（启动系统时按 F8 键）必须进入“目录服务还原模式”下，所以此处要求输入“目录服务还原模式”时使用的密码。由于该密码和管理员密码可能不同，所以一定要牢记该密码。

（3）指定域控制器功能。默认在此服务器上直接安装 DNS 服务器。如果这样做，该向导将自动创建 DNS 区域委派。无论 DNS 服务器服务是否与 AD DS 集成，都必须将其安装在部署的 AD DS 目录林根级域的第一个域控制器上。

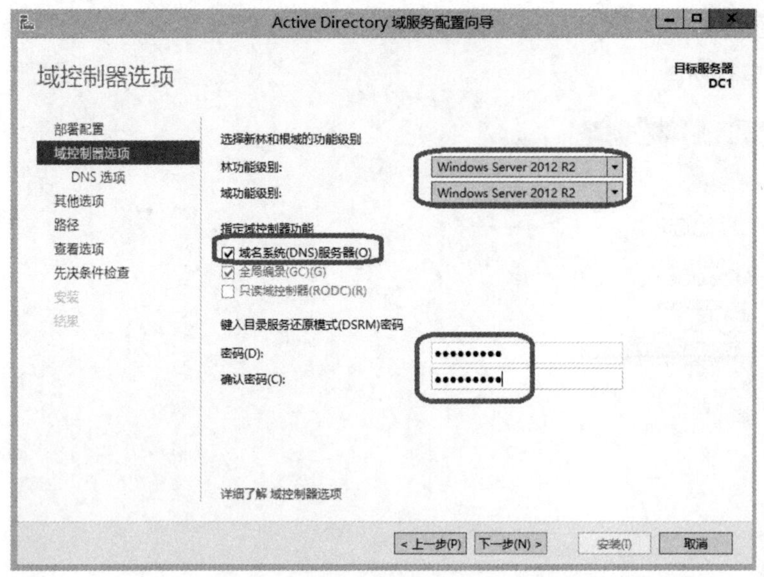

图 3-10 “域控制器选项”界面

第一台域控制器需要扮演全局编录服务器的角色，第一台域控制器不可以是只读域控制器（RODC）。

安装后若要设置“林功能级别”，则登录域控制器，打开“Active Directory 域和信任关系”窗口，右击“Active Directory 域和信任关系”，在弹出的快捷菜单中选择“提升林功能级别”，再选择相应的林功能级别。

Step 3 单击“下一步”按钮，进入如图 3-11 所示的“DNS 选项”界面，其中显示警告信息，目前不会有影响，因此不必理会它，直接单击“下一步”按钮。

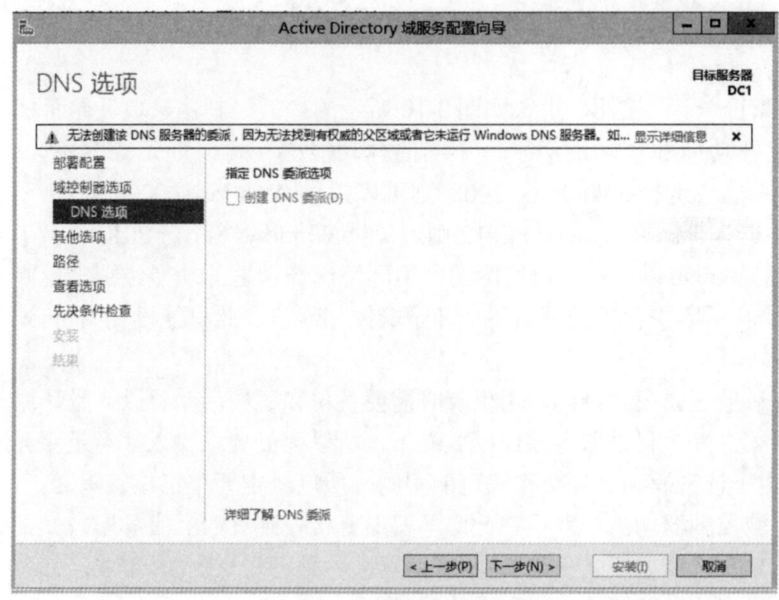

图 3-11 “DNS 选项”界面

Step 4　在如图 3-12 所示的界面中会自动为此域设置一个 NetBIOS 名称，也可以更改此名称。如果此名称已被占用，安装程序会自动指定一个建议名称。完成后单击“下一步”按钮。

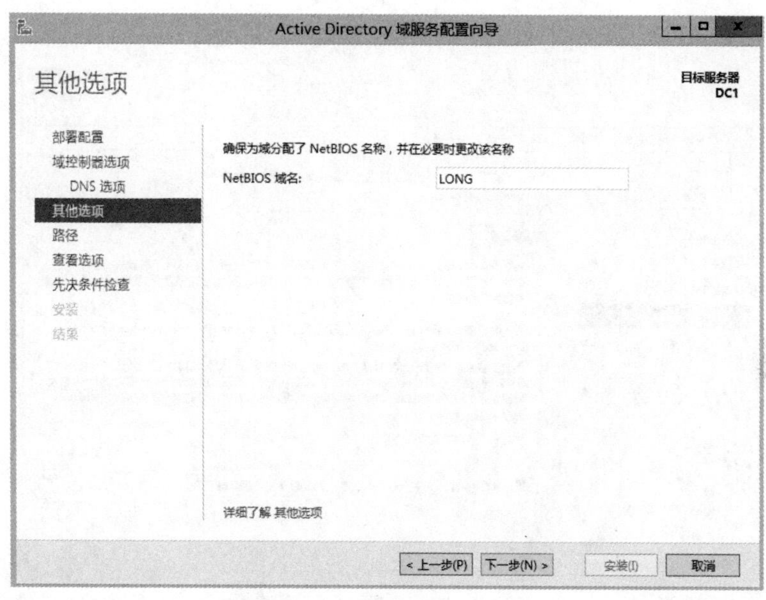

图 3-12　“其他选项”界面

Step 5　进入如图 3-13 所示的“路径”界面，可以单击“浏览”按钮更改为其他路径。其中，“数据库文件夹”用来存储互动目录数据库，“日志文件文件夹”用来存储活动目录的变化日志，以便于日常管理和维护。需要注意的是，“SYSVOL 文件夹”必须保存在 NTFS 格式的分区中。

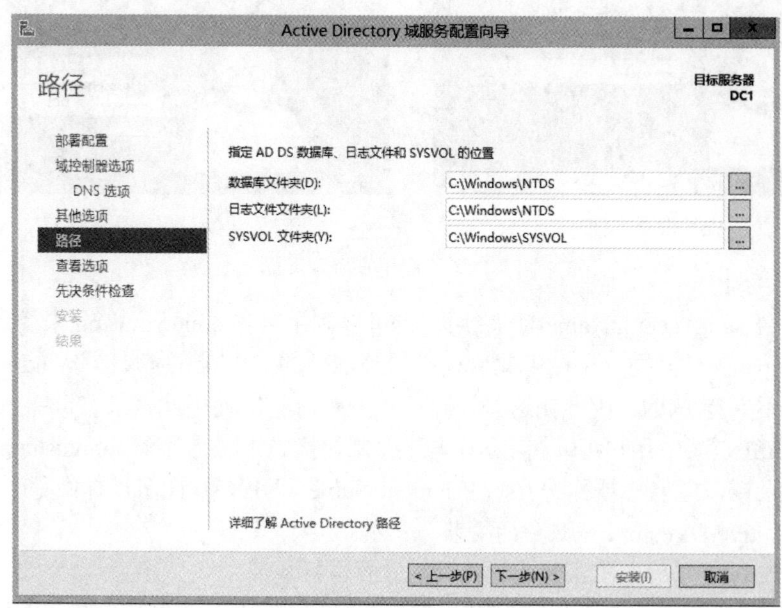

图 3-13　“路径”界面

Step 6 单击“下一步”按钮进入“查看选项”界面，接着单击“下一步”按钮。

Step 7 在如图 3-14 所示的“先决条件检查”界面中，如果顺利通过检查，就直接单击“安装”按钮，否则要按提示先排除问题。安装完成后会自动重启计算机。

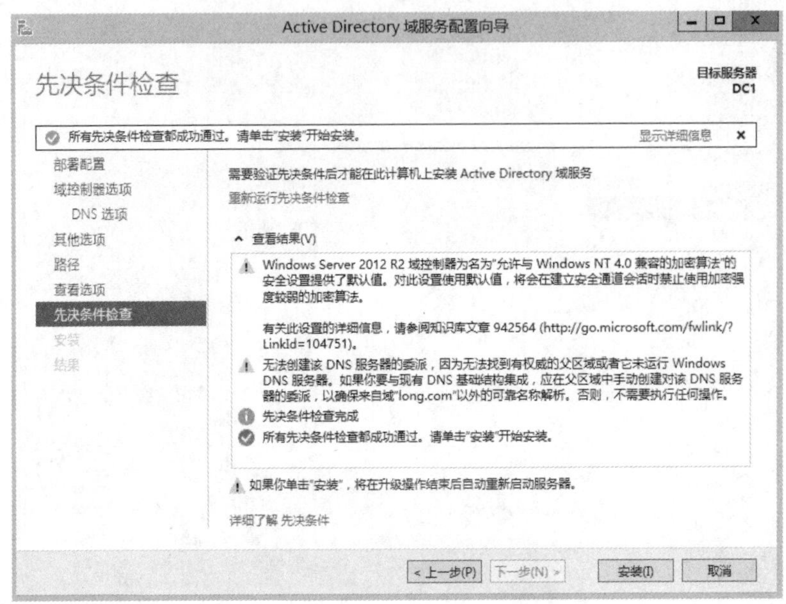

图 3-14 “先决条件检查”界面

Step 8 重新启动计算机，升级为 Active Directory 域控制器之后，必须使用域用户账户登录，格式为“域名\用户账户”，如图 3-15（a）所示。单击左侧箭头可以更换登录用户，比如选择其他用户，如图 3-15（b）所示。

（a）登录界面

（b）更换登录用户

图 3-15 不同用户登录界面

- 用户名 SamAccountName 登录：用户也可以利用名称 contoso\wang 来登录，其中 wang 是 NetBios 名。同一个域中此名称必须是唯一的。Windows NT、Windows 98 等旧版系统不支持 UPN，因此在这些计算机上登录时只能使用此登录名。
- 用户 UPN 登录：用户可以利用这个与电子邮箱格式相同的名称（administrator@long.com）来登录域，此名称被称为 User Principal Name（UPN）。此名在林中是唯一的。

3. 验证 Active Directory 域服务的安装

活动目录安装完成后，在 dc1 上可以从各方面进行验证。

（1）查看计算机名。选择“开始”→“控制面板”→“系统和安全”→“系统”→“高级系统设置”，单击“计算机名”选项卡，可以看到计算机已经由工作组成员变成了域成员，而且是域控制器。

（2）查看管理工具。活动目录安装完成后，会添加一系列的活动目录管理工具，包括 Active Directory 用户和计算机、Active Directory 站点和服务、Active Directory 域和信任关系等。单击“开始”→“控制面板”→“管理工具”命令，可以在“管理工具”中找到这些管理工具的快捷方式。

（3）查看活动目录对象。打开“Active Directory 用户和计算机”管理工具，可以看到企业的域名 long.com。单击该域，窗口右侧的详细信息窗格中会显示域中的各个容器，其中包括一些内置容器，主要有以下几种：

- built-in：存放活动目录域中的内置组账户。
- computers：存放活动目录域中的计算机账户。
- users：存放活动目录域中的一部分用户和组账户。
- Domain Controllers：存放域控制器的计算机账户。

（4）查看 Active Directory 数据库。Active Directory 数据库文件保存在%SystemRoot%\Ntds（本例为 C:\windows\ntds）文件夹中，主要文件如下：

- Ntds.dit：数据库文件。
- Edb.chk：检查点文件。
- Temp.edb：临时文件。

（5）查看 DNS 记录。为了让活动目录正常工作，需要 DNS 服务器的支持。活动目录安装完成后，重新启动 dc1 时会向指定的 DNS 服务器上注册 SRV 记录。

依次选择“开始”→“控制面板”→“管理工具”→DNS 命令，或者在“服务器管理器”窗口中单击右上方的“工具”菜单并选择 DNS 选项，打开“DNS 管理器”窗口。一个注册了 SRV 记录的 DNS 服务器如图 3-16 所示。

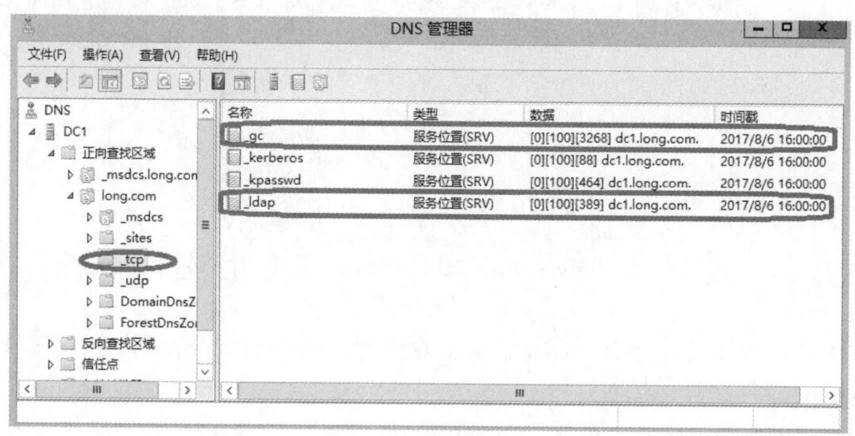

图 3-16　注册 SRV 记录

如果因为域成员本身的设置有误或者网络问题造成它们无法将数据注册到 DNS 服务，则可以在问题解决后重新启动这些计算机或利用以下方法来手动注册：

- 如果某域成员计算机的主机名与 IP 地址没有正确注册到 DNS 服务器，可到此计算机上运行 ipconfig/registerdns 来手动注册完成后，到 DNS 服务器检查是否已有正确记录。

例如域成员主机名为 dc1.long.com，IP 地址为 192.168.10.1，则请检查区域 long.com 内是否有 dc1 的主机记录、其 IP 地址是否为 192.168.10.1。

- 如果发现域控制器并没有将其扮演的角色注册到 DNS 服务器内，也就是并没有类似图 3-16 所示的_tcp 等文件夹与相关记录，则请到此台域控制器上利用“开始”→“控制面板”→“管理工具”→“服务”命令打开如图 3-17 所示的“服务”窗口，选中 Netlogon 服务后右击并选择“重新启动”来注册。也可以使用以下命令实现：

```
net stop netlogon
net start netlogon
```

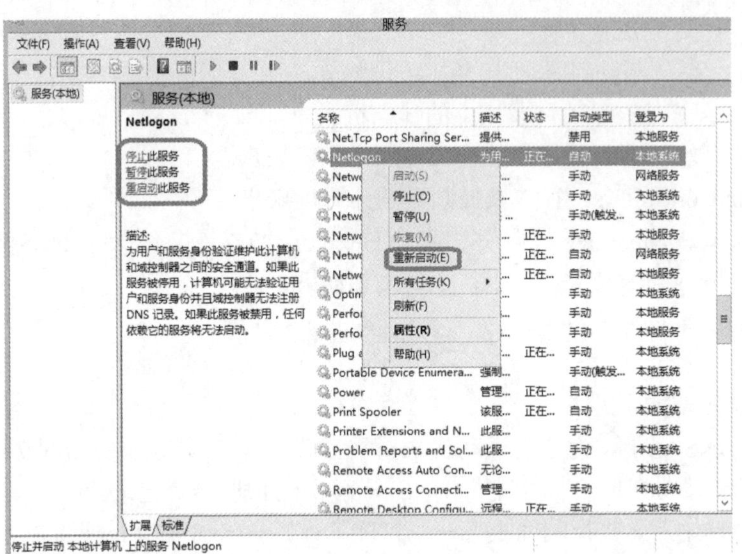

图 3-17 “服务”窗口

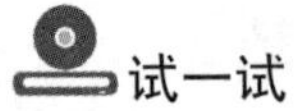

SRV 记录手动添加无效。将注册成功的 DNS 服务器中 long.com 域下面的 SRV 记录删除一些，试着在域控制器上使用上面的命令恢复 DNS 服务器被删除的内容（使用命令后右击并选择“刷新”即可）。

任务 3-2 将 ms1 加入到 long.com 域

将 ms1 独立服务器加入到 long.com 域中，将 ms1 提升为 long.com 的成员服务器，步骤如下：

Step 1 在 ms1 服务器上，确认“本地连接”属性中的 TCP/IP 首选 DNS 指向了 long.com 域的 DNS 服务器，即 192.168.10.1。

Step 2 单击“开始”→“控制面板”→“系统和安全”→“系统”→“高级系统设置”，弹出“系统属性”对话框。选择“计算机名”选项卡，单击“更改”按钮，弹出“计算机名/域更改”对话框。在“隶属于”选项区域中，选择“域”单选项并输入要加入的域的名字 long.com，单击“确定”按钮。

Step 3 在弹出的“Windows 安全”对话框中输入有权限加入该域的账户名称和密码，比如该域控制器的管理员账户，如图 3-18 所示，单击“确定”按钮后重新启动计算机。

图 3-18　将 ms1 加入到 long.com 域

Step 4　加入域后，其完整计算机名的后缀就会附上域名，如图 3-19 所示的 ms1.long.com。单击“关闭”按钮，按照界面提示重新启动计算机。

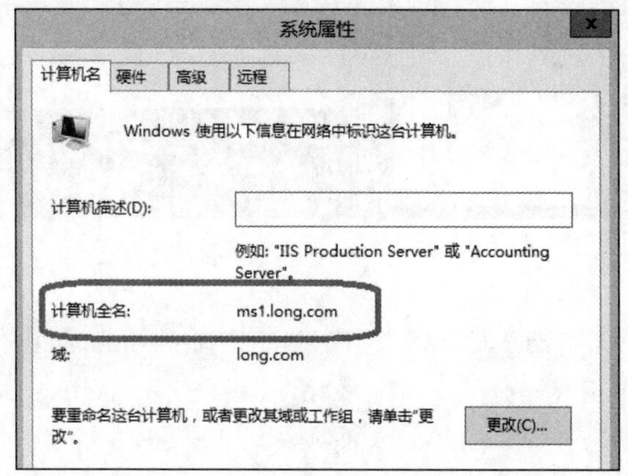

图 3-19　加入到 long.com 域后的计算机名

①操作系统为 Windows 10 的计算机和操作系统为 Windows Server 2012 R2 的计算机加入域中的步骤是一样的。

②这些被加入域的计算机，其计算机账户会被创建在 Computers 窗口内。

任务 3-3　利用已加入域的计算机登录

我们也可以在已经加入域的计算机上，利用本地域用户账户进行登录。

1. 利用本地账户登录

在登录界面中按 Ctrl+Alt+Del 组合键后，将出现如图 3-20 所示的界面，该界面默认以本地系统管理员 Administrator 的身份登录，因此只要输入 Administrator 的密码就可以登录。

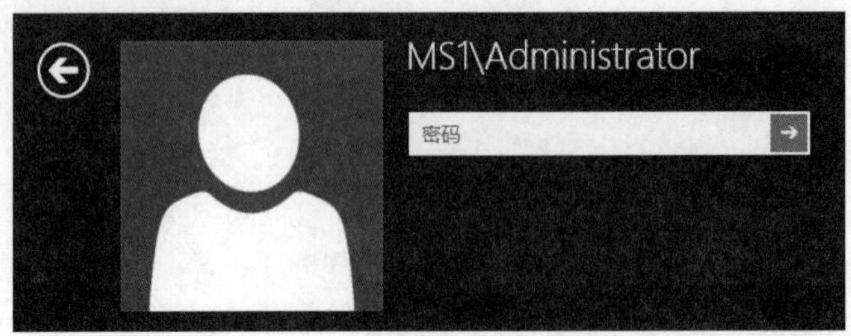

图 3-20　本地用户登录

此时，系统会利用本地安全性数据库来检查账户与密码是否正确，如果正确，就可以成功登录，也可以访问计算机内的资源（若有权限），不过无法访问域内其他计算机的资源，除非在连接其他计算机时再输入有权限的用户名与密码。

2. 利用域用户账户登录

如果不想利用域系统管理员 Administrator 的身份登录，可单击图 3-20 所示人像左方的箭头图标，然后单击“其他用户”链接，打开如图 3-21 所示的“其他用户”登录对话框，输入域系统管理员的账户（long\administrator）与密码，单击“登录”按钮进行登录。

图 3-21　“其他用户”登录对话框

账户名前面要附加域名，例如 long.com\Administrator 或 long\Administrator，此时账户与密码会被发送给域控制器，并利用 Active Directory 数据库来检查账户与密码是否正确，如果正确，就可以登录成功，并且可以直接连接域内任何一台计算机并访问其中的资源（如果被赋予权限），不需要手动输入用户名与密码。当然，也可以用 UPN 登录，形如 administrator@long.com。

在图 3-20 中，如何利用本地用户登录呢？输入用户名 ms1\administrator 及相应密码可以吗？

任务 3-4　安装额外的域控制器与 RODC

一个域内若有多台域控制器，则可以拥有以下优势：

- 提高用户登录的效率：若同时有多台域控制器来对客户端提供服务，则可以分担用户身份验证（账户与密码）的负担，提高用户登录的效率。
- 容错功能：若有域控制器发生故障，此时仍然可以由其他正常的域控制器来继续提供服务，因此对用户的服务并不会停止。

在安装额外域控制器时，需要将 AD DS 数据库由现有的域控制器复制到这台新的域控制器中，系统提供了两种复制 AD DS 数据库的方式：

- 通过网络直接复制：若 AD DS 数据库庞大，此方法会增加网络负担，影响网络效率，尤其是这台新域控制器位于远程网络内。
- 通过安装介质：您需要事先到一台域控制器内制作安装介质，其中包含 AD DS 数据库，接着将安装介质复制到 U 盘、CD、DVD 等媒体或共享文件夹内。然后在安装额外域控制器时，要求安装向导到这个媒体内读取安装介质内的 AD DS 数据库，这种方式可以大幅降低对网络所造成的负担。若在安装介质制作完成之后，现有域控制器的 AD DS 数据库内有新变动数据的话，这些少量数据会在完成额外域控制器的安装后通过网络自动复制过来。

下面同时说明如何将图 3-22 中右上角的 dc2.long.com（DC2）升级为常规额外域控制器（可写域控制器），将右下角的 dc3.long.com（DC3）升级为只读域控制器（RODC）。

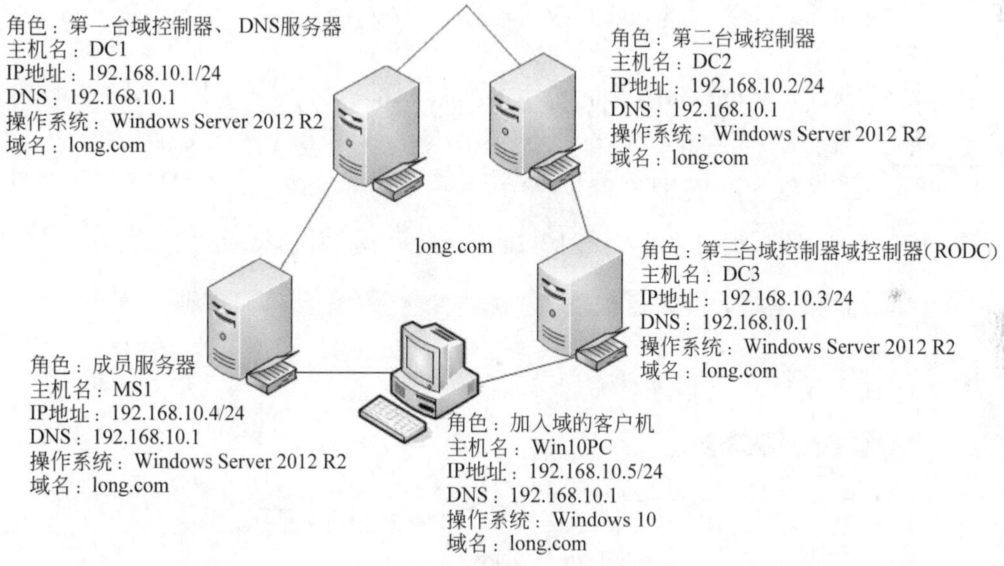

图 3-22　long.com 域的网络拓扑

1. 利用网络直接复制安装额外控制器

Step 1 在图 3-22 中的服务器 dc2.long.com 与 dc3.long.com 上安装 Windows Server 2012 R2，并将计算机名称分别设定为 dc2 和 dc3，IPv4 地址等按照图中所示来设置（图中采用 TCP/IPv4）。注意将计算机名称分别设置为 dc2 和 dc3，等升级为域控制器后它们会被自动改为 dc2. long.com 和 dc3. long.com。

Step 2 安装 Active Directory 域服务。操作方法与安装第一台域控制器的方法完全相同。

Step 3 启动 Active Directory 安装向导，当显示“部署配置”窗口时选择“将域控制器添加到现有域”单选项，单击“更改”按钮，弹出“Windows 安全”对话框，需要指定可以通过相应主域控制器验证的用户账户凭据，该用户账户必须是 Domain Admins 组，拥有域管理员权限，比如根域控制器的管理员账户 long\Administrator，如图 3-23 所示。

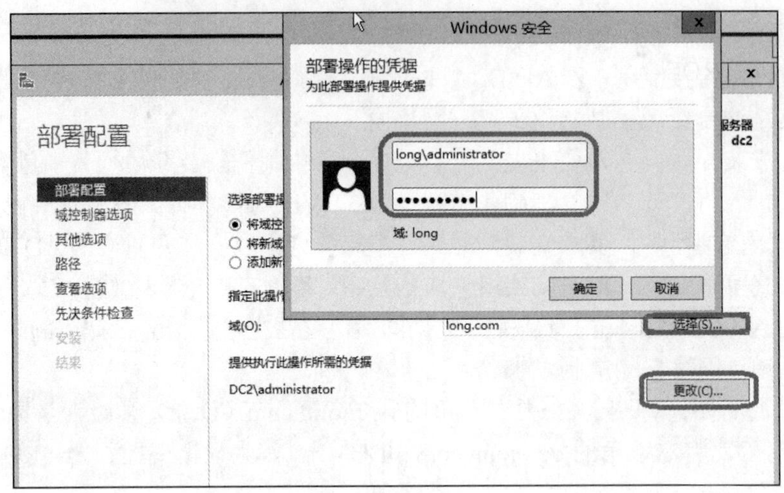

图 3-23　“Windows 安全”对话框

注意 只有 Enterprise Admins 或 Domain Admins 内的用户有权力建立其他域控制器。若您现在所登录的账户不隶属于这两个组（例如我们现在所登录的账户为本机 Administrator），则需要如图 3-23 所示另外指定有权力的用户账户。

Step 4 单击“下一步”按钮，进入如图 3-24 所示的“域控制器选项”界面。

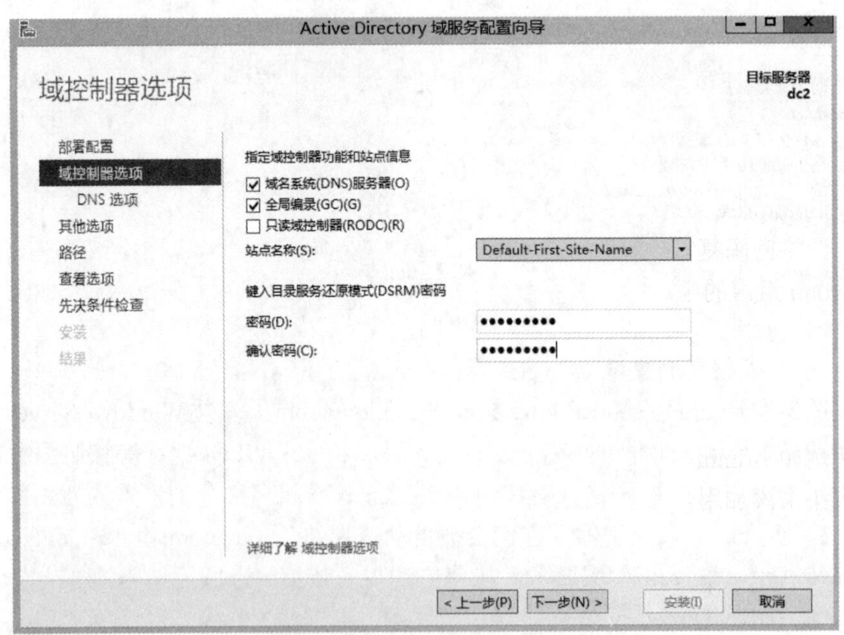

图 3-24　“域控制器选项”界面

（1）选择是否在此服务器上安装 DNS 服务器（默认会）。

（2）选择是否将其设定为全局编录服务器（默认会）。

（3）选择是否将其设置为只读域控制器（默认不会）。

（4）设置目录服务还原模式的密码。

Step 5　若在图 3-24 中未勾选“只读域控制器（RODC）”复选项，请直接跳到下一个步骤。若安装了 RODC，则会出现如图 3-25 所示的界面，在完成图中的设定后单击“下一步”按钮，然后跳到 Step 7。

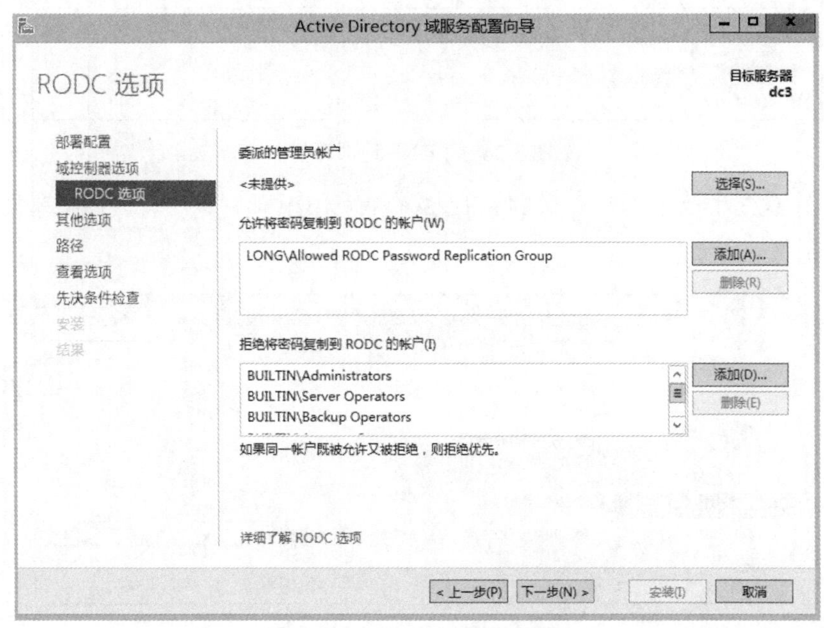

图 3-25　“RODC 选项”界面

- 委派的管理员账户：可通过“选择”按钮来选取被委派的用户或组，他们在这台 RODC 中将拥有本地系统管理员的权限，且若采用阶段式安装 RODC 的话，则他们也可将此 RODC 服务器附加到 AD DS 数据库内的计算机账户。默认仅 Domain Admins 或 Enterprise Admins 组内的用户有权管理此 RODC 与执行附加操作。
- 允许将密码复制到 RODC 的账户：默认仅允许 Allowed RODC Password Replication Group 组内的用户密码可被复写到 RODC（此组默认并无任何成员），可通过“添加”按钮来添加用户或组账户。
- 拒绝将密码复制到 RODC 的账户：此处的用户账户，其密码会被拒绝复制到 RODC。此处的设置较允许将密码复制到 RODC 的账户的设置优先级高。部分内建的组账户（例如 Administrators、Server Operators 等）默认已被列于此列表内。可通过“添加”按钮来添加用户或组账户。

注意　在安装域中的第一台 RODC 时，系统会自动建立与 RODC 有关的组账户，这些账户会自动被复制给其他域控制器，不过可能需要花费一段时间，尤其是复制给位于不同站点的域控制器时。之后在其他站点安装 RODC 时，若安装向导无法从这些域控制器得到这些域信息，它会显示警告信息，此时请等待这些组信息完成复制后再继续安装这台 RODC。

Step 6　若不是安装 RODC，会出现如图 3-26 所示的界面，请直接单击“下一步”按钮。

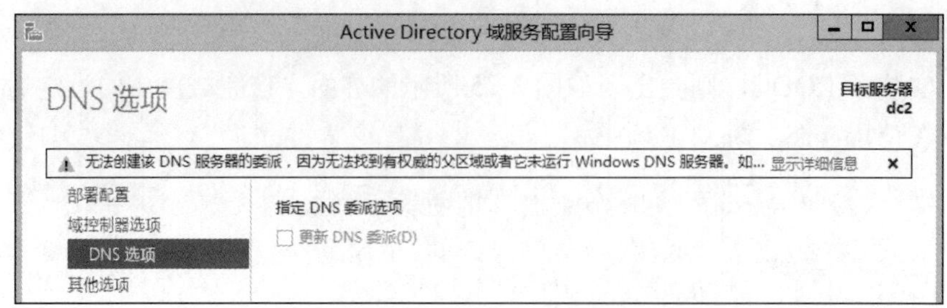

图 3-26 “DNS 选项”界面

Step 7 在图 3-27 中单击“下一步”按钮，它会直接从其他任何一台域控制器来复制 AD DS 数据库。

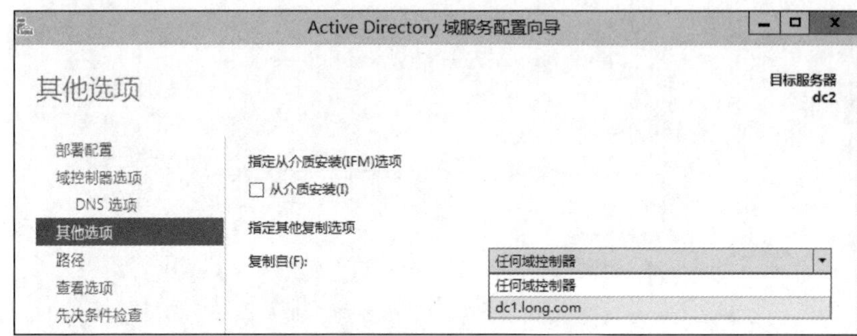

图 3-27 “其他选项”界面

Step 8 在图 3-28 中可直接单击“下一步”按钮。

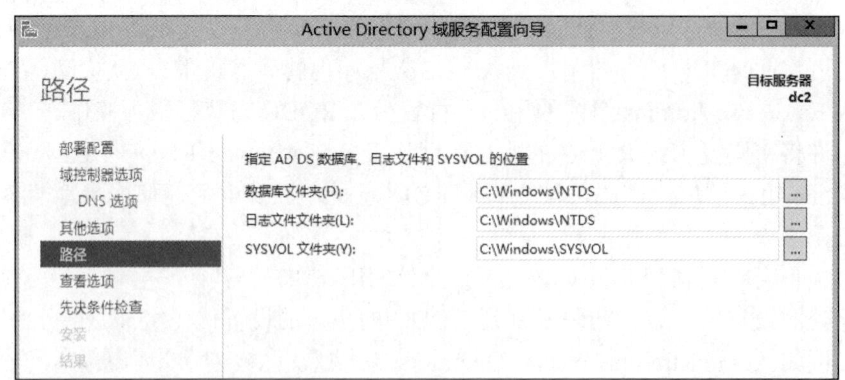

图 3-28 “路径”界面

- 数据库文件夹：用来存储 AD DS 数据库。
- 日志文件文件夹：用来存储 AD DS 数据库的变更日志，此日志文件可被用来修复 AD DS 数据库。
- SYSVOL 文件夹：用来存储域共享文件（例如组策略相关的文件）。

Step 9 进入“查看选项”界面，单击“下一步”按钮。

Step 10 在图 3-29 中，若顺利通过检查，就直接单击“安装”按钮，否则请根据界面提示先排除问题。

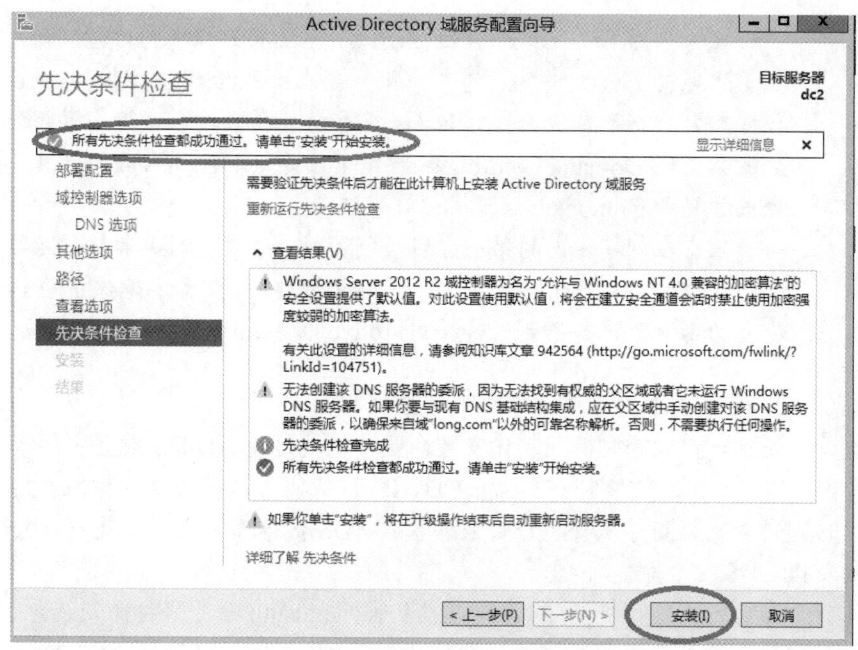

图 3-29　“先决条件检查”界面

Step 11　安装完成后会自动重新启动，请重新登录。

Step 12　分别打开 DC1、DC2、DC3 的 DNS 服务器管理器，检查 DNS 服务器内是否有域控制器 dc1.long.com、dc2.long.com 和 dc3.long.com 的相关记录，如图 3-30 所示（DC2、DC3 上的 DNS 服务器类似）。

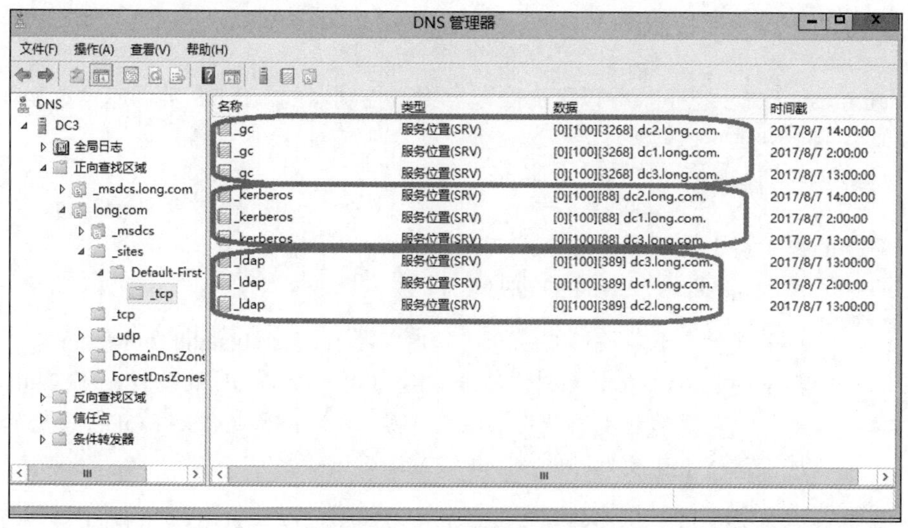

图 3-30　检查 DNS 服务器

这两台域控制器的 AD DS 数据库内容是从其他域控制器复制过来的，而原本这两台计算机内的本地用户账户会被删除。

在服务器 DC1（第一台域控制器）还没有升级成为域控制器之前，原本位于本地安全性数据库内的本地账户会在升级后被转移到 Active Directory 数据库内，而且是被放置到 Users 容器内，并且这台域控制器的计算机账户会被放置到 Domain Controllers 组织单位内，其他加入域的计算机账户默认会被放置到 Computers 容器内。

只有在创建域内的第一台域控制器时，该服务器原来的本地账户才会被转移到 Active Directory 数据库，其他域控制器（例如本范例中的 DC2、DC3）原来的本地账户并不会被转移到 Active Directory 数据库，而是被删除。

2. 利用安装介质来安装额外域控制器

先到一台域控制器上制作安装介质，也就是将 AD DS 数据库存储到安装介质内，并将安装介质复制到 U 盘、CD、DVD 等媒体或共享文件夹内。然后在安装额外域控制器时，要求安装向导从安装介质来读取 AD DS 数据库，这种方式可以大幅降低对网络所造成的负担。

（1）制作安装介质。请到现有的域控制器上执行 ntdsutil 命令来制作安装介质。

- 若此安装介质是要给可写域控制器使用的，则需要到现有的可写式域控制器上执行 ntdsutil 指令。
- 若此安装介质是要给 RODC（只读域控制器）使用的，则可以到现有的可写域控制器或 RODC 上执行 ntdsutil 指令。

Step 1 请到域控制器上利用域系统管理员的身份登录。

Step 2 选中左下角的“开始”图标，右击并选择“命令提示符”（或者单击左下方任务栏中的 Windows PowerShell 图标）。

Step 3 输入以下命令后按回车键：

```
ntdsutil
```

Step 4 在 ntdsutil 提示符下执行以下命令，会将域控制器的 AD DS 数据库设置为使用中：

```
activate    instance  ntds
```

Step 5 在 ntdsutil 提示符下执行以下命令：

```
ifm
```

Step 6 在 ifm 提示符下执行以下命令：

```
create  sysvol  full  c:\InstallationMedia
```

注意

此命令假设要将安装介质的内容存储到 C:\InstallationMedia 文件夹内。其中的 sysvol 表示要制作包含 ntds.dit 和 SYSVOL 的安装介质；full 表示要制作供可写域控制器使用的安装介质，如果是要制作供 RODC 使用的安装介质，请将 full 改为 rodc。

Step 7 连续执行两次 quit 命令来结束 ntdsutil。图 3-31 所示为部分操作界面。

Step 8 将整个 C:\InstallationMedia 文件夹内的所有数据复制到 U 盘、CD、DVD 等媒体或共享文件夹内。

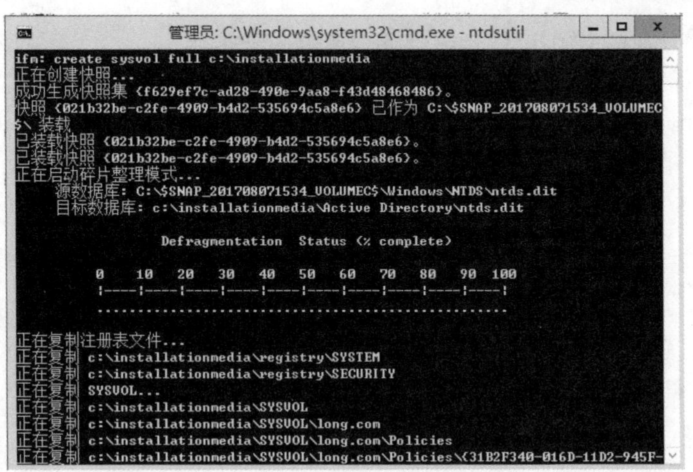

图 3-31　制作安装介质

（2）安装额外域控制器。将包含安装介质的 U 盘、CD 或 DVD 拿到即将扮演额外域控制器角色的计算机上，或将其放到可以访问到的共享文件夹内。

由于利用安装介质来安装额外域控制器的方法与前一节大致相同，因此下面仅列出不同之处。假设安装介质被复制到即将升级为额外域控制器的服务器的 C:\InstallationMedia 文件夹内：在图 3-32 中勾选“从介质安装”复选项，在“路径”栏指定存储安装介质的文件夹为 C:\InstallationMedia。

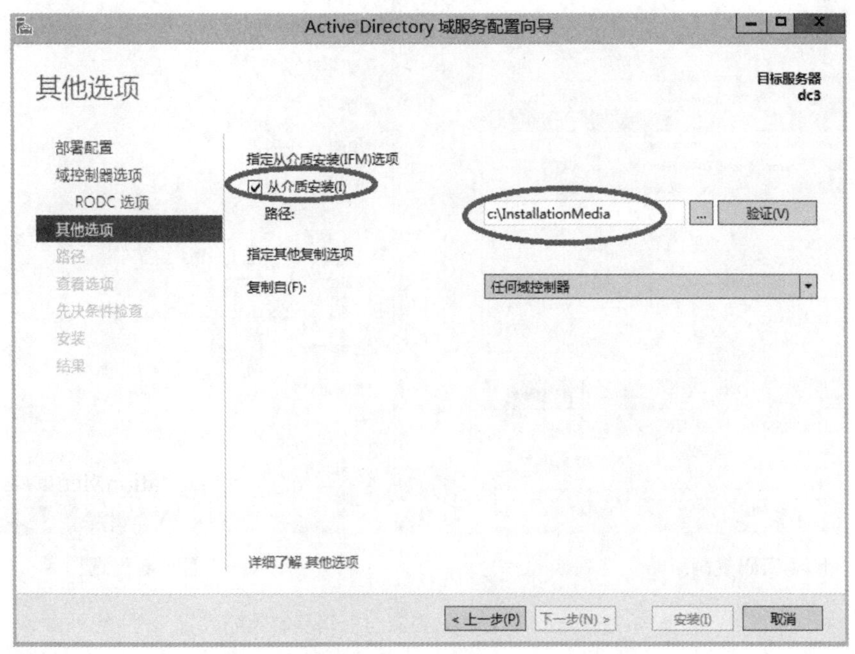

图 3-32　勾选“从介质安装”复选项

安装过程中会从安装介质所在的文件夹 C:\InstallationMedia 来复制 AD DS 数据库。若在安装介质制作完成之后，在现有域控制器的 AD DS 数据库更新数据的话，这些少量数据会在额外域控制器安装完成后通过网络自动复制过来。

3. 修改 RODC 的委派与密码复制策略设置

若要修改密码复制策略设置或 RODC 系统管理工作的委派设置，请在开启“Active Directory 用户和计算机”后，单击容器 Domain Controllers 右方扮演 RODC 角色的域控制器，再单击上方的属性图标，通过“密码复制策略”和“管理者”选项卡来设置，如图 3-33 所示。

（a）“Active Directory 用户和计算机”窗口

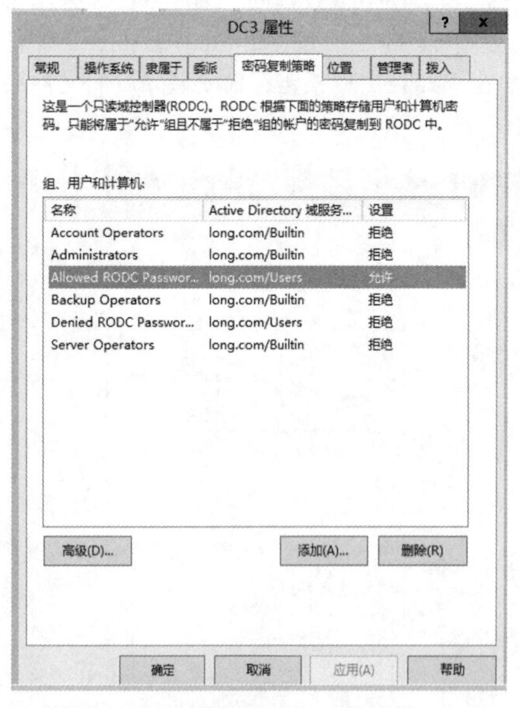

（b）“密码复制策略”选项卡

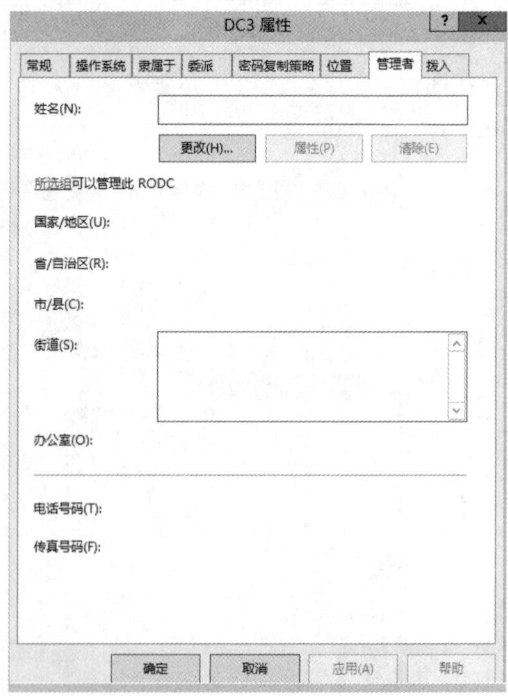

（c）“管理者”选项卡

图 3-33　修改 RODC 的委派与密码复制策略设置

也可以通过“Active Directory 管理中心”来修改上述设置：请开启 Active Directory 管理中心，如图 3-34（a）所示，单击容器 Domain Controllers 界面中间扮演 RODC 角色的域控制器，再单击右方的“属性”，通过“管理者”选项和“扩展”选项中的“密码复制策略”选项卡来设定，如图 3-34（b）所示。

（a）Active Directory 管理中心-Domain Controllers

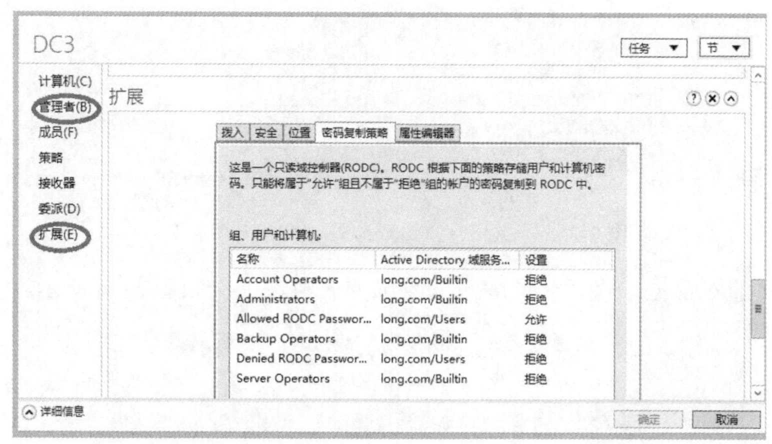

（b）“管理者”和“扩展”选项中的“密码复制策略”选项卡

图 3-34　通过“Active Directory 管理中心”修改设置

4. 验证额外域控制器运行正常

DC1 是第一台域控制器，DC2 服务器已经提升为额外域控制器，现在可以将成员服务器 MS1 的首选 DNS 指向 DC1 域控制器，备用 DNS 指向 DC2 额外域控制器，当 DC1 域控制器发生故障，DC2 额外域控制器可以负责域名解析和身份验证等工作，从而实现不间断服务。

Step 1　在 MS1 上配置“首选”为 192.168.10.1，“备用 DNS”为 192.168.10.2。

Step 2　利用 DC1 域控制器的“Active Directory 用户和计算机”建立供测试用的域用户 domainuser1。刷新 DC2、DC3 的“Active Directory 用户和计算机”中的 users 容器，发现 domainuser1 几乎同时同步到了这两台域控制器上。

Step 3　将“DC1 域控制器”暂时关闭，在 VMware Workstation 中也可以将“DC1 域控制器”暂时挂起。

Step 4　在 MS1 上使用 domainuser1 登录域，观察是否能够登录，结果是可以登录成功的，这样就可以提供AD的不间断服务了，也验证了额外域控制器安装的成功。

Step 5 在“服务器管理器”主窗口下，单击“工具”打开“Active Directory 站点和服务”窗口，依次展开 Sites→Default- First- Site- Name→Servers→DC3→NTDS Settings 并右击，在弹出的快捷菜单中选择“属性”选项，如图3-35所示。

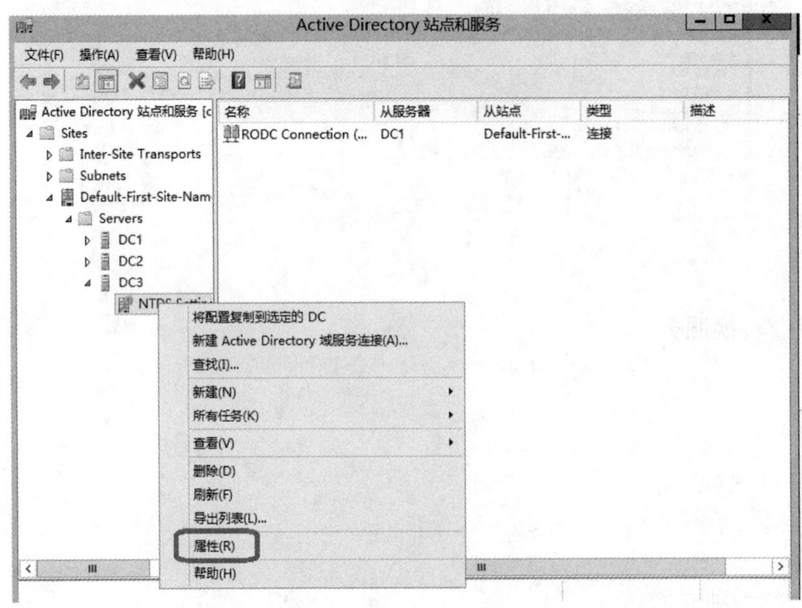

图3-35 “Active Directory 站点和服务”窗口

Step 6 在弹出的对话框中将“全局编录”复选框取消勾选，如图3-36所示。

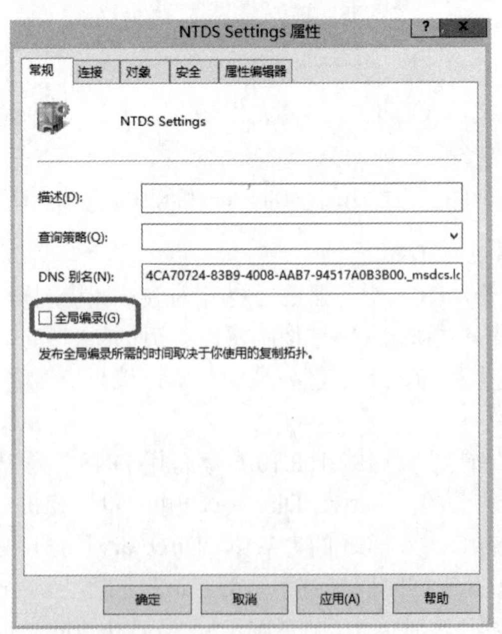

图3-36 取消“全局编录”复选框的勾选

Step 7 在“服务器管理器”主窗口下，单击“工具”打开“Active Directory 用户和计算机”

窗口，展开 Domain Controllers 文件夹，可以看到 DC2 的“DC 类型”由之前的 GC 变为现在的 DC，如图 3-37 所示。

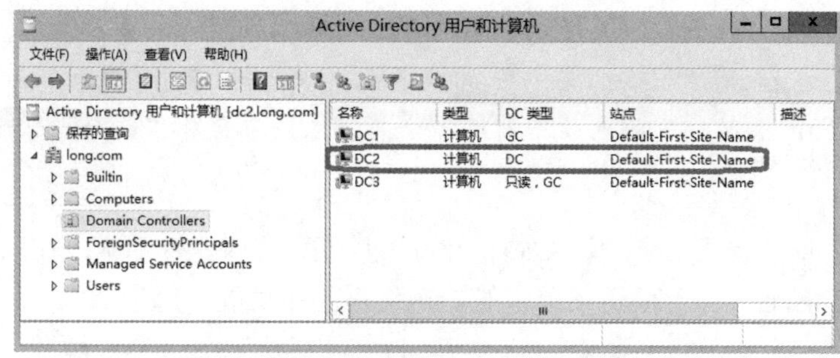

图 3-37　查看“DC 类型”

任务 3-5　转换服务器角色

Windows Server 2012 服务器在域中可以有 3 种角色：域控制器、成员服务器和独立服务器。当一台 Windows Server 2012 成员服务器安装了活动目录后，成员服务器就成为了域控制器，域控制器可以对用户的登录等进行验证。然而 Windows Server 2012 成员服务器可以仅仅加入域中而不安装活动目录，这时服务器的主要目的是提供网络资源，这样的服务器称为成员服务器。严格说来，独立服务器和域没有什么关系，如果服务器不加入域中，也不安装活动目录，服务器就称为独立服务器。服务器的这 3 个角色的改变如图 3-38 所示。

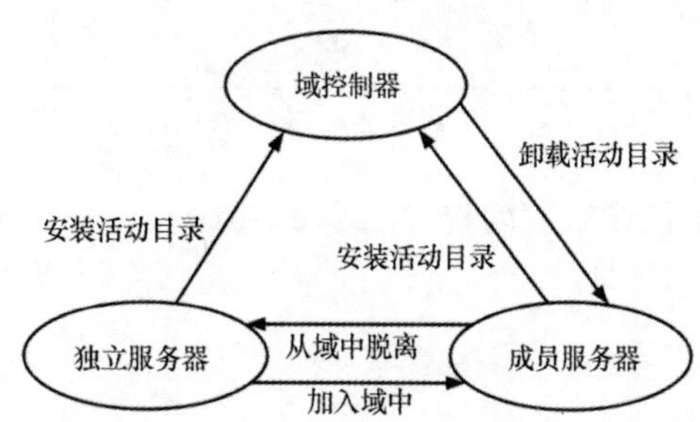

图 3-38　服务器角色的变化

1. 域控制器降级为成员服务器

在域控制器上把活动目录删除，服务器就降级为成员服务器了。下面以图 3-3 中的 dc2 降级为例介绍具体步骤。

（1）删除活动目录注意要点。

用户删除活动目录也就是将域控制器降级为独立服务器。降级时要注意以下 3 点：

- 如果该域内还有其他域控制器，则该域会被降级为该域的成员服务器。
- 如果这个域控制器是该域的最后一个域控制器，则被降级后，该域内将不存在任何域控制器。因此，该域控制器被删除，则该计算机被降级为独立服务器。
- 如果这台域控制器是“全局编录”，则将其降级后，它将不再担当“全局编录”的角色，因此要先确定网络上是否还有其他“全局编录”域控制器。如果没有，则要先指派一台域控制器来担当“全局编录”的角色，否则将影响用户的登录操作。

指派“全局编录”的角色时，可以依次单击“开始”→“控制面板”→“管理工具”→“Active Directory 站点和服务”→Sites→Default-First-Site-Name→Servers，展开要担当“全局编录”角色的服务器名称，右击“NTDS Settings 属性”选项，在弹出的快捷菜单中选择“属性”选项，在弹出的“NTDS Settings 属性”对话框中勾选“全局编录”复选框。

（2）删除活动目录。

Step 1 以管理员身份登录 dc2，单击左下角的“服务器管理器”图标，在图 3-39 所示的窗口中单击右上方“管理”菜单中的“删除角色和功能”选项。

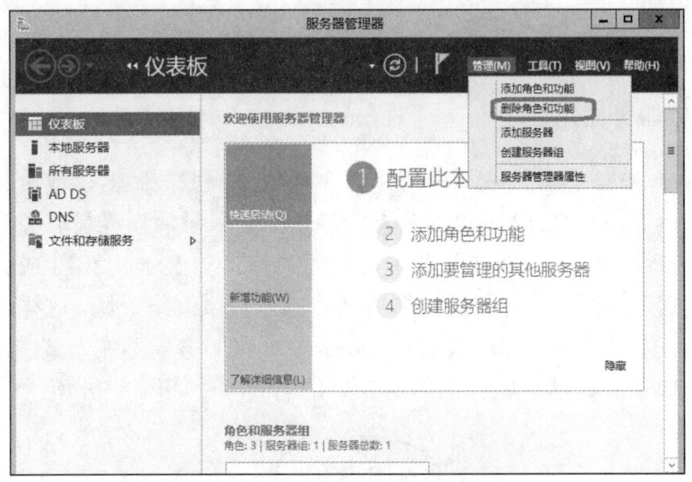

图 3-39 “删除角色和功能”选项

Step 2 在图 3-40 所示的窗口中取消勾选“Active Directory 域服务”复选框并单击“删除功能”按钮。

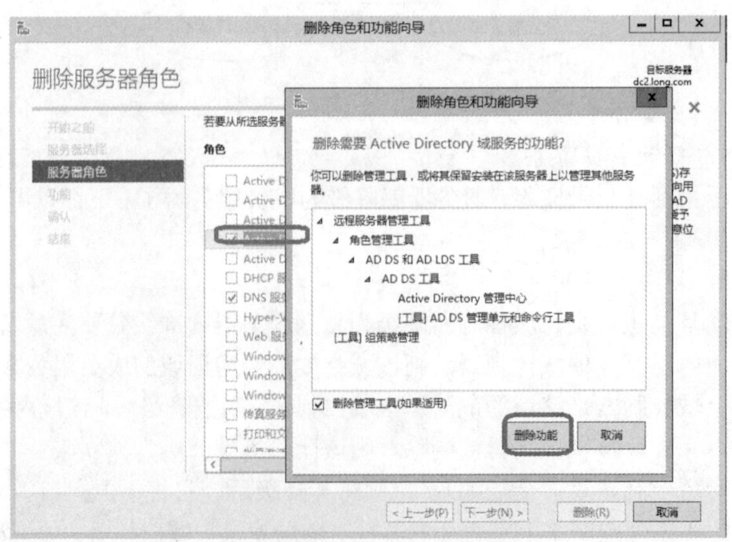

图 3-40 删除服务器角色和功能

Step 3 出现如图 3-41 所示的对话框时单击“确定”按钮即可将此域控制器降级。

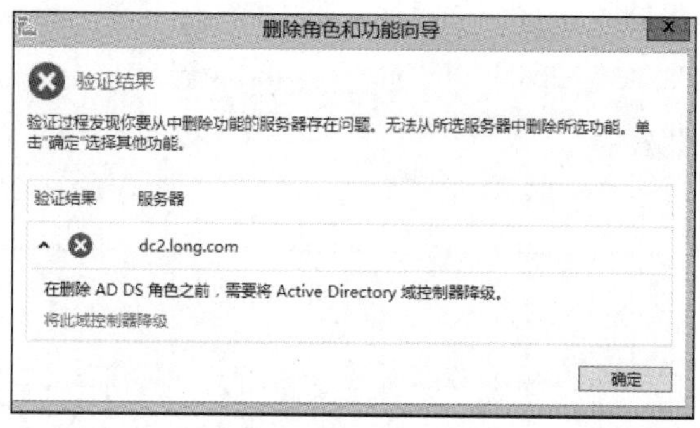

图 3-41 验证结果

Step 4 如果在图 3-42 所示的界面中当前用户有权删除此域控制器，请单击“下一步”按钮，否则单击“更改”按钮来输入新的账户和密码。

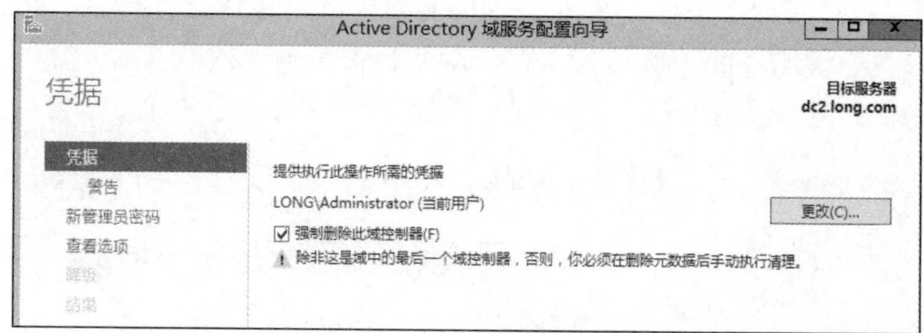

图 3-42 “凭据”界面

如果因故无法删除此域控制器（例如，在删除域控制器时，需要能够先连接到其他域控制器，但是却一直无法连接），或者是最后一个域控制器，此时要勾选“强制删除此域控制器”复选框。

Step 5 在图 3-43 所示的界面中勾选“继续删除”复选框后单击“下一步”按钮。

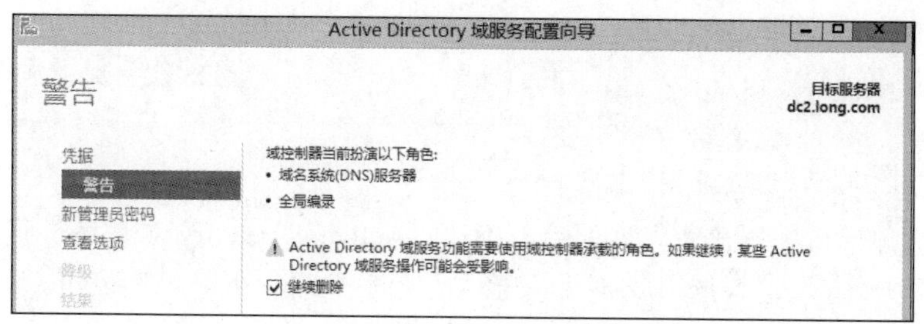

图 3-43 “警告”界面

Step 6 在图 3-44 中为这台即将被降级为独立服务器或成员服务器的计算机设置本地 Administrator 的新密码后单击“下一步”按钮。

Step 7 在“查看选项”界面中单击“降级”按钮。

Step 8 完成后会自动重新启动计算机，请重新登录。

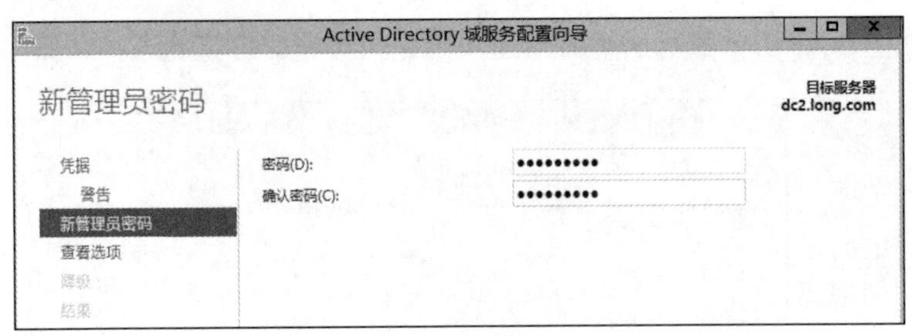

图 3-44　新管理员密码

注意　虽然这台服务器已经不再是域控制器了，但是此时其 Active Directory 域服务组件仍然存在，并没有被删除。因此，也可以直接将其升级为域控制器。

Step 9 在“服务器管理器”窗口中单击“管理”菜单中的“删除角色和功能”选项。

Step 10 出现“开始之前”界面后单击“下一步”按钮。

Step 11 确认在“选择目标服务器”界面中的服务器无误后单击“下一步”按钮。

Step 12 在图 3-45 所示的界面中取消勾选“Active Directory 域服务”复选框，单击“删除功能”按钮。

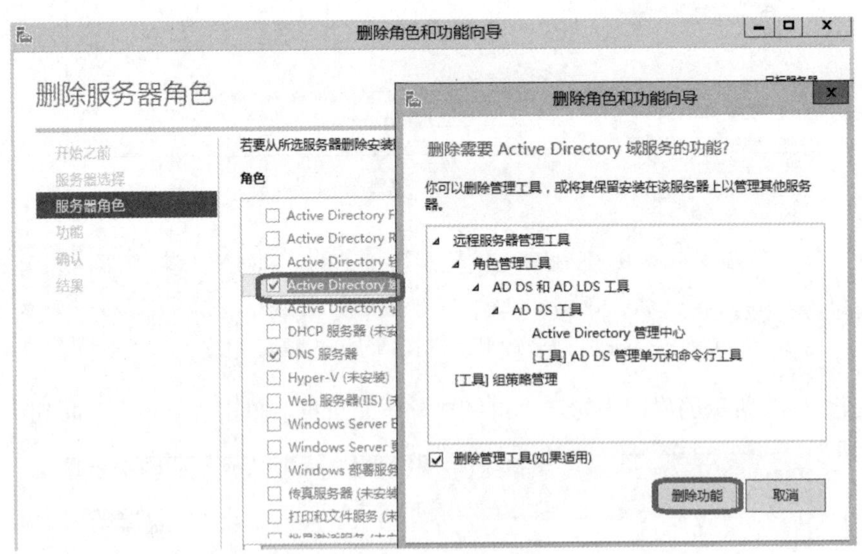

图 3-45　删除服务器角色和功能

Step 13 回到“删除服务器角色”界面后，确认“Active Directory 域服务”已经被取消勾选（也可以一起取消勾选“DNS 服务器”），然后单击“下一步”按钮。

Step 14 出现“删除功能”界面时单击“下一步”按钮。

Step 15 在确认删除选择界面中单击“删除”按钮。

Step 16 完成后，重新启动计算机。

2. 成员服务器降级为独立服务器

dc2 删除 Active Directory 域服务后降级为域 long.com 的成员服务器。现在将该成员服务器继续降级为独立服务器。

首先在 dc2 上以域管理员（long\administrator）或本地管理员（dc2\ administrator）身份登录。登录成功后，单击“开始”→“控制面板”→“系统和安全”→“系统”→“高级系统设置”，弹出“系统属性”对话框；选择“计算机名”选项卡，单击“更改”按钮，弹出“计算机名/域更改”对话框；在“隶属于”选项区域中选择“工作组”单选按钮，输入从域中脱离后要加入的工作组的名字（本例为 WORKGROUP），单击“确定”按钮；输入有权限脱离该域的账户的名称和密码，确定后重新启动计算机。

3.4 习题

一、填空题

1．通过 Windows Server 2012 R2 系统组建客户机/服务器模式的网络时应该将网络配置为______。

2．在 Windows Server 2012 R2 系统中活动目录存放在______中。

3．在 Windows Server 2012 R2 系统中安装______后，计算机即成为一台域控制器。

4．同一个域中的域控制器的地位是______。域树中，子域和父域的信任关系是______。独立服务器上安装了______就升级为域控制器。

5．Windows Server 2012 R2 服务器的 3 种角色是______、______、______。

6．活动目录的逻辑结构包括______、______、______和______。

7．物理结构的 3 个重要概念是______、______和______。

8．无论 DNS 服务器服务是否与 AD DS 集成，都必须将其安装在部署的 AD DS 目录林根级域的第______个域控制器上。

9．Active Directory 数据库文件保存在______。

10．解决在 DNS 服务器中未能正常注册 SRV 记录的问题，需要重新启动______服务。

二、判断题

1．在一台 Windows Server 2012 R2 计算机上安装 AD 后，计算机就成了域控制器。（ ）

2．客户机在加入域时，需要正确设置首选 DNS 服务器地址，否则无法加入。（ ）

3．在一个域中，可以有一个域控制器（服务器），也可以有多个域控制器。（ ）

4．管理员只能在服务器上对整个网络实施管理。（ ）

5．域中所有账户信息都存储于域控制器中。（ ）

6．OU 是可以应用组策略和委派责任的最小单位。（ ）

7．一个 OU 只指定一个受委派管理员，不能为一个 OU 指定多个管理员。（ ）

8．同一域林中的所有域都显式或者隐式地相互信任。（ ）

9．一个域目录树不能称为域目录林。（ ）

三、简答题

1．什么时候需要安装多个域树？

2．简述什么是活动目录、域、活动目录树和活动目录林。

3．简述什么是信任关系。

4．为什么在域中常常需要DNS服务器？

5．活动目录中存放了什么信息？

3.5　项目拓展　部署与管理 Active Directory 域服务环境

一、项目目的

- 掌握规划和安装局域网中的活动目录的方法。
- 掌握创建目录林根级域的方法与技巧。
- 掌握安装额外域控制器的方法和技巧。
- 掌握创建子域的方法和技巧。
- 掌握创建双向可传递的林信任的方法和技巧。
- 掌握备份与恢复活动目录的方法与技巧。
- 掌握将服务器三种角色相互转换的方法和技巧。

二、项目环境

随着公司的发展壮大，已有的工作组式的网络已经不能满足公司的业务需要。经过多方论证，确定了公司服务器的拓扑结构，如图3-46所示。

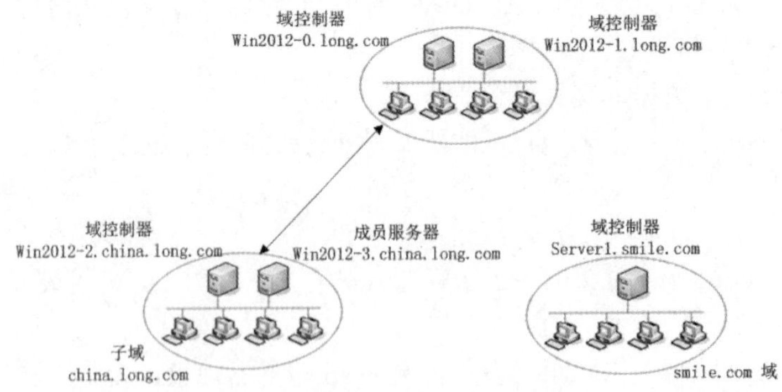

图3-46　实训项目网络拓扑图

三、项目要求

根据图3-46所示的公司域环境示意图构建满足公司需要的域环境，具体要求如下：

（1）创建域long.com，域控制器的计算机名称为Win2012-0。

（2）检查安装后的域控制器。

（3）安装域long.com的额外域控制器，域控制器的计算机名称为Win2012-1。

（4）创建子域china.long.com，其域控制器的计算机名称为Win2012-2，成员服务器的计算机名称为Win2012-3。

（5）创建域 smile.com，域控制器的计算机名称为 Server1。

（6）创建 long.com 和 smile.com 双向可传递的林信任关系。

（7）备份 smile.com 域中的活动目录并利用备份进行恢复。

（8）建立组织单位 sales，在其下建立用户 testdomain 并委派对 OU 的管理。

四、做一做

根据项目实录视频进行项目实训，检查学习效果。

项目 4　管理用户账户和组

Windows Server 2012 通过建立账户（包括用户账户和组账户）并赋予账户合适的权限来保证使用网络和计算机资源的合法性，以确保数据访问、存储和交换服从安全需要。济南四季公司的网络早期都使用的是工作组的管理模式，计算机没有办法集中管理，用户访问网络资源时也没有办法进行统一身份验证。网络扩建后开始使用域模式来进行管理，作为技术人员，你如何在域环境中实现集中管理公司各部门的计算机和域用户，以及实现集中的身份验证？

- 理解管理用户账户的目的。
- 掌握本地账户和组的管理。
- 掌握一次同时添加多个用户账户的操作。
- 掌握管理域组账户的操作。
- 掌握组的使用原则。

4.1　相关知识

4.1.1　用户账户概述

在计算机网络中，计算机的服务对象是用户，用户通过账户访问计算机资源，所以用户也就是账户。所谓用户的管理也就是账户的管理。每个用户都需要有一个账户，以便登录到域访问网络资源或登录到某台计算机访问该机器上的资源。组是用户账户的集合，管理员通常通过组来对用户的权限进行设置以简化管理。

用户账户由一个账户名和一个密码来标识，二者都需要用户在登录时输入。账户名是用户的文本标签，密码则是用户的身份验证字符串，是在 Windows Server 2012 网络上的个人唯一标识。用户账户通过验证后登录到工作组或是域内的计算机上，然后通过授权访问相关的资源，它也可以作为某些应用程序的服务账户。

账户名的命名规则如下：

- 账户名必须唯一，且不分大小写。
- 最多包含 20 个大小写字符和数字，输入时可超过 20 个字符，但只识别前 20 个字符。
- 不能使用保留字字符：”、^、[、]、:、;、|、=、,、+、*、?、<、>。
- 可以是字符和数字的组合。

- 不能与组名相同。

为了维护计算机的安全，每个账户必须有密码，设置密码时应遵循以下规则：

- 必须为 Administrator 账户分配密码，防止其未经授权就使用。
- 明确是由管理员还是用户来管理密码，最好用户管理自己的密码。
- 密码的长度为 8～127 个字符。如果网络包含运行 Windows 95 或 Windows 98 的计算机，应考虑使用不超过 14 个字符的密码。如果密码超过 14 个字符，则可能无法从运行 Windows 95 或 Windows 98 的计算机登录到网络。
- 使用不易猜出的字母组合，例如不要使用自己的名字、生日以及家庭成员的名字等。
- 密码可以使用大小写字母、数字和其他合法的字符。

4.1.2 用户账户的类型

Windows Server 2012 服务器有两种工作模式：工作组模式和域模式。域和工作组都是由一些计算机组成的，例如可以把企业的每个部门组织成一个域或者一个工作组，这种组织关系和物理上计算机之间的连接没有关系，仅仅是逻辑意义上的。企业的网络中可以创建多个域和多个工作组，域和工作组之间的区别可以归结为以下 3 点：

- 创建方式不同：工作组可以由任何一个计算机的管理员来创建，用户在系统的“计算机名称更改”对话框中输入新的组名，重新启动计算机后就创建了一个新组，而且每一台计算机都有权力创建一个组；域只能由域控制器来创建，然后才允许其他的计算机加入这个域。
- 安全机制不同：在域中有可以登录该域的账户，这些账户由域管理员来建立；在工作组中不存在工作组的账户，只有本机上的账户和密码。
- 登录方式不同：在工作组方式下，计算机启动后自动就在工作组中；登录域时要提交域用户名和密码，直到用户登录成功之后才被赋予相应的权限。

Windows Server 2012 针对这两种工作模式提供了 3 种不同类型的用户账户，分别是本地用户账户、域用户账户和内置用户账户。

1. 本地用户账户

本地用户账户对应于对等网的工作组模式，建立在非域控制器的 Windows Server 2012 独立服务器、成员服务器和 Windows 7 客户端上。本地用户账户只能在本地计算机上登录，无法访问域中的其他计算机资源。

本地计算机上都有一个管理账户数据的数据库，称为安全账户管理器（Security Accounts Managers, SAM）。SAM 数据库文件路径为系统盘下的\Windows\system32\config\SAM。在 SAM 中，每个账户被赋予唯一的安全识别号（Security Identifier，SID），用户要访问本地计算机，都需要经过该机 SAM 中的 SID 验证。本地的验证过程，都由创建本地账户的本地计算机完成，没有集中的网络管理。

2. 域用户账户

域用户账户对应于域模式网络，域账户和密码存储在域控制器上的 Active Directory 数据库中，域数据库的路径为域控制器中系统盘下的\Windows\NTDS\NTDS.DIT。因此，域账户和密码被域控制器集中管理。用户可以利用域账户和密码登录域，访问域内资源。域账户建立在 Windows Server 2012 域控制器上，域用户账户一旦建立，会被自动地复制到同域中的其他域控制器上。复制完成后，域中的所有域控制器都能在用户登录时提供身份验证功能。

3. 内置用户账户

Windows Server 2012 中还有一种账户叫内置用户账户，它与服务器的工作模式无关。当Windows Server 2012 安装完毕后，系统会在服务器上自动创建一些内置用户账户，如下：

- Administrator（系统管理员）：拥有最高的权限，管理着 Windows Server 2012 系统和域。系统管理员的默认名字是 Administrator，可以更改系统管理员的名字，但不能删除该账户。该账户无法被禁止，永远不会到期，不受登录时间和只能使用指定计算机登录的限制。
- Guest（来宾）：是为临时访问计算机的用户提供的。该账户自动生成，且不能被删除，但可以更改名字。Guest 只有很少的权限，默认情况下，该账户被禁止使用。例如，当希望局域网中的用户都可以登录到自己的计算机，但又不愿意为每一个用户建立一个账户时，就可以启用 Guest 账户。
- Internet Guest：是用来供 Internet 服务器的匿名访问者使用的，但是在局域网中并没有太大的作用。

4.1.3 组的概念

有了用户之后，为了简化网络的管理工作，Windows Server 2012 中提供了用户组的概念。用户组就是指具有相同或者相似特性的用户集合，我们可以把组看作一个工班，用户便是工班里的职工。当要给一批用户分配同一个权限时，就可以将这些用户都归到一个组中，只要给这个组分配此权限，组内的用户就都会拥有此权限。就好像给一个工班发了一个通知，工班内的所有职工都会收到这个通知一样。

组是指本地计算机或 Active Directory 中的对象，包括用户、联系人、计算机和其他组。在 Windows Server 2012 中，通过组来管理用户和计算机对共享资源的访问。如果赋予某个组访问某个资源的权限，这个组中的用户都会自动拥有该权限。例如，市场部的员工可能需要访问所有与网络相关的资源，这时不用逐个向该部门的员工授予对这些资源的访问权限，而是可以使员工成为市场部的成员，以使用户自动获得该组的权限。如果某个用户日后调往另一部门，只需将该用户从组中删除，所有访问权限即会随之撤销。与逐个撤销对各资源的访问权限相比，该技术比较容易实现。

组一般用于以下 3 个方面：①管理用户和计算机对共享资源的访问，如网络各项文件、目录和打印队列等；②筛选组策略；③创建电子邮件分配列表等。

Windows Server 2012 同样使用唯一安全标识符 SID 来跟踪组，权限的设置都是通过 SID 而不是利用组名进行的。更改任何一个组的账户名，并没有更改该组的 SID，这意味着在删除组之后又重新创建该组后，不能期望所有权限和特权都与以前相同。新的组将有一个新的安全标识符，旧组的所有权限和特权已经丢失。

在 Windows Server 2012 中，用组账户来表示组，用户只能通过用户账户登录计算机，不能通过组账户登录计算机。

4.1.4 组的类型和作用域

与用户账户一样，可以分别在本地和域中创建组账户。

- 创建在本地的组账户：可以在 Windows Server 2012 独立服务器或成员服务器、Windows 7、Windows NT Workstation 等非域控制器的计算机上创建本地组。这些组账户的信息被存储在本地安全账户数据库（SAM）内。本地组只能在本地机上使用，它有两种类型：用户创建的组和系统内置的组（后面将详细介绍 Windows Server 2012 的内置组）。
- 创建在域的组账户：该账户创建在 Windows Server 2012 的域控制器上，组账户的信息被存储在 Active Directory 数据库中，这些组能够被使用在整个域中的计算机上。

组的分类方法有很多，根据权限不同，组可以分为安全组和通信组。

（1）安全组。可以列在随机访问控制列表（DACL）中的组，该列表用于定义对资源和对象的权限。安全组也可用作电子邮件实体，给这种组发送电子邮件的同时也会将该邮件发给组中的所有成员。

（2）通信组。仅用于分发电子邮件并且没有启用安全性的组。不能将通信组列在用于定义资源和对象权限的随机访问控制列表（DACL）中。通信组只能与电子邮件应用程序（例如 Microsoft Exchange）一起使用，以便将电子邮件发送到用户集合。如果仅仅因为安全目的，可以选择创建“通信组”而不要创建“安全组”。

根据组的作用范围，Windows Server 2012 域内的组又分为通用组、全局组和本地域组，这些组的特性说明如下：

（1）本地域组。本地域组的概念是在 Windows 2000 中引入的。本地域组主要用于指定其所属域内的访问权限，以便访问该域内的资源。对于只拥有一个域的企业而言，建议选择本地域组选项。它的特征如下：

- 本地域组内的成员可以是任何一个域内的用户、通用组与全局组，也可以是同一个域内的本地域组，但不能是其他域内的本地域组。
- 本地域组只能访问同一个域内的资源，无法访问其他不同域内的资源。也就是说，当在某台计算机上设置权限时，可以设置同一域内的本地域组的权限，但无法设置其他域内的本地域组的权限。

（2）全局组。全局组主要用于组织用户，即可以将多个被赋予相同权限的用户账户加入到同一个全局组内。其特征如下：

- 全局组内的成员，只能包含所属域内的用户与全局组，即只能将同一个域内的用户或其他全局组加入到全局组内。
- 全局组可以访问任何一个域内的资源，即可以在任何一个域内设置全局组的使用权限，无论该全局组是否在同一个域内。

（3）通用组。通用组可以设置在所有域内的访问权限，以便访问所有域资源。其特征如下：

- 通用组成员可以包括整个域林（多个域）中任何一个域内的用户，但无法包含任何一个域内的本地域组。
- 通用组可以访问任何一个域内的资源，也就是说，可以在任何一个域内设置通用组的权限，无论该通用组是否在同一个域内。

这意味着，一旦将适当的成员添加到通用组，并赋予通用组执行任务的权力和赋予成员适当的访问资源权限，成员就可以管理整个企业。管理企业最有效的方式就是使用通用组，而不必使用其他类型的组。

4.2 项目设计及准备

本项目所有实例都部署在图 4-1 所示的域环境下。

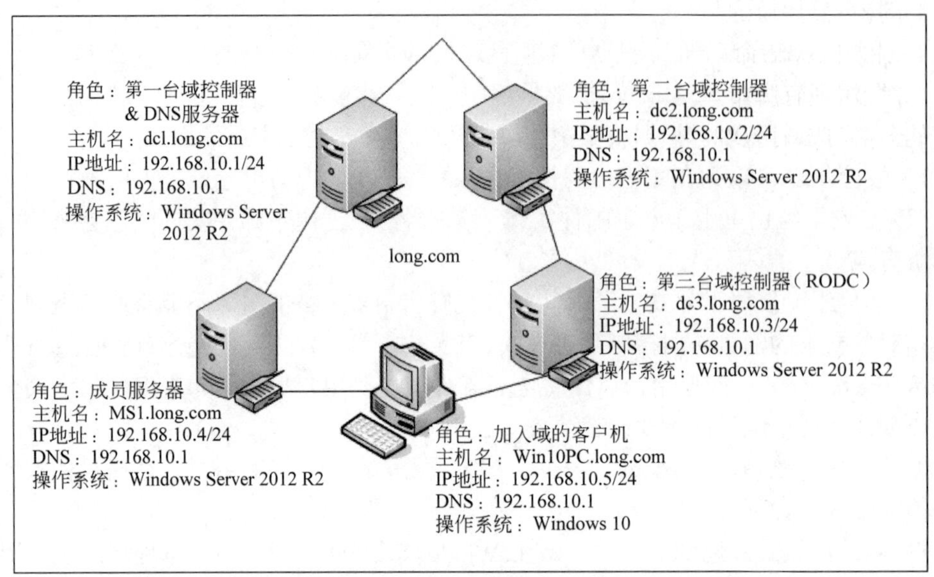

图 4-1　网络规划拓扑图

在本次项目实训中，会用到域树中的部分内容，在每一个任务中会特别交待需要的网络拓扑结构。本项目下要完成如下任务：使用 csvde 批量创建用户、管理将计算机加入域的权限、使用 AGUDLP 原则管理域组（需要用到林环境，使用单独网络拓扑图）。

4.3 项目实施

下面开始具体任务，实施任务的顺序遵循由易到难的原则，先进行“域用户的导入与导出”。

任务 4-1　使用 csvde 批量创建用户

在 dc1.long.com 上实现域用户的导入，在 ms1.long.com 上进行验证。

1. 任务背景

未名公司基于 Windows Server 2012 活动目录管理公司用户和计算机，公司计算机已经全部加入到域，接下来需要根据人事部的公司员工名单为每一位员工创建域账户。

公司拥有员工近千人，并且平均每月都有近百名新员工入职，域管理员经常需要花费大量时间在域用户的管理上，因此域管理员希望能通过导入的方式批量创建、禁用、删除用户，以提高工作效率。

2. 任务分析

对于流动性比较大的公司，频繁大量地注册域账户可以采用账户的导入功能将用户导入到域中，然后再通过批处理脚本批量更改这些用户的特定信息，如设置密码等。

针对本项目可以利用 csvde 命令导入域账户，参考步骤如下：

（1）利用 csvde 命令导出域账户（结果为 csv 文件）。

（2）打开导出的 csv 文件，按照公司用户属性信息要求删除一些无关项，并删除所有的用户记录，保存该文件后，该文件即可用作用户导入的模板文件。

（3）将需要注册的用户信息按要求填入到模板文件的相应位置。

（4）利用 csvde 命令导入域账户，新导入的账户默认为禁用状态。

（5）利用现有脚本，对脚本中的操作对象进行设置，然后批量执行更改新用户的属性值（如密码），完成域用户的导入。

如果需要注册的域用户属于多个部门（在 AD 中一般属于多个 OU），可以将这些需要注册的用户先全部导入一个新 OU 中，待完成相关属性修改后再拖到相应 OU 中。

3. 任务实施

该项任务的实施步骤如下：

（1）在 dc1.long.com 上导出域用户。

Step 1　打开“运行”对话框，输入 cmd 打开“命令提示符”窗口，或者直接单击左下角的 PowerShell 图标打开命令窗口，输入“csvde /?”可以查看 csvde 命令的用法。

Step 2　使用 csvde -d "OU=network,DC=long,DC=com" -f c:\test\network.csv 命令导出 network 这个 OU 里面的所有用户到 C 盘 test 目录下，文件名为 network.csv，如图 4-2 所示。network 这个 OU 下的所有用户一共 4 个，但导出了 5 个项目，为什么呢？细读 network.csv 文件可以看到，第二行是 OU 本身，也就是组织单位 network 的属性数据，第 3 行到第 6 行是 4 个用户的账户属性数据。

```
管理员: Windows PowerShell
-b UserName Domain [Password | *]     SSPI 绑定方法

示例: 简单导入当前域
    csvde -i -f INPUT.CSV

示例: 简单导出当前域
    csvde -f OUTPUT.CSV

示例: 用凭据导出特定域
    csvde -m -f OUTPUT.CSV
          -b USERNAME DOMAINNAME *
          -s SERVERNAME
          -d "cn=users,DC=DOMAINNAME,DC=Microsoft,DC=Com"
          -r "(objectClass=user)"
没有写入日志文件。要生成日志文件，请
通过 -j 选项来指定日志文件路径。
PS C:\Users\Administrator> csvde -d "ou=network,dc=long,dc=com" -f c:\test\network.csv
连接到"(null)"
用 SSPI 作为当前用户登录
将目录导出到文件 c:\test\network.csv
搜索项目...
写出项目
.....
导出完毕。后续处理正在进行...
导出了 5 个项目

命令已成功完成
PS C:\Users\Administrator> _
```

图 4-2　域用户导出

Step 3　读者可以对这个导出的 csv 文件稍作修改（删除无须输入的列，清空用户）并作为导入的模板文件，然后填入新员工的相应信息（推荐使用 Excel 修改文件）。

Step 4　将修改好的用户注册文件保存为 csv 格式。

（2）在 dc1.long.com 上导入域用户。

Step 1 将利用记事本（notepad）来说明如何建立供 csvde.exe 使用的文件，此文件的内容如图 4-3 所示。

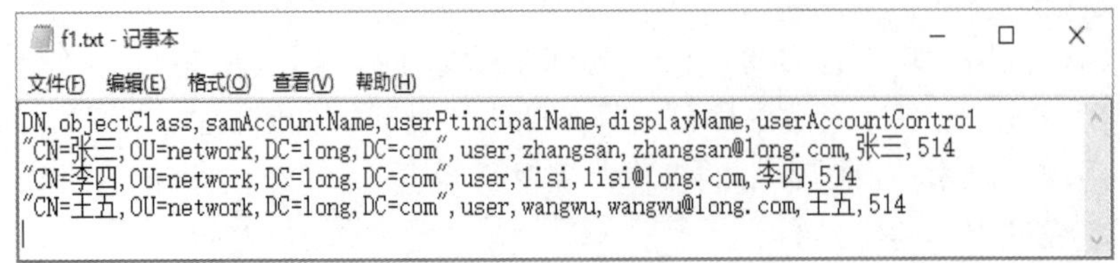

图 4-3 导入文件模板

图中第 2 行（含）以后都是要建立的每一个用户账户的属性数据，各属性数据之间用逗号（,）隔开。第 1 行用来定义第 2 行（含）以后相对应的每一个属性。例如第 1 行的第 1 个字段为 DN（Distinguished Name），表示第 2 行开始每一行的第 1 个字段代表新对象的存储路径；又例如第 1 行的第 2 个字段为 objectClass，表示第 2 行开始每一行的第 2 个字段代表新对象的对象类型。

下面利用图 4-3 中的第 2 行数据来进行说明，如表 4-1 所示。

表 4-1 属性说明

属性	值	说明
DN（Distinguished Name）	CN=张三,OU=network,DC=long,DC=com	对象的存储路径
objectClass	User	对象种类
samAccountName	Zhangsan	用户 SamAccountName 登录
userPtincipalName	zhangsan@long.com	用户 UPN 登录
displayName	Zhangsan	显示名称
userAccountControl	514	表示停用此账户（512 表示启用）

Step 2 文件建立好后，打开命令提示符窗口（或单击 Windows PowerShell 图标），执行以下命令（如图 4-4 所示，假设文件名为 f1.txt，且文件位于 C:\test 文件夹内）：

```
csvde    -i    -f    c: \test\f1.txt
```

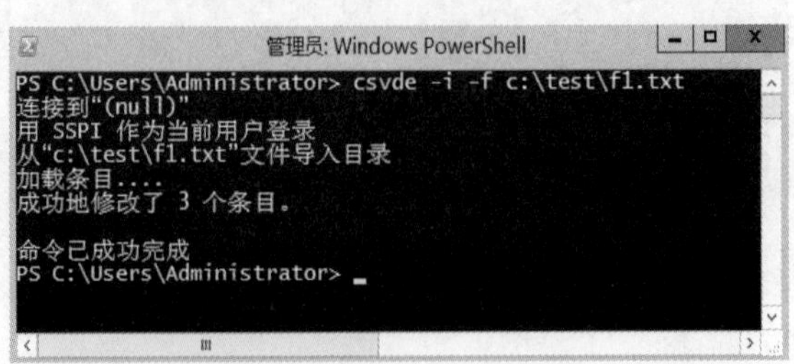

图 4-4 成功导入 3 个域账户

Step 3 打开“Active Directory 管理中心”窗口，可以看到执行命令后所建立的新账户，如图 4-5 所示，图中向下箭头符号表示账户被停用。

图 4-5 成功导入域账户后的“Active Directory 管理中心”窗口

Step 4 在需要启用的账户上右击，在弹出的快捷菜单中选择“启用”命令，如图 4-6 所示。

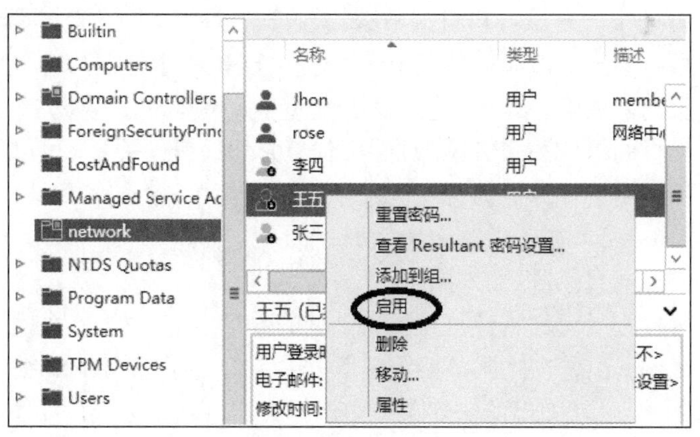

图 4-6 启用账户

Step 5 给用户设置密码。

建立一个文本文档并写入如下内容：

```
net user zahngsan 123456@a
net user lisi 123456@b
net user wangwu 123456@c
```

把该文件保存为 bat 格式，如 ff.bat。

Step 6 直接在 ff.bat 文件上单击，成功运行后各账户的密码就更新成功了。

（3）在 ms1.long.com 上验证。

Step 1 在 ms1.long.com 计算机上以启用并设置好密码的域账户登录域 long.com。

Step 2 查看是否成功。

任务 4-2　管理将计算机加入域的权限

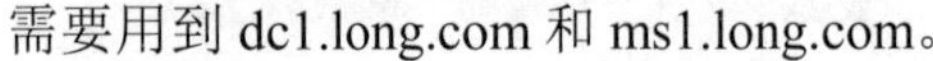

需要用到 dc1.long.com 和 ms1.long.com。

1. 任务背景

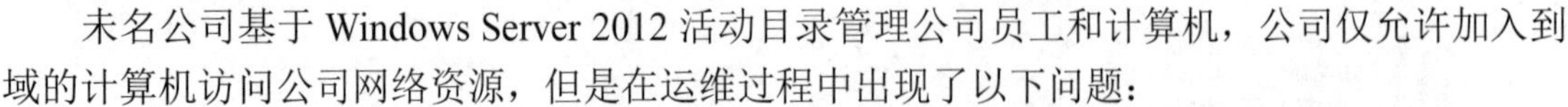

未名公司基于 Windows Server 2012 活动目录管理公司员工和计算机，公司仅允许加入到域的计算机访问公司网络资源，但是在运维过程中出现了以下问题：

（1）网络部发现有一些员工使用了个人电脑，并通过自己的域账号授权将个人电脑加入到公司域。在公司使用未经网络管理部验证的计算机会给公司网络带来安全隐患，公司要求禁止普通域账号授权计算机加入到域，域的加入由域管理员授权。

（2）分公司或办事处有一台计算机需要加入到域，但是分公司或办事处没有域管理员时该怎么办？

（3）公司有一台客户机半年前因故障送修，取回后开机，域员工始终无法登录到域（客户机与域控制器通信正常）。

2. 任务分析

对于问题（1），公司可以限制普通用户账号将计算机加入到域的权限。

对于问题（2），网络管理员可以预先获得这台要加入到域的计算机名和使用该计算机的域用户账号，然后在域控制器上创建计算机账号并授权该用户账号将该计算机加入到域，最后分公司或办事处人员使用该域用户将该计算机加入到域。

对于问题（3），如果一台域客户机因故有相当长一段时间未登录过域，那么这台域客户机对应的计算机账号就会过期，在域环境中，类似于 DHCP 服务器与客户机，域控制器和域客户机会定期更新契约，并基于该契约建立安全通道，如果契约过期并完全失效，那么就会导致域控制器和域客户机的信任关系破坏。如果要修复它们的信任关系，可以先在活动目录中删除该计算机账号，然后用该计算机的管理员账号退出域后再重新加入到域。

3. 任务实施

（1）禁止普通账户将计算机加入到域。

通过修改普通用户账号允许将计算机加入到域的数量由 10 改为 0 来实现。

Step 1　在 dc1.long.com 上，在“服务器管理器”主窗口下打开“ADSI 编辑器”窗口，右击“ADSI 编辑器”，在弹出的快捷菜单中选择“连接到”选项，如图 4-7 所示。

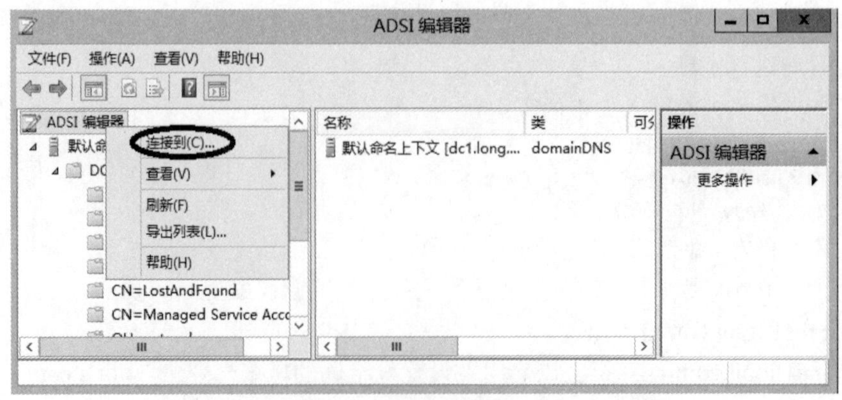

图 4-7　“ADSI 编辑器”窗口

Step 2　在弹出的“连接设置”对话框中保持默认设置并单击“确定”按钮，显示“默认命名上下文[dc1.long.com]”条目，如图 4-8 所示。

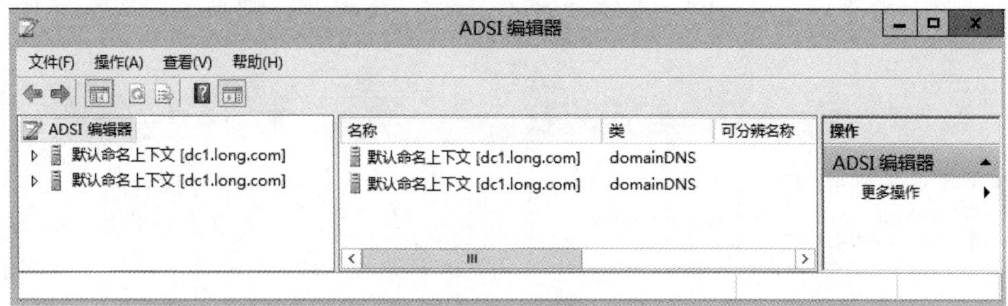

图 4-8　默认命名上下文[dc1.long.com]

ADSI 编辑器在前面已经使用命令打开并编辑过（更改域控制器名称的相关内容），所以存在“默认命名上下文[dc1.long.com]”的条目。如果存在该条目，则前面两个步骤可以省略。

Step 3　展开“默认命名上下文[dc1.long.com]”，右击 DC=long,DC=com，在弹出的快捷菜单中选择“属性”选项，在弹出的“DC=long,DC=com 属性”对话框中找到 ms-DS-MachineAccountQuota，如图 4-9 所示。

图 4-9　“DC=long,DC=com 属性”对话框

Step 4　将 ms-DC-MachineAccountQuota 的默认值由 10 改为 0，这样普通用户加入域的数量就为 0 台，即普通用户不可将计算机加入域中。

Step 5 使用域用户 alice 将一台普通客户机加入到域，结果不成功，并提示“已超出此域所允许创建的计算机账户的最大值”，如图 4-10 所示。

Step 6 使用域管理员账号 administrator 授权时，提示“欢迎加入到 long.com 域”，如图 4-11 所示。

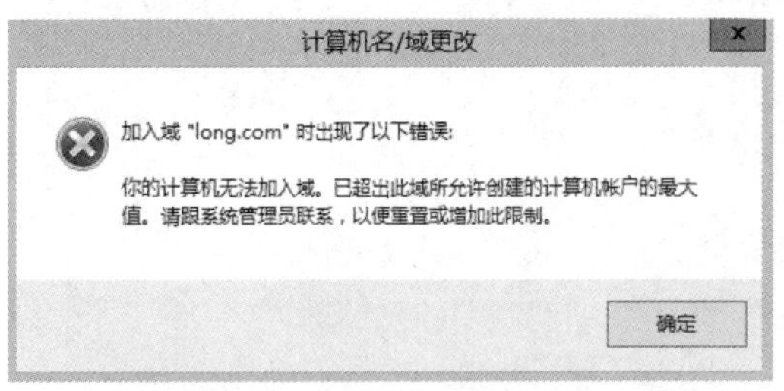
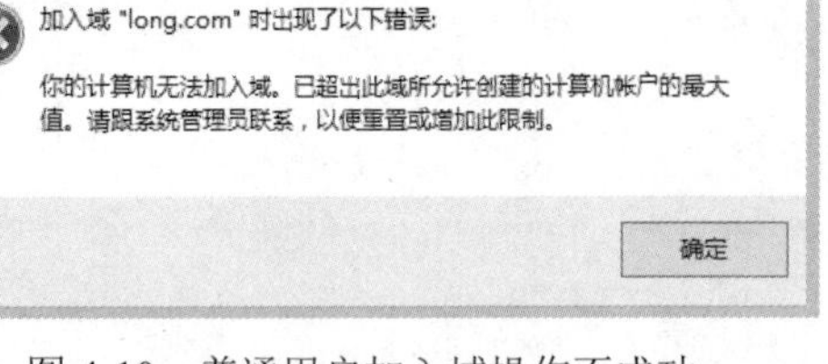

图 4-10　普通用户加入域操作不成功

图 4-11　管理员授权后账户成功加入域

（2）通过授权普通域用户将指定计算机加入到域。

有一台 network 部门的计算机，计算机名为 win10pc，该计算机是分配给 alice 使用的，因此公司决定通过授权 alice 将该计算机加入到域。

Step 1 右击域控制器中“Active Directory 用户和计算机”的 network，在弹出的快捷菜单中选择“新建”→“计算机”命令，如图 4-12 所示。

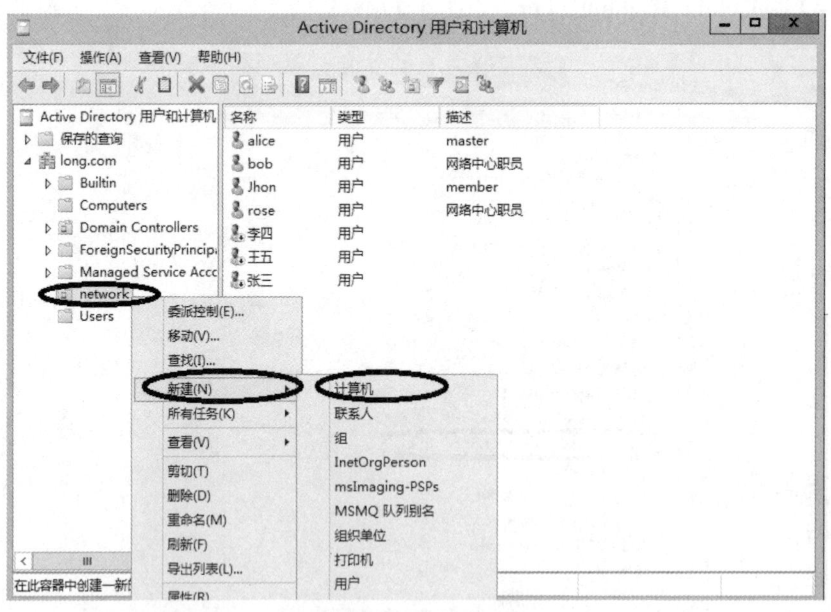

图 4-12　新建计算机账号

Step 2 在弹出的“新建对象-计算机”对话框（如图 4-13 所示）中输入计算机名 win10pc 并单击“更改”按钮选择授权将该计算机加入到域的用户或组账号。

Step 3 在弹出的“选择用户或组”对话框（如图 4-14 所示）的文本框中输入 alice 的域账号 alice@long.com（或者单击“高级”→“立即查找”→选择 alice 账户→单击“确定”按钮），单击“确定”按钮，结果如图 4-15 所示。

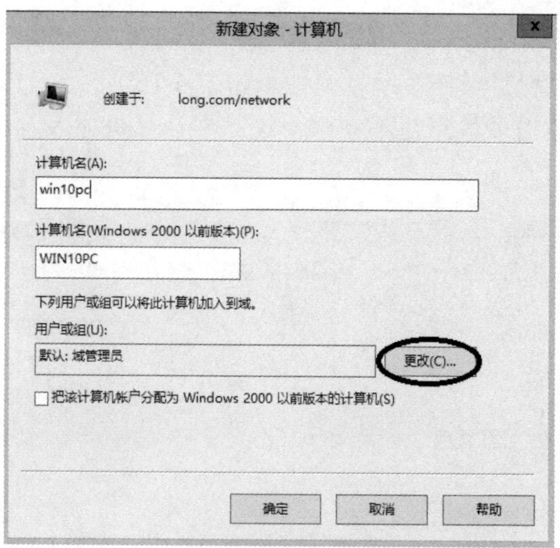

图 4-13 “新建对象-计算机”对话框

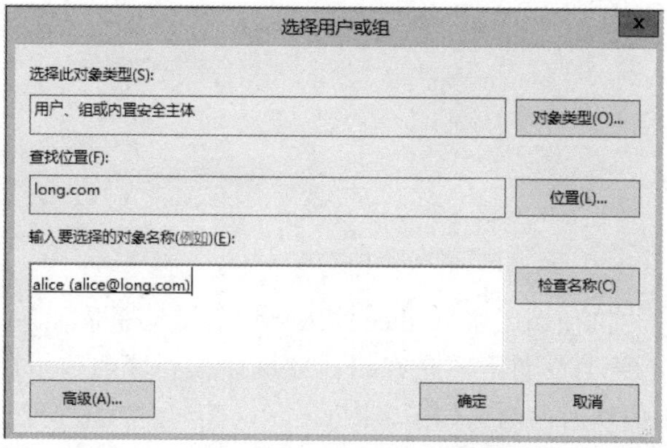

图 4-14 “选择用户和组”对话框

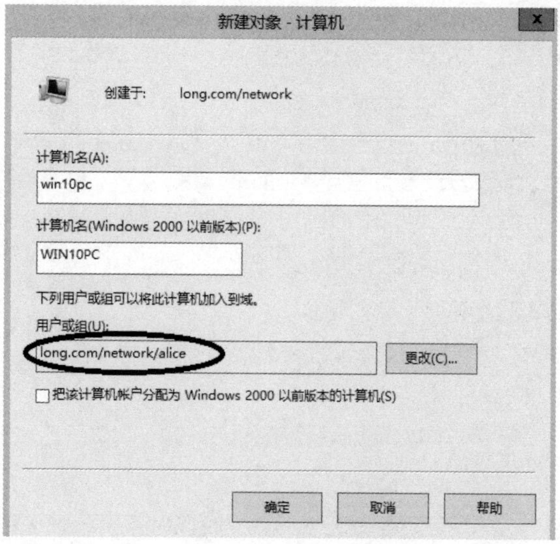

图 4-15 “新建对象-计算机”结果对话框

Step 4 右击新建的计算机账号 win10pc，在弹出的快捷菜单中选择“属性”选项查看该账户的“常规”属性和“操作系统”属性，如图 4-16 所示。该计算机账号目前可以理解为预注册，它的很多信息还不完整，这需要计算机加入到域后再由域控制器根据客户机信息自动完善。

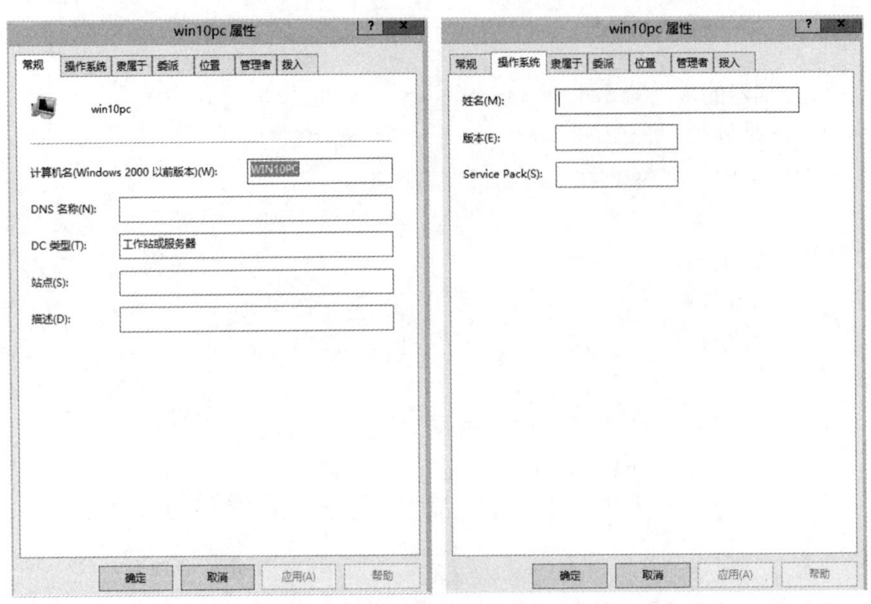

图 4-16　“win10pc 属性”对话框的“常规”选项卡和“操作系统”选项卡

Step 5 在 win10pc 客户机使用域账号 alice 加入到域后，系统提示“成功加入到域”，此时域普通账号并不受“普通用户允许将计算机加入到域的数量属性”的限制。计算机 win10pc 加入成功后，结果如图 4-17 所示，其客户机相关信息已经由域控制器自动补充完整。

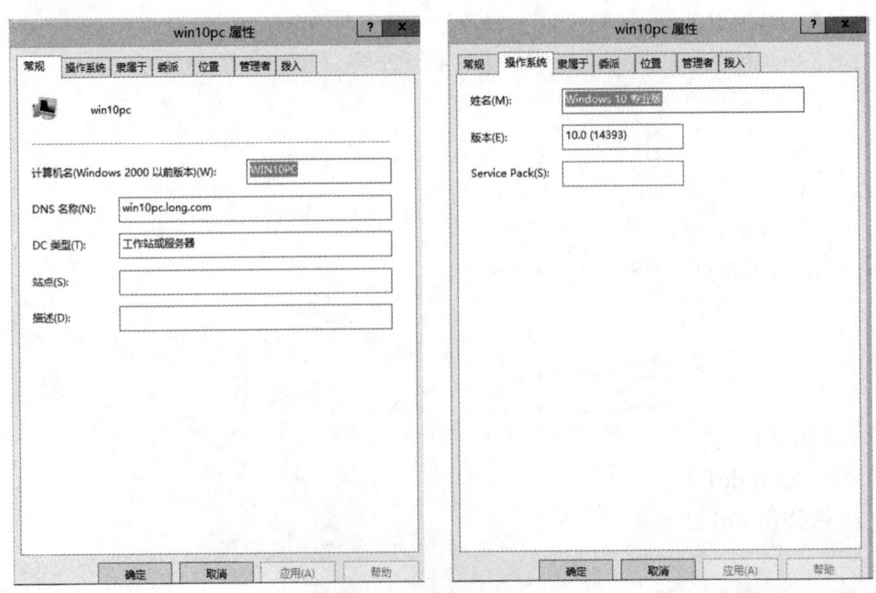

图 4-17　加入域后 win10pc 的属性对话框的“常规”选项卡和“操作系统”选项卡

4. 补充：如何将域成员设定为客户机的管理员

（1）问题背景。未名公司基于 Windows Server 2012 活动目录管理公司员工和计算机。网络管理部有部分员工负责域的维护与管理，部分员工负责公司服务器群（如 Web 服务器、FTP 服务器、数据库服务器等）的维护与管理，部分员工分管其他业务部门计算机的维护与管理。面对网络管理与维护的分工越来越细，该如何赋予员工的域操作权限以匹配其工作职责呢？

情景 1：域控制器的备份与还原由 Bob 负责，域管理员该如何给 Bob 设置合理的工作权限？

情景 2：Rose 是软件测试组员工，因经常需要安装相关软件并配置测试环境，需要获得工作计算机的管理权限，域管理员又该如何处理呢？

（2）问题求解分析。对于用户权限应遵循“权限最小化”原则，因此需要熟悉域控制器和域成员计算机内置组的权限，以便将域成员加入到相应组来提升其权限。

对于情景 1，Bob 仅负责域控制器的备份与还原，域控制器的备份与还原属于域控制器的工作范畴，所以应当在域控制器内置组中找到相应的组，这里显然对应于 Backup Operators 组，所以仅需将 Bob 对应的域账号加入到该组中（域控制器的备份与还原需要安装 Windows Server Backup 功能）。

对于情景 2，Rose 的要求是提升他的工作计算机的管理权限，属于域成员计算机的工作范畴，所以应当将 Rose 的域账号加入到他的工作计算机的本地管理员组。

假设 John 既负责域控制器的网络配置，又负责域控制器的性能监测，那么对于域控制器的内置组是没有相对应的内置组的，但是可以让 John 的域账户属于 Network Configuration Operators 和 Performance Log Users 组。

具体操作请读者自己试一试。

任务 4-3　使用 AGUDLP 原则管理域组

A、G、U、DL、P 原则是先将用户账户（A）加入到全局组（G），将此全局组加入到通用组（U）内，再将此通用组加入到本地域组（DL）内，然后设置本地域组的权限（P）。下面我们来看应用该原则的例子。

1. 任务背景

未名公司目前正在进行某工程的实施，该工程需要总公司工程部和分公司工程部协同，需要创建一共享目录，供总公司工程部和分公司工程部共享数据，公司决定在子域控制器 beijing.long.com 上临时创建共享目录 projects_share。请通过权限分配使得总公司工程部和分公司工程部用户对共享目录有写入和删除权限。网络拓扑图如图 4-18 所示。

2. 任务分析

为本项目创建的共享目录需要对总公司工程部和分公司工程部用户配置写入和删除权限。解决方案如下：

（1）在总公司 dc1 和分公司 dc2 上创建相应的工程部员工用户。

（2）在总公司 dc1 上创建全局组 Project_Long_Gs，并将总公司工程部用户加入到该全局组；在分公司上创建全局组 Project_Beijingj_Gs，并将分公司工程部用户加入到该全局组。

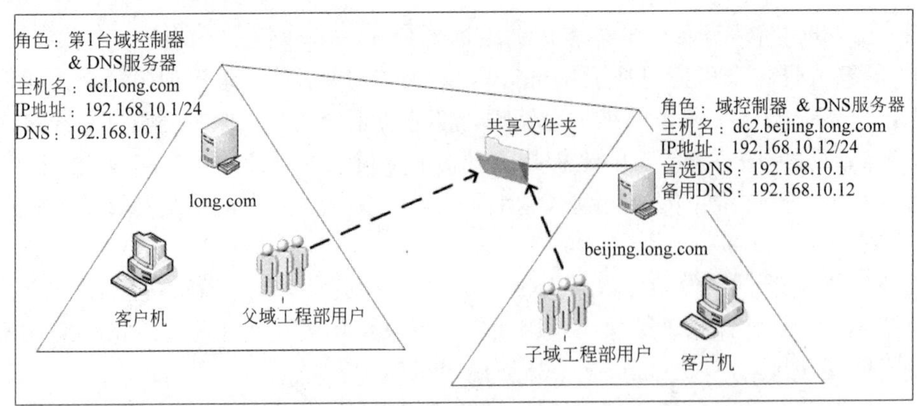

图 4-18 运行 AGUDLP 原则管理组网络拓扑图

（3）在总公司 dc1（林根）上创建通用组 Project_Long_Us，并将总公司和分公司的工程全局组配置为成员。

（4）在分公司 dc2 上创建本地域组 Project_Beijing_DLs，并将通用组 Project_Long-Us 加入到本地域组。

（5）创建共享目录 Projects_Share，配置本地域组权限为读写权限。

实施后面临的问题如下：

（1）总公司工程部员工新增或减少。

总公司管理员直接对工程部用户进行 Project_Long_Gs 全局组的加入与退出。

（2）分公司工程部员工新增或减少。

分公司管理员直接对工程部用户进行 Project_Beijing_Gs 全局组的加入与退出。

3. 任务实施

Step 1 在总公司 dc1 上创建 Project OU，在总公司的 Project OU 里创建 Project_userA 和 Project_userB 工程部员工用户，如图 4-19 所示。

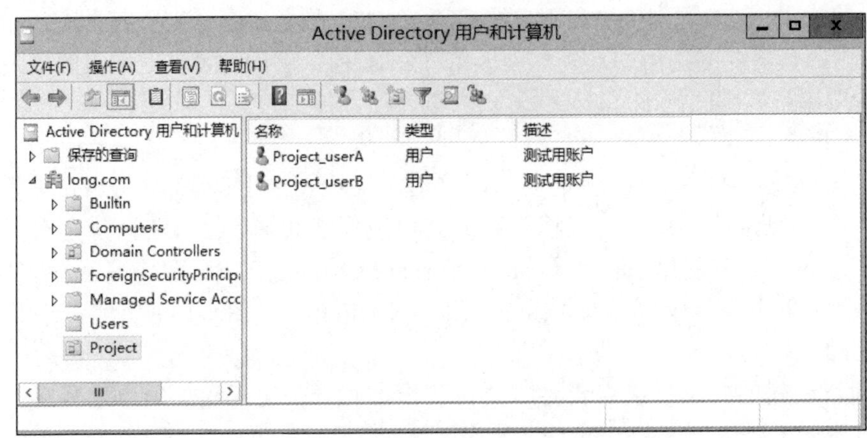

图 4-19 在父域上创建工程部员工

Step 2 在分公司 dc2 上创建 Project OU，在分公司的 Project OU 里创建 Project_user1 和 Project_user2 工程部员工用户，如图 4-20 所示。

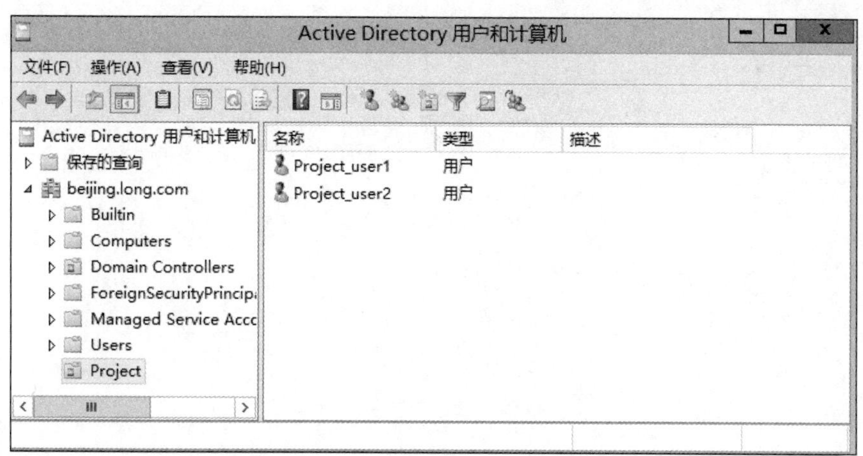

图 4-20　在子域上创建工程部员工

Step 3　在总公司 dc1 上创建全局组 Project_Long_Gs，并将总公司工程部用户加入到该全局组，如图 4-21 所示。

Step 4　在分公司 dc2 上创建全局组 Project_Beijing_Gs，并将分公司工程部用户加入到该全局组，如图 4-22 所示。

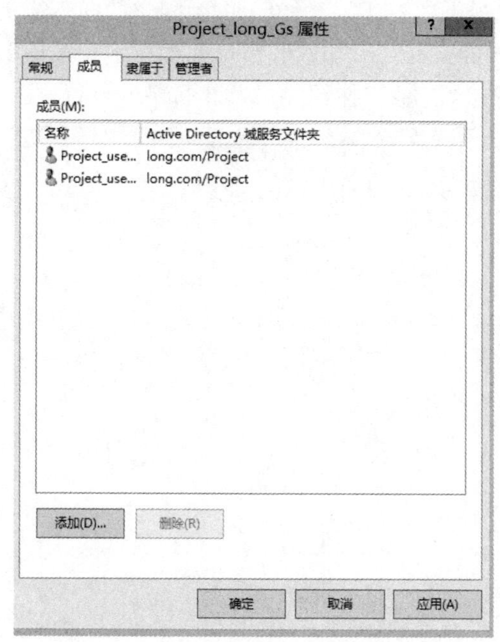

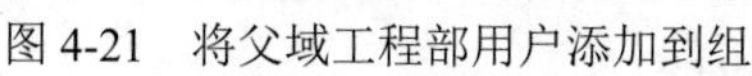
图 4-21　将父域工程部用户添加到组

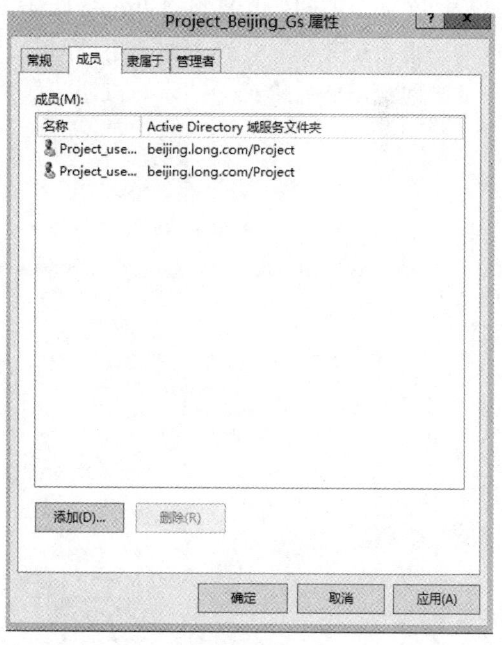

图 4-22　将子域工程部用户添加到组

Step 5　在总公司 dc1（林根）上创建通用组 Project_Long_Us，并将总公司和分公司的工程部全局组配置为成员（由于在不同域中，加入时注意“位置”信息），如图 4-23 所示。

Step 6　在分公司 beijing 的 dc2 上创建本地组 Project_Beijing_DLs，并将通用组 Project_Long_Us 加入到本地组，如图 4-24 所示。

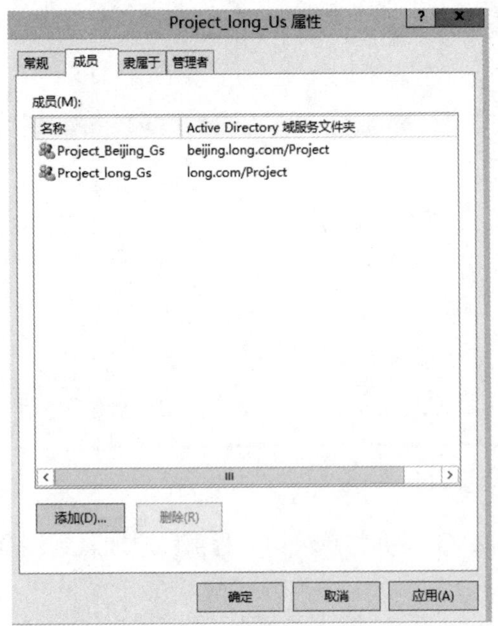

图 4-23　将全局组添加到通用组

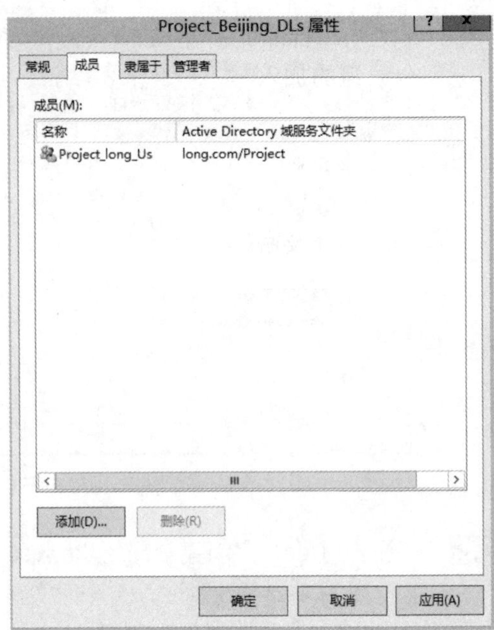

图 4-24　将通用组添加到域本地组

Step 7 在 dc2 上创建共享目录 Projects_Share。如图 4-25 所示，单击图中圈定的向下箭头→查找个人…→找到域本地组 Project_Beijing_DLs 添加，并将读写的权限赋予该域本地组，然后单击“共享”按钮，最后单击“完成”按钮完成共享目录的设置。

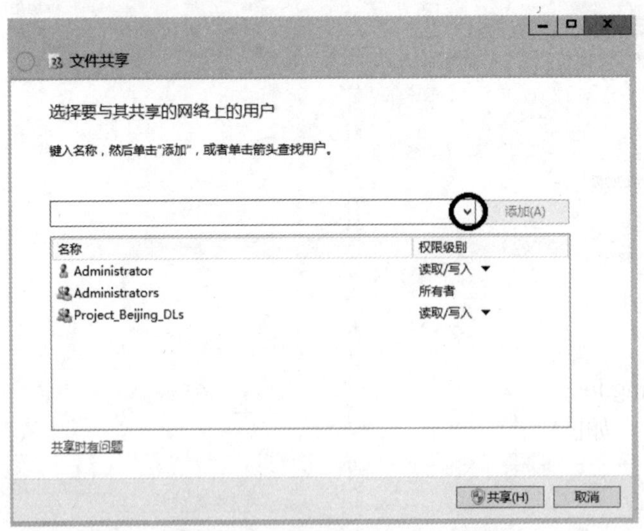

图 4-25　设置共享文件夹的共享权限

> **注意** 权限设置还可以结合 NTFS 权限，详细内容请参考相关书籍，此处不再叙述。

Step 8 总公司工程部员工新增或减少：总公司管理员直接对工程部用户进行 Project_Long_Gs 全局组的加入与退出。

Step 9 分公司工程部员工新增或减少：分公司管理员直接对工程部用户进行 Project_Beijing_Gs 全局组的加入与退出。

4. 测试验证

Step 1 在客户机 MS1 上，右击“开始”菜单，单击“运行”，输入 UNC 路径\\dc2.beijing.long.com\Projects_Share，在弹出的凭据对话框中输入总公司域用户 Project_UserA@long.com 及密码，能够成功读取写入文件，如图 4-26 所示。

图 4-26 访问共享目录

Step 2 注销 MS1 客户机，重新登录后，使用分公司域用户 Project_User1@beijing.long.com 访问\\dc2.beijing.long.com\Projects_Share 共享，能够成功读取写入文件，如图 4-27 所示。

图 4-27 访问共享目录

Step 3 再次注销 MS1 客户机，重新登录后，使用总公司域用户 alice@long.com 访问\\dc2.beijing.long.com\Projects_Share 共享，提示没有访问权限，因为 alice 用户不是工程部用户，如图 4-28 所示。

图 4-28 提示没有访问权限

任务 4-4 在成员服务器上管理本地账户和组

1. 创建本地用户账户

用户可以在 MS1 上以本地管理员账户登录计算机，使用“计算机管理”窗口中的“本地用户和组”管理单元来创建本地用户账户，而且用户必须拥有管理员权限。创建本地用户账户 student1 的步骤如下：

Step 1 执行“开始”→“管理工具”→“计算机管理”命令，打开“计算机管理”窗口。

Step 2 在“计算机管理”窗口中，展开“本地用户和组”，在“用户”目录上右击，在弹出的快捷菜单中选择“新用户”选项，如图 4-29 所示。

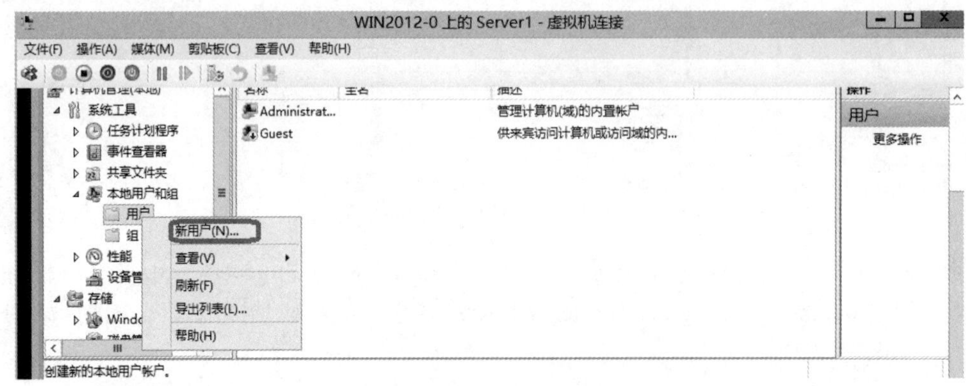

图 4-29 选择“新用户”选项

Step 3 打开“新用户”对话框后，输入用户名、全名、描述及密码，如图 4-30 所示，还可以设置密码选项，包括“用户下次登录时须更改密码”“用户不能更改密码”“密码永不过期”“账户已禁用”等。设置完成后，单击“创建”按钮新增用户账户。创建完用户后，单击“关闭”按钮返回“计算机管理”窗口。

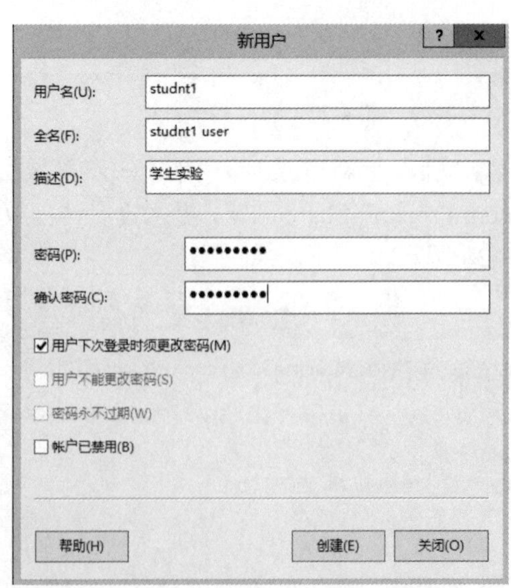

图 4-30 “新用户”对话框

有关密码选项的描述如下：

- 密码：要求用户输入密码，系统用“*”显示。
- 确认密码：要求用户再次输入密码，以确认输入正确与否。
- 用户下次登录时须更改密码：要求用户下次登录时必须修改该密码。
- 用户不能更改密码：通常用于多个用户共用一个用户账户，如 Guest 等。
- 密码永不过期：通常用于 Windows Server 2012 的服务账户或应用程序所使用的用户账户。
- 账户已禁用：禁用用户账户。

2. 设置本地用户账户的属性

用户账户不只包括用户名和密码等信息，为了管理和使用方便，一个用户还包括其他一些属性，如用户隶属的用户组、用户配置文件、用户的拨入权限、终端用户设置等。

在“本地用户和组”窗口的右窗格中，双击刚刚建立的 student1 用户，将打开如图 4-31 所示的“student1 属性”对话框。

（1）“常规”选项卡。在“常规”选项卡中，可以设置与账户有关的一些描述信息，包括全名、描述、账户选项等。管理员可以设置密码选项或禁用账户。如果账户已经被系统锁定，管理员可以解除锁定。

（2）“隶属于”选项卡。在“隶属于”选项卡中，可以设置将该账户加入其他本地组中。为了管理方便，通常都需要对用户组进行权限的分配与设置。用户属于哪个组，就具有该用户组的权限。新增的用户账户默认加入 users 组，users 组的用户一般不具备一些特殊权限，如安装应用程序、修改系统设置等。所以当要分配给这个用户一些权限时，可以将该用户账户加入其他的组，也可以单击“删除”按钮将用户从一个或几个用户组中删除。“隶属于”选项卡如图 4-32 所示。

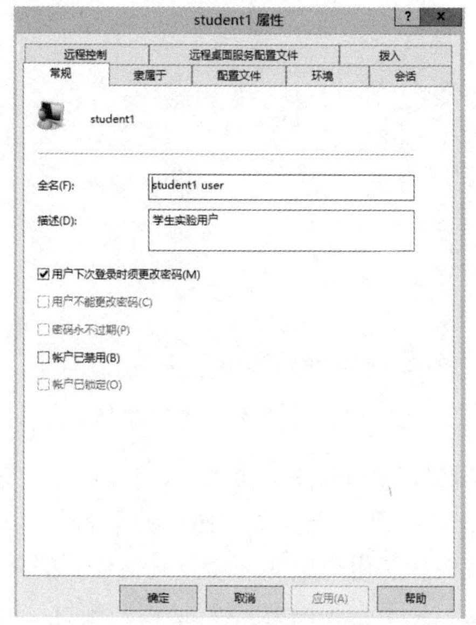

图 4-31　“student1 属性”对话框

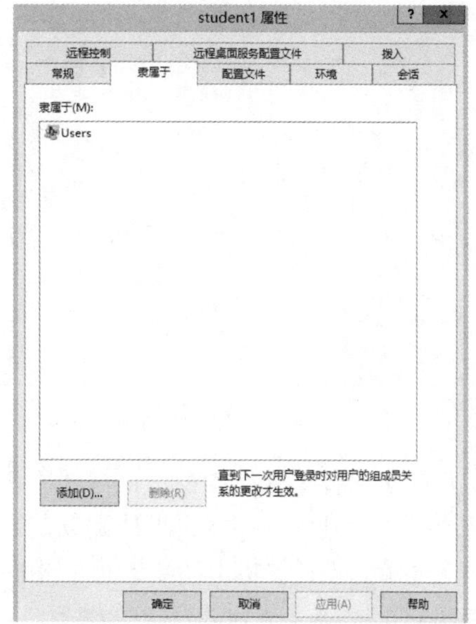

图 4-32　“隶属于”选项卡

例如，将 student1 添加到管理员组的操作步骤为：单击“添加”按钮，弹出“选择组”对话框（如图 4-33 所示），在其中直接输入组的名称，例如管理员组的名称 Administrator、高级用户组的名称 Power users。输入组名称后，如果需要检查名称是否正确，则单击“检查名称”按钮，名称会变为 WIN2012-2\Administrators。前面部分表示本地计算机名称，后面部分为组名称。如果输入了错误的组名称，检查时系统将提示找不到该名称，并提示更改，再次搜索。

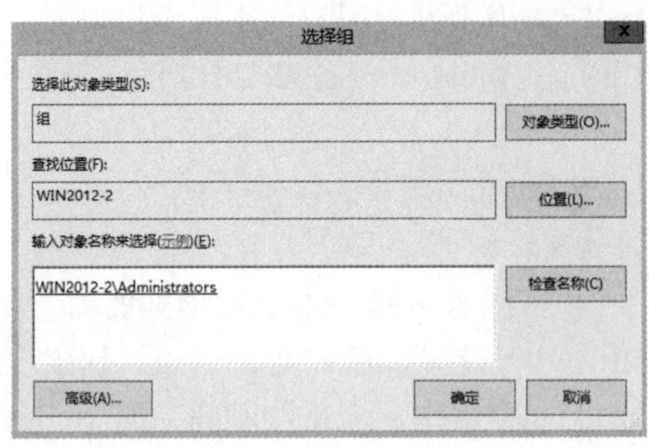

图 4-33 “选择组”对话框

如果不希望手动输入组名称，也可以单击图 4-33 中的“高级”按钮，再单击“立即查找”按钮，从列表中选择一个或多个组（同时按 Ctrl 键或 Shift 键），如图 4-34 所示。

（3）“配置文件”选项卡。在“配置文件”选项卡中可以设置用户账户的配置文件路径、登录脚本和主文件夹路径，如图 4-35 所示。

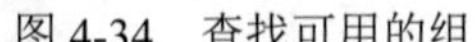

图 4-34 查找可用的组

图 4-35 “配置文件”选项卡

用户配置文件是存储当前桌面环境、应用程序设置以及个人数据的文件夹和数据的集合，还包括所有登录到该台计算机上所建立的网络连接。由于用户配置文件提供的桌面环境与用户最近一次登录到该计算机上所用的桌面相同，因此就保持了用户桌面环境及其他设置的一致性。

当用户第一次登录到某台计算机上时，Windows Server 2012 根据默认用户配置文件自动创建一个用户配置文件，并将其保存在该计算机上。默认用户配置文件位于 C:\users\ default 下，该文件夹是隐藏文件夹，用户 student1 的配置文件位于 C:\users\student1 下。

除了“C:\用户\用户名\我的文档”文件夹外，Windows Server 2012 还为用户提供了用于存放个人文档的主文件夹。主文件夹可以保存在客户机上，也可以保存在一个文件服务器的共享文件夹里。用户可以将所有的用户主文件夹都定位在某个网络服务器的中心位置上。

管理员在为用户实现主文件夹时应考虑以下因素：用户可以通过网络中任意一台连网的计算机访问其主文件夹。在实现对用户文件的集中备份和管理时，基于安全性考虑，应将用户主文件夹存放在 NTFS 卷中，可以利用 NTFS 的权限来保护用户文件（放在 FAT 卷中只能通过共享文件夹权限来限制用户对主目录的访问）。

登录脚本是用户登录计算机时自动运行的脚本文件，脚本文件的扩展名可以是 VBS、BAT 或 CMD。

（4）其他选项卡（如“拨入”“远程控制”选项卡）请参考 Windows Server 2012 的帮助文件。

3. 删除本地用户账户

当用户不再需要使用某个用户账户时，可以将其删除。删除用户账户会导致与该账户有关的所有信息的遗失，所以在删除之前，最好确认其必要性或者考虑用其他方法，如禁用该账户。许多企业给临时员工设置了 Windows 账户，当临时员工离开企业时将账户禁用，而新来的临时员工需要用该账户时，只需改名即可。

在“计算机管理”控制台中，右击要删除的用户账户可以执行删除功能，但是系统内置账户如 Administrator、Guest 等无法删除。

在前面提到，每个用户都有一个名称之外的唯一标识符 SID，SID 在新增账户时由系统自动产生，不同账户的 SID 不会相同。由于系统在设置用户的权限、访问控制列表中的资源访问能力信息时内部都使用 SID，所以一旦用户账户被删除，这些信息也就跟着消失了。重新创建一个名称相同的用户账户，也不能获得原先用户账户的权限。

4. 使用命令行创建用户

重新以管理员的身份登录 win2012-2 计算机，然后使用命令行方式创建一个新用户，命令格式如下（注意密码要满足密码复杂度要求）：

```
net user username password /add
```

例如要建立一个名为 mike、密码为 P@ssw0rd2（必须符合密码复杂度要求）的用户，可以使用命令：

```
net user mike P@ssw0rd2 /add
```

要修改旧账户的密码，可以按如下步骤操作：

Step 1 打开“计算机管理”窗口。

Step 2 在其中单击“本地用户和组”。

Step 3 右击要为其重置密码的用户账户，然后在弹出的快捷菜单中选择“设置密码”选项。

Step 4 阅读警告消息，如果要继续，单击“继续”按钮。

Step 5 在“新密码”和“确认密码”文本框中输入新密码，然后单击“确定”按钮。

或者使用命令行方式：

```
net user username password
```

例如将用户 mike 的密码设置为 P@ssw0rd3（必须符合密码复杂度要求），可以运行命令：

```
net user mike P@ssw0rd3
```

5. 创建本地组

Windows Server 2012 计算机在运行某些特殊功能或应用程序时，可能需要特定的权限。为这些任务创建一个组并将相应的成员添加到组中是一个很好的解决方案。对于计算机被指定的大多数角色来说，系统都会自动创建一个组来管理该角色。例如如果计算机被指定为 DHCP 服务器，相应的组就会添加到计算机中。

要创建一个新组 common，应打开“计算机管理”窗口。右击“组”文件夹，在弹出的快捷菜单中选择“新建组”选项。在“新建组”对话框中，输入组名和描述，然后单击“添加”按钮向组中添加成员，如图 4-36 所示。

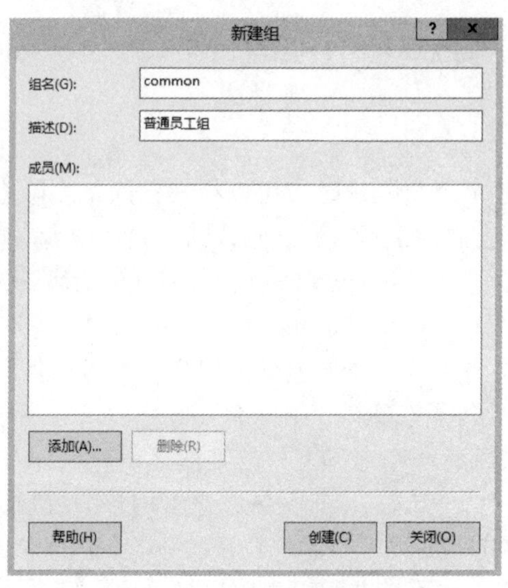

图 4-36 “新建组”对话框

也可以使用命令行方式创建一个组，命令格式为：

```
net localgroup groupname /add
```

例如要添加一个名为 sales 的组，可以输入命令：

```
net localgroup sales /add
```

6. 为本地组添加成员

可以将对象添加到任何组。在域中，这些对象可以是本地用户、域用户，甚至是其他本地组或域组。但是在工作组环境中，本地组的成员只能是用户账户。

为了将成员 mike 添加到本地组 common 中，可以执行以下操作：

Step 1 单击“开始”→“管理工具”→“计算机管理”命令。

Step 2 在窗口的左窗格中展开“本地用户和组”对象，双击“组”对象，在右窗格中显示本地组。

Step 3 双击要添加成员的组 common，打开组的“属性”对话框。

Step 4 单击“添加”按钮，选择要加入的用户 mike。

如果使用命令行的话，可以使用命令：

```
net localgroup groupname username /add
```

例如要将用户 mike 加入 administrators 组中，可以使用命令：

```
net localgroup administrators mike /add
```

4.4　习题

一、填空题

1．账户的类型分为______、______、______。

2．根据服务器的工作模式，组分为______、______。

3．工作组模式下，用户账户存储在______中；域模式下，用户账户存储在______中。

4．活动目录中，组按照能够授权的范围分为______、______、______。

5．你创建了一个名为 Helpdesk 的全局组，其中包含所有帮助台账户，而你希望帮助台人员能在本地桌面计算机上执行任何操作，包括取得文件所有权，则最好使用______内置组。

二、选择题

1．在设置域账户属性时，（　　）项目是不能被设置的。

A．账户登录时间　　B．账户的个人信息

C．账户的权限　　D．指定账户登录域的计算机

2．下列（　　）账户名不是合法的账户名。

A．abc_234　　B．Linux book　　C．doctor*　　D．addeofHELP

3．下面（　　）用户不是内置本地域组成员。

A．Account Operator　　B．Administrator

C．Domain Admins　　D．Backup Operators

4．公司聘用了 10 名新雇员，希望这些新雇员通过 VPN 连接接入公司总部。你创建了新用户账户，并将总部中共享资源的“允许读取”和“允许执行”权限授予新雇员。但是，新雇员无法访问总部的共享资源。你需要确保用户能够建立可接入总部的 VPN 连接。那么应该（　　）。

A．授予新雇员“允许完全控制”权限

B．授予新雇员“允许访问拨号”权限

C．将新雇员添加到 Remote Desktop Users 安全组

D．将新雇员添加到 Windows Authorization Access 安全组

5．公司有一个 Active Directory 域。有个用户试图从客户端计算机登录到域，但是收到消息“此用户账户已过期，请管理员重新激活该账户。”你需要确保该用户能够登录到域，那么应该（　　）。

A．修改该用户账户的属性，将该账户设置为永不过期

B．修改该用户账户的属性，延长“登录时间”设置

C．修改该用户账户的属性，将密码设置为永不过期

D．修改默认域策略，缩短账户锁定持续时间

6．公司有一个 Active Directory 域，名为 intranet.contoso.com。所有域控制器都运行 Windows Server 2012。域功能级别和林功能级别都设置为 Windows 2000 纯模式。你需要确保用户账户有 UPN 后缀 contoso.com。那么应该（　　）。

A．将 contoso.com 林功能级别提升到 Windows Server 2008 或 Windows Server 2012

B．将 contoso.com 域功能级别提升到 Windows Server 2008 或 Windows Server 2012

C．将新的 UPN 后缀添加到林

D．将 Default Domain Controllers 组策略对象（GPO）中的 Primary DNS Suffix 选项设置为 contoso.com

7．公司有一个总部和 10 个分部。每个分部有一个 Active Directory 站点，其中包含一个域控制器。只有总部的域控制器被配置为全局编录服务器。你需要在分部域控制器上停用“通用组成员身份缓存”（UGMC）选项。应在（　）上停用 UGMC。

A．站点　　B．服务器　　C．域　　D．连接对象

8．公司有一个单域的 Active Directory 林，该域的功能级别是 Windows Server 2012。你需要执行以下活动：

- 创建一个全局通信组。
- 将用户添加到该全局通信组。
- 在 Windows Server 2012 成员服务器上创建一个共享文件夹。
- 将该全局通信组放入有权访问该共享文件夹的域本地组中。
- 需要确保用户能够访问该共享文件夹。

那么应该（　）。

A．将林功能级别提升为 Windows Server 2012

B．将该全局通信组添加到 Domain Administrators 组中

C．将该全局通信组的组类型更改为安全组

D．将该全局通信组的作用域更改为通用通信组

三、简答题

1．简述工作组和域的区别。

2．简述通用组、全局组和本地域组的区别。

3．你负责管理你所属组的成员的账户以及对资源的访问权。组中的某个用户离开了公司，你希望在几天内将有人来代替该员工。对于前用户的账户，你应该如何处理？

4．你需要在 AD DS 中创建数百个计算机账户，以便为无人参与安装预先配置这些账户。创建如此大量的账户的最佳方法是什么？

5．用户报告说，他们无法登录到自己的计算机。错误消息表明计算机和域之间的信任关系中断。如何解决该问题？

6．BranchOffice_Admins 组对 BranchOffice_OU 中的所有用户账户有完全控制权限。对于从 BranchOffice_OU 移入 HeadOffice_OU 的用户账户，BranchOffice_Admins 对该账户将拥有何权限？

4.5 项目拓展　管理用户账户和组

一、项目目的

- 掌握创建用户账户的方法。

- 掌握创建组账户的方法。
- 掌握管理用户账户的方法。
- 掌握管理组账户的方法。
- 掌握组的使用原则。

二、项目环境

本项目部署在如图 4-37 所示的环境下。其中 win2012-1 和 win2012-2 是 VMware（或者 Hyper-V 服务器）的两台虚拟机，win2012-1 是域 long.com 的域控制器，win2012-2 是域 long.com 的成员服务器。本地用户和组的管理在 win2012-1 上进行，域用户和组的管理在 win2012-1 上进行，在 win2012-2 上进行测试。

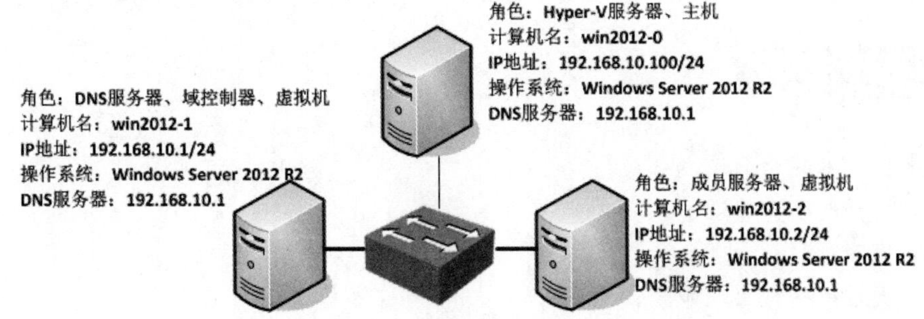

图 4-37　管理用户账户和组账户的网络拓扑图

三、项目要求

（1）练习创建用户账户和组账户的方法。
（2）练习管理用户账户和组账户的方法。
（3）练习组的使用原则。

四、做一做

根据项目实录视频进行项目实训，检查学习效果。

项目 5　管理存储设备

Windows Server 2012的存储管理不论是在技术上还是在功能上都比以前的Windows 版本有了很大的改进和提高，磁盘管理为我们提供了更好的管理界面和性能。掌握基本磁盘和动态磁盘的配置与管理，以及为用户分配磁盘配额，是一个网络管理员最起码的能力。

项目目标

- 掌握基本磁盘管理。
- 掌握动态磁盘管理。
- 掌握磁盘配额管理。
- 掌握常用磁盘管理命令。

5.1　相关知识

从 Windows 2000 开始，Windows 系统将磁盘分为基本磁盘和动态磁盘两种类型。

1. 基本磁盘

基本磁盘是平常使用的默认磁盘类型，通过分区来管理和应用磁盘空间。一个基本磁盘可以划分为主磁盘分区（Primary Partition）和扩展磁盘分区（Extended Partition），但是最多只能建立一个扩展磁盘分区。一个基本磁盘最多可以分为 4 个区，即 4 个主磁盘分区或 3 个主磁盘分区和一个扩展磁盘分区。主磁盘分区通常用来启动操作系统，一般可以将分完主磁盘分区后的剩余空间全部分给扩展磁盘分区，扩展磁盘分区再分成若干逻辑分区。基本磁盘中的分区空间是连续的。从 Windows Server 2003 开始，用户可以扩展基本磁盘分区的尺寸，这样做的前提是磁盘上存在连续的未分配空间。

2. 动态磁盘

动态磁盘使用卷（Volume）来组织空间，使用方法与基本磁盘分区相似。动态磁盘卷可以建立在不连续的磁盘空间上，且空间大小可以动态地变更。动态卷的创建数量也不受限制。在动态磁盘中可以建立多种类型的卷，以提供高性能的磁盘存储能力。

5.2　项目设计及准备

（1）宿主机是 Windows 7 系统，并已安装好 VMware Workstation。

（2）利用 VMware Workstation 已建立两台虚拟机。

本项目的参数配置及网络拓扑图如图 5-1 所示。

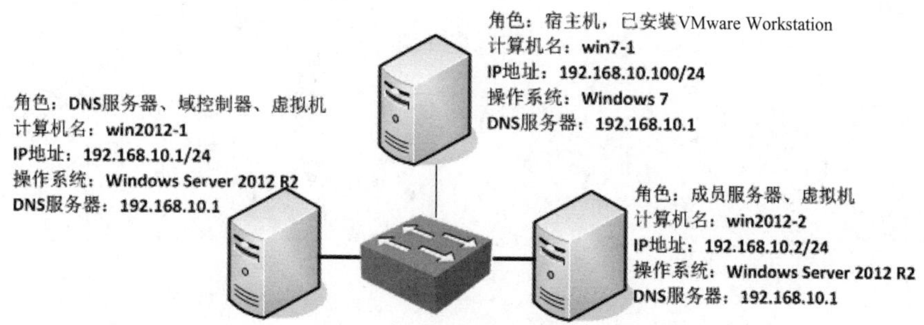

图 5-1　管理磁盘网络拓扑图

（3）在 win2012-2 启动前，对其进行虚拟机设置，添加 4 块 SCSI 硬盘，每块硬盘容量为 127GB，步骤如下：

Step 1　打开 VMware Workstation，选中 win2012-2，依次单击“编辑虚拟机设置”→“添加”按钮，如图 5-2 所示。

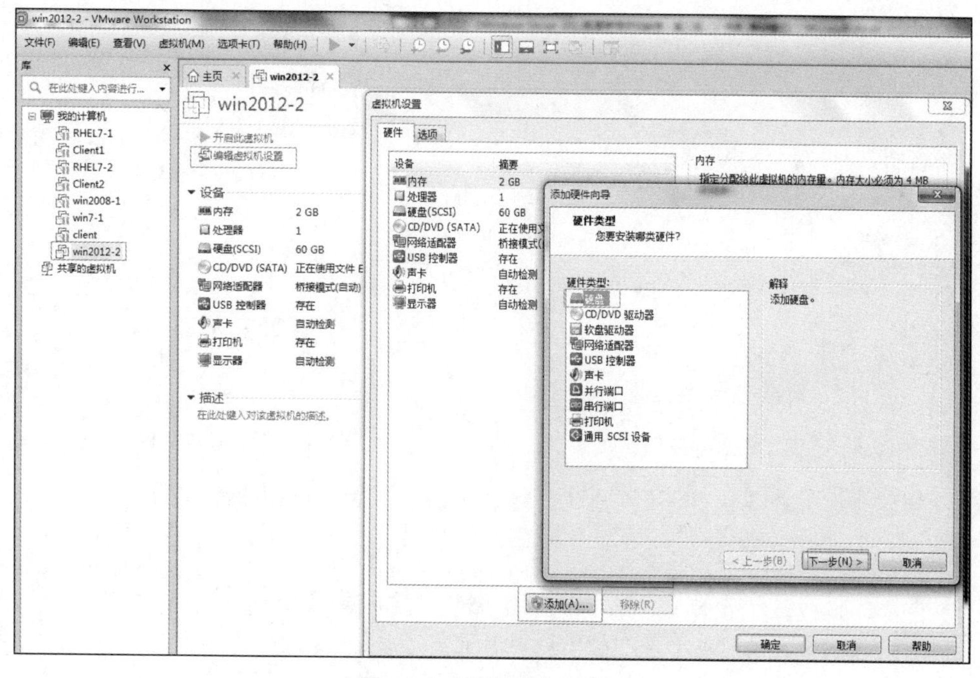

图 5-2　“添加硬盘”窗口

Step 2　选中“硬盘”后单击“下一步”按钮，出现如图 5-3 所示的“选择磁盘类型”界面，选择虚拟磁盘类型为 SCSI。

Step 3　单击“下一步”按钮，进入如图 5-4 所示的界面，在其中选择“创建新虚拟磁盘”单选项。

Step 4　单击“下一步”按钮，指定磁盘容量为 127GB，如图 5-5 所示。

Step 5　单击“下一步”按钮，进入如图 5-6 所示的界面，在其中指定磁盘文件的位置及文件名，单击“完成”按钮完成第一块磁盘的添加。

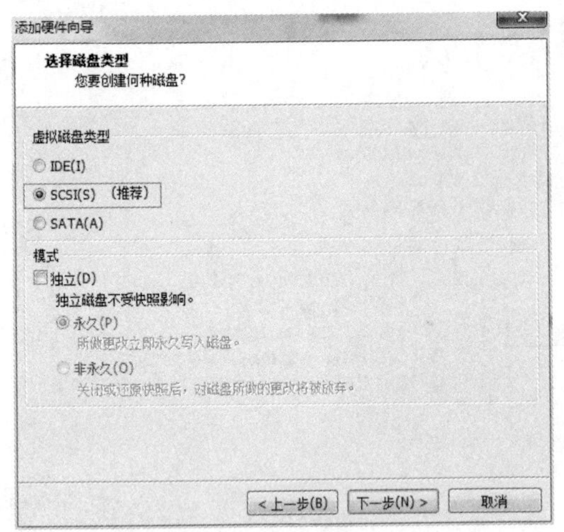

图 5-3 “选择磁盘类型”界面

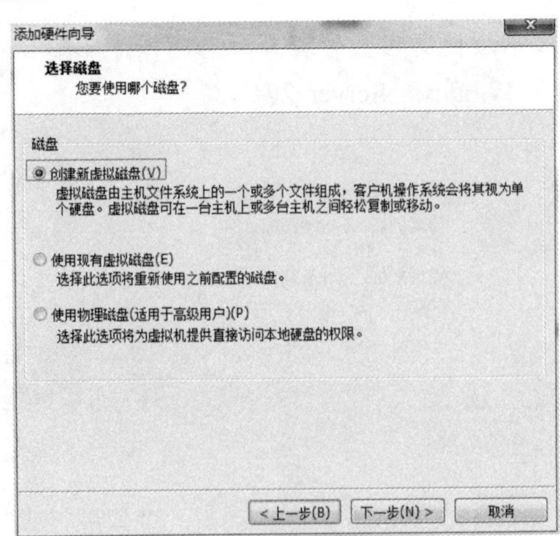

图 5-4 “选择磁盘”界面

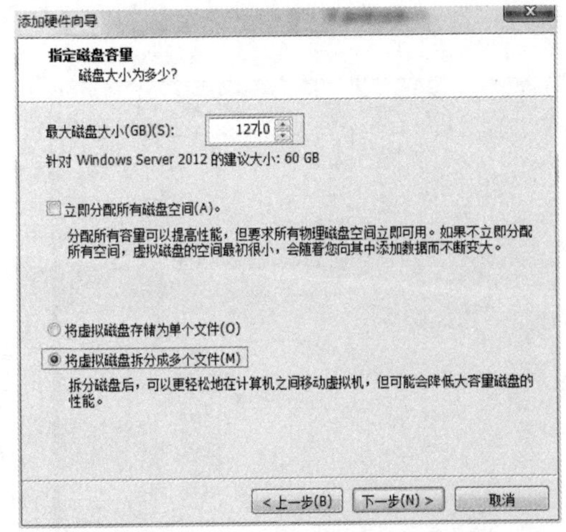

图 5-5 “指定磁盘容量”界面

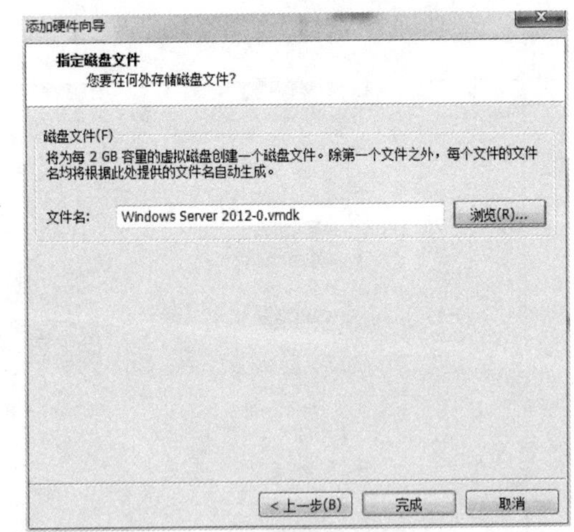

图 5-6 “指定磁盘文件”界面

Step 6 同理添加另外 3 块 SCSI 硬盘（一定从单击“添加”按钮重新开始）。

在添加多块硬盘时，主机一定处在关机状态，并且 SCSI 控制器与硬盘驱动器一一对应，所以添加 4 块硬盘就需要同时添加 4 个 SCSI 控制器，所添加的硬盘挂载到 SCSI 控制器上。

5.3 项目实施

任务 5-1 管理基本磁盘

在安装 Windows Server 2012 时，硬盘将自动初始化为基本磁盘。基本磁盘上的管理任务包括磁盘分区的建立、删除、查看、分区的挂载和磁盘碎片整理等。

1. 使用磁盘管理工具

Windows Server 2012 提供了一个界面非常友好的磁盘管理工具，使用该工具可以很轻松地完成各种基本磁盘和动态磁盘的配置与管理维护工作。可以使用多种方法打开该工具。

（1）使用“计算机管理”窗口。

Step 1 以管理员身份登录 win2012-2，打开“计算机管理”窗口。选择“存储”项目中的“磁盘管理”选项，出现如图 5-7 所示的窗口，要求对新添加的磁盘进行初始化。

如果没有弹出“初始化磁盘”对话框或者弹出的对话框中要进行初始化的磁盘少于预期，请在相应的新加磁盘上右击，然后选择“联机”，完成后再右击该磁盘，选择“初始化磁盘”，对该磁盘进行单独初始化。

Step 2 单击“确定”按钮，初始化新加的 4 块硬盘。完成后，win2012-2 就新加了 4 块新磁盘。

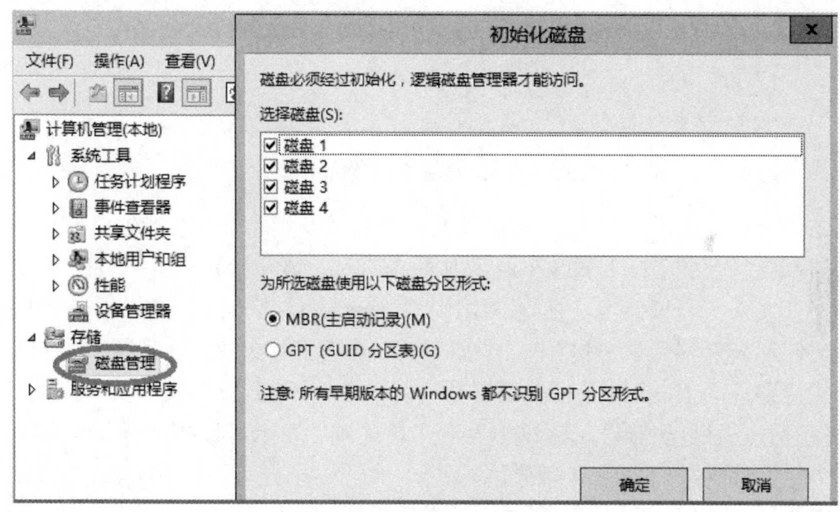

图 5-7 磁盘管理

（2）使用系统内置的 MSC 控制台文件。执行“开始”→“运行”命令，输入 diskmgmt.msc 并单击“确定”按钮。

磁盘管理工具分别以文本和图形的方式显示出所有磁盘和分区（卷）的基本信息，这些信息包括分区（卷）的驱动器号、磁盘类型、文件系统类型、工作状态等。在磁盘管理工具的下部，以不同的颜色表示不同的分区（卷）类型，利于用户分辨不同的分区（卷）。

2. 新建基本卷

基本磁盘上的分区和逻辑驱动器称为基本卷，基本卷只能在基本磁盘上创建。现在在 win2012-2 的磁盘 1 上创建主分区和扩展分区，并在扩展分区中创建逻辑驱动器。具体过程如下：

（1）创建主分区。

Step 1 打开 win2012-2 计算机的“计算机管理”→“磁盘管理”。右击“磁盘 1”，选择“新建简单卷”选项，如图 5-8 所示。

Step 2 打开“新建简单卷向导”界面，单击“下一步”按钮，设置卷的大小为 500 MB。

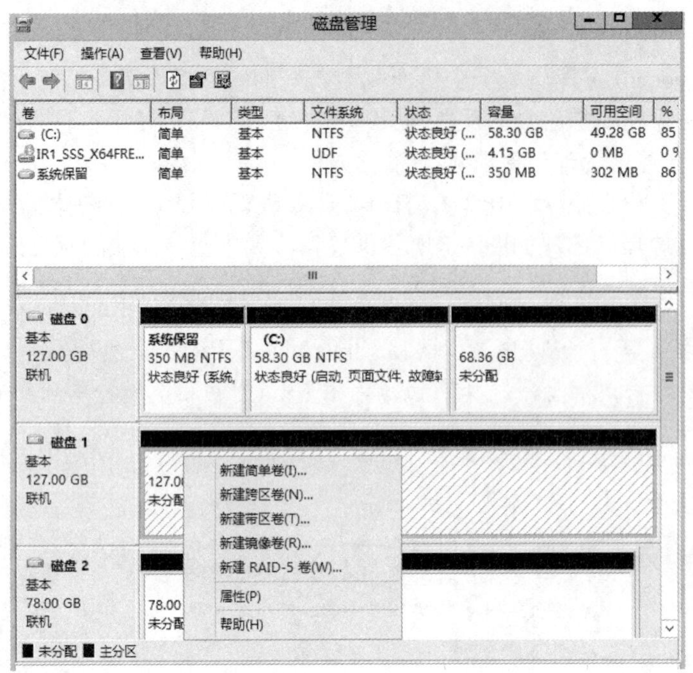

图 5-8 磁盘管理-新建简单卷

Step 3 单击“下一步”按钮，分配驱动器号，如图 5-9 所示。

- 选择“装入以下空白 NTFS 文件夹中”单选项，表示指派一个在 NTFS 文件系统下的空文件夹来代表该磁盘分区。例如用 C:\data 表示该分区，则以后所有保存到 C:\data 的文件都被保存到该分区中。该文件夹必须是空的文件夹，且位于 NTFS 卷内。这个功能特别适用于 26 个磁盘驱动器号（A:～Z:）不够使用时的网络环境。
- 选择“不分配驱动器号或驱动器路径”单选项，表示可以事后再指派驱动器号或指派某个空文件夹来代表该磁盘分区。

Step 4 单击“下一步”按钮，选择格式化的文件系统，如图 5-10 所示。格式化结束，单击“完成”按钮完成主分区的创建。本例划分给主分区 500MB 空间，赋予驱动器号为 E:。

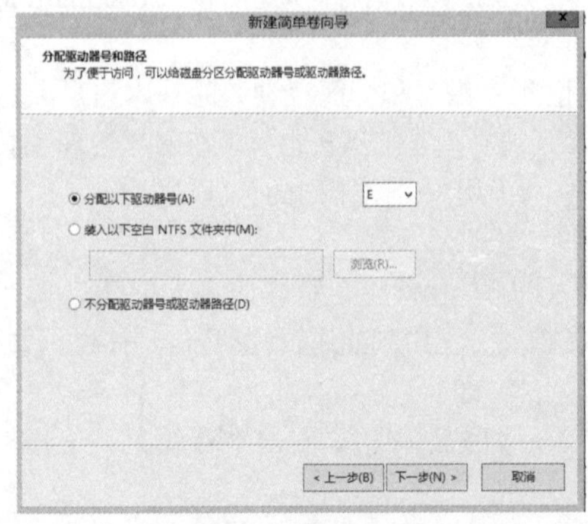

图 5-9 分配驱动器号

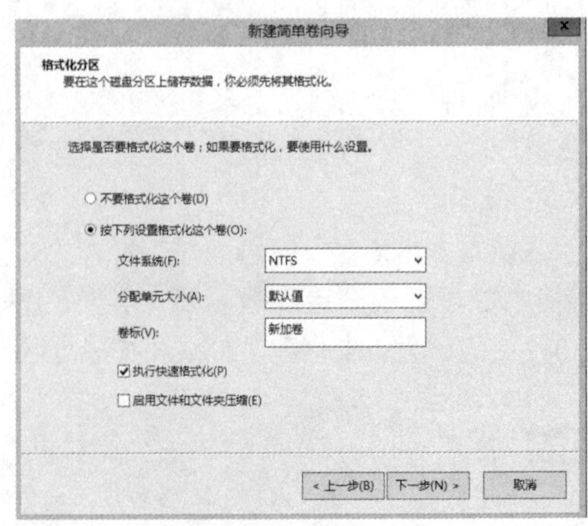

图 5-10 格式化分区

Step 5　可以重复以上步骤创建其他主分区。

（2）创建扩展分区。Windows Server 2012 的磁盘管理中不能直接创建扩展分区，必须先创建完 3 个主分区才能创建扩展磁盘分区。

Step 1　继续在 win2012-2 的磁盘 1 上再创建两个主分区。

Step 2　完成 3 个主分区创建后，在该磁盘未分区空间右击，选择“新建简单卷”选项。

Step 3　后面的过程与创建主分区相似，不同的是当创建完成，显示“状态良好”的分区信息后，系统自动将刚才这个分区设置为扩展分区的一个逻辑驱动器，如图 5-11 所示。

图 5-11　3 个主分区、1 个扩展分区

3．指定活动的磁盘分区

如果计算机中安装了多个无法直接相互访问的不同操作系统，如 Windows Server 2012、Linux 等，则计算机在启动时会启动被设为“活动”的磁盘分区内的操作系统。

假设当前第 1 个磁盘分区中安装的是 Windows Server 2012，第 2 个磁盘分区中安装的是 Linux，如果第 1 个磁盘分区被设为“活动”，则计算机启动时就会启动 Windows Server 2012。若要下一次启动时启动 Linux，只需将第 2 个磁盘分区设为“活动”即可。

由于用来启动操作系统的磁盘分区必须是主磁盘分区，因此，只能将主磁盘分区设为“活动”的磁盘分区。要指定“活动”的磁盘分区，右击 win2012-2 的磁盘 1 的主分区 E:，再在弹出的快捷菜单中选择“将分区标为活动分区”选项。

4．更改驱动器号和路径

Windows Server 2012 默认为每个分区（卷）分配一个驱动器号字母，该分区就成为一个逻辑上的独立驱动器。有时出于管理的目的，可能需要修改默认分配的驱动器号。

还可以使用磁盘管理工具在本地 NTFS 分区（卷）的任何空文件夹中连接或装入一个本地驱动器。当在空的 NTFS 文件夹中装入本地驱动器时，Windows Server 2012 为驱动器分配一个路径而不是驱动器字母，可以装载的驱动器数量不受驱动器字母限制的影响，因此可以使用挂载的驱动器在计算机上访问 26 个以上的驱动器。Windows Server 2012 确保驱动器路径与驱动器的关联，因此可以添加或重新排列存储设备而不会使驱动器路径失效。

另外，当某个分区的空间不足并且难以扩展空间尺寸时，也可以通过挂载一个新分区到该分区某个文件夹的方法来达到扩展磁盘分区尺寸的目的。因此，挂载的驱动器使数据更容易访问，并增加了基于工作环境和系统使用情况管理数据存储的灵活性。例如，可以在 C:\Document and Settings 文件夹处装入带有 NTFS 磁盘配额以及启用容错功能的驱动器，这样用户就可以跟踪或限制磁盘的使用，并保护装入的驱动器上的用户数据，而不用在 C:驱动器上做同样的工作。也可以将 C:\Temp 文件夹设为挂载驱动器，为临时文件提供额外的磁盘空间。

如果 C:盘上的空间较小，可将程序文件移动到其他大容量驱动器上，比如 E:，并将它作为 C:\mytext 挂载。这样所有保存在 C:\mytext 下的文件事实上都保存在 E:分区上。下面完成这个例子（保证 C:\mytext 在 NTFS 分区，并且是空白的文件夹）。

Step 1 在“磁盘管理”对话框中右击目标驱动器 E:，在弹出的快捷菜单中选择 “更改驱动器号和路径”选项，打开如图 5-12 所示的对话框。

Step 2 单击“更改”按钮，可以更改驱动器号；单击“添加”按钮，打开“添加驱动器号或路径”对话框，如图 5-13 所示。

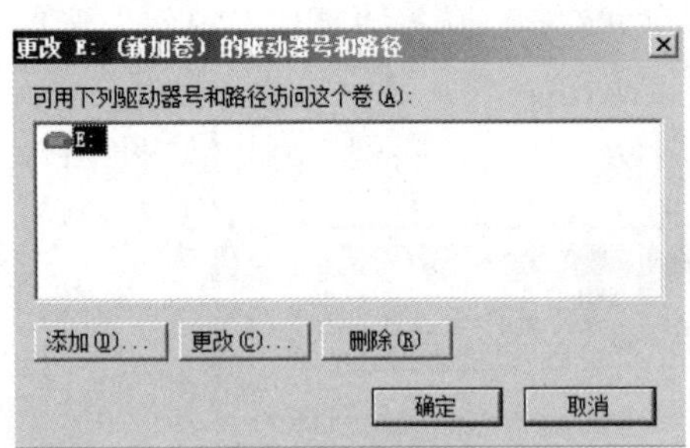

图 5-12 “更改 E:的驱动器号和路径”对话框

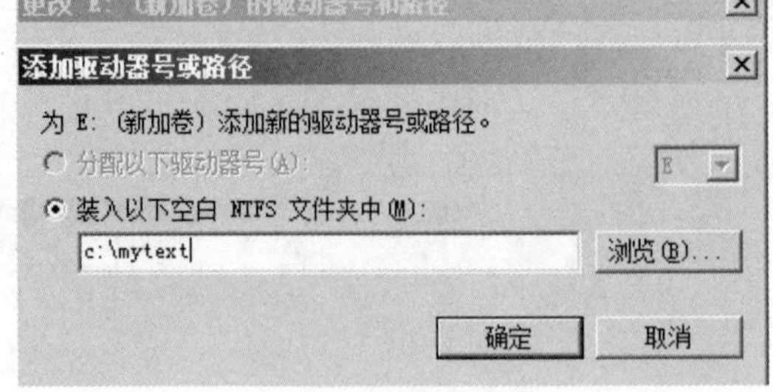

图 5-13 “添加驱动器号或路径”对话框

Step 3 输入完成后单击“确定”按钮。

Step 4 测试。在 C:\text 下新建文件，然后查看 E:盘信息，发现文件实际存储在 E:盘上。

要装入的文件夹一定是事先建立好的空文件夹，该文件夹所在的分区必须是 NTFS 文件系统。

任务 5-2 认识动态磁盘

1. RAID 技术简介

如何增加磁盘的存取速度，如何防止数据因磁盘故障而丢失，以及如何有效地利用磁盘空间，一直困扰着计算机专业人员和用户。廉价磁盘冗余阵列（RAID）技术的产生一举解决了这些问题。

廉价磁盘冗余阵列是把多个磁盘组成一个阵列，当作单一磁盘使用。它将数据以分段（Striping）的方式存储在不同的磁盘中，存取数据时，阵列中的相关磁盘一起动作，大幅减少数据的存取时间，同时有更佳的空间利用率。磁盘阵列所利用的不同的技术称为 RAID 级别。不同的级别针对不同的系统及应用，以解决数据访问性能和数据安全的问题。

RAID 技术的实现可以分为硬件实现和软件实现两种。现在很多操作系统，如 Windows NT、UNIX 等都提供软件 RAID 技术，性能略低于硬件 RAID，但成本较低，配置管理也非常简单。目前 Windows Server 2003 支持的 RAID 级别有 RAID 0、RAID 1、RAID 4 和 RAID-5。

RAID 0：通常被称为“条带”，它是面向性能的分条数据映射技术。这意味着被写入阵列的数据被分割成条带，然后被写入阵列中的磁盘成员，从而允许低费用的高效 I/O 性能，但是不提供冗余性。

RAID 1：称为“磁盘镜像”。通过在阵列中的每个成员磁盘上写入相同的数据来提供冗余性。由于镜像的简单性和高度的数据可用性，目前仍然很流行。RAID 1 提供了极佳的数据可靠性，并提高了读取任务繁重的程序的执行性能，但是它的相对费用较高。

RAID 4：使用集中到单个磁盘驱动器上的奇偶校验来保护数据，更适合事务性的 I/O 而不是大型文件传输。专用的奇偶校验磁盘也带来了固有的性能瓶颈。

RAID-5：使用最普遍的 RAID 类型。通过在某些或全部阵列成员磁盘驱动器中分布奇偶校验，RAID-5 避免了 RAID 4 中固有的写入瓶颈。唯一的性能瓶颈是奇偶计算进程。与 RAID 4 一样，其结果是非对称性能，读取性能大大超过写入性能。

2. 动态磁盘卷类型

动态磁盘提供了更好的磁盘访问性能以及容错等功能。可以将基本磁盘转换为动态磁盘，而不损坏原有的数据。动态磁盘若要转换为基本磁盘，则必须先删除原有的卷。

在转换磁盘之前需要关闭这些磁盘上运行的程序。如果转换启动盘或者要转化的磁盘中的卷或分区正在使用，则必须重新启动计算机才能成功转换。转换过程如下：

Step 1 关闭所有正在运行的应用程序，打开“计算机管理”窗口中的“磁盘管理”，在右窗格的底部右击要升级的基本磁盘，在弹出的快捷菜单中选择“转换到动态磁盘”选项。

Step 2 在打开的对话框中，可以选择多个磁盘一起升级。选好之后单击“确定”按钮，然后再单击“转换”按钮。

Windows Server 2012 中支持的动态卷包括以下几类：

- 简单卷（Simple Volume）：与基本磁盘的分区类似，只是其空间可以扩展到非连续的空间上。
- 跨区卷（Spanned Volume）：可以将多个磁盘（至少 2 个，最多 32 个）上的未分配空间合成一个逻辑卷。使用时先写满一部分空间，再写入下一部分空间。
- 带区卷（Striped Volume）：又称条带卷 RAID 0，将 2～32 个磁盘空间上容量相同的空间组合成一个卷，写入时将数据分成 64 KB 大小相同的数据块同时写入卷的每个磁盘成员的空间上。带区卷提供最好的磁盘访问性能，但是带区卷不能被扩展或镜像，并且没有容错功能。
- 镜像卷（Mirrored Volume）：又称 RAID 1 技术，是将两个磁盘上相同尺寸的空间建立为镜像，有容错功能，但空间利用率只有 50%，实现成本相对较高。
- 带奇偶校验的带区卷：采用 RAID-5 技术，每个独立磁盘进行条带化分割、条带区奇偶校验，校验数据平均分布在每块硬盘上。容错性能好，应用广泛，需要 3 个以上磁盘。其平均实现成本低于镜像卷。

任务 5-3 建立动态磁盘卷

在 Windows Server 2012 动态磁盘上建立卷，与在基本磁盘上建立分区的操作类似。下面以创建 RAID-5 卷为例建立 1000 MB 的动态磁盘卷。

Step 1 以管理员身份登录 win2012-2，右击磁盘 1，在弹出的快捷菜单中选择“转换为动态磁盘”选项，在弹出的对话框中勾选磁盘 1 至磁盘 4 的复选框，如图 5-14 所示，将这 4 个磁盘转换为动态磁盘。

Step 2 在磁盘 2 的未分配空间上右击，在弹出的快捷菜单中选择“新建 RAID-5 卷”选项，弹出“新建 RAID-5 卷”向导对话框。

Step 3 单击“下一步”按钮，进入“选择磁盘”界面，如图 5-15 所示。选择要创建 RAID-5 卷所需要使用的磁盘，“选择空间量”设为 1000MB。对于 RAID-5 卷来说，至少需要选择 3 个以上动态磁盘。这里选择磁盘 2 至磁盘 4。

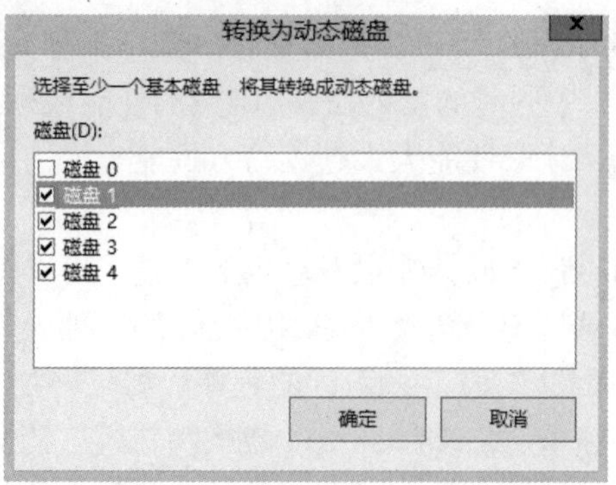

图 5-14 “转换为动态磁盘”对话框

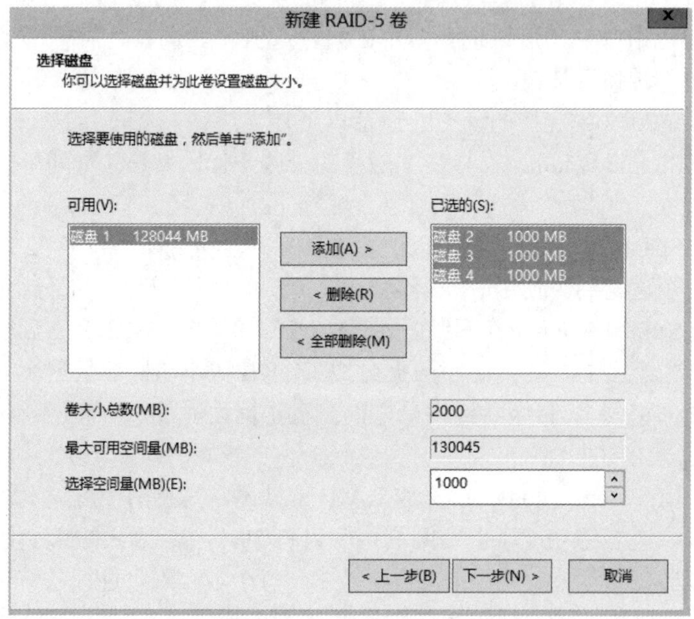

图 5-15 为 RAID-5 卷选择磁盘

Step 4 为 RAID-5 卷指定驱动器号和文件系统类型，完成向导设置。建立完成的 RAID-5 卷如图 5-16 所示。

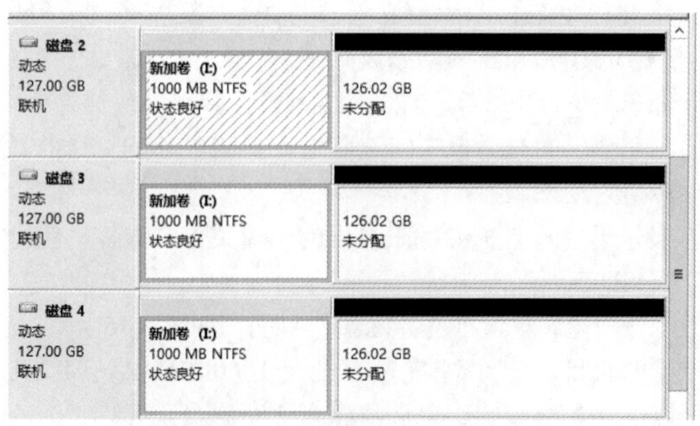

图 5-16 建立完成的 RAID-5 卷

建立其他类型动态卷的方法与此类似：右击动态磁盘的未分配空间，在弹出的快捷菜单中按需要选择相应选项，完成不同类型动态卷的建立。这里不再一一叙述。

任务 5-4 维护动态卷

1. 维护镜像卷

在 win2012-2 上提前建立镜像卷 J，容量为 50MB，使用磁盘 1 和磁盘 2。在 J:盘上存储一个文件夹 test，供测试用（驱动器号可能与读者的不一样，请注意）。

不再需要镜像卷的容错能力时，可以选择将镜像卷中断。方法是右击镜像卷，选择“中断镜卷”“删除镜像”或“删除卷”选项。

- 如果选择“中断镜卷”选项，中断后的镜像卷成员会成为两个独立的卷，不再容错。
- 如果选择“删除镜像”选项，则选中的磁盘上的镜像卷被删除，不再容错。
- 如果选择“删除卷”选项，则镜像卷成员会被删除，数据将会丢失。

如果包含部分镜像卷的磁盘已经断开连接，磁盘状态会显示为“脱机”或“丢失”。要重新使用这些镜像卷，可以尝试重新连接并激活磁盘。方法是在要重新激活的磁盘上右击，再在弹出的快捷菜单中选择“重新激活磁盘”选项。

如果包含部分镜像卷的磁盘丢失并且该卷没有返回到“良好”状态，则应当用另一个磁盘上的新镜像替换出现故障的镜像。具体方法如下：

Step 1 构建故障：在虚拟机 win2012-2 的设置中，将第一块 SCSI 控制器上的硬盘删除并单击“应用”按钮，这时回到 win2012-2，可以看到磁盘 1 显示为“丢失”状态。

Step 2 在显示为“丢失”或“脱机”的磁盘的镜像卷上右击删除镜像，如图 5-17 所示。然后查看系统日志，以确定磁盘或磁盘控制器是否出现故障。如果出现故障的镜像卷成员位于有故障的控制器上，则在有故障的控制器上安装新的磁盘并不能解决问题。本例直接删除后重建。删除镜像后仍能在 J:盘上查到 test 文件夹，说明了镜像卷的容错能力。下面使用新磁盘替换损坏的磁盘重建镜像卷。

Step 3 右击要重建镜像的卷（不是已删除的卷），然后在弹出的快捷菜单中选择“添加镜像”选项，打开如图 5-18 所示的“添加镜像”对话框。选择合适的磁盘后单击“添加镜像”按钮，系统会使用新的磁盘重建镜像。

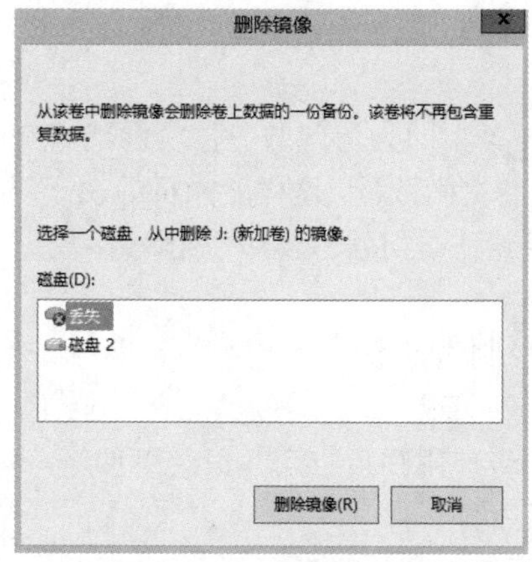

图 5-17 从损坏的磁盘上删除镜像

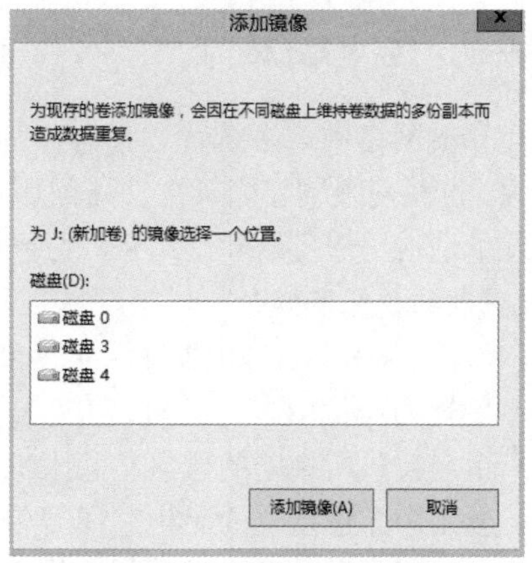

图 5-18 “添加镜像”对话框

2. 维护 RAID-5

在 win2012-2 上提前建立 RAID-5 卷 E:，容量为 50 MB，使用磁盘 2 至磁盘 4。在 E:盘上存储一个文件夹 test，供测试用（磁盘符号根据不同情况会有变化）。

对于 RAID-5 卷的错误，应右击卷并选择“重新激活磁盘”选项进行修复。如果修复失败，则需要更换磁盘并在新磁盘上重建 RAID-5 卷。RAID-5 卷的故障恢复过程如下：

Step 1 构建故障：在虚拟机 win2012-2 的设置中，将第三块 SCSI 控制器上的硬盘删除并单击“应用”按钮，这时回到 win2012-2，可以看到磁盘 3 显示为“丢失”状态。

Step 2 在“磁盘管理”控制台中右击将要修复的 RAID-5 卷（在“丢失”的磁盘上），选择“重新激活卷”选项。

Step 3 由于卷成员磁盘失效，所以会弹出“缺少成员”的消息框，单击“确定”按钮。

Step 4 再次右击将要修复的 RAID-5 卷，在弹出的快捷菜单中选择“修复卷”选项。

Step 5 弹出如图 5-19 所示的“修复 RAID-5 卷”对话框，在其中选择新添加的动态磁盘 1，然后单击“确定”按钮。

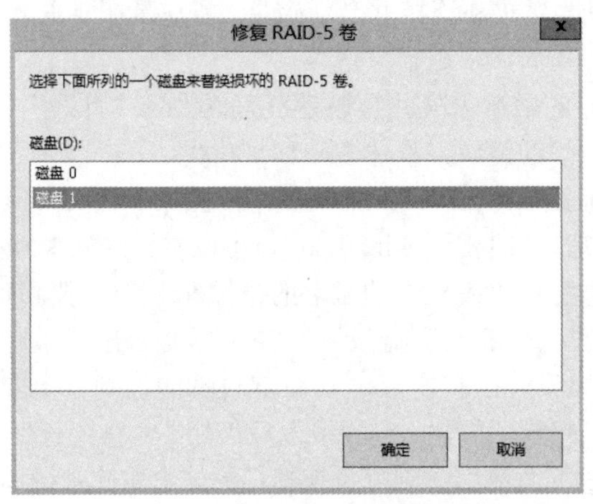

图 5-19 “修复 RAID-5 卷”对话框

Step 6 在磁盘管理器中，可以看到 RAID-5 在新磁盘上重新建立，进行数据的同步操作。同步完成后，RAID-5 卷的故障被修复成功，上面的文件夹 test 仍然存在。

任务 5-5 管理磁盘配额

在计算机网络中，系统管理员有一项很重要的任务，即为访问服务器资源的客户机设置磁盘配额，也就是限制它们一次性访问服务器资源的卷空间数量。这样做的目的在于防止某个客户机过量地占用服务器和网络资源导致其他客户机无法访问服务器和使用网络。

1. 磁盘配额基本概念

在 Windows Server 2012 中，磁盘配额跟踪和控制磁盘空间的使用，使系统管理员可将 Windows 配置为：

- 用户超过所指定的磁盘空间限额时阻止进一步使用磁盘空间并记录事件。
- 当用户超过指定的磁盘空间警告级别时记录事件。

启用磁盘配额时，可以设置两个值：“磁盘配额限度”和“磁盘配额警告级别”。“磁盘配额限度”指定了允许用户使用的磁盘空间容量，警告级别指定了用户接近其配额限度的值。例如可以把用户的磁盘配额限度设为 50 MB，把磁盘配额警告级别设为 45 MB。这种情况下，用户可在卷上存储不超过 50 MB 的文件。如果用户在卷上存储的文件超过 45 MB，则把磁盘配额系统记录为系统事件。如果不想拒绝用户访问卷，但想跟踪每个用户的磁盘空间使用情况，启用配额但不限制磁盘空间使用将非常有用。

默认的磁盘配额不应用到现有的卷用户上，可以通过在“配额项目”对话框中添加新的配额项目来将磁盘空间配额应用到现有的卷用户上。

磁盘配额是以文件所有权为基础的，并且不受卷中用户文件的文件夹位置的限制。例如，如果用户把文件从一个文件夹移到相同卷上的其他文件夹，则卷空间用量不变。

磁盘配额只适用于卷，且不受卷的文件夹结构及物理磁盘布局的限制。如果卷有多个文件夹，则分配给该卷的配额将应用于卷中的所有文件夹。

如果单个物理磁盘包含多个卷，并把配额应用到每个卷，则每个卷配额只适用于特定的卷。例如如果用户共享两个不同的卷：F 卷和 G 卷，即使这两个卷在相同的物理磁盘上，也会分别对这两个卷的配额进行跟踪。

如果一个卷跨越多个物理磁盘，则整个跨区卷使用该卷的同一配额。例如，如果 F 卷有 50 MB 的配额限度，则不管 F 卷是在物理磁盘上还是跨越 3 个磁盘，都不能把超过 50 MB 的文件保存到 F 卷。

在 NTFS 文件系统中，卷使用信息按用户安全标识（SID）存储，而不是按用户账户名称存储。第一次打开“配额项目”对话框时，磁盘配额必须从网络域控制器或本地用户管理器上获得用户账户名称，将这些用户账户名与当前卷用户的 SID 匹配。

2. 设置磁盘配额

Step 1 在“磁盘管理”对话框中，右击要启用磁盘配额的磁盘卷，然后在弹出的快捷菜单中选择“属性”选项，打开“新加卷（E:）属性”对话框。

Step 2 选择“配额”选项卡，如图 5-20 所示。

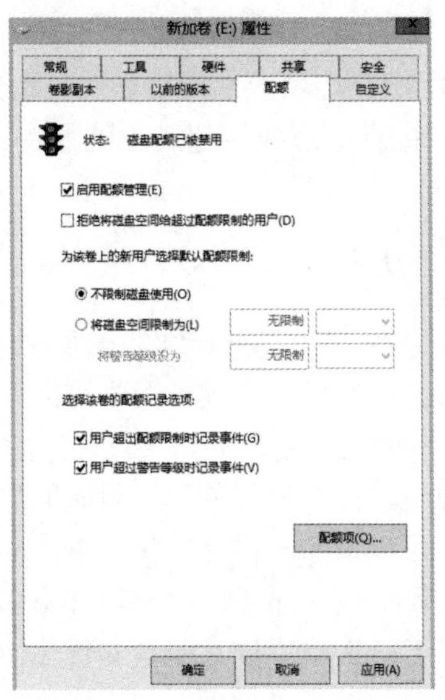

图 5-20 “配额”选项卡

Step 3 勾选“启用配额管理”复选框，然后为新用户设置磁盘空间限制数值。

Step 4 若需要对原有的用户设置配额，则单击“配额项”按钮，打开如图 5-21 所示的窗口。

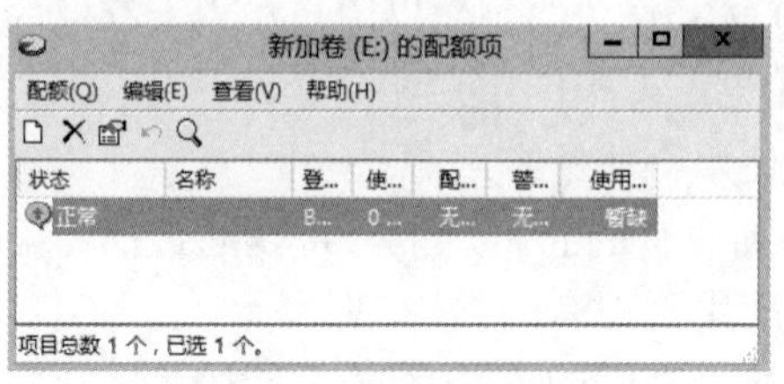

图 5-21 “配额项”窗口

Step 5 选择“配额”→“新建配额项”选项，或单击工具栏中的“新建配额项”按钮，打开“选择用户”对话框。单击“高级”按钮，再单击“立即查找”按钮，即可在“搜索结果”列表框中选择当前计算机用户并设置磁盘配额，最后关闭“配额项”窗口。如图 5-22 所示为为 yhl 用户设置磁盘配额。

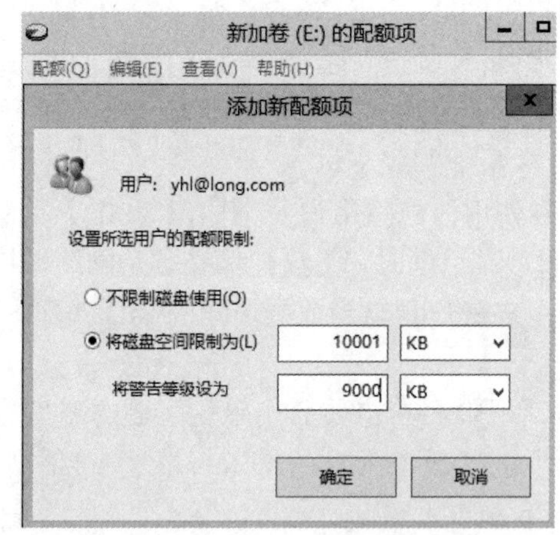

图 5-22 为 yhl 用户设置磁盘配额

Step 6 回到图 5-20 所示的“配额”选项卡。如果需要限制受配额影响的用户使用超过配额的空间，则勾选“拒绝将磁盘空间给超过配额限制的用户”复选框，然后单击“确定”按钮。

任务 5-6 碎片整理和优化驱动器

计算机磁盘上的文件，并不是保存在一个连续的磁盘空间上，而是把一个文件分散存放在磁盘的许多地方，这样的分布会浪费磁盘空间，习惯称之为“磁盘碎片”。在经常进行添加和删除文件等操作的磁盘上，这种情况尤其严重。“磁盘碎片”会增加计算机访问磁盘的时间，降低整个计算机的运行性能。因而，计算机在使用一段时间后，就要对磁盘进行碎片整理。

碎片整理和优化驱动器程序可以重新安排计算机硬盘上的文件、程序以及未使用的空间，使得程序运行得更快，文件打开得更快。磁盘碎片整理并不影响数据的完整性。

依次单击“开始”→“管理工具”→“碎片整理和优化驱动器”命令，打开如图 5-23 所示的“优化驱动器”窗口，对驱动器进行“分析”和“优化”。

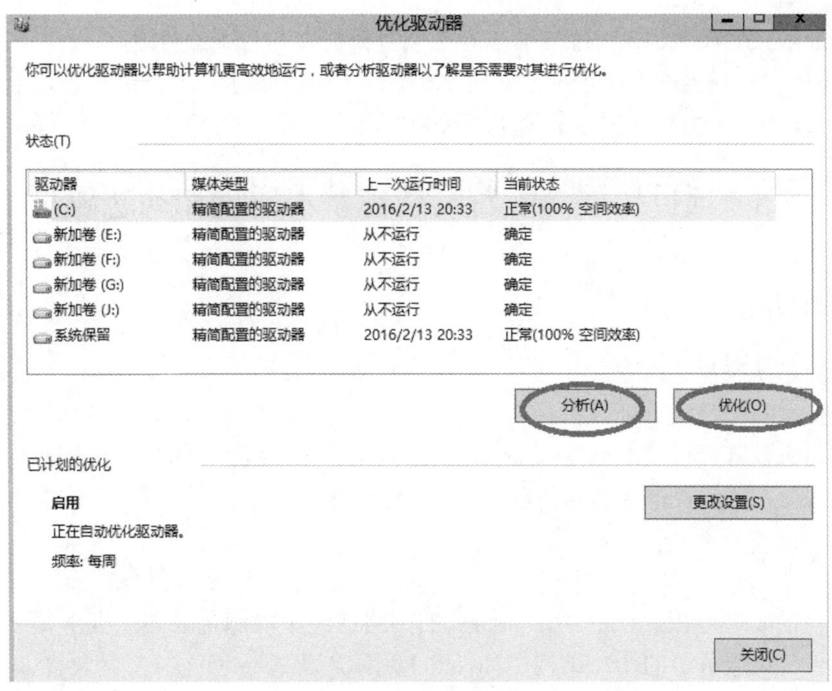

图 5-23　“优化驱动器”窗口

一般情况下，选择要进行碎片整理的磁盘后，首先要分析一下磁盘分区状态。单击“分析”按钮，可以对所选的磁盘分区进行分析。系统分析完毕后会打开对话框，询问是否对磁盘进行碎片整理。如果需要对磁盘进行优化操作，选中磁盘后直接单击“优化”按钮即可。

5.4　习题

一、填空题

1．从 Windows 2000 开始，Windows 系统将磁盘分为______和______。

2．一个基本磁盘最多可分为______个区，即______个主分区或______个主分区和一个扩展分区。

3．动态卷类型包括______、______、______、______、______。

4．要将 E:盘转换为 NTFS 文件系统，可以运行命令______。

5．带区卷又称为______技术，RAID 1 又称为______卷，RAID-5 又称为______卷。

6．镜像卷的磁盘空间利用率只有______，所以镜像卷的花费相对较高。与镜像卷相比，RAID-5 卷的磁盘空间有效利用率为______。硬盘数量越多，冗余数据带区的成本越低，所以 RAID-5 卷的性价比较高，被广泛应用于数据存储领域。

二、简答题

1．简述基本磁盘与动态磁盘的区别。

2．磁盘碎片整理的作用是什么？

3．Windows Server 2012 支持的动态卷类型有哪些？各有哪些特点？

4．基本磁盘转换为动态磁盘应注意什么问题？如何转换？

5．如何限制某个用户使用服务器上的磁盘空间？

5.5 项目拓展　配置与管理基本磁盘和动态磁盘

一、项目目的

- 掌握基本磁盘的管理。
- 掌握动态磁盘的管理。
- 学习磁盘阵列以及 RAID 0、RAID 1、RAID 4、RAID-5 的知识。
- 掌握做磁盘阵列的条件及方法。

二、项目环境

随着公司的发展壮大，已有的工作组式的网络已经不能满足公司的业务需要。经过多方论证，确定了公司服务器的拓扑结构，如图 5-1 所示。

三、项目要求

根据图 5-1 所示的公司磁盘管理示意图完成管理磁盘的实训，具体要求如下：

（1）公司的服务器 win2012-1 新增了两块硬盘，请完成以下任务：

1）初始化磁盘。

2）在两块磁盘上新建分区，注意主磁盘分区和扩展磁盘分区的区别以及在一块磁盘上能建主磁盘分区的数量等。

3）格式化磁盘分区。

4）标注磁盘分区为活动分区。

5）向驱动器分配装入点文件夹路径，指派一个在 NTFS 文件系统下的空文件夹代表某磁盘分区，比如 C:\data 文件夹。

6）对磁盘进行碎片整理。

（2）公司的服务器 win2012-2 新增了 5 块硬盘，每块硬盘大小为 4GB，请完成以下任务：

1）初始化磁盘，并将磁盘转换成动态磁盘。

2）创建 RAID 1 的磁盘组，大小为 1 GB。

3）创建 RAID-5 的磁盘组，大小为 2 GB。

4）创建 RAID 0 的磁盘组，大小为 800 MB×5=4 GB。

5）对 D:盘进行扩容。

6）RAID-5 数据的恢复实验。

四、做一做

根据项目实录视频进行项目实训，检查学习效果。

第三篇　常用网络服务

项目 6　配置与管理 DNS 服务器

项目 7　配置与管理 DHCP 服务器

项目 8　配置与管理 Web 服务器

项目 9　配置与管理 FTP 服务器

工欲善其事，必先利其器。

——孔子《论语·魏灵公》

项目6　配置与管理DNS服务器

某高校组建了学校的校园网，为了使校园网中的计算机简单快捷地访问本地网络及Internet上的资源，需要在校园网中架设DNS服务器以提供域名转换成IP地址的功能。

在完成该项目之前，应先确定网络中DNS服务器的部署环境，明确DNS服务器的各种角色及其作用。

- 了解DNS服务器的作用及其在网络中的重要性。
- 理解DNS的域名空间结构及其工作过程。
- 理解并掌握主DNS服务器的部署。
- 理解并掌握辅助DNS服务器的部署。
- 理解并掌握DNS客户机的部署。
- 掌握DNS服务的测试以及动态更新。

6.1　相关知识

在TCP/IP网络上，每个设备必须分配一个唯一的地址。计算机在网络上通信时只能识别如202.97.135.160之类的数字地址，而人们在使用网络资源的时候，为了便于记忆和理解，更倾向于使用有代表意义的名称，如域名www.yahoo.com（雅虎网站）。

DNS（Domain Name System）服务器就承担了将域名转换成IP地址的功能。这就是在浏览器地址栏中输入如www.yahoo.com的域名后，就能看到相应的页面的原因。输入域名后，有一台称为DNS服务器的计算机自动把域名“翻译”成相应的IP地址。

DNS实际上是域名系统的缩写，它的目的是为客户机对域名的查询（如www.yahoo.com）提供该域名的IP地址，以便用户用易记的名字搜索和访问必须通过IP地址才能定位的本地网络或Internet上的资源。

DNS服务使得网络服务的访问更加简单，对于一个网站的推广发布起到极其重要的作用。而且许多重要网络服务（如E-mail服务、Web服务）的实现也需要借助DNS服务。因此，DNS服务可视为网络服务的基础。另外，在稍具规模的局域网中，DNS服务也被大量采用，因为DNS服务不仅可以使网络服务的访问更加简单，而且可以完美地实现与Internet的融合。

6.1.1　域名空间结构

域名系统（DNS）的核心思想是分级，是一种分布式的、分层次的、客户机/服务器式的数据库管理系统，主要用于将主机名或电子邮件地址映射成 IP 地址。一般来说，每个组织有自己的 DNS 服务器，并维护域名称映射数据库记录或资源记录。每个登记的域都将自己的数据库列表提供给整个网络复制。

目前负责管理全世界 IP 地址的单位是 InterNIC（Internet Network Information Center），在 InterNIC 之下的 DNS 结构分为若干个域（Domain）。图 6-1 所示的阶层式树状结构称为域名空间（Domain Name Space）。

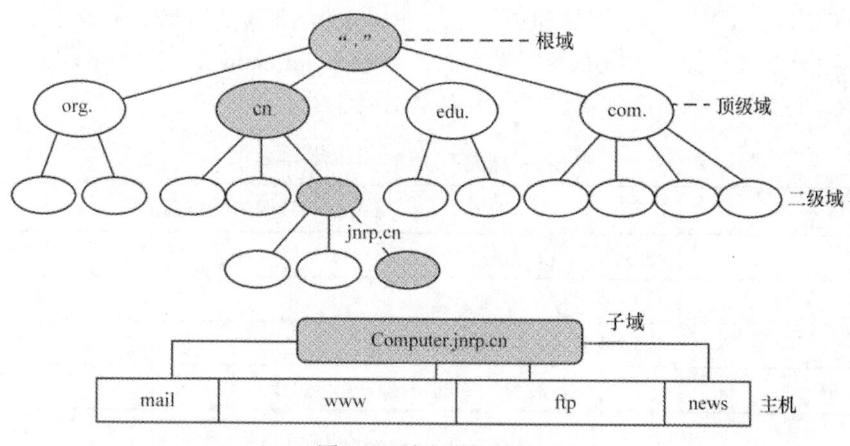

图 6-1　域名空间结构

注意　域名和主机名只能用字母 a～z（在 Windows 服务器中大小写等效，而在 UNIX 中则不同）、数字 0～9 和连线等“-”组成。其他公共字符，如连接符“&”、斜杠“/”、句点“.”和下划线“_”都不能用于表示域名和主机名。

1. 根域

图 6-1 中，位于层次结构最高端的是域名树的根，提供根域名服务，用“.”表示。在 Internet 中，根域是默认的，一般都不需要表示出来。全世界共有 13 台根域服务器，它们分布于世界各大洲，并由 InterNIC 管理。根域名服务器中并没有保存任何网址，只具有初始指针指向第一层域，也就是顶级域，如 com、edu、net 等。

2. 顶级域

顶级域位于根域之下，数目有限，且不能轻易变动。顶级域也是由 InterNIC 统一管理的。在互联网中，顶级域大致分为两类：各种组织的顶级域（机构域）和各个国家地区的顶级域（地理域）。顶级域所包含的部分域名称如表 6-1 所示。

表 6-1　顶级域所包含的部分域名称

域名称	说明
com	商业机构
edu	教育、学术研究单位

续表

域名称	说明
gov	官方政府单位
net	网络服务机构
org	财团法人等非营利机构
mil	军事部门
其他国家或地区代码	代表其他国家/地区的代码，如 cn 表示中国，jp 表示日本

3. 子域

在 DNS 域名空间中，除了根域和顶级域之外，其他域都称为子域。子域是有上级域的域，一个域可以有许多个子域。子域是相对而言的，如 www.jnrp.edu.cn 中，jnrp.edu 是 cn 的子域，jnrp 是 edu.cn 的子域。表 6-2 中给出了域名层次结构中的若干层。

表 6-2 域名层次结构中的若干层

域名	域名层次结构中的位置
.	根是唯一没有名称的域
.cn	顶级域名称，中国子域
.edu.cn	二级域名称，中国的教育部门
.jnrp.edu.cn	子域名称，教育网中的济南铁道职业技术学院

和根域相比，顶级域实际是处于第二层的域，但它们还是被称为顶级域。根域从技术的含义上是一个域，但常常不被当作一个域。根域只有很少几个根级成员，它们的存在只是为了支持域名树的存在。

第二层域（顶级域）是属于单位团体或地区的，用域名的最后一部分即域后缀来分类。例如域名 edu.cn 代表中国的教育系统。多数域后缀可以反映使用这个域名所代表的组织的性质，但并不总是很容易通过域后缀来确定所代表的组织和单位的性质。

4. 主机

在域名层次结构中，主机可以存在于根以下的各层上。因为域名树是层次型的而不是平面型的，因此只要求主机名在每一连续的域名空间中是唯一的，而在相同层中可以有相同的名字。如 www.163.com、www.263.com 和 www.sohu.com 都是有效的主机名。也就是说，即使这些主机有相同的名字 www，但都可以被正确地解析到唯一的主机上。即只要是在不同的子域，就可以重名。

6.1.2 DNS 名称的解析方法

DNS 名称的解析方法主要有两种：一种是通过 hosts 文件进行解析，另一种是通过 DNS 服务器进行解析。

1. hosts 文件

hosts 文件解析只是 Internet 中最初使用的一种查询方式。采用 hosts 文件进行解析时，必须由人工输入、删除、修改所有 DNS 名称与 IP 地址的对应数据，即把全世界所有的 DNS 名称写在一个文件中，并将该文件存储到解析服务器上。客户端如果需要解析名称，就到解析服务器上查询 hosts 文件。全世界所有的解析服务器上的 hosts 文件都需要保持一致。当网络规模较小时，hosts 文件解析还是可以采用的。然而，当网络规模越来越大时，为保持网络里所有服务器中 hosts 文件的一致性，就需要大量管理和维护工作。在大型网络中，这将是一项沉重的负担，这种方法显然是不适用的。

在 Windows Server 2012 中，hosts 文件位于%systemroot%\system32\drivers\etc 目录中，本例为 C:\windows\system32\drivers\etc。该文件是一个纯文本文件，如图 6-2 所示。

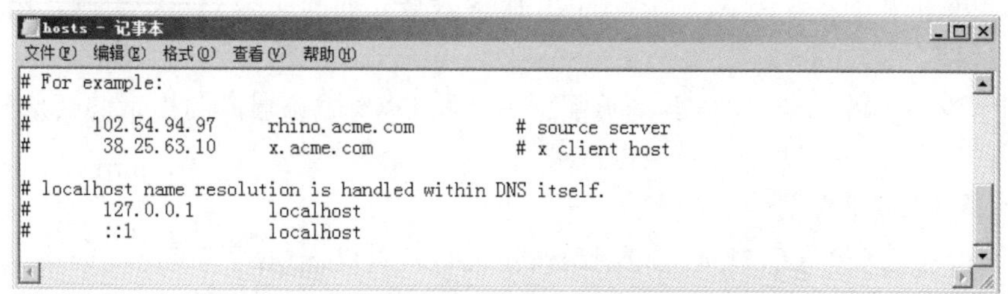

图 6-2 Windows Server 2012 中的 hosts 文件

2. DNS 服务器

DNS 服务器是目前 Internet 上最常用也是最便捷的名称解析方法。全世界有众多 DNS 服务器各司其职，互相呼应，协同工作，构成了一个分布式的 DNS 名称解析网络。例如，jnrp.cn 的 DNS 服务器只负责本域内数据的更新，而其他 DNS 服务器并不知道也无须知道 jnrp.cn 域中有哪些主机，但它们知道 jnrp.cn 的 DNS 服务器的位置；当需要解析 www.jnrp.cn 时，它们就会向 jnrp.cn 的 DNS 服务器请求帮助。采用这种分布式解析结构时，一台 DNS 服务器出现问题并不会影响整个体系，而数据的更新操作也只在其中的一台或几台 DNS 服务器上进行，使整体的解析效率大大提高。

6.1.3 DNS 服务器的类型

DNS 服务器用于实现 DNS 名称和 IP 地址的双向解析。在网络中，主要有 4 种类型的 DNS 服务器：主 DNS 服务器、辅助 DNS 服务器、转发 DNS 服务器和唯缓存 DNS 服务器。

1. 主 DNS 服务器

主 DNS 服务器（Primary Name Server）是特定 DNS 域所有信息的权威性信息源。它从域管理员构造的本地数据库文件（Zone File，区域文件）中加载域信息，该文件包含该服务器具有管理权的 DNS 域的最精确信息。

主 DNS 服务器保存着自主生成的区域文件，该文件是可读可写的。当 DNS 域中的信息发生变化时（如添加或删除记录），这些变化都会保存到主 DNS 服务器的区域文件中。

2. 辅助 DNS 服务器

辅助 DNS 服务器（Secondary Name Server）可以从主 DNS 服务器中复制一整套域信息。该服务器的区域文件是从主 DNS 服务器中复制生成的，并作为本地文件存储。这种复制称为“区域传输”。在辅助 DNS 服务器中存有一个域所有信息的完整只读副本，可以对该域的解析请求提供权威的回答。由于辅助 DNS 服务器的区域文件仅是只读副本，因此无法进行更改，所有针对区域文件的更改必须在主 DNS 服务器上进行。在实际应用中，辅助 DNS 服务器主要用于均衡负载和容错。如果主 DNS 服务器出现故障，可以根据需要将辅助 DNS 服务器转换为主 DNS 服务器。

3. 转发 DNS 服务器

转发 DNS 服务器（Forward Name Server）可以向其他 DNS 转发解析请求。当 DNS 服务器收到客户端的解析请求后，它首先会尝试从其本地数据库中查找；若未能找到，则需要向其他指定的 DNS 服务器转发解析请求；其他 DNS 服务器完成解析后会返回解析结果，转发 DNS 服务器将该解析结果缓存在自己的 DNS 缓存中，并向客户端返回解析结果。在缓存期内，如果客户端请求解析相同的名称，则转发 DNS 服务器会立即回应客户端；否则，将会再次发生转发解析的过程。

目前网络中所有的 DNS 服务器均被配置为转发 DNS 服务器，向指定的其他 DNS 服务器或根域服务器转发自己无法完成的解析请求。

4. 唯缓存 DNS 服务器

唯缓存 DNS 服务器（Caching-only Name Server）可以提供名称解析服务器，但其没有任何本地数据库文件。唯缓存 DNS 服务器必须同时是转发 DNS 服务器。它将客户端的解析请求转发给指定的远程 DNS 服务器，并从远程 DNS 服务器取得每次解析的结果，且将该结果存储在 DNS 缓存中，以后收到相同的解析请求时就用 DNS 缓存中的结果。所有的 DNS 服务器都按这种方式使用缓存中的信息，但唯缓存服务器则依赖于这一技术实现所有的名称解析。

当刚安装好 DNS 服务器时，它就是一台缓存 DNS 服务器。

唯缓存服务器并不是权威性的服务器，因为它提供的所有信息都是间接信息。

①所有的 DNS 服务器均可使用 DNS 缓存机制响应解析请求，以提高解析效率。

②可以根据实际需要将上述几种 DNS 服务器结合，进行合理配置。

③一些域的主 DNS 服务器可以是另一些域的辅助 DNS 服务器。

④一个域只能部署一个主 DNS 服务器，它是该域的权威性信息源；另外至少应该部署一个辅助 DNS 服务器，作为主 DNS 服务器的备份。

⑤配置唯缓存 DNS 服务器可以减轻主 DNS 服务器和辅助 DNS 服务器的负载，从而减少网络传输。

6.1.4 DNS 名称解析的查询模式

当 DNS 客户端向 DNS 服务器发送解析请求或 DNS 服务器向其他 DNS 服务器转发解析请求时，均需要使用请求其所需的解析结果。目前使用的查询模式主要有递归查询和迭代查询两种。

1. 递归查询

递归查询是最常见的查询方式，域名服务器将代替提出请求的客户机（下级 DNS 服务器）进行域名查询。若域名服务器不能直接回答，则域名服务器会在域各树中各分支的上下进行递归查询，最终返回查询结果给客户机。在域名服务器查询期间，客户机完全处于等待状态。

2. 迭代查询（又称转寄查询）

当服务器收到 DNS 工作站的查询请求后，如果在 DNS 服务器中没有查到所需数据，该

DNS 服务器便会告诉 DNS 工作站另外一台 DNS 服务器的 IP 地址，然后由 DNS 工作站自行向此 DNS 服务器查询，依此类推，直到查到所需数据为止。如果到最后一台 DNS 服务器都没有查到所需数据，则通知 DNS 工作站查询失败。“转寄”的意思就是若在某地查不到，该地就会告诉用户其他地方的地址，让用户转到其他地方去查。一般，在 DNS 服务器之间的查询请求属于转寄查询（DNS 服务器也可以充当 DNS 工作站的角色），在 DNS 客户端与本地 DNS 服务器之间的查询请求属于递归查询。

下面以查询 www.163.com 为例介绍转寄查询的过程，如图 6-3 所示。

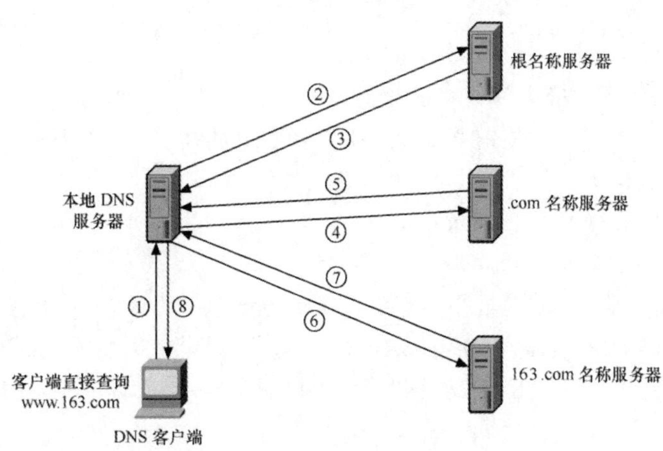

图 6-3　转寄查询

①客户端向本地 DNS 服务器直接查询 www.163.com 的域名。

②本地 DNS 无法解析此域名，先向根域服务器发出请求，查询.com 的 DNS 地址。

说明

正确安装完 DNS 后，在 DNS 属性对话框的“根目录提示”选项卡中，系统显示了包含在解析名称中为要使用和参考的服务器所建议的根服务器的根提示列表，默认共有 13 个。

目前全球共有 13 个域名根服务器。1 个为主根服务器，放置在美国。其余 12 个均为辅助根服务器，其中美国 9 个、欧洲 2 个（英国和瑞典各 1 个）、亚洲 1 个（日本）。所有的根服务器均由 ICANN（互联网名称与数字地址分配机构）统一管理。

③根域 DNS 管理着.com、.net、.org 等顶级域名的地址解析。它收到请求后，把解析结果（管理.com 域的服务器地址）返回给本地的 DNS 服务器。

④本地 DNS 服务器得到查询结果后，接着向管理.com 域的 DNS 服务器发出进一步的查询请求，要求得到 163.com 的 DNS 地址。

⑤.com 域把解析结果（管理 163.com 域的服务器地址）返回给本地 DNS 服务器。

⑥本地 DNS 服务器得到查询结果后，接着向管理 163.com 域的 DNS 服务器发出查询具体主机 IP 地址的请求（www），要求得到满足要求的主机 IP 地址。

⑦163.com 把解析结果返回给本地 DNS 服务器。

⑧本地 DNS 服务器得到了最终的查询结果。它把这个结果返回给客户端，从而使客户端

能够和远程主机通信。

为了便于根据实际情况来分散 DNS 名称管理工作的负荷，将 DNS 名称空间划分为区域（Zone）来进行管理。详细内容请参考人民邮电出版社网站资料“DNS 区域、DNS 规划与域名申请.pdf”。

6.2 项目设计及准备

1. 部署需求

在部署 DNS 服务器前需要满足以下要求：

- 设置 DNS 服务器的 TCP/IP 属性，手工指定 IP 地址、子网掩码、默认网关和 DNS 服务器地址等。
- 部署域环境，域名为 long.com。

2. 部署环境

所有实例部署在同一个域环境下，域名为 long.com。其中 DNS 服务器主机名为 win2012-1，其本身也是域控制器，IP 地址为 192.168.10.1。DNS 客户机主机名为 win2012-2，其本身是域成员服务器，IP 地址为 192.168.10.2。这两台计算机都是域中的计算机，具体网络拓扑图如图 6-4 所示。

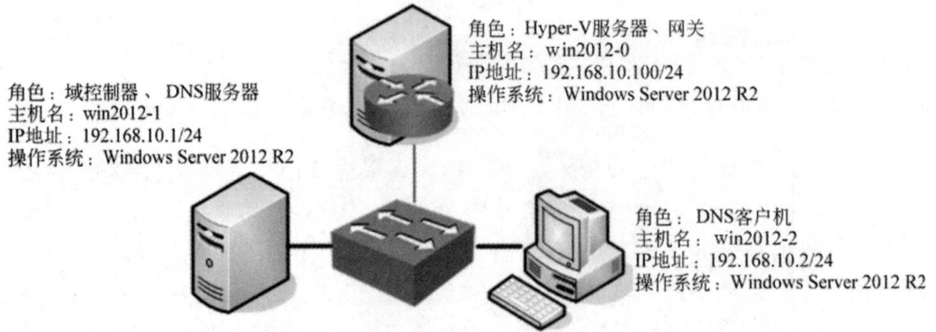

图 6-4 架设 DNS 服务器网络拓扑图

6.3 项目实施

任务 6-1 添加 DNS 服务器

设置 DNS 服务器的首要任务就是建立 DNS 区域和域的树状结构。DNS 服务器以区域为单位来管理服务。区域是一个数据库，用来链接 DNS 名称和相关数据，如 IP 地址和网络服务，在 Internet 环境中一般用二级域名来命名，如 computer.com。而 DNS 区域分为两类：一类是正向搜索区域，即域名到 IP 地址的数据库，用于提供将域名转换为 IP 地址的服务；另一类是反向搜索区域，即 IP 地址到域名的数据库，用于提供将 IP 地址转换为域名的服务。

DNS 数据库由区域文件、缓存文件和反向搜索文件等组成，其中区域文件是最主要的，它保存着 DNS 服务器所管辖区域的主机的域名记录。默认的文件名是“区域名.dns”，在 Windows NT/2000/2003/2012 系统中，置于 windows\system32\dns 目录中。而缓存文件用于保存根域中的 DNS 服务器名称与 IP 地址的对应表，文件名为 Cache.dns。DNS 服务就是依赖于 DNS 数据库来实现的。

1．安装 DNS 服务器角色

在安装 Active Directory 域服务角色时，可以选择一起安装 DNS 服务器角色，如果没有安装，那么可以在计算机 win2012-1 上通过“服务器管理器”窗口安装 DNS 服务器角色，具体步骤如下：

Step 1　单击“开始”→“管理工具”→“服务器管理器”，选择“仪表板”→“添加角色和功能”打开“添加角色和功能向导”窗口，连续单击“下一步”按钮，直到出现如图 6-5 所示的“选择服务器角色”界面时勾选“DNS 服务器”复选框，然后单击“添加功能”按钮。

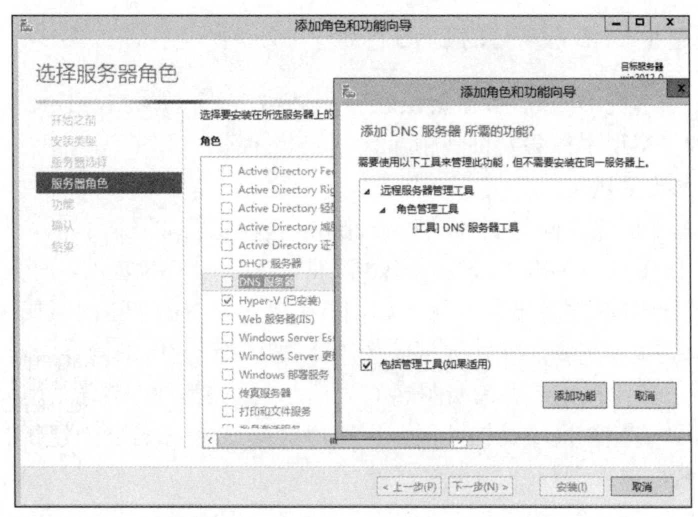

图 6-5　“选择服务器角色”界面

Step 2　持续单击“下一步”按钮，最后单击“安装”按钮开始安装 DNS 服务器。安装完毕后，单击“关闭”按钮完成 DNS 服务器角色的安装。

2．DNS 服务的停止和启动

要启动或停止 DNS 服务，可以使用 net 命令、“DNS 管理器”控制台或“服务”控制台，具体操作如下：

（1）使用 net 命令。以域管理员账户登录 win2012-1，单击左下角的 PowerShell 按钮，输入命令 net stop dns 停止 DNS 服务，输入命令 net start dns 启动 DNS 服务。

（2）使用“DNS 管理器”控制台。单击“开始”→“管理工具”→DNS 选项，打开 DNS 管理器控制台，在左侧控制台树中右击服务器 win2012-1，在弹出的快捷菜单中选择“所有任务”→“停止”或“启动”或“重新启动”命令，即可停止或启动或重启 DNS 服务，如图 6-6 所示。

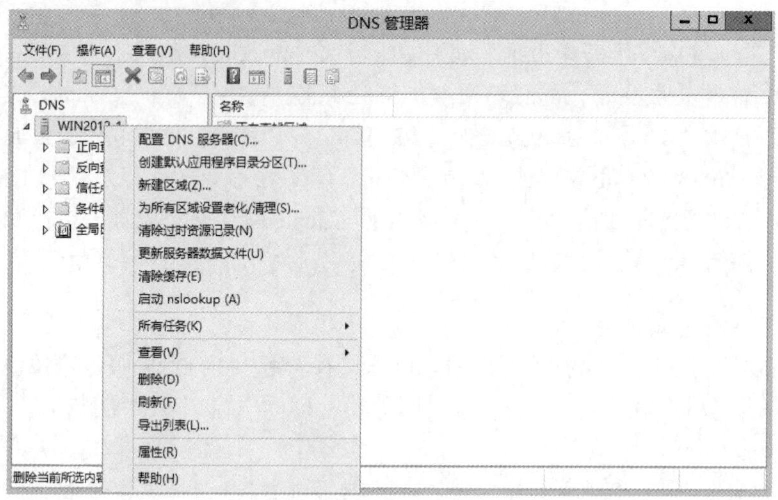

图 6-6 “DNS 管理器”窗口

（3）使用“服务”控制台。单击“开始”→“管理工具”→DNS 选项，打开“服务”控制台，找到 DNS Server 服务，选择“启动”或“停止”命令即可启动或停止 DNS 服务。

任务 6-2 部署主 DNS 服务器的 DNS 区域

在域控制器上安装完 DNS 服务器角色之后，将存在一个与 Active Directory 域服务集成的区域 long.com，为了实现本任务要将其删除。

1. 创建正向主要区域

在 DNS 服务器上创建正向主要区域 long.com，具体步骤如下：

Step 1 在 win2012-1 上，单击“开始”→“管理工具”→DNS 选项，打开“DNS 管理器”窗口，展开 DNS 服务器目录树，如图 6-7 所示。右击“正向查找区域”选项，在弹出的快捷菜单中选择“新建区域”选项，弹出“新建区域向导”对话框。

Step 2 单击“下一步”按钮，进入如图 6-8 所示的“区域类型”界面，用来选择要创建的区域的类型，有主要区域、辅助区域、存根区域 3 种。若要创建新的区域，应当选中“主要区域”单选项。

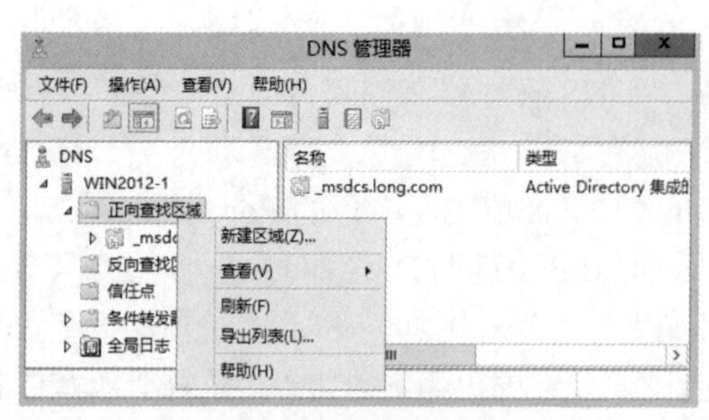

图 6-7 “DNS 管理器”窗口

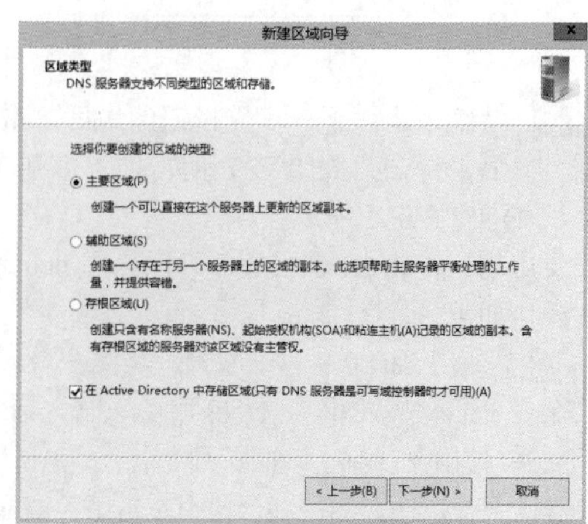

图 6-8 “区域类型”界面

注意　如果当前 DNS 服务器上安装了 Active Directory 服务，则“在 Active Directory 中存储区域”复选框将自动选中。

Step 3　单击“下一步”按钮，选择在网络上如何复制 DNS 数据，本例选择“至此域中域控制器上运行的所有 DNS 服务器（D)：long.com”选项，如图 6-9 所示。

Step 4　单击“下一步”按钮，在“区域名称”文本框（如图 6-10 所示）中输入要创建的区域名称，如 long.com。区域名称用于指定 DNS 名称空间的部分，由此实现 DNS 服务器管理。

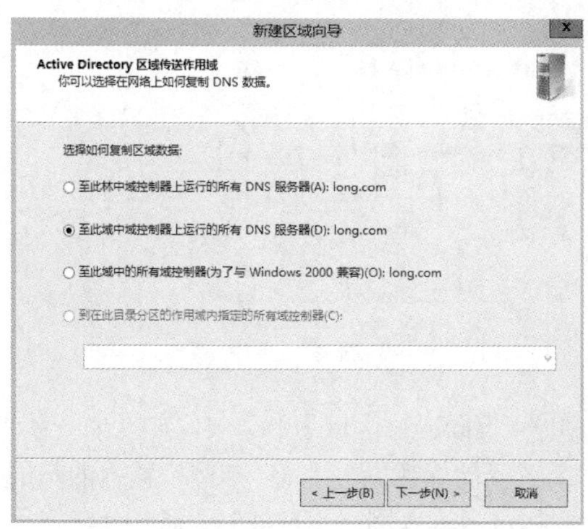

图 6-9　Active Directory 区域传送作用域

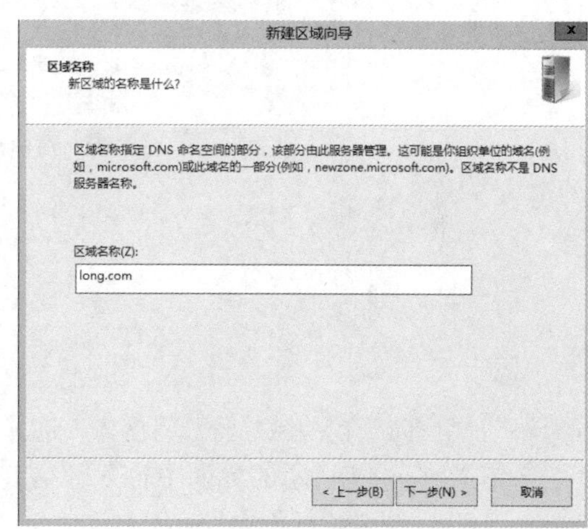

图 6-10　区域名称

Step 5　单击“下一步”按钮，选择“只允许安全的动态更新”选项。

Step 6　单击“下一步”按钮，显示新建区域摘要，单击“完成”按钮完成区域创建。

由于是活动目录集成的区域，因此不指定区域文件，否则指定区域文件 long.com.dns。

2. 创建反向主要区域

反向查找区域用于通过 IP 地址来查询 DNS 名称，创建的具体过程如下：

Step 1　在“DNS 管理器”控制台中，右击“反向查找区域”选项，在弹出的快捷菜单中选择“新建区域”选项（如图 6-11 所示），并在区域类型中选择“主要区域”单选项，如图 6-12 所示。

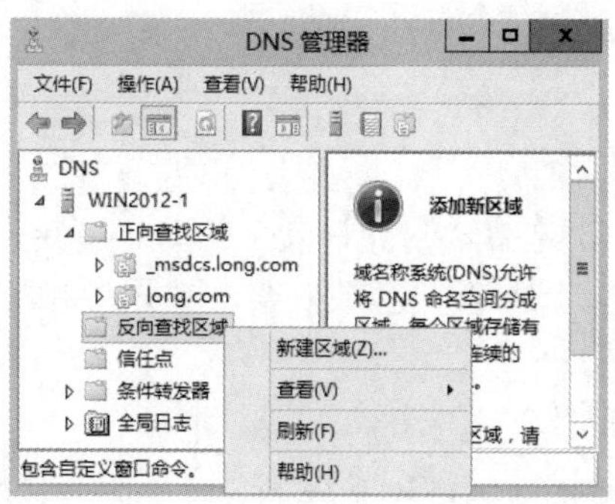

图 6-11　新建反向查找区域

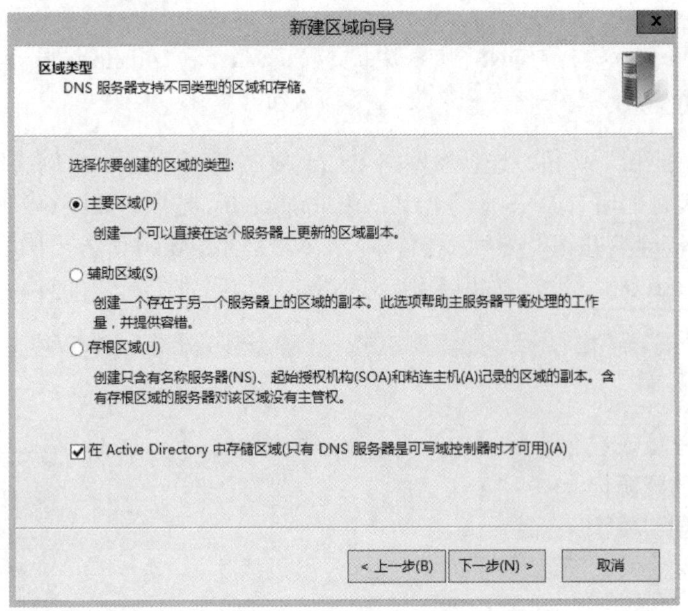

图 6-12 选择区域类型

Step 2 在“反向查找区域名称”界面中，选择“IPv4 反向查找区域”单选项，如图 6-13 所示。

Step 3 在如图 6-14 所示的界面中输入网络 ID 或者反向查找区域名称，本例中输入的是网络 ID，区域名称根据网络 ID 自动生成。例如，当输入网络 ID 为 192.168.10.时，反向查找区域的名称自动为 10.168.192.in-addr.arpa。

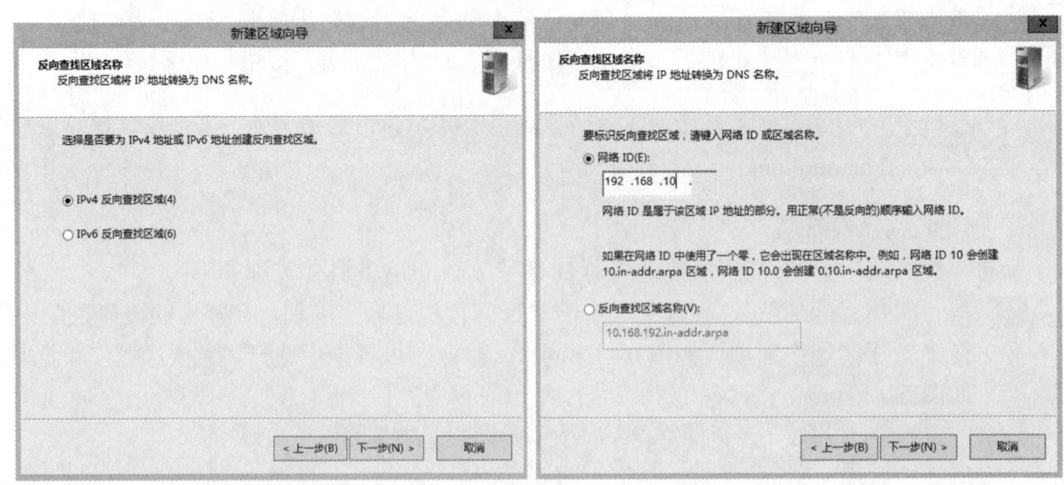

图 6-13 反向查找区域名称——IPv4　　　　图 6-14 反向查找区域名称——网络 ID

Step 4 单击“下一步”按钮，选择“只允许安全的动态更新”选项。

Step 5 单击“下一步”按钮，显示新建区域摘要，单击“完成”按钮完成区域创建，图 6-15 所示为创建后的效果。

3. 创建资源记录

DNS 服务器需要根据区域中的资源记录提供该区域的名称解析。因此，在区域创建完成之后，需要在区域中创建所需的资源记录。

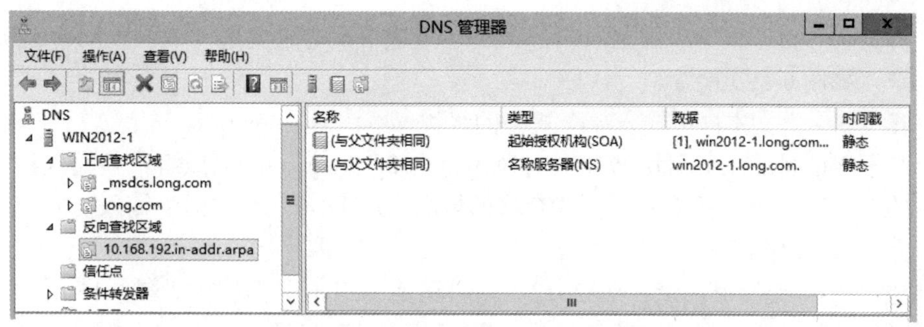

图 6-15　创建正反向区域后的“DNS 管理器”窗口

（1）创建主机记录。创建 win2012-2 对应的主机记录。

Step 1　以域管理员账户登录 win2012-1，打开“DNS 管理器”控制台，在左侧控制台树中选择要创建资源记录的正向主要区域 long.com，然后在右侧控制台窗格空白处右击或右击要创建资源记录的正向主要区域，在弹出的快捷菜单中选择相应功能项即可创建资源记录，如图 6-16 所示。

Step 2　选择“新建主机”选项，弹出“新建主机”对话框，通过此对话框可以创建 A 记录，如图 6-17 所示。

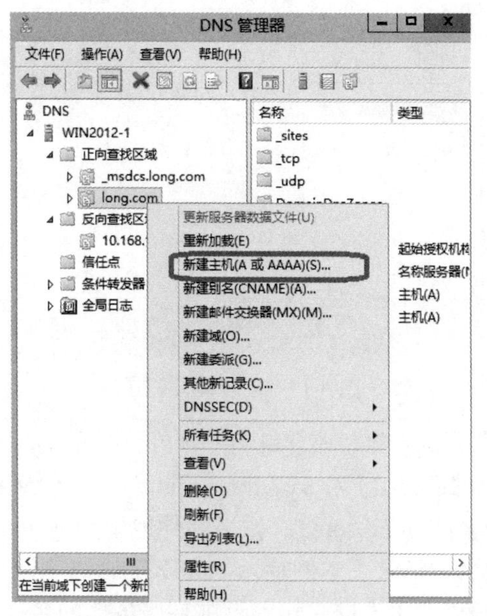

图 6-16　创建资源记录

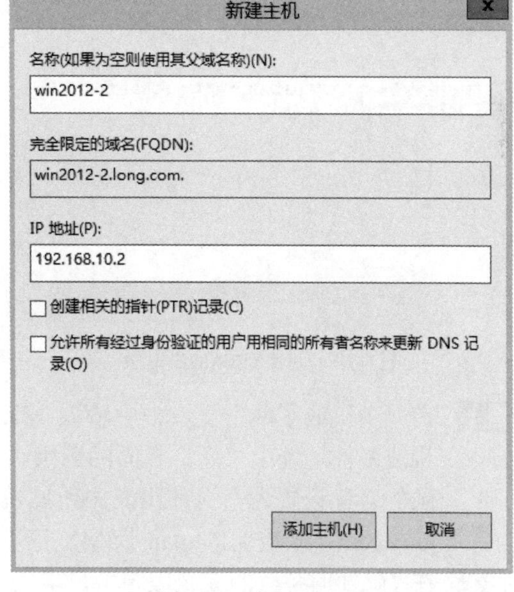

图 6-17　创建 A 记录

- 在“名称”文本框中输入 A 记录的名称，该名称即为主机名，本例为 win2012-2。
- 在“IP 地址”文本框中输入该主机的 IP 地址，本例为 192.168.10.2。
- 若选中“创建相关的指针（PTR）记录”复选框，则在创建 A 记录的同时，可在已经存在的相对应的反向主要区域中创建 PTR 记录。若之前没有创建对应的反向主要区域，则不能成功创建 PTR 记录。本例不选中，后面单独建立 PTR 记录。

（2）创建别名记录。win2012-1 同时还是 Web 服务器，为其设置别名 www，步骤如下：

Step 1　在如图 6-16 所示的快捷菜单中选择“新建别名（CNAME）”选项，将打开“新建资源记录”对话框的“别名（CNAME）”选项卡，通过此选项卡可以创建 CNAME 记录，如图 6-18 所示。

Step 2 在“别名”文本框中输入一个规范的名称（本例为 www），单击“浏览”按钮，选中起别名的目的服务器域名（本例为 win2012-1.long.com），或者直接输入目的服务器的名字。在“目标主机的完全合格的域名（FQDN）”文本框中输入需要定义别名的完整 DNS 域名。

（3）创建邮件交换器记录。win2012-1 同时还是 mail 服务器。在如图 6-16 所示的快捷菜单中选择“新建邮件交换器（MX）”选项，将打开“新建资源记录”对话框的“邮件交换器（MX）”选项卡，通过此选项卡可以创建 MX 记录，如图 6-19 所示。

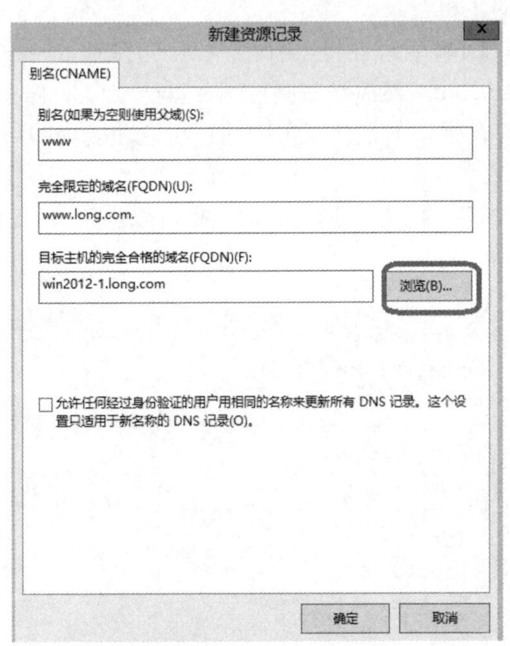

图 6-18 创建 CNAME 记录

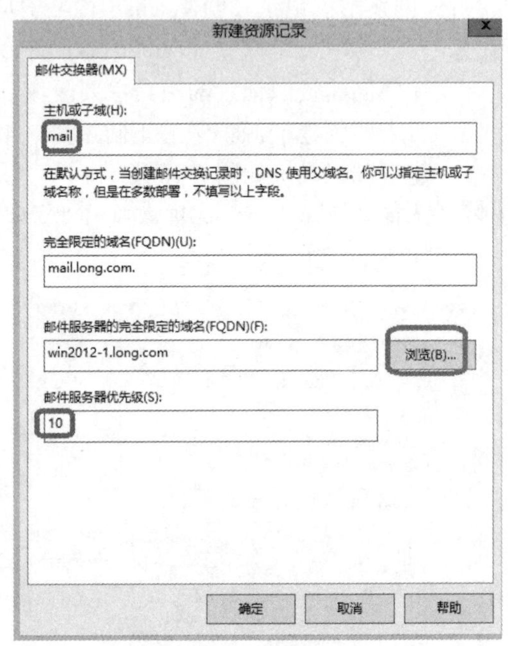

图 6-19 创建 MX 记录

Step 1 在“主机或子域”文本框中输入 MX 记录的名称，该名称将与所在区域的名称一起构成邮件地址中“@”右面的后缀。例如邮件地址为 yy@long.com，则应将 MX 记录的名称设置为空（使用其中所属域的名称 long.com）；如果邮件地址为 yy@mail.long.com，则应输入 mail 为 MX 记录的名称记录。本例输入 mail。

Step 2 在“邮件服务器的完全限定的域名（FQDN）”文本框中输入该邮件服务器的名称（此名称必须是已经创建的对应于邮件服务器的 A 记录），本例为 win2012-1. long.com。

Step 3 在“邮件服务器优先级”文本框中设置当前 MX 记录的优先级；如果存在两个或更多的 MX 记录，则在解析时将首选优先级高的 MX 记录。

（4）创建指针记录。

Step 1 以域管理员账户登录 win2012-1，打开“DNS 管理器”控制台。

Step 2 在左侧控制台树中选择要创建资源记录的反向主要区域 10.168.192.in-addr.arpa，然后在右侧控制台窗格空白处右击或右击要创建资源记录的反向主要区域，在弹出的快捷菜单中选择“新建指针（PTR）”命令（如图 6-20 所示），在打开的“新建资源记录”对话框的“指针（PTR）”选项卡中即可创建 PTR 记录（如图 6-21 所示）。同理创建 192.168.10.1 的指针记录。

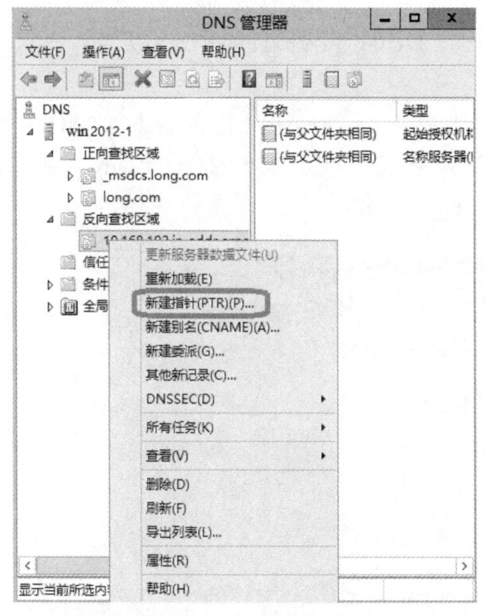

图 6-20　创建 PTR 记录（1）

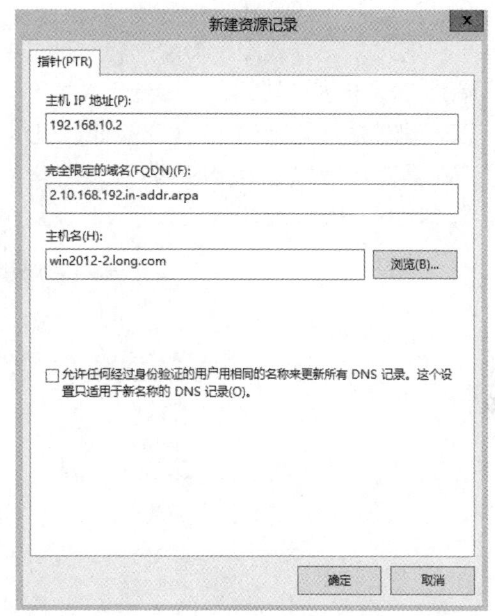

图 6-21　创建 PTR 记录（2）

Step 3　资源记录创建完成之后，在“DNS 管理器”控制台和区域数据库文件中都可以看到这些资源记录，如图 6-22 所示。

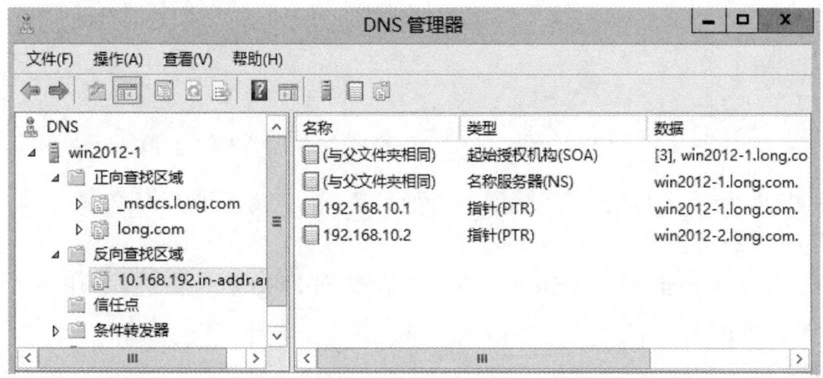

图 6-22　通过“DNS 管理器”控制台查看反向区域中的资源记录

如果区域是和 Active Directory 域服务集成，那么资源记录将保存到活动目录中；如果不是和 Active Directory 域服务集成，那么资源记录将保存到区域文件中。默认 DNS 服务器的区域文件存储在 C:\windows\system32\dns 下。若不集成活动目录，则本例正向区域文件为 long.com. dns，反向区域文件为 10.168.192.in-addr.arpa.dns。这两个文件可以用记事本打开。

任务 6-3　配置 DNS 客户端并测试主 DNS 服务器

1. 配置 DNS 客户端

可以通过手工方式配置 DNS 客户端，也可以通过 DHCP 自动配置 DNS 客户端（要求 DNS 客户端是 DHCP 客户端）。

以管理员账户登录 DNS 客户端计算机 win2012-2，打开“Internet 协议版本 4（TCP/ IPv4）属性”对话框，在“首选 DNS 服务器”文本框中输入所部署的主 DNS 服务器 win2012-1 的 IP 地址为 192.168.10.1，如图 6-23 所示，最后单击“确定”按钮。

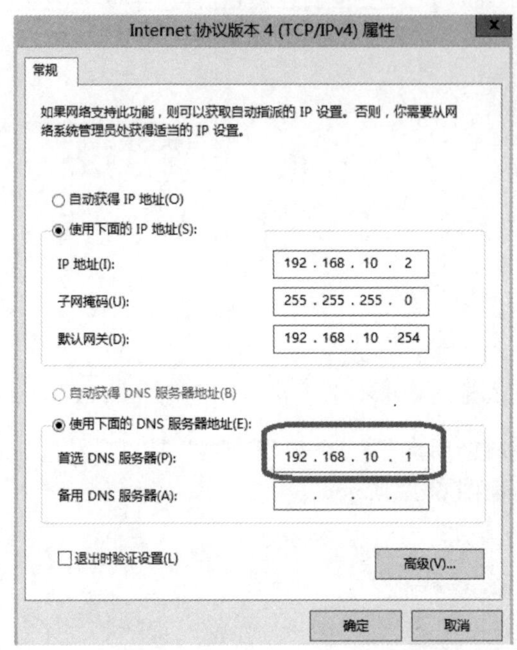

图 6-23　配置 DNS 客户端——指定 DNS 服务器的 IP 地址

通过 DHCP 自动配置 DNS 客户端请参考项目 7“配置与管理 DHCP 服务器”。

2. 测试 DNS 服务器

部署完主 DNS 服务器并启动 DNS 服务后，应该对 DNS 服务器进行测试，最常用的测试工具是 nslookup 和 ping 命令。

nslookup 是用来进行手动 DNS 查询的最常用工具，可以判断 DNS 服务器是否工作正常。如果有故障，可以判断可能的故障原因。nslookup 的一般命令用法为：

```
nslookup  [-option…]  [host to find]  [sever]
```

这个工具可以用于两种模式：非交互模式和交互模式。

（1）非交互模式。非交互模式要从命令行输入完整的命令，如：

```
C:\>nslookup  www.long.com
```

（2）交互模式。键入 nslookup 并回车，不需要参数，就可以进入交互模式。在交互模式下，直接输入 FQDN 进行查询。

任何一种模式都可以将参数传递给 nslookup，但在域名服务器出现故障时更多地使用交互模式。在交互模式下，可以在提示符“>”下输入 help 或“?”来获得帮助信息。

下面在客户端 win2012-2 的交互模式下测试上面部署的 DNS 服务器。

Step 1　进入 PowerShell 或者在“运行”对话框中输入 CMD，进入 nslookup 测试环境。

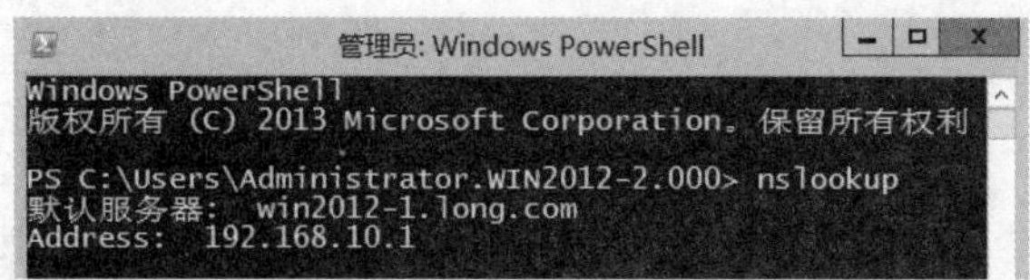

```
管理员: Windows PowerShell
Windows PowerShell
版权所有 (C) 2013 Microsoft Corporation。保留所有权利

PS C:\Users\Administrator.WIN2012-2.000> nslookup
默认服务器:  win2012-1.long.com
Address:  192.168.10.1
```

Step 2　测试主机记录。

```
管理员: Windows PowerShell
> win2012-2.long.com
服务器:  win2012-1.long.com
Address:  192.168.10.1

名称:    win2012-2.long.com
Address:  192.168.10.2
```

Step 3　测试正向解析的别名记录。

```
管理员: Windows PowerShell
PS C:\Users\Administrator.WIN2012-2.000> nslookup
默认服务器:  win2012-1.long.com
Address:  192.168.10.1

> www.long.com
服务器:  win2012-1.long.com
Address:  192.168.10.1

名称:    win2012-1.long.com
Addresses:  192.168.10.20
          192.168.10.1
Aliases:  www.long.com
```

Step 4　测试 MX 记录。

```
管理员: Windows PowerShell
> set type=mx
> long.com
服务器:  win2012-1.long.com
Address:  192.168.10.1

long.com
        primary name server = win2012-1.long.com
        responsible mail addr = hostmaster.long.com
        serial  = 60
        refresh = 900 (15 mins)
        retry   = 600 (10 mins)
        expire  = 86400 (1 day)
        default TTL = 3600 (1 hour)
>
```

说明　set type 表示设置查找的类型。set type=mx，表示查找邮件服务器记录；set type=cname，表示查找别名记录；set type=A，表示查找主机记录；set type=PRT，表示查找指针记录；set type=NS，表示查找区域。

Step 5　测试指针记录。

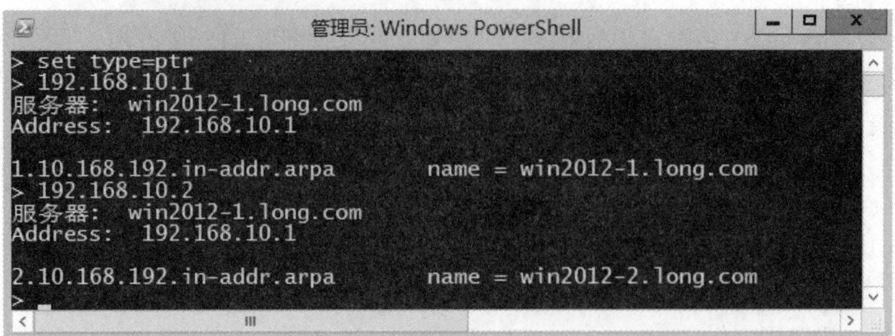

Step 6 查找区域信息，结束退出 nslookup 环境。

做一做 可以利用“ping 域名或 IP 地址”简单测试 DNS 服务器与客户端的配置，读者不妨试一试。

3. 管理 DNS 客户端缓存

Step 1 进入 PowerShell 或者在“运行”窗口中输入 CMD 进入命令提示符界面。

Step 2 查看 DNS 客户端缓存：

```
C:\>ipconfig /displaydns
```

Step 3 清空 DNS 客户端缓存：

```
C:\>ipconfig /flushdns
```

任务 6-4 部署唯缓存 DNS 服务器

尽管所有的 DNS 服务器都会缓存其已解析的结果，但唯缓存 DNS 服务器是仅执行查询、缓存解析结果的 DNS 服务器，不存储任何区域数据库。唯缓存 DNS 服务器对于任何域来说都不是权威的，并且它所包含的信息限于解析查询时已缓存的内容。

当唯缓存 DNS 服务器初次启动时，并没有缓存任何信息，只有在响应客户端请求时才会缓存。如果 DNS 客户端位于远程网络且该远程网络与主 DNS 服务器（或辅助 DNS 服务器）所在的网络通过慢速广域网链路进行通信，则在远程网络中部署唯缓存 DNS 服务器是一种合理的解决方案。因此，一旦唯缓存 DNS 服务器（或辅助 DNS 服务器）建立了缓存，其与主 DNS 服务器的通信量便会减少。此外，由于唯缓存 DNS 服务器不需要执行区域传输，因此不会出现因区域传输而导致网络通信量的增大。

1. 部署唯缓存 DNS 服务器的需求和环境

按图 6-24 所示的网络拓扑图部署网络环境。在原有网络环境下增加主机名为 win2012-3 的 DNS 转发器，其 IP 地址为 192.168.10.3，首选 DNS 服务器是 192.168.10.1，该计算机是域 long.com 的成员服务器。

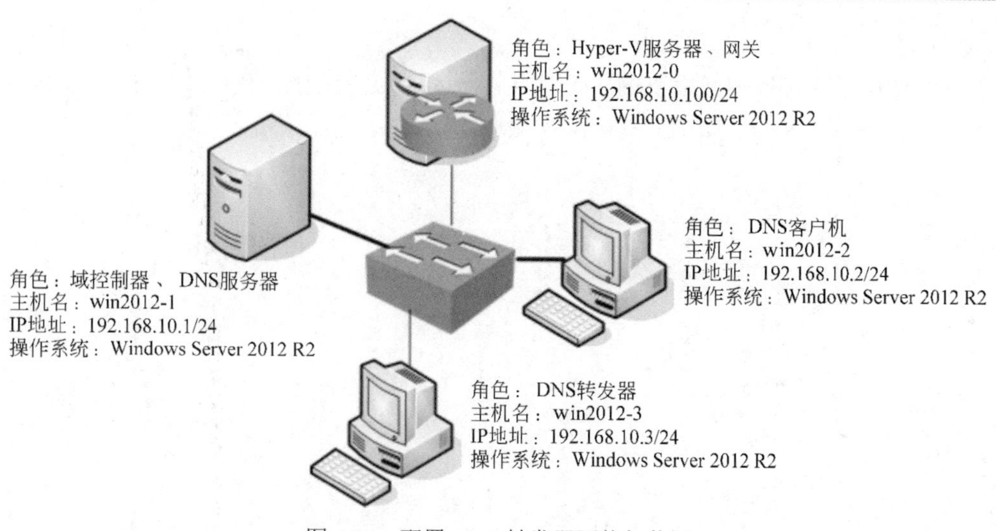

图 6-24　配置 DNS 转发器网络拓扑图

2. 配置 DNS 转发器

（1）更改客户端 DNS 服务器 IP 地址指向。

Step 1 登录 DNS 客户端计算机 win2012-2，将其首选 DNS 服务器指向 192.168.10.3，备用 DNS 服务器设置为空。

Step 2 打开命令提示符，输入 ipconfig /flushdns 命令清空客户端计算机 win2012-2 上的缓存。输入 ping win2012-2.long.com 命令发现不能解析，因为该记录存在于服务器 win2012-1 上，不存在于服务器 192.168.10.3 上。

（2）在唯缓存 DNS 服务器上安装 DNS 服务并配置 DNS 转发器。

Step 1 以具有管理员权限的用户账户登录将要部署唯缓存 DNS 服务器的计算机 win2012-3。

Step 2 参考任务 6-1 安装 DNS 服务（不配置 DNS 服务器区域）。

Step 3 打开“DNS 管理器”控制台，在左侧的控制台树中右击 DNS 服务器 win2012-3，在弹出的快捷菜单中选择“属性”命令。

Step 4 在弹出的 DNS 服务器“属性”对话框中选择“转发器”选项卡，如图 6-25 所示。

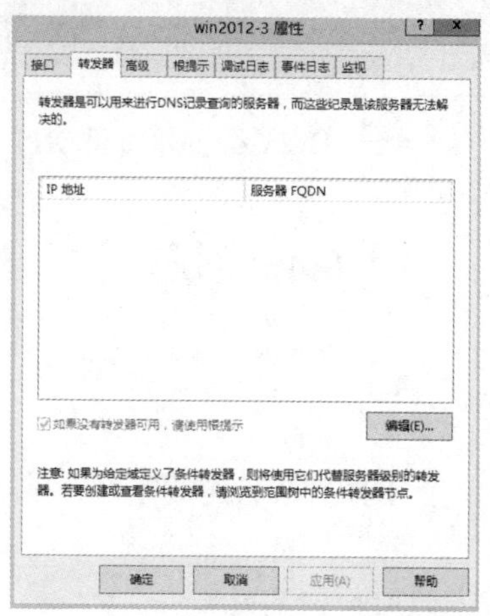

图 6-25　“转发器”选项卡

Step 5 单击“编辑”按钮，打开“编辑转发器”对话框。在“转发服务器的 IP 地址”选项区域中，添加需要转发到的 DNS 服务器地址为 192.168.10.1，该计算机能解析到相应服务器 FQDN，如图 6-26 所示，最后单击“确定”按钮。

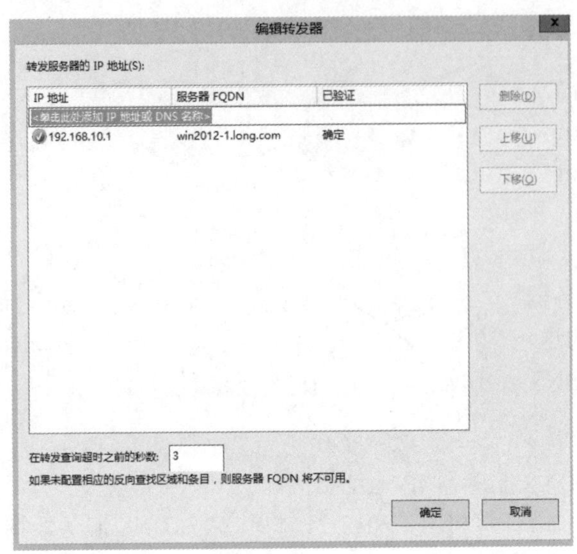

图 6-26 添加解析转达请求的 DNS 服务器的 IP 地址

Step 6 采用同样的方法，根据需要配置其他区域的转发。

3. 测试唯缓存 DNS 服务器

在 win2012-2 上打开命令提示符窗口，使用 nslookup 命令测试唯缓存 DNS 服务器，如图 6-27 所示。

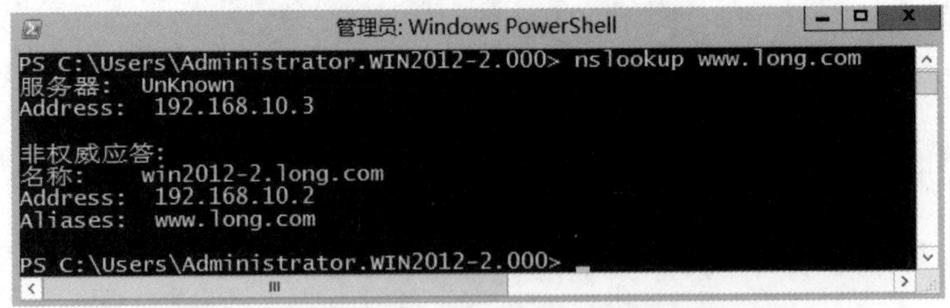

图 6-27 在 win2012-2 上测试唯缓存 DNS 服务器

6.4 习题

一、填空题

1. ______是一个用于存储单个 DNS 域名的数据库，是域名空间树状结构的一部分，它将域名空间分区为较小的区段。

2. DNS 顶级域名中表示官方政府单位的是______。

3. ______表示邮件交换的资源记录。

4．可以用来检测 DNS 资源创建是否正确的两个工具是______、______。

5．DNS 服务器的查询方式有______、______。

二、选择题

1．某企业的网络工程师安装了一台基本的 DNS 服务器，用来提供域名解析。网络中的其他计算机都作为这台 DNS 服务器的客户机。他在服务器上创建了一个标准主要区域，在一台客户机上使用 nslookup 工具查询一个主机名称，DNS 服务器能够正确地将其 IP 地址解析出来。可是当使用 nslookup 工具查询该 IP 地址时，DNS 服务器却无法将其主机名称解析出来。他应该（　　）以解决这个问题。

A．在 DNS 服务器反向解析区域中为这条主机记录创建相应的 PTR 指针记录

B．在 DNS 服务器区域属性上设置允许动态更新

C．在要查询的这台客户机上运行命令 Ipconfig /registerdns

D．重新启动 DNS 服务器

2．在 Windows Server 2012 的 DNS 服务器上不可以新建的区域类型有（　　）。

A．转发区域　　B．辅助区域　　C．存根区域　　D．主要区域

3．DNS 提供了一个（　　）命名方案。

A．分级　　B．分层　　C．多级　　D．多层

4．DNS 顶级域名中表示商业组织的是（　　）。

A．COM　　B．GOV　　C．MIL　　D．ORG

5．（　　）表示别名的资源记录。

A．MX　　B．SOA　　C．CNAME　　D．PTR

三、简答题

1．DNS 的查询模式有哪几种？

2．DNS 的常见资源记录有哪些？

3．DNS 的管理与配置流程是什么？

4．DNS 服务器属性中的“转发器”的作用是什么？

5．什么是 DNS 服务器的动态更新？

四、案例分析

某企业安装了自己的 DNS 服务器，为企业内部客户端计算机提供主机名称解析。然而企业内部的客户除了访问内部的网络资源外，还想访问 Internet 资源。作为企业的网络管理员，应该怎样配置 DNS 服务器？

6.5　项目拓展　配置与管理 DNS 服务器

一、项目目的

- 掌握 DNS 的安装与配置。

- 掌握两个以上 DNS 服务器的建立与管理。
- 掌握 DNS 正向查询和反向查询的功能及配置方法。
- 掌握各种 DNS 服务器的配置方法。
- 掌握 DNS 资源记录的规划和创建方法。

二、项目环境

本实训项目所依据的网络拓扑图分别如图 6-4 和图 6-24 所示。

三、项目要求

（1）依据图 6-4 完成任务：添加 DNS 服务器、部署主 DNS 服务器、配置 DNS 客户端并测试主 DNS 服务器。

（2）依据图 6-24 完成任务：部署唯缓存 DNS 服务器、配置转发器、测试唯缓存 DNS 服务器。

四、做一做

根据项目实录视频进行项目实训，检查学习效果。

项目 7　配置与管理 DHCP 服务器

某高校已经组建了学校的校园网，然而随着笔记本电脑的普及，教师移动办公以及学生移动学习的现象越来越多，当计算机从一个网络移动到另一个网络时，需要重新获知新网络的 IP 地址、网关等信息，并对计算机进行设置。这样，客户端就需要知道整个网络的部署情况，需要知道自己处于哪个网段、哪些 IP 地址是空闲的以及默认网关是多少等信息，不仅用户觉得烦琐，同时也为网络管理员规划网络分配 IP 地址带来了困难。网络中的用户需要无论处于网络中什么位置，都不需要配置 IP 地址、默认网关等信息就能够上网。这就需要在网络中部署 DHCP 服务器。

在完成该项目之前，应先对整个网络进行规划，确定网段的划分以及每个网段可能的主机数量等信息。

- 了解 DHCP 服务器在网络中的作用。
- 理解 DHCP 的工作过程。
- 掌握 DHCP 服务器的基本配置。
- 掌握 DHCP 客户端的配置和测试方法。
- 掌握常用 DHCP 选项的配置。
- 理解在网络中部署 DHCP 服务器的解决方案。
- 掌握常见 DHCP 服务器的维护。

7.1　相关知识

手动设置每一台计算机的 IP 地址是管理员最不愿意做的一件事，于是出现了自动配置 IP 地址的方法，这就是 DHCP。DHCP（Dynamic Host Configuration Protocol，动态主机配置协议）可以自动为局域网中的每一台计算机分配 IP 地址，并完成每台计算机的 TCP/IP 配置，包括 IP 地址、子网掩码、网关、DNS 服务器等。DHCP 服务器能够从预先设置的 IP 地址池中自动给主机分配 IP 地址，它不仅能够解决 IP 地址冲突的问题，还能及时回收 IP 地址以提高 IP 地址的利用率。

7.1.1　何时使用 DHCP 服务

网络中每一台主机的 IP 地址与相关配置可以采用以下两种方式获得：手工配置和自动获

得（自动向 DHCP 服务器获取）。

在网络主机数目少的情况下，可以手工为网络中的主机分配静态的 IP 地址，但有时工作量很大，这就需要动态 IP 地址方案。在该方案中，每台计算机并不设定固定的 IP 地址，而是在计算机开机时才被分配一个 IP 地址，这台计算机被称为 DHCP 客户端（DHCP Client）。在网络中提供 DHCP 服务的计算机称为 DHCP 服务器。DHCP 服务器利用 DHCP（动态主机配置协议）为网络中的主机分配动态 IP 地址，并提供子网掩码、默认网关、路由器的 IP 地址以及一个 DNS 服务器的 IP 地址等。

动态 IP 地址方案可以减少管理员的工作量。只要 DHCP 服务器正常工作，IP 地址就不会发生冲突。要大批量更改计算机的所在子网或其他 IP 参数，只要在 DHCP 服务器上进行即可，管理员不必设置每一台计算机。

需要动态分配 IP 地址的情况包括以下 3 种：

- 网络的规模较大，网络中需要分配 IP 地址的主机很多，特别是要在网络中增加和删除网络主机或者要重新配置网络时，使用手工分配工作量很大，而且常常会因为用户不遵守规则而出现错误，如导致 IP 地址的冲突等。
- 网络中的主机多，而 IP 地址不够用，这时也可以使用 DHCP 服务器来解决这一问题。例如某个网络上有 200 台计算机，采用静态 IP 地址时，每台计算机都需要预留一个 IP 地址，即共需要 200 个 IP 地址。然而，这 200 台计算机并不同时开机，甚至可能只有 20 台同时开机，这样就浪费了 180 个 IP 地址。这种情况对 ISP（Internet Service Provider，互联网服务供应商）来说是一个十分严重的问题。如果 ISP 有 100000 个用户，是否需要 100000 个 IP 地址呢？解决这个问题的方法就是使用 DHCP 服务。
- DHCP 服务使得移动客户可以在不同的子网中移动，并在他们连接到网络时自动获得网络中的 IP 地址。随着笔记本电脑的普及，移动办公习以为常。当计算机从一个网络移动到另一个网络时，每次移动也需要改变 IP 地址，并且移动的计算机在每个网络都需要占用一个 IP 地址。

利用拨号上网实际上就是从 ISP 那里动态获得了一个共有的 IP 地址。

7.1.2 DHCP 地址分配的类型

DHCP 允许 3 种类型的地址分配，如下：

- 自动分配方式：当 DHCP 客户端第一次成功地从 DHCP 服务器端租用到 IP 地址之后，就永远使用这个地址。
- 动态分配方式：当 DHCP 客户端第一次从 DHCP 服务器端租用到 IP 地址之后，并非永久地使用该地址，只要租约到期，客户端就得释放这个 IP 地址，以供给其他工作站使用。当然，客户端可以比其他主机更优先地更新租约，或是租用其他 IP 地址。
- 手工分配方式：DHCP 客户端的 IP 地址是由网络管理员指定的，DHCP 服务器只是把指定的 IP 地址告诉客户端。

7.1.3 DHCP 服务的工作过程

1. DHCP 工作站第一次登录网络

当 DHCP 客户机启动登录网络时，通过以下步骤从 DHCP 服务器获得租约：

（1）DHCP 客户机在本地子网中先发送 DHCP Discover 报文。此报文以广播的形式发送，因为客户机现在不知道 DHCP 服务器的 IP 地址。

（2）在 DHCP 服务器收到 DHCP 客户机广播的 DHCP Discover 报文后，它向 DHCP 客户机发送 DHCP Offer 报文，其中包括一个可租用的 IP 地址。

如果没有 DHCP 服务器对客户机的请求做出反应，可能发生以下两种情况：

- 如果客户端使用的是 Windows 2000 及后续版本 Windows 操作系统，且自动设置 IP 地址的功能处于激活状态，那么客户端将自动从 Microsoft 保留 IP 地址段中选择一个自动私有地址（Automatic Private IP Address，APIPA）作为自己的 IP 地址。自动私有 IP 地址的范围是 169.254.0.1～169.254.255.254。使用自动私有 IP 地址可以确保在 DHCP 服务器不可用时 DHCP 客户端之间仍然可以利用私有 IP 地址进行通信。所以，即使在网络中没有 DHCP 服务器，计算机之间仍能通过网上邻居发现彼此。
- 如果使用其他操作系统或自动设置 IP 地址的功能被禁止，则客户机无法获得 IP 地址，初始化失败。但客户机在后台每隔 5 分钟发送 4 次 DHCP Discover 报文，直到它收到 DHCP Offer 报文。

一旦客户机收到 DHCP Offer 报文，它发送 DHCP Request 报文到服务器，表示它将使用服务器所提供的 IP 地址。

DHCP 服务器在收到 DHCP Request 报文后，立即发送 DHCP YACK 确认报文，以确定此租约成立，且此报文还包含其他 DHCP 选项信息。

客户机收到确认信息后，利用其中的信息配置它的 TCP/IP 并加入到网络中。上述过程如图 7-1 所示。

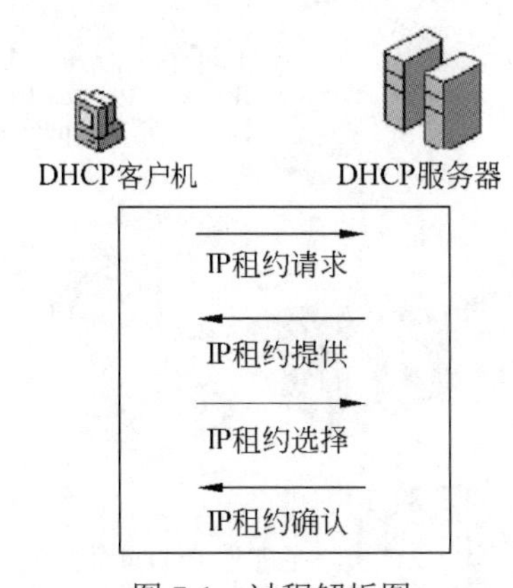

图 7-1　过程解析图

2. DHCP 工作站第二次登录网络

DHCP 客户机获得 IP 地址后再次登录网络时，就不需要再发送 DHCP Discover 报文了，而是直接发送包含前一次所分配的 IP 地址的 DHCP Request 报文。DHCP 服务器收到 DHCP Request 报文，会尝试让客户机继续使用原来的 IP 地址，并回答一个 DHCP YACK（确认信息）报文。

如果 DHCP 服务器无法分配给客户机原来的 IP 地址，则回答一个 DHCP NACK（不确认信息）报文。当客户机接收到 DHCP NACK 报文后，就必须重新发送 DHCP Discover 报文来请求新的 IP 地址。

3. DHCP 租约的更新

DHCP 服务器将 IP 地址分配给 DHCP 客户机后，有租用时间的限制，DHCP 客户机必须在该次租用过期前对它进行更新。客户机在 50%租借时间过去以后，每隔一段时间就开始请求 DHCP 服务器更新当前租借。如果 DHCP 服务器应答，则租用延期。如果 DHCP 服务器始终没有应答，在有效租借期的 87.5%时，客户机应该与任何一个其他 DHCP 服务器通信，并请求更新它的配置信息。如果客户机不能和所有的 DHCP 服务器取得联系，租借时间到期后，它必须放弃当前的 IP 地址，并重新发送一个 DHCP Discover 报文开始上述 IP 地址获得过程。

客户端可以主动向服务器发出 DHCP Release 报文，将当前的 IP 地址释放。

7.2 项目设计及准备

部署 DHCP 之前应该先进行规划，明确哪些 IP 地址用于自动分配给客户端（作用域中应包含的 IP 地址），哪些 IP 地址用于手工指定给特定的服务器。例如在项目中，将 IP 地址 192.168.10.1～200/24 用于自动分配，将 IP 地址 192.168.10.100/24～192.168.10.120/24、192.168.10.10/24 排除，预留给需要手工指定 TCP/IP 参数的服务器，将 192.168.10.200/24 用作保留地址等。

根据图 7-2 所示的环境来部署 DHCP 服务。

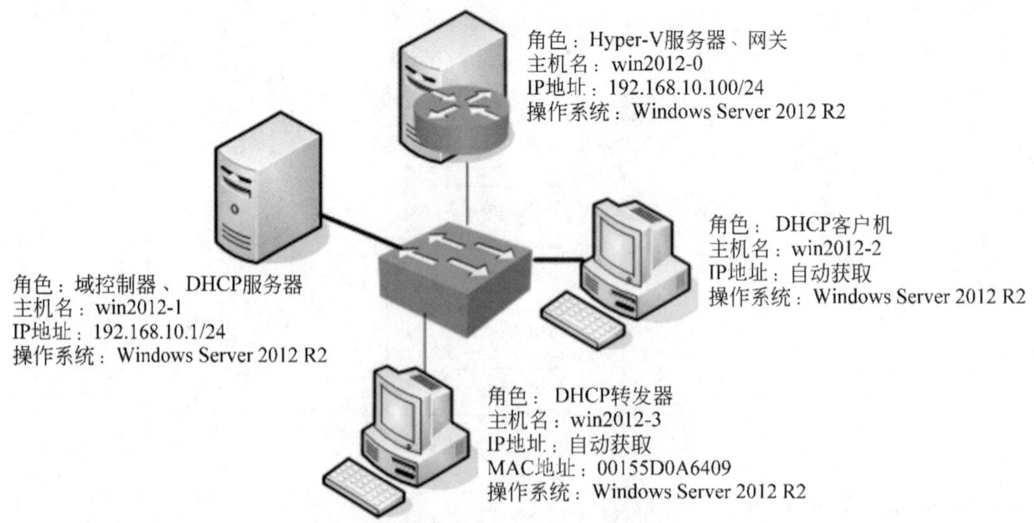

图 7-2 架设 DHCP 服务器的网络拓扑图

用于手工配置的 IP 地址一定要排除掉或者是地址池之外的地址（见图 7-2 中的 192.168.10.100/24～192.168.10.120/24 和 192.168.10.10/24），否则会造成 IP 地址冲突。请读者思考原因。

7.3　项目实施

任务 7-1　安装 DHCP 服务器角色

Step 1　单击“开始”→“管理工具”→“服务器管理器”→“仪表板”→“添加角色和功能”命令，连续单击“下一步”按钮，直到出现如图 7-3 所示的“选择服务器角色”界面时勾选“DHCP 服务器”复选框，单击“添加功能”按钮。

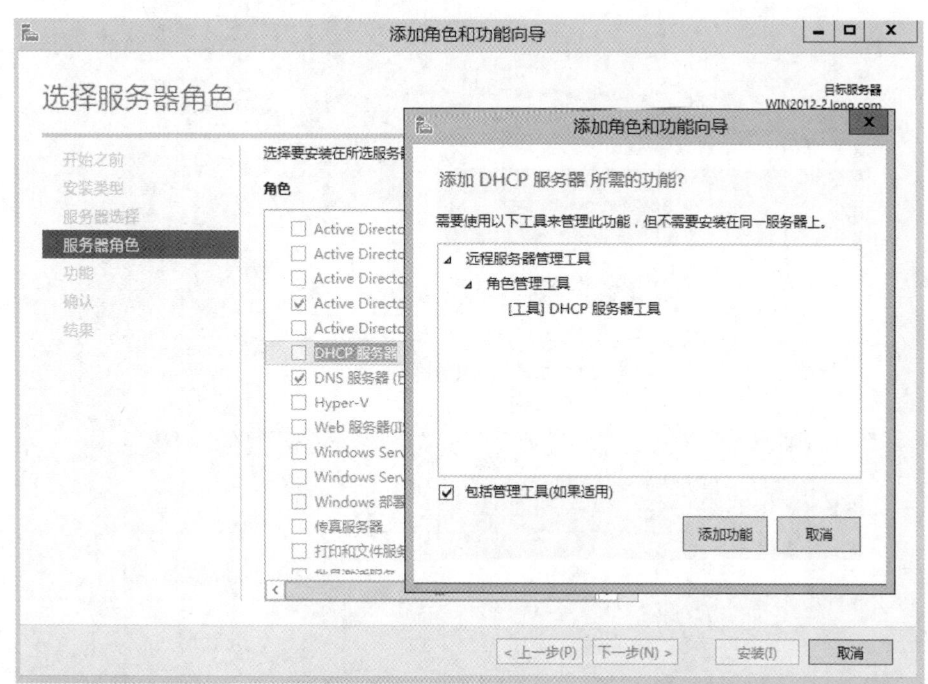

图 7-3　“选择服务器角色”对话框

Step 2　持续单击“下一步”按钮，最后单击“安装”按钮开始安装 DHCP 服务器。安装完毕后，单击“关闭”按钮完成 DHCP 服务器角色的安装。

Step 3　单击“关闭”按钮关闭向导，DHCP 服务器安装完成。单击“开始”→“管理工具”→DHCP 选项打开 DHCP 控制台，如图 7-4 所示，可以在此配置和管理 DHCP 服务器。

任务 7-2　授权 DHCP 服务器

Windows Server 2012 为使用活动目录的网络提供了集成的安全性支持。针对 DHCP 服务器，它提供了授权的功能。通过这一功能可以对网络中配置正确的合法 DHCP 服务器进行授权，允许它们对客户端自动分配 IP 地址。同时，还能够检测未授权的非法 DHCP 服务器，以及防止这些服务器在网络中启动或运行，从而提高了网络的安全性。

1. 对域中的 DHCP 服务器进行授权

如果 DHCP 服务器是域的成员，并且在安装 DHCP 服务过程中没有选择授权，那么在安装完成后就必须先进行授权，才能为客户端计算机提供 IP 地址，独立服务器不需要授权，具体步骤如下：在图 7-4 所示的窗口中，右击 DHCP 服务器 win2012-1.long.com，选择快捷菜单中的“授权”选项，即可为 DHCP 服务器授权，重新打开 DHCP 控制台，显示 DHCP 服务器已授权：IPv4 前面由向下箭头变成了对钩，如图 7-5 所示。

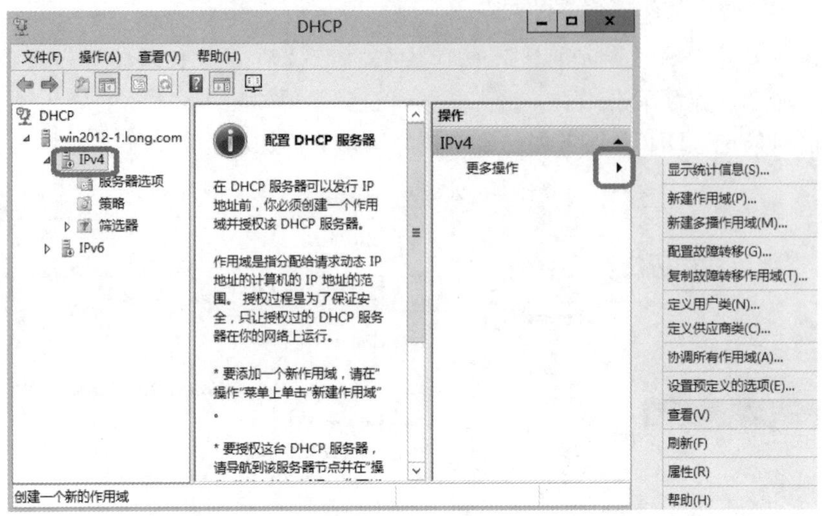

图 7-4　DHCP 控制台

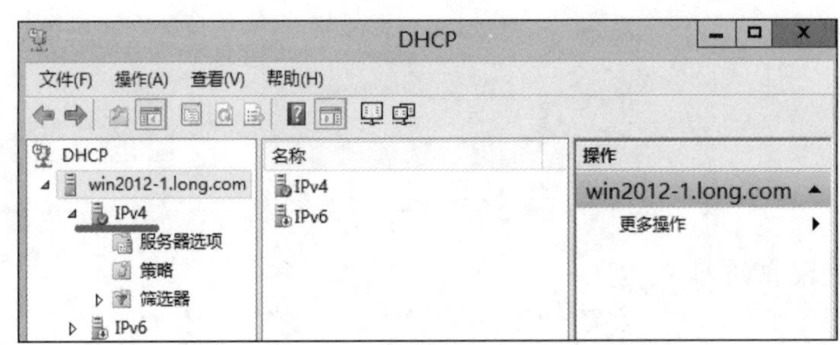

图 7-5　DHCP 服务器已授权

2. 为什么要授权 DHCP 服务器

由于 DHCP 服务器为客户端自动分配 IP 地址时均采用广播机制，而且客户端在发送 DHCP Request 消息进行 IP 租用选择时也只是简单地选择第一个收到的 DHCP Offer，这意味着在整个 IP 租用过程中，网络中所有的 DHCP 服务器都是平等的。如果网络中的 DHCP 服务器都是正确配置的，则网络将能够正常运行。如果在网络中出现了错误配置的 DHCP 服务器，则可能会引发网络故障。例如，错误配置的 DHCP 服务器可能会为客户端分配不正确的 IP 地址，导致该客户端无法进行正常的网络通信。在如图 7-6 所示的网络环境中，配置正确的 DHCP 服务器 dhcp1 可以为客户端提供符合网络规划的 IP 地址 192.168.0.51～150/24，而配置错误的非法 DHCP 服务器 bad_dhcp 为客户端提供的却是不符合网络规划的 IP 地址 10.0.0.11～100/24。对于网络中的 DHCP 客户端 client 来说，由于在自动获得 IP 地址的过程中，两台 DHCP 服务器具有平等的被选择权，因此 client 将有 50%的可能性获得一个由 bad_dhcp 提供的 IP 地址，这意味着网络出现故障的可能性将高达 50%。

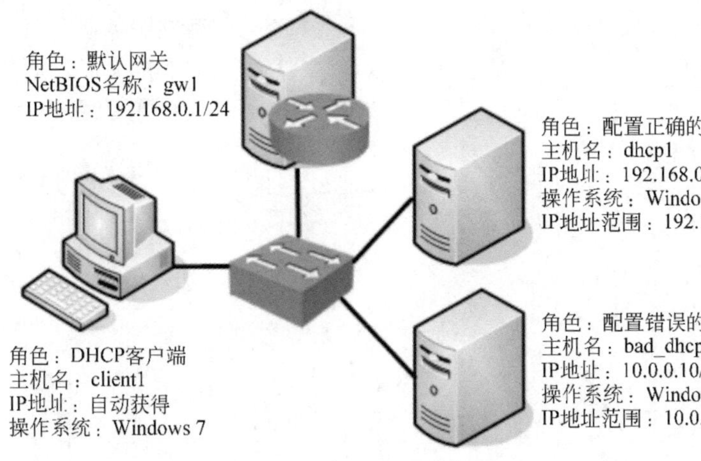

图 7-6 网络中出现非法的 DHCP 服务器

为了解决这一问题，Windows Server 2012 引入了 DHCP 服务器的授权机制。通过授权机制，DHCP 服务器在服务于客户端之前，需要验证是否已在 AD 中被授权。如果未经授权，将不能为客户端分配 IP 地址。这样就避免了由于网络中出现错误配置的 DHCP 服务器而导致的大多数意外网络故障。

①工作组环境中，DHCP 服务器肯定是独立的服务器，无须授权（也不能授权）即能向客户端提供 IP 地址。

②域环境中，域控制器或域成员身份的 DHCP 服务器能够被授权，为客户端提供 IP 地址。

③域环境中，独立服务器身份的 DHCP 服务器不能被授权，若域中有被授权的 DHCP 服务器，则该服务器不能为客户端提供 IP 地址；若域中没有被授权的 DHCP 服务器，则该服务器可以为客户端提供 IP 地址。

任务 7-3 创建 DHCP 作用域

在 Windows Server 2012 中，作用域可以在安装 DHCP 服务的过程中创建，也可以在安装完成后在 DHCP 控制台中创建。一台 DHCP 服务器可以创建多个不同的作用域。如果在安装时没有建立作用域，也可以单独建立 DHCP 作用域。具体步骤如下：

Step 1 在 win2012-1 上打开 DHCP 控制台，展开服务器名，选择 IPv4，右击并选择快捷菜单中的“新建作用域”选项，运行新建作用域向导。

Step 2 单击“下一步”按钮，进入“作用域名”界面，在“名称”文本框中输入新作用域的名称，用来与其他作用域相区分。

Step 3 单击“下一步”按钮，进入如图 7-7 所示的“IP 地址范围”界面。在“起始 IP 地址”和“结束 IP 地址”文本框中输入欲分配的 IP 地址范围。

Step 4 单击“下一步”按钮，进入如图 7-8 所示的“添加排除和延迟”界面，设置客户端的排除地址。在“起始 IP 地址”和“结束 IP 地址”文本框中输入欲排除的 IP 地址或 IP 地址段，单击“添加”按钮添加到“排除的地址范围”列表框中。

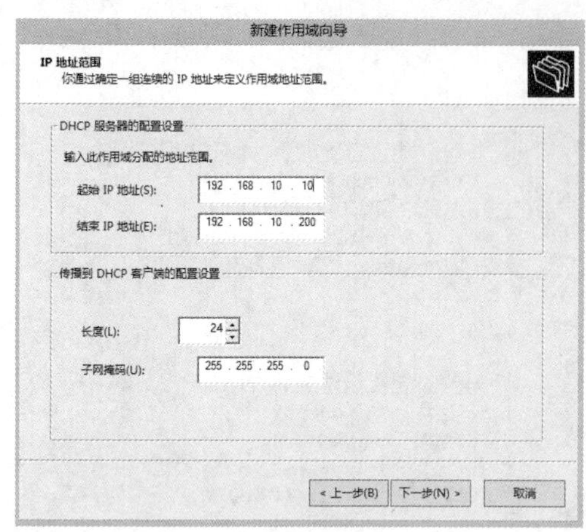

图 7-7 “IP 地址范围”界面

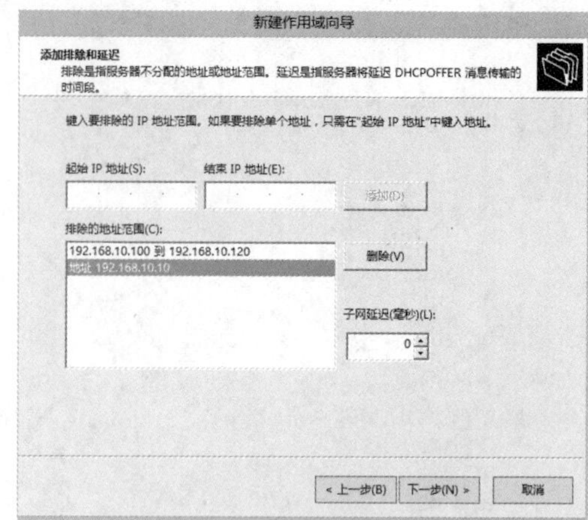

图 7-8 “添加排除和延迟”界面

Step 5 单击“下一步”按钮，进入“租用期限”界面，设置客户端租用 IP 地址的时间。

Step 6 单击“下一步”按钮，进入“配置 DHCP 选项”界面，提示是否配置 DHCP 选项，选择默认的“是，我想现在配置这些选项”单选项。

Step 7 单击“下一步”按钮，进入如图 7-9 所示的“路由器（默认网关）”界面，在“IP 地址”文本框中输入要分配的网关，单击“添加”按钮添加到列表框中。本例为 192.168.10.100。

Step 8 单击“下一步”按钮，进入“域名称和 DNS 服务器”界面。在“父域”文本框中输入进行 DNS 解析时使用的父域，在“IP 地址”文本框中输入 DNS 服务器的 IP 地址，单击“添加”按钮添加到列表框中，如图 7-10 所示。本例为 192.168.10.1。

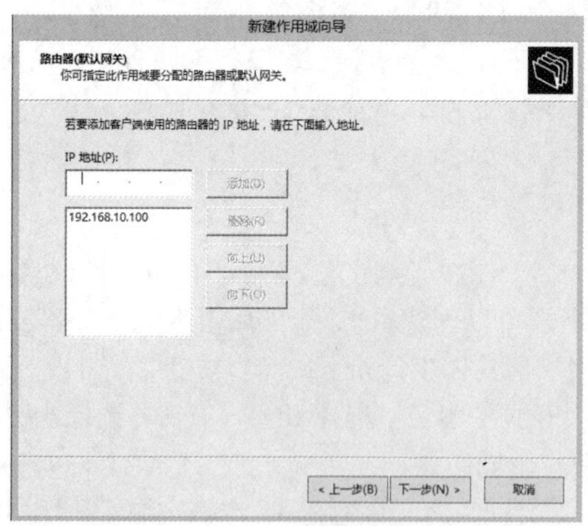

图 7-9 “路由器（默认网关）”界面

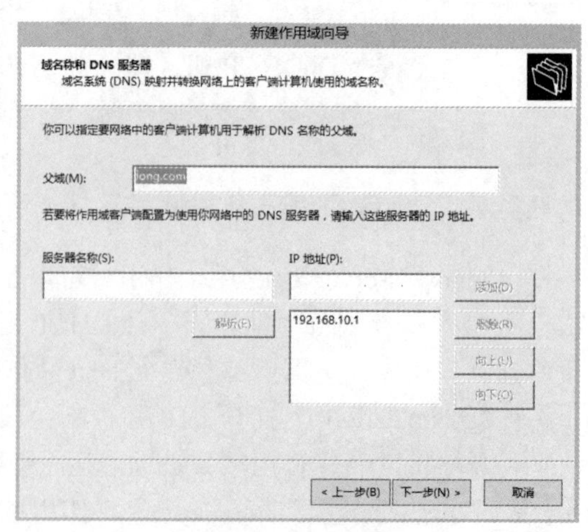

图 7-10 “域名称和 DNS 服务器”界面

Step 9 单击“下一步”按钮，进入“WINS 服务器”界面，设置 WINS 服务器。如果网络中没有配置 WINS 服务器，则不必设置。

Step 10 单击“下一步”按钮，进入“激活作用域”界面，询问是否要激活作用域。建议选择默认的“是，我想现在激活此作用域”单选项。

Step 11 单击“下一步”按钮，进入“正在完成新建作用域向导”界面。

Step 12　单击“完成”按钮，作用域创建完成并自动激活。

任务 7-4　保留特定的 IP 地址

如果用户想保留特定的 IP 地址给指定的客户机，以便 DHCP 客户机在每次启动时都获得相同的 IP 地址，就需要将该 IP 地址与客户机的 MAC 地址绑定。设置步骤如下：

Step 1　打开 DHCP 控制台，在左窗格中选择作用域中的“保留”项。

Step 2　执行“操作”→“添加”命令，打开“新建保留”对话框，如图 7-11 所示。

Step 3　在“IP 地址”文本框中输入要保留的 IP 地址。本例为 192.168.10.200。

Step 4　在“MAC 地址”文本框中输入 IP 地址要保留给哪一个网卡。

Step 5　在“保留名称”文本框中输入客户名称。注意此名称只是一般的说明文字，并不是用户账号的名称，但此处不能为空白。

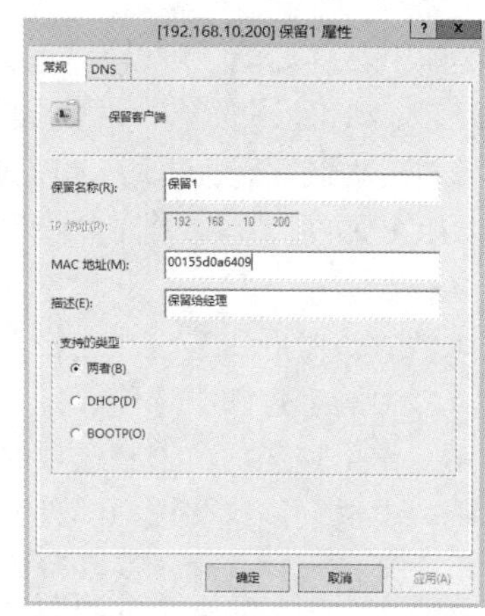

图 7-11　“新建保留”对话框

Step 6　如果有需要，可以在“描述”文本框内输入一些描述此客户的说明性文字。添加完成后，用户可利用作用域中的“地址租约”选项进行查看。大部分情况下，客户机使用的仍然是以前的 IP 地址。也可用以下方法进行更新：

- ipconfig　/release：释放现有 IP。
- ipconfig　/renew：更新 IP。

Step 7　在 MAC 地址为 00155d0a6409 的计算机 win2012-3 上进行测试，结果如图 7-12 所示。

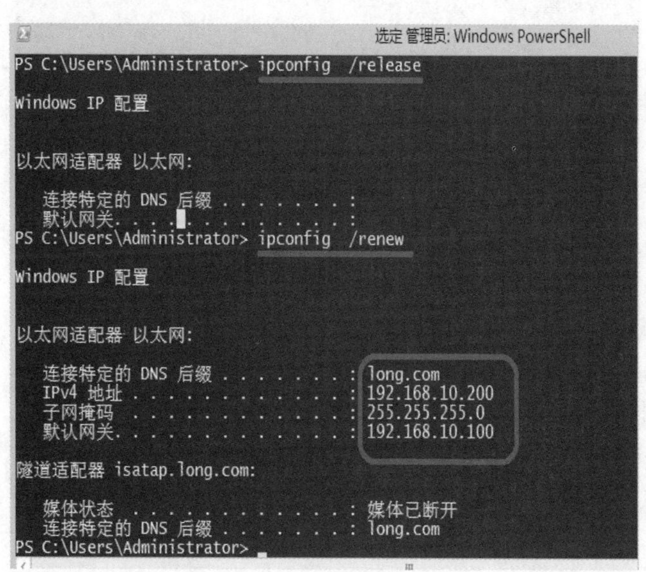

图 7-12　保留地址测试结果

如果在设置保留地址时，网络上有多台 DHCP 服务器存在，用户需要在其他服务器中将此保留地址排除，以便客户机可以获得正确的保留地址。

任务 7-5　配置 DHCP 选项

DHCP 服务器除了可以为 DHCP 客户机提供 IP 地址外，还可以设置 DHCP 客户机启动时的工作环境，如可以设置客户机登录的域名称、DNS 服务器、WINS 服务器、路由器、默认网关等。在客户机启动或更新租约时，DHCP 服务器可以自动设置客户机启动后的 TCP/IP 环境。

DHCP 服务器提供了许多选项，如默认网关、域名、DNS、WINS、路由器等。选项包括以下 4 种类型：

- 默认服务器选项：这些选项的设置影响 DHCP 控制台窗口中该服务器下所有作用域中的客户和类选项。
- 作用域选项：这些选项的设置只影响该作用域下的地址租约。
- 类选项：这些选项的设置只影响被指定使用该 DHCP 类 ID 的客户机。
- 保留客户选项：这些选项的设置只影响指定的保留客户。

如果在服务器选项与作用域选项中设置了不同的选项，则作用域的选项起作用，即在应用时作用域选项将覆盖服务器选项。同理，类选项会覆盖作用域选项，保留客户选项覆盖以上 3 种选项，它们的优先级表示如下：

保留客户选项 > 类选项 > 作用域选项 > 默认服务器选项

为了进一步了解选项设置，以在作用域中添加 DNS 选项为例说明 DHCP 的选项设置。

Step 1 打开 DHCP 窗口，在左窗格中展开服务器，选择“作用域选项”，执行“操作”→“配置选项”命令。

Step 2 弹出“作用域选项”对话框，如图 7-13 所示。在“常规”选项卡的“可用选项”列表中选择“006 DNS 服务器”复选框，输入 IP 地址，单击“确定”按钮结束。

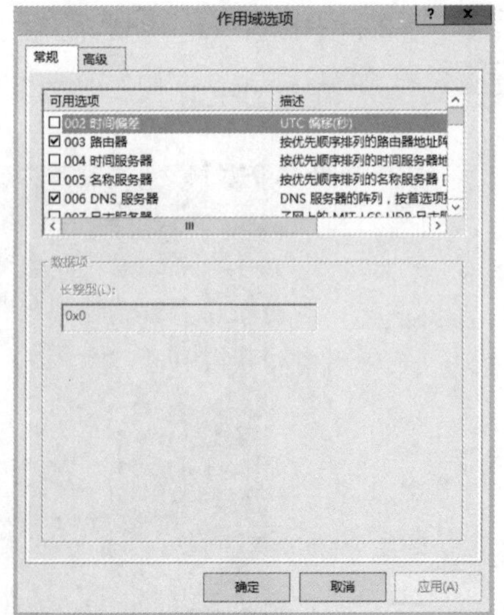

图 7-13　设置作用域选项

任务 7-6　配置超级作用域

超级作用域是运行 Windows Server 2003 的 DHCP 服务器的一种管理功能。当 DHCP 服务器上有多个作用域时，就可组成超级作用域，作为单个实体来管理。超级作用域常用于多网配置。多网是指在同一物理网段上使用两个或多个 DHCP 服务器以管理分离的逻辑 IP 网络。在多网配置中，可以使用 DHCP 超级作用域来组合多个作用域，为网络中的客户机提供来自多个作用域的租约。其网络拓扑图如图 7-14 所示。

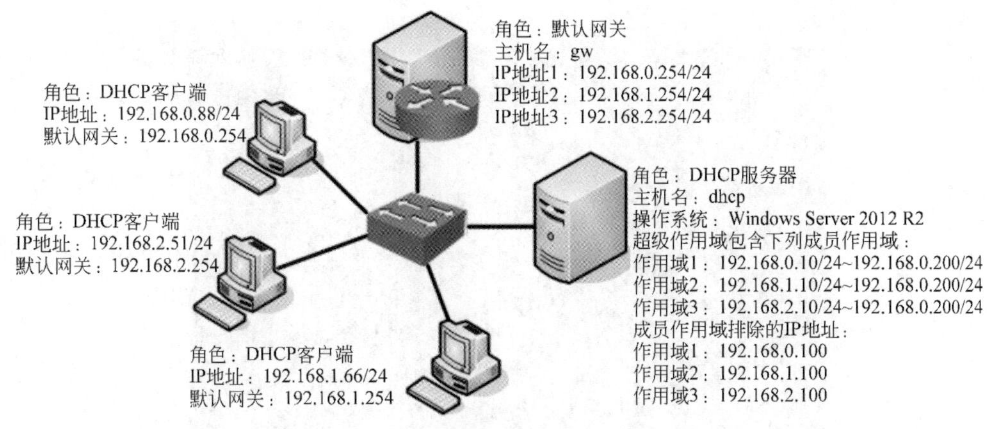

图 7-14　超级作用域应用实例

超级作用域设置方法：在 DHCP 控制台中，右击 DHCP 服务器下的 IPv4，在弹出的快捷菜单中选择“新建超级作用域”选项，弹出“新建超级作用域向导”对话框，在“选择作用域”框中可以选择要加入超级作用域管理的作用域。

超级作用域创建完成以后会显示在 DHCP 控制台中，还可以将其他作用域也添加到该超级作用域中。

超级作用域可以解决多网结构中的某些 DHCP 部署问题。比较典型的情况就是，当前活动作用域的可用地址池几乎已耗尽，而又要向网络添加更多的计算机，可使用另一个 IP 网络地址范围以扩展同一物理网段的地址空间。

注意　超级作用域只是一个简单的容器，删除超级作用域时并不会删除其中的子作用域。

任务 7-7　配置 DHCP 客户端和测试

1. 配置 DHCP 客户端

目前常用的操作系统均可作为 DHCP 客户端，本任务仅以 Windows 平台为客户端进行配置。在 Windows 平台中配置 DHCP 客户端非常简单。

Step 1　在客户端 win2012-2 上，打开“Internet 协议版本 4（TCP/IPv4）属性”对话框。

Step 2　选中“自动获得 IP 地址”和“自动获得 DNS 服务器地址”两项。

提示　由于 DHCP 客户机是在开机的时候自动获得 IP 地址的，因此并不能保证每次获得的 IP 地址是相同的。

2. 测试 DHCP 客户端

在 DHCP 客户端上打开命令提示符窗口，通过 ipconfig /all 和 ping 命令对 DHCP 客户端进行测试，如图 7-15 所示。

3. 手动释放 DHCP 客户端 IP 地址租约

在 DHCP 客户端上打开命令提示符窗口，使用 ipconfig /release 命令手动释放 DHCP 客户端 IP 地址租约。请读者试着做一下。

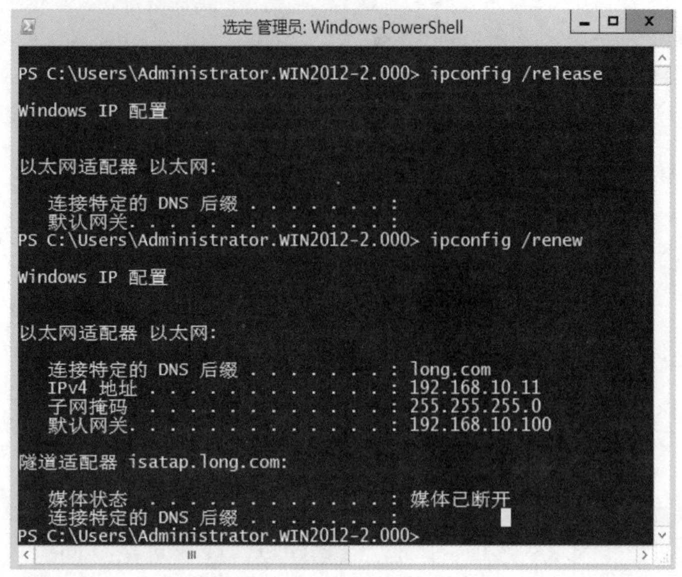

图 7-15　测试 DHCP 客户端

4. 手动更新 DHCP 客户端 IP 地址租约

在 DHCP 客户端上打开命令提示符窗口，使用 ipconfig /renew 命令手动更新 DHCP 客户端 IP 地址租约。请读者试着做一下。

5. 在 DHCP 服务器上验证租约

使用具有管理员权限的用户账户登录 DHCP 服务器，打开 DHCP 管理器控制台。在左侧控制台树中双击 DHCP 服务器，在展开的树中双击“作用域”选项，然后单击“地址租约”选项，将能够看到从当前 DHCP 服务器的当前作用域中租用 IP 地址的租约，如图 7-16 所示。

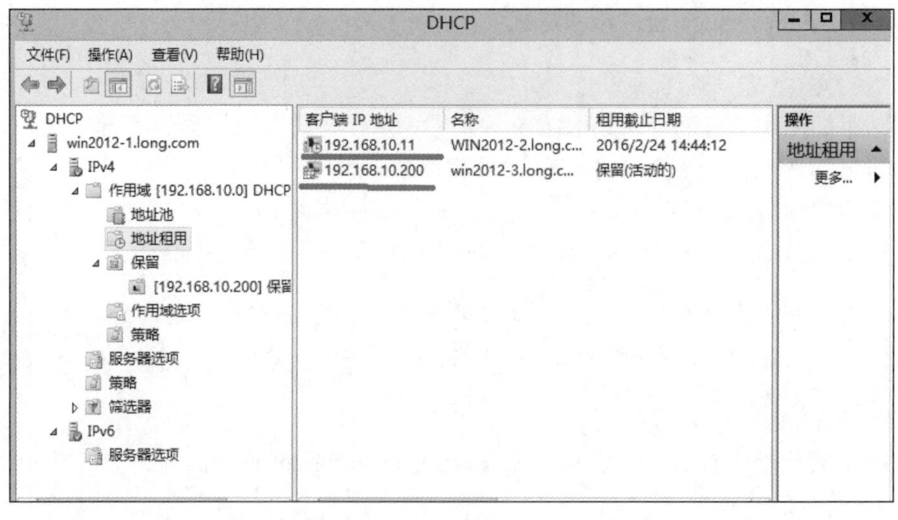

图 7-16　IP 地址租约

7.4　习题

一、填空题

1．DHCP 工作过程包括______、______、______、______4 种报文。

2．如果 Windows 的 DHCP 客户端无法获得 IP 地址，将自动从 Microsoft 保留地址段______中选择一个作为自己的地址。

3．在 Windows Server 2012 的 DHCP 服务器中，根据不同的应用范围划分的不同级别的 DHCP 选项包括______、______、______、______。

4．在 Windows Server 2012 环境下，使用______命令可以查看 IP 地址配置，释放 IP 地址使用______命令，续订 IP 地址使用______命令。

二、选择题

1．在一个局域网中利用 DHCP 服务器为网络中的所有主机提供动态 IP 地址分配，DHCP 服务器的 IP 地址为 192.168.2.1/24，在服务器上创建一个作用域 192.168.2.11～200/24 并激活。在 DHCP 服务器选项中设置 003 为 192.168.2.254，在作用域选项中设置 003 为 192.168.2.253，则网络中租用到 IP 地址 192.168.2.20 的 DHCP 客户端所获得的默认网关地址应为（　　）。

A．192.168.2.1　　B．192.168.2.254

C．192.168.2.253　　D．192.168.2.20

2．DHCP 选项的设置中，不可以设置的是（　　）。

A．DNS 服务器　　B．DNS 域名

C．WINS 服务器　　D．计算机名

3．使用 Windows Server 2012 的 DHCP 服务时，当客户机租约使用时间超过租约的 50%时，客户机会向服务器发送（　　）数据包，以更新现有的地址租约。

A．DHCP Discover　　B．DHCP Offer

C．DHCP Request　　D．DHCP Iack

4．下列（　　）命令是用来显示网络适配器的 DHCP 类别信息的。

A．ipconfig /all　　B．ipconfig /release

C．ipconfig /renew　　D．ipconfig/showclassid

三、简答题

1．动态 IP 地址方案有哪些优点和缺点？简述 DHCP 服务器的工作过程。

2．如何配置 DHCP 作用域选项？如何备份与还原 DHCP 数据库？

四、案例分析

1．某企业用户反映，他的一台计算机从人事部搬到财务部后就不能连接到 Internet 了。这是什么原因？应该怎么处理？

2．学校因为计算机数量的增加，需要在 DHCP 服务器上添加一个新的作用域。可用户反映客户端计算机并不能从服务器获得新的作用域中的 IP 地址。可能是什么原因？如何处理？

7.5 项目拓展 配置与管理 DHCP 服务器

一、项目目的

- 掌握 DHCP 服务器的配置方法。
- 掌握 DHCP 的用户类别的配置。
- 掌握测试 DHCP 服务器的方法。

二、项目环境

本项目根据图 7-2 所示的环境来部署 DHCP 服务。

三、项目要求

（1）将 DHCP 服务器的 IP 地址池设为 192.168.2.10～200/24。

（2）将 IP 地址 192.168.2.104/24 预留给需要手工指定 TCP/IP 参数的服务器。

（3）将 192.168.2.100 用作保留地址。

（4）增加一台客户端 win2012-3，要使 win2012-2 客户端与 win2012-3 客户端自动获取的路由器和 DNS 服务器地址不同。

四、做一做

根据项目实录视频进行项目实训，检查学习效果。

项目 8　配置与管理 Web 服务器

WWW（万维网）正在逐步改变全球用户的通信方式，这种新的大众传媒比以往的任何一种通信媒体都要快，因而受到人们的普遍欢迎。在过去的十几年中，WWW 飞速增长，融入了大量的信息，从商品报价到就业机会，从电子公告牌到新闻、电影预告、文学评论以及娱乐等，利用 IIS 建立 Web 服务器、FTP 服务器是目前世界上使用最广泛的手段之一。

- 学会 IIS 的安装与配置。
- 学会 Web 网站的配置与管理。
- 学会创建 Web 网站和虚拟主机。
- 学会 Web 网站的目录管理。
- 学会实现安全的 Web 网站。

8.1　相关知识

IIS 提供了基本服务，包括发布信息、传输文件、支持用户通信和更新这些服务所依赖的数据存储。

1. 万维网发布服务

通过将客户端 HTTP 请求连接到在 IIS 中运行的网站上，万维网发布服务向 IIS 最终用户提供 Web 发布。WWW 服务管理 IIS 的核心组件，这些组件处理 HTTP 请求并配置和管理 Web 应用程序。

2. 文件传输协议服务

通过文件传输协议（FTP）服务，IIS 提供对管理和处理文件的完全支持。该服务使用传输控制协议（TCP），这就确保了文件传输的完成和数据传输的准确。该版本的 FTP 支持在站点级别上隔离用户以帮助管理员保护其 Internet 站点的安全并使之商业化。

3. 简单邮件传输协议服务

通过使用简单邮件传输协议（SMTP）服务，IIS 能够发送和接收电子邮件。例如，为确认用户提交表格成功，可以对服务器进行编程以自动发送邮件来响应事件。也可以使用 SMTP 服务以接收来自网站客户反馈的消息。SMTP 不支持完整的电子邮件服务，要提供完整的电子邮件服务，可以使用 Microsoft Exchange Server。

4. 网络新闻传输协议服务

可以使用网络新闻传输协议（NNTP）服务控制单个计算机上的 NNTP 本地讨论组。因为该功能完全符合 NNTP 协议，所以用户可以使用任何新闻阅读客户端程序加入新闻组进行讨论。

5. 管理服务

该项功能管理 IIS 配置数据库，并为 WWW 服务、FTP 服务、SMTP 服务和 NNTP 服务更新 Microsoft Windows 操作系统注册表。配置数据库用来保存 IIS 的各种配置参数。IIS 管理服务对其他应用程序公开配置数据库，这些应用程序包括 IIS 核心组件、在 IIS 上建立的应用程序和独立于 IIS 的第三方应用程序（如管理或监视工具）。

8.2 项目设计及准备

在架设 Web 服务器之前，读者需要了解本任务实例部署的需求和实验环境。

1. 部署需求

在部署 Web 服务前需要满足以下要求：

- 设置 Web 服务器的 TCP/IP 属性，手工指定 IP 地址、子网掩码、默认网关和 DNS 服务器 IP 地址等。
- 部署域环境，域名为 long.com。

2. 部署环境

本任务所有实例都被部署在一个域环境下，域名为 long.com。其中 Web 服务器主机名为 win2012-1，其本身也是域控制器和 DNS 服务器，IP 地址为 192.168.10.1。Web 客户机主机名为 win2012-2，其本身是域成员服务器，IP 地址为 192.168.10.2。网络拓扑图如图 8-1 所示。

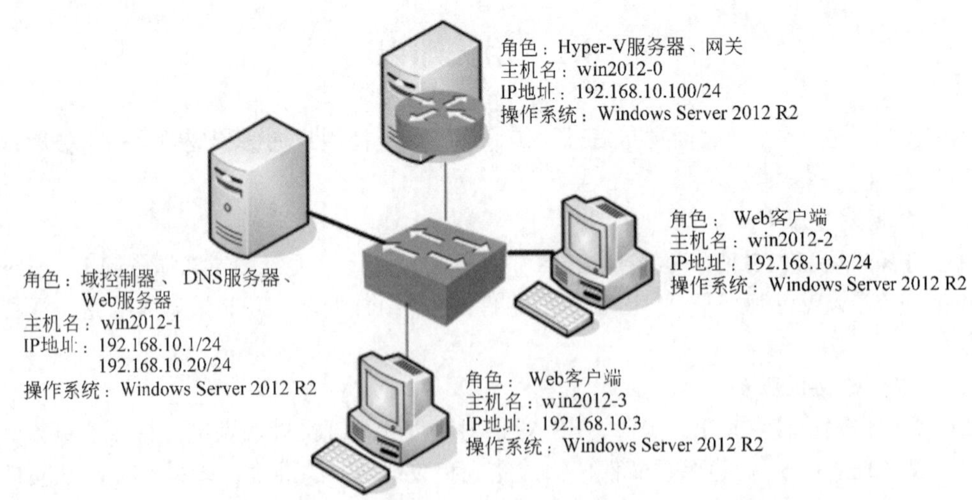

图 8-1 架设 Web 服务器网络拓扑图

8.3 项目实施

任务 8-1 安装 Web 服务器（IIS）角色

在计算机 win2012-1 上通过“服务器管理器”安装 Web 服务器（IIS）角色，具体步骤如下：

Step 1 选择“开始”→“管理工具”→“服务器管理器”→“仪表板”→“添加角色和功能”选项，打开“添加角色和功能向导”窗口，连续单击“下一步”按钮，直到进入如图 8-2 所示的“选择服务器角色”窗口时勾选“Web 服务器”复选框，单击“添加功能”按钮。

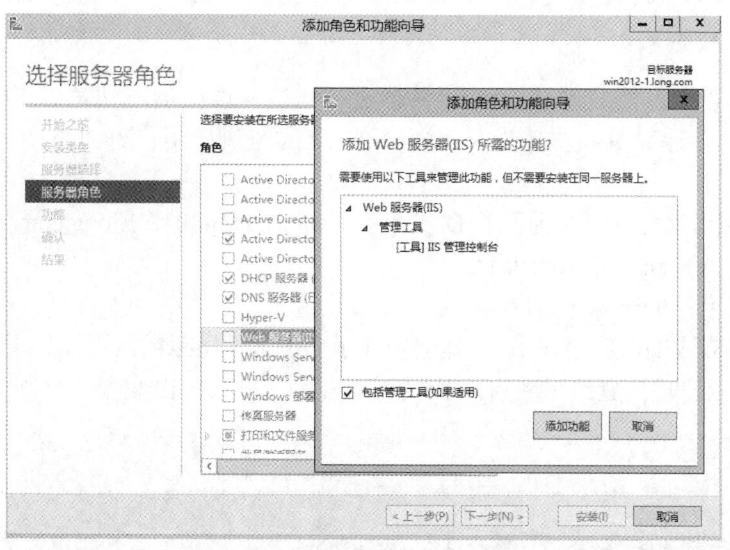

图 8-2　“选择服务器角色”窗口

如果在前面安装某些角色时安装了功能和部分 Web 角色，界面将稍有不同，这时请注意勾选“FTP 服务器”和“安全性”中的“IP 地址和域限制”。

Step 2 连续单击“下一步”按钮，直到进入如图 8-3 所示的“选择角色服务”界面时单击“角色服务”选项并选中“安全性”复选项下的全部选项，同时勾选“FTP 服务器”复选项。

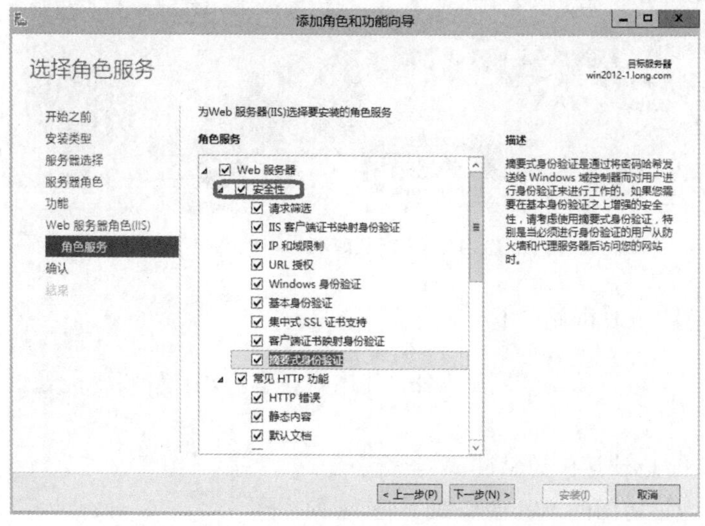

图 8-3　“选择角色服务”界面

Step 3 单击“安装”按钮开始安装 Web 服务器。安装完成后显示“安装结果”窗口，单击“关闭”按钮完成安装。

在此将“FTP 服务器”复选框选中，在安装 Web 服务器的同时也安装了 FTP 服务器。建议“角色服务”各选项全部进行安装，特别是身份验证方式。如果安装不全，后面做网站安全时会有部分功能不能使用。

安装完 IIS 以后，还应对该 Web 服务器进行测试，以检测网站是否正确安装并运行。在局域网中的一台计算机（本例为 win2012-2）上通过浏览器打开以下 3 种地址格式进行测试：

- DNS 域名地址（延续前面的 DNS 设置）：http://win2012-1.long.com/。
- IP 地址：http://192.168.10.1/。
- 计算机名：http://win2012-1/。

如果 IIS 安装成功，则会在 IE 浏览器中显示如图 8-4 所示的网页。如果没有显示出该网页，检查 IIS 是否出现问题或重新启动 IIS 服务，也可以删除 IIS 重新安装。

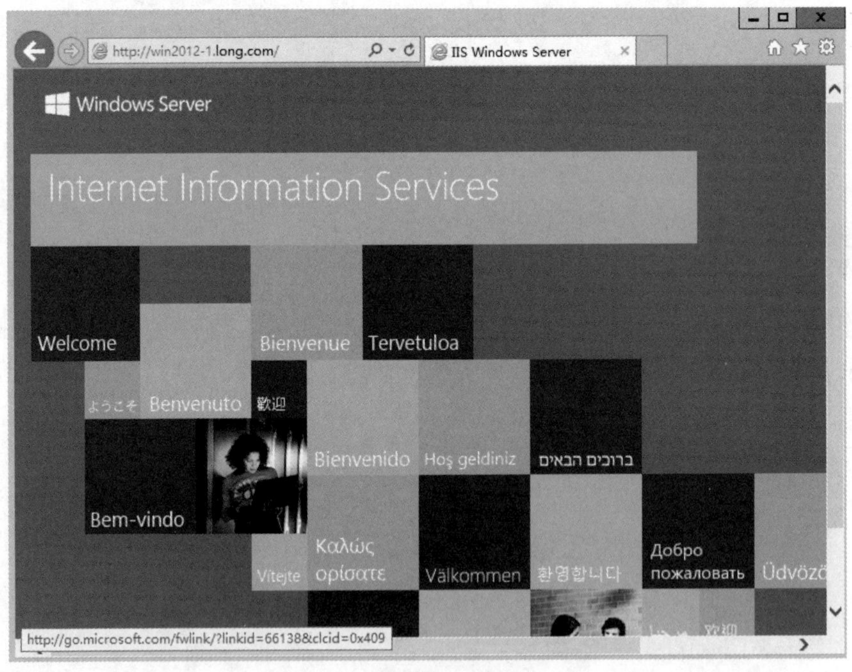

图 8-4 IIS 安装成功显示的网页

任务 8-2 创建 Web 网站

在 Web 服务器上创建一个新网站 web，使用户在客户端计算机上能通过 IP 地址和域名进行访问。

1. 创建使用 IP 地址访问的 Web 网站

创建使用 IP 地址访问的 Web 网站的具体步骤如下：

（1）停止默认网站（Default Web Site）。以域管理员账户登录 Web 服务器，打开“开始”

→“管理工具”→“Internet Information Services（IIS）管理器”控制台。在控制台树中依次展开服务器和“网站”节点。右击 Default Web Site，在弹出的快捷菜单中选择“管理网站”→“停止”命令，即可停止正在运行的默认网站，如图 8-5 所示。停止后默认网站的状态显示为“已停止”。

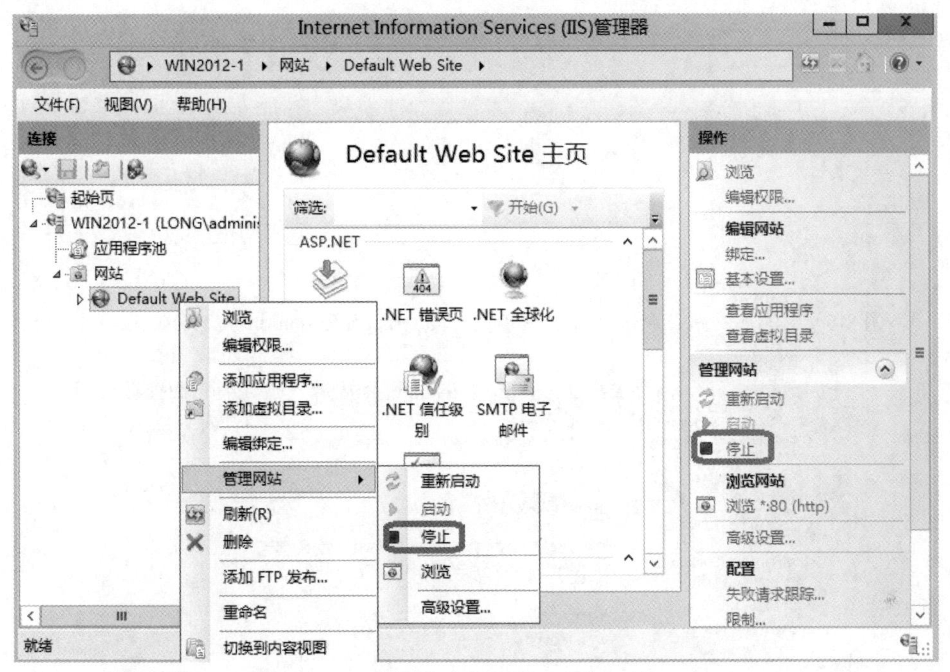

图 8-5　停止默认网站（Default Web Site）

（2）准备 Web 网站内容。在 C:盘上创建文件夹 C:\web 作为网站的主目录，并在其文件夹内存放网页 index.htm 作为网站的首页，网站首页可以用记事本或 Dreamweaver 软件编写。

（3）创建 Web 网站。

Step 1　在“Internet Information Services（IIS）管理器”控制台树中，展开服务器节点，右击“网站”节点，在弹出的快捷菜单中选择“添加网站”选项，弹出“添加网站”对话框。在该对话框中可以指定网站名称、应用程序池、网站内容目录、传递身份验证、网站类型、IP 地址、端口号、主机名以及是否启动网站。在此设置“网站名称”为 Test web，“物理路径”为 C:\web，类型为 http，IP 地址为 192.168.10.1，默认端口号为 80，如图 8-6 所示，单击“确定”按钮完成 Web 网站的创建。

Step 2　返回“Internet Information Services（IIS）管理器”控制台，可以看到刚才所创建的网站已经启动，如图 8-7 所示。

Step 3　用户在客户端计算机 win2012-2 上打开浏览器，输入http://192.168.10.1就可以访问刚才建立的网站了。

在图 8-7 中，双击右侧窗格中的“默认文档”，打开如图 8-8 所示的“默认文档”窗口。可以对默认文档进行添加、删除及更改顺序等操作。

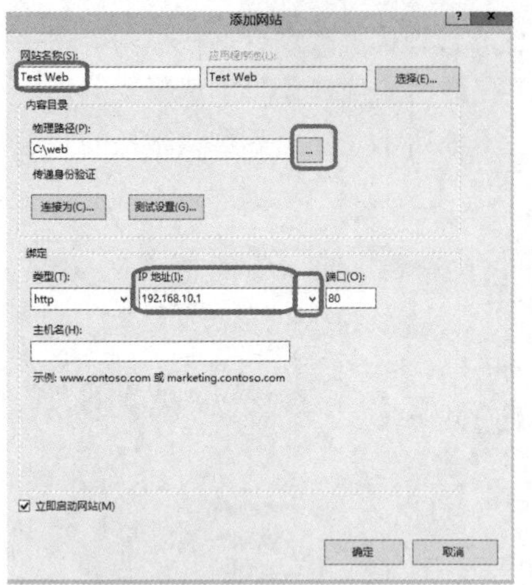

图 8-6 “添加网站”对话框　　图 8-7 “Internet Information Services（IIS）管理器”控制台

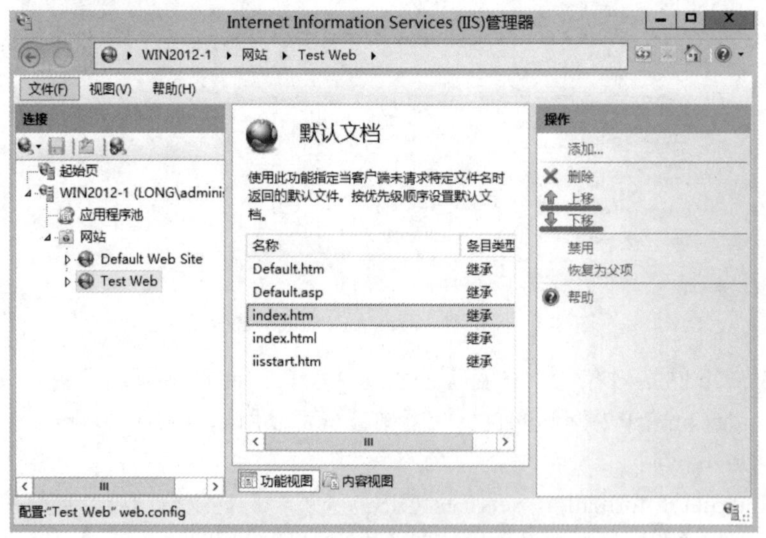

图 8-8 设置默认文档

所谓默认文档，是指在 Web 浏览器中输入 Web 网站的 IP 地址或域名即显示出来的 Web 页面，也就是通常所说的主页（HomePage）。IIS 8.0 默认文档的文件名有 5 种：Default.htm、Default.asp、Index.htm、Index.html 和 IISstar.htm。这也是一般网站中最常用的主页名。如果 Web 网站无法找到这 5 个文件中的任何一个，那么将在 Web 浏览器上显示“该页无法显示”的提示。默认文档既可以是一个，也可以是多个。当设置多个默认文档时，IIS 将按照排列的先后顺序依次调用这些文档。当第一个文档存在时，将直接把它显示在用户的浏览器上，而不再调用后面的文档；当第一个文档不存在时，则将第二个文件显示给用户，依此类推。

思考与实践

由于本例首页文件名为 index.htm，因此在客户端直接输入 IP 地址即可浏览网站。如果网站首页的文件名不在列出的 5 个默认文档中，该如何处理？请读者试着做一下。

2．创建使用域名访问的 Web 网站

创建用域名www.long.com 访问的 Web网站，具体步骤如下：

Step 1　在 win2012-1 上打开“DNS 管理器”控制台，依次展开服务器和“正向查找区域”节点，单击区域 long.com。

Step 2　创建别名记录。右击区域 long.com，在弹出的快捷菜单中选择“新建别名”命令，弹出“新建资源记录”对话框。在“别名”文本框中输入 www，在“目标主机的完全合格的域名（FQDN）”文本框中输入 win2012-1.long.com。

Step 3　单击“确定”按钮，别名创建完成。

Step 4　用户在客户端计算机 win2012-2 上打开浏览器，输入http://www.long.com即可访问刚才建立的网站。

保证客户端计算机 win2012-2 的 DNS 服务器的地址是 192.168.10.1。

任务 8-3　管理 Web 网站的目录

在 Web 网站中，Web 内容文件都会保存在一个或多个目录树下，包括 HTML 内容文件、Web 应用程序和数据库等，甚至有的会保存在多个计算机上的多个目录中。因此，为了使其他目录中的内容和信息也能够通过 Web 网站发布，可通过创建虚拟目录来实现。当然，也可以在物理目录下直接创建目录来管理内容。

1．虚拟目录与物理目录

在 Internet 上浏览网页时，经常会看到一个网站下面有许多子目录，这就是虚拟目录。虚拟目录只是一个文件夹，并不一定包含于主目录内，但在浏览 Web 站点的用户看来就像位于主目录中一样。

对于任何一个网站，都需要使用目录来保存文件，即可以将所有的网页及相关文件都存放到网站的主目录之下，也就是在主目录之下建立文件夹，然后将文件放到这些子文件夹内，这些文件夹也称物理目录。也可以将文件保存到其他物理文件夹内，如本地计算机或其他计算机内，然后通过虚拟目录映射到这个文件夹，每个虚拟目录都有一个别名。虚拟目录的好处是在不需要改变别名的情况下可以随时改变其对应的文件夹。

在 Web 网站中，默认发布主目录中的内容。但如果要发布其他物理目录中的内容，就需要创建虚拟目录。虚拟目录也就是网站的子目录，每个网站都可能有多个子目录，不同的子目录内容不同，在磁盘中会用不同的文件夹来存放不同的文件。例如使用 BBS 文件夹存放论坛程序，用 image 文件夹存放网站图片等。

2．创建虚拟目录

在 www.long.com 对应的网站上创建一个名为 BBS 的虚拟目录，其路径为本地磁盘中的 C:\MY_BBS 文件夹，该文件夹下有个文档 index.htm。具体创建过程如下：

Step 1　以域管理员身份登录 win2012-1。在 IIS 管理器中，展开左侧的“网站”目录树，选择要创建虚拟目录的网站 web 并右击，在弹出的快捷菜单中选择“添加虚拟目录”选项，显示虚拟目录创建向导。利用该向导便可为该虚拟网站创建不同的虚拟目录。

Step 2　在“别名”文本框中输入该虚拟目录的别名，本例为 bbs，用户用该别名来连接虚拟目录。该别名必须唯一，不能与其他网站或虚拟目录重名。在“物理路径”文本框中输入该虚拟目录的文件夹路径，或单击“浏览”按钮进行选择，本例为 C:\MY_BBS。这里既可使用本地计算机上的路径，也可以使用网络中的文件夹路径。设置完成后如图 8-9 所示。

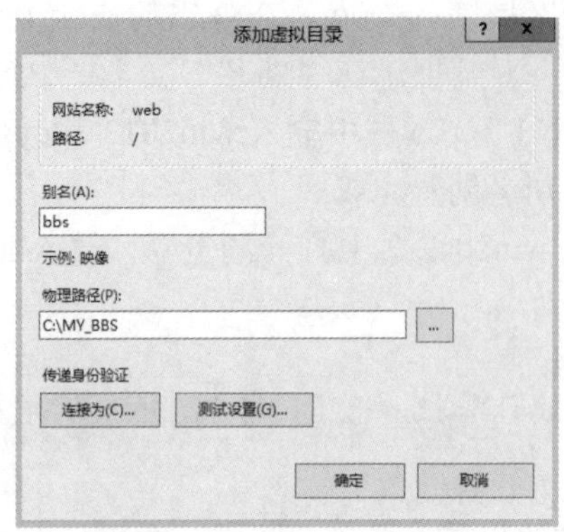

图 8-9 添加虚拟目录

Step 3 用户在客户端计算机 win2012-2 上打开浏览器，输入http://www.long.com/bbs 即可访问 C:\MY_BBS 里的默认网站。

任务 8-4 管理 Web 网站的安全

Web 网站安全的重要性是由 Web 应用的广泛性和 Web 在网络信息系统中的重要地位决定的。尤其是当 Web 网站中的信息非常敏感，只允许特殊用户才能浏览时，数据的加密传输和用户的授权就成为网络安全的重要组成部分。

1. Web 网站身份验证简介

身份验证是验证客户端访问 Web 网站身份的行为。一般情况下，客户端必须提供某些证据，一般称为凭据，以证明其身份。

通常，凭据包括用户名和密码。Internet Information Services（IIS）和 ASP.NET 都提供了如下几种身份验证方案：

- 匿名身份验证。允许网络中的任意用户进行访问，不需要使用用户名和密码登录。
- ASP.NET 模拟。如果要在非默认安全上下文中运行 ASP.NET 应用程序，可使用 ASP.NET 模拟身份验证。如果对某个 ASP.NET 应用程序启用了模拟，那么该应用程序可以运行在以下两种不同的上下文中：作为通过 IIS 身份验证的用户或作为用户设置的任意账户。例如，如果要使用的是匿名身份验证，并选择作为已通过身份验证的用户运行 ASP.NET 应用程序，那么该应用程序将在为匿名用户设置的账户（通常为 IUSR）下运行。同样，如果选择在任意账户下运行应用程序，则它将运行在为该账户设置的任意安全上下文中。
- 基本身份验证。需要用户输入用户名和密码，然后以明文方式通过网络将这些信息传送到服务器，经过验证后方可允许用户访问。
- Forms 身份验证。使用客户端重定向来将未经过身份验证的用户重定向至一个 HTML 表单，用户可在该表单中输入凭据，通常是用户名和密码。确认凭据有效后，系统将用户重定向至它们最初请求的页面。

- Windows 身份验证。使用哈希技术标识用户，而不通过网络实际发送密码。
- 摘要式身份验证。与基本身份验证非常类似，所不同的是将密码作为“哈希”值发送。摘要式身份验证仅用于 Windows 域控制器的域。

使用这些方法可以确认任何请求访问网站的用户的身份，以及授予访问站点公共区域的权限，同时又可防止未经授权的用户访问专用文件和目录。

2. 禁止使用匿名账户访问 Web 网站

设置 Web 网站安全，使得所有用户不能匿名访问 Web 网站，而只能以 Windows 身份验证访问。具体步骤如下：

（1）禁用匿名身份验证。

Step 1 以域管理员身份登录 win2012-1。在 IIS 管理器中，展开左侧的“网站”目录树，单击网站 Test web，在“功能视图”界面中找到“身份验证”并双击打开，可以看到该网站默认启用“匿名身份验证”，也就是说，任何人都能访问 Test Web 网站，如图 8-10 所示。

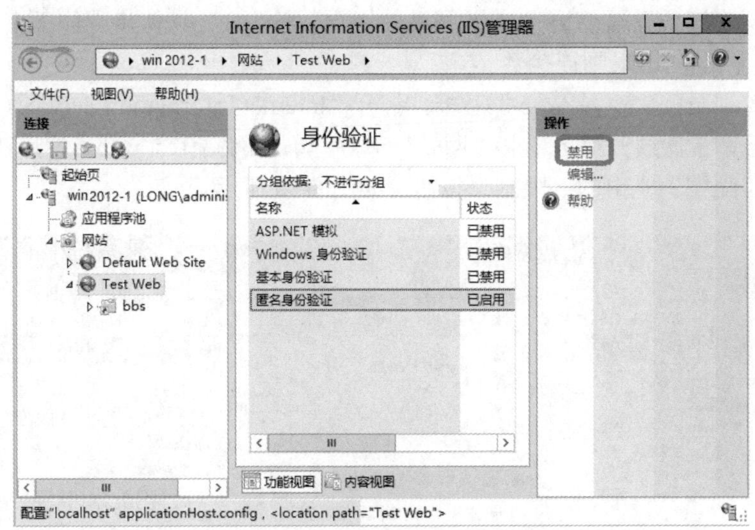

图 8-10　“身份验证”窗口

Step 2 选择“匿名身份验证”，然后单击“操作”列中的“禁用”按钮，即可禁用 Test Web 网站的匿名访问。

（2）启用 Windows 身份验证。在图 8-10 所示的“身份验证”窗口中，选择“Windows 身份验证”，然后单击“操作”列中的“启用”按钮，即可启用该身份验证方法。

（3）在客户端计算机 win2012-2 上测试。用户在客户端计算机 win2012-2 上打开浏览器，输入 http://www.long.com/访问网站，弹出如图 8-11 所示的“Windows 安全”对话框，输入能被 Web 网站进行身份验证的用户账户和密码，在此输入 yangyun 账户和密码进行访问，然后单击“确定”按钮即可访问 Web 网站（打开 Web 网站的目录属性，单击“安全”选项卡，设置特定用户，比如 yangyun，有读取、列文件目录和运行权限）。

本例用户 yangyun 应该设置适当的 NTFS 权限。为方便后面的网站设置工作，将网站访问改为匿名后继续进行。

图 8-11 “Windows 安全”对话框

3. 限制访问 Web 网站的客户端数量

设置“限制连接数”限制访问 Web 网站的用户数量为 1，具体步骤如下：

（1）设置 Web 网站限制连接数。

Step 1 以域管理员账户登录 Web 服务器，打开“Internet Information Services（IIS）管理器”控制台，依次展开服务器和“网站”节点，单击网站 Test web，然后在“操作”列中单击“配置”栏中的“限制”按钮，如图 8-12 所示。

图 8-12 “Internet Information Services（IIS）管理器”控制台

Step 2 在打开的“编辑网站限制”对话框中，勾选“限制连接数”复选框并设置要限制的连接数为 1，然后单击“确定”按钮，如图 8-13 所示。

（2）在 Web 客户端计算机上测试限制连接数。

Step 1 在客户端计算机 win2012-2 上打开浏览器，输入 http://www.long.com/访问网站，访问正常。

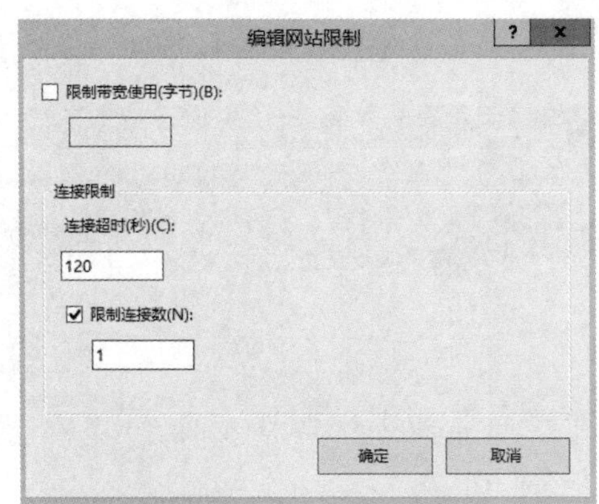

图 8-13　设置“限制连接数”

Step 2　打开虚拟机 win2012-3，该计算机 IP 地址为 192.168.10.3/24，DNS 服务器为 192.168.10.1。

Step 3　在客户端计算机 win2012-3 上打开浏览器，输入 http://www.long.com/访问网站，显示如图 8-14 所示的页面，表示超过网站限制连接数。关闭 win2012-2 上的浏览器后，刷新该网站又会怎样？读者不妨一试。

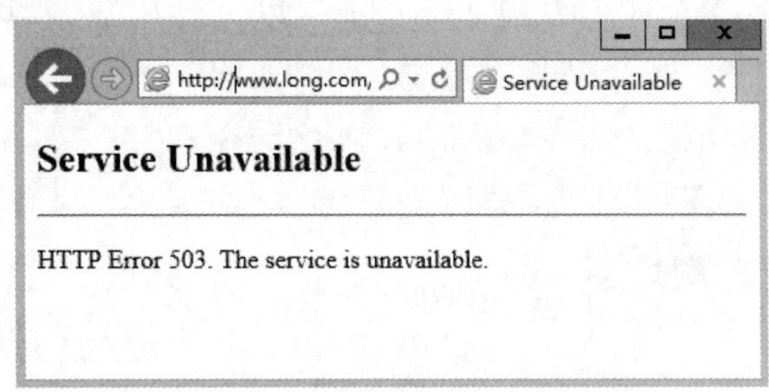

图 8-14　访问 Web 网站时超过连接数

4. 使用“限制带宽使用”限制客户端访问 Web 网站

Step 1　参照“3. 限制访问 Web 网站的客户端数量”，在如图 8-13 所示的对话框中勾选“限制带宽使用（字节）”复选框并设置要限制的带宽数为 1024，然后单击“确定”按钮，即可完成限制带宽使用的设置。

Step 2　在 win2012-2 上打开 IE 浏览器，输入http://www.long.com，发现网速非常慢，这是因为设置了带宽限制的原因。

5. 使用“IPv4 地址限制”限制客户端计算机访问 Web 网站

使用用户验证的方式，每次访问该 Web 站点都需要输入用户名和密码，对于授权用户而言比较麻烦。由于 IIS 会检查每个来访者的 IP 地址，因此可以通过限制 IP 地址的访问来禁止或允许某些特定的计算机、计算机组、域甚至整个网络访问 Web 站点。

使用“IP 地址限制”限制 IP 地址范围为 192.168.10.0/24 的客户端计算机访问 Web 网站，具体步骤如下：

Step 1　以域管理员账户登录到 Web 服务器 win2012-1 上，打开“Internet Information Services（IIS）管理器”控制台，依次展开服务器和“网站”节点，然后在“功能视图”界面中找到“IP 地址和域限制”，如图 8-15 所示。

图 8-15　IP 地址和域限制

Step 2 双击“功能视图”界面中的“IP 地址和域限制”，打开“IP 地址和域限制”设置界面，单击“操作”列中的“添加拒绝条目”选项，如图 8-16 所示。

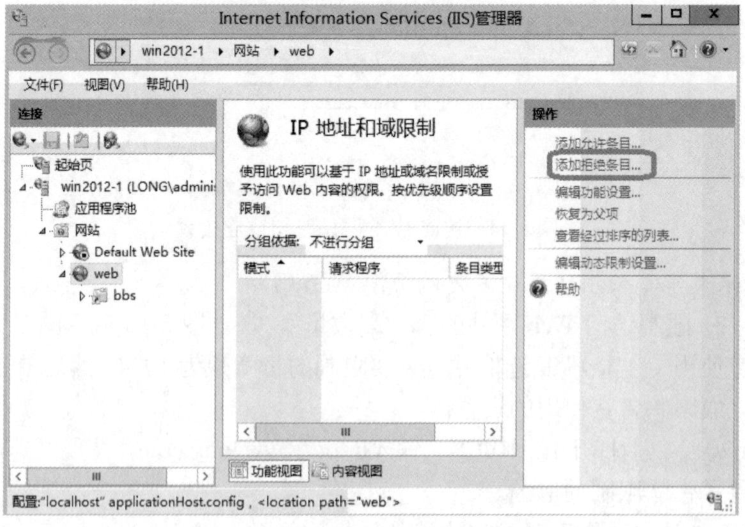

图 8-16　“IP 地址和域限制”设置界面

Step 3 在弹出的“添加拒绝限制规则”对话框中，选择“特定 IP 地址”单选项并设置要拒绝的 IP 地址范围为 192.168.10.0/24，如图 8-17 所示，单击“确定”按钮完成 IP 地址的限制。

Step 4 在 win2012-2 和 win2012-3 上打开 IE 浏览器，输入 http://www.long.com，这时客户机不能访问，显示错误信息为“403-禁止访问：访问被拒绝”，说明客户端计算机的 IP 地址在被拒绝访问 Web 网站的范围内，如图 8-18 所示。

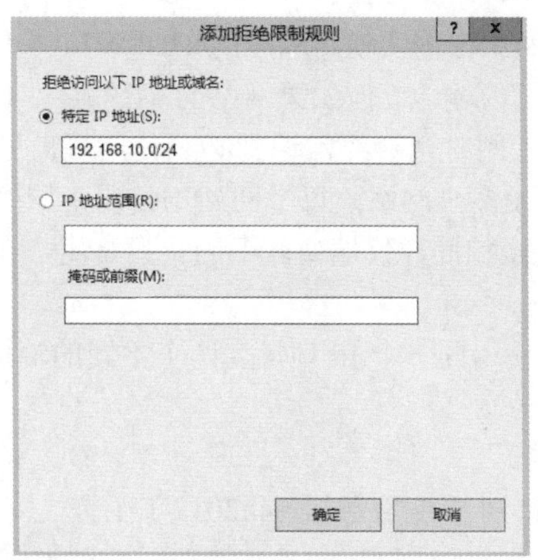

图 8-17　“添加拒绝限制规则”对话框

图 8-18　访问被限制

任务 8-5　架设多个 Web 网站

使用 IIS 8.0 的虚拟主机技术，通过分配 TCP 端口、IP 地址和主机头名，可以在一台服务器上建立多个虚拟 Web 网站。每个网站都具有唯一的，由端口号、IP 地址和主机头名 3 部分组成的网站标识，用来接收来自客户端的请求。不同的 Web 网站可以提供不同的 Web 服务，而且每一个虚拟主机和一台独立的主机完全一样。这种方式适用于企业或组织需要创建多个网站的情况，可以节省成本。

不过，这种将一个物理主机分割成多个逻辑上的虚拟主机使用的技术，对于访问量较小的网站来说比较经济实惠，但由于这些虚拟主机共享这台服务器的硬件资源和带宽，在访问量较大时就容易出现资源不够用的情况。

架设多个 Web 网站可以通过以下 3 种方式实现：

- 使用不同端口号。
- 使用不同主机头名。
- 使用不同的 IP 地址。

在创建一个 Web 网站时，要根据企业本身现有的条件，如投资的多少、IP 地址的多少、网站性能的要求等，选择不同的虚拟主机技术。

1. 使用不同端口号架设多个 Web 网站

如今 IP 地址资源越来越紧张，有时需要在 Web 服务器上架设多个网站，但计算机却只有一个 IP 地址，这时该怎么办呢？此时，利用这一个 IP 地址，使用不同的端口号也可以达到架设多个网站的目的。

其实，用户访问所有的网站都需要使用相应的 TCP 端口。不过，Web 服务器默认的 TCP 端口为 80，在用户访问时不需要输入。但如果网站的 TCP 端口不为 80，在输入网址时就必须添加上端口号，而且用户在上网时也会经常遇到必须使用端口号才能访问网站的情况。利用 Web 服务的这个特点可以架设多个网站，每个网站均使用不同的端口号。这种方式创建的网站，其域名或 IP 地址部分完全相同，仅端口号不同。只是用户在使用网址访问时，必须添加相应的端口号。

在同一台 Web 服务器上使用同一个 IP 地址、两个不同的端口号（80、8080）创建两个网站，具体步骤如下：

（1）新建第二个 Web 网站。

Step 1 以域管理员账户登录到 Web 服务器 win2012-1 上。

Step 2 在“Internet Information Services（IIS）管理器”控制台中，创建第二个 Web 网站，“网站名称”为 web2，内容目录“物理路径”为 C:\web2，IP 地址为 192.168.10.1，端口号是 8080，如图 8-19 所示。

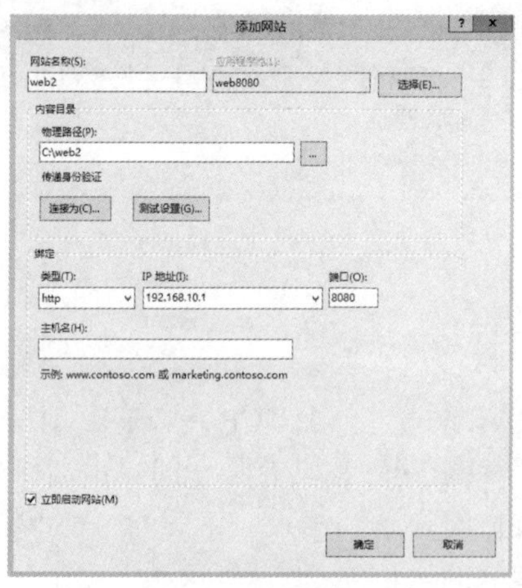

图 8-19 “添加网站”对话框

（2）在客户端上访问两个网站。

在 win2012-2 上打开 IE 浏览器，分别输入http://192.168.10.1 和 http://192.168.10.1:8080，这时会发现打开了两个不同的网站 web 和 web2。

如果在访问 web2 时出现不能访问的情况，请检查防火墙，最好将全部防火墙（包括域的防火墙）关闭。后面类似问题不再说明。

2. 使用不同的主机头名架设多个 Web 网站

使用 www.long.com 访问第一个 Web 网站，使用 www1.long.com 访问第二个 Web 网站，具体步骤如下：

（1）在区域 long.com 上创建别名记录。

Step 1 以域管理员账户登录到 Web 服务器 win2012-1 上。

Step 2 打开“DNS 管理器”控制台，依次展开服务器和“正向查找区域”节点，单击区域 long.com。

Step 3　创建别名记录。右击区域 long.com，在弹出的快捷菜单中选择“新建别名”命令，弹出“新建资源记录”对话框。在“别名”文本框中输入 www1，在“目标主机的完全合格的域名（FQDN）”文本框中输入 win2012-1.long.com。

Step 4　单击“确定”按钮，别名创建完成，如图 8-20 所示。

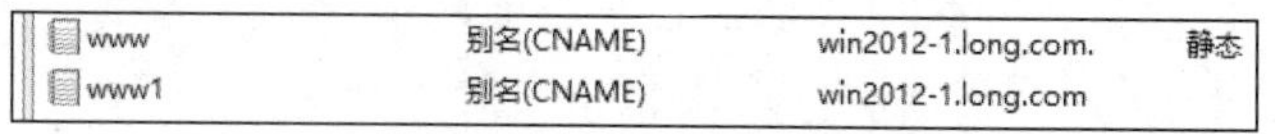

图 8-20　DNS 配置结果

（2）设置 Web 网站的主机名。

Step 1　以域管理员账户登录 Web 服务器，打开第一个 Web 网站 web 的“编辑网站绑定”对话框，选中 192.168.10.1 地址行，单击“编辑”按钮，在“主机名”文本框中输入 www.long.com，端口为 80，IP 地址为 192.168.10.1，如图 8-21 所示。最后单击“确定”按钮。

Step 2　打开第二个 Web 网站 web2 的“编辑网站绑定”对话框，选中 192.168.10.1 地址行，单击“编辑”按钮，在“主机名”文本框中输入www2.long.com，端口改为 80，IP 地址为 192.168.10.1，如图 8-22 所示。最后单击“确定”按钮。

图 8-21　设置第一个 Web 网站的主机名

图 8-22　设置第二个 Web 网站的主机名

（3）在客户端上访问两个网站。在 win2012-2 上，保证 DNS 首要地址是 192.168.10.1。打开 IE 浏览器，分别输入http://www.long.com 和 http://www1.long.com，这时会发现打开了两个不同的网站 web 和 web2。

3. 使用不同的 IP 地址架设多个 Web 网站

如果要在一台 Web 服务器上创建多个网站，为了使每个网站域名都能对应于独立的 IP 地址，一般都使用多个 IP 地址来实现。这种方案称为 IP 虚拟主机技术，也是比较传统的解决方案。当然，为了使用户在浏览器中可以使用不同的域名来访问不同的 Web 网站，必须将主机名及其对应的 IP 地址添加到域名解析系统（DNS）中。如果使用此方法在 Internet 上维护多个网站，也需要通过 InterNIC 注册域名。

要使用多个 IP 地址架设多个网站，首先需要在一台服务器上绑定多个 IP 地址。而 Windows 2008 及 Windows Server 2012 系统均支持在一台服务器上安装多块网卡，一块网卡可以绑定多个 IP 地址。再将这些 IP 地址分配给不同的虚拟网站，就可以达到一台服务器利用多个 IP 地址来架设多个 Web 网站的目的。例如要在一台服务器上创建两个网站：Linux.long.com 和

Windows.long.com，所对应的 IP 地址分别为 192.168.10.1 和 192.168.10.20，需要在服务器网卡中添加这两个地址。具体步骤如下：

（1）在 win2012-1 上再添加第二个 IP 地址。

Step 1 以域管理员账户登录 Web 服务器，右击桌面右下角任务栏中的网络连接图标，选择快捷菜单中的“打开网络和共享中心”选项，打开“网络和共享中心”窗口。

Step 2 单击“本地连接”，弹出“本地连接状态”对话框。

Step 3 单击“属性”按钮，弹出“本地连接属性”对话框。Windows Server 2012 中包含 IPv6 和 IPv4 两个版本的 Internet 协议，并且默认都已启用。

Step 4 在“此连接使用下列项目”选项框中选择“Internet 协议版本 4（TCP/IP）”，单击“属性”按钮，弹出“Internet 协议版本 4（TCP/IPv4）属性”对话框。单击“高级”按钮，弹出“高级 TCP/IP 设置”对话框，如图 8-23 所示。

Step 5 单击“添加”按钮，在弹出的对话框中输入 IP 地址 192.168.10.20，子网掩码 255.255.255.0，单击“确定”按钮完成设置。

（2）更改第二个网站的 IP 地址和端口号。以域管理员账户登录 Web 服务器，打开第二个 Web 网站 web2 的“编辑网站绑定”对话框，选中 192.168.10.1 地址行，单击“编辑”按钮，在“主机名”文本框中不输入内容（清空原有内容），端口为 80，IP 地址为 192.168.10.20，如图 8-24 所示。最后单击“确定”按钮。

图 8-23 “高级 TCP/IP 设置”对话框

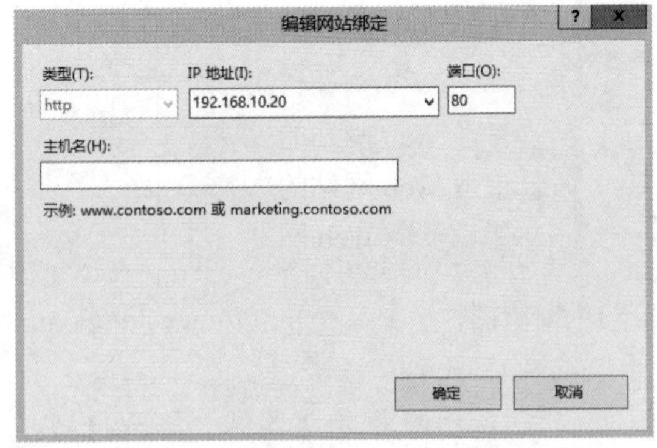

图 8-24 “编辑网站绑定”对话框

（3）在客户端上进行测试。在 win2012-2 上打开 IE 浏览器，分别输入 http://192.168.10.1 和 http://192.168.10.20，这时会发现打开了两个不同的网站 web 和 web2。

8.4 习题

一、填空题

1．微软 Windows Server 2012 家族的 Internet Information Services（Internet 信息服务，IIS）

在______、______或______上提供了集成、可靠、可伸缩、安全和可管理的 Web 服务器功能，为动态网络应用程序创建强大的通信平台。

2．Web 中的目录分为______和______两种类型。

二、简答题

1．简述架设多个 Web 网站的方法。
2．IIS 8.0 提供的服务有哪些？
3．什么是虚拟主机？

8.5　项目拓展　配置与管理 Web 服务器

一、项目目的

掌握 Web 服务器的配置方法。

二、项目环境

本项目根据图 8-1 所示的环境来部署 Web 服务器。

三、项目要求

根据网络拓扑图（图 8-1）完成如下任务：

（1）安装 Web 服务器。
（2）创建 Web 网站。
（3）管理 Web 网站目录。
（4）管理 Web 网站的安全。
（5）管理 Web 网站的日志。
（6）架设多个 Web 网站。

四、做一做

根据项目实录视频进行项目实训，检查学习效果。

项目 9　配置与管理 FTP 服务器

FTP（File Transfer Protocol）是一个用来在两台计算机之间传输文件的通信协议，这两台计算机中，一台是 FTP 服务器，一台是 FTP 客户端。FTP 客户端可以从 FTP 服务器下载文件，也可以将文件上传到 FTP 服务器。

- 了解 FTP。
- 学会安装 FTP 服务器。
- 学会创建虚拟目录。
- 学会创建虚拟机。
- 学会配置与使用客户端。
- 学会配置域环境下隔离 FTP 服务器。

9.1　相关知识

以 HTTP 为基础的 WWW 服务功能虽然强大，但对于文件传输来说却略显不足。一种专门用于文件传输的服务 FTP 服务应运而生。

FTP 服务就是文件传输服务，FTP 的全称是 File Transfer Protocol，顾名思义，就是文件传输协议，具备更强的文件传输可靠性和更高的效率。

9.1.1　FTP 工作原理

FTP 大大降低了文件传输的复杂性，它能够使文件通过网络从一台主机传送到另一台计算机上却不受计算机和操作系统类型的限制。无论是 PC、服务器、大型机，还是 IOS、Linux、Windows 操作系统，只要双方都支持协议 FTP，就可以方便、可靠地进行文件的传送。

FTP 服务的具体工作过程如下（如图 9-1 所示）：

（1）客户端向服务器发出连接请求，同时客户端系统动态地打开一个大于 1024 的端口（比如 1031 端口）等候服务器连接。

（2）若 FTP 服务器在端口 21 侦听到该请求，则会在客户端 1031 端口和服务器的 21 端口之间建立起一个 FTP 会话连接。

（3）当需要传输数据时，FTP 客户端再动态地打开一个大于 1024 的端口（比如 1032 端口）连接到服务器的 20 端口，并在这两个端口之间进行数据的传输。当数据传输完毕后，这两个端口会自动关闭。

（4）当 FTP 客户端断开与 FTP 服务器的连接时，客户端上动态分配的端口将自动释放。

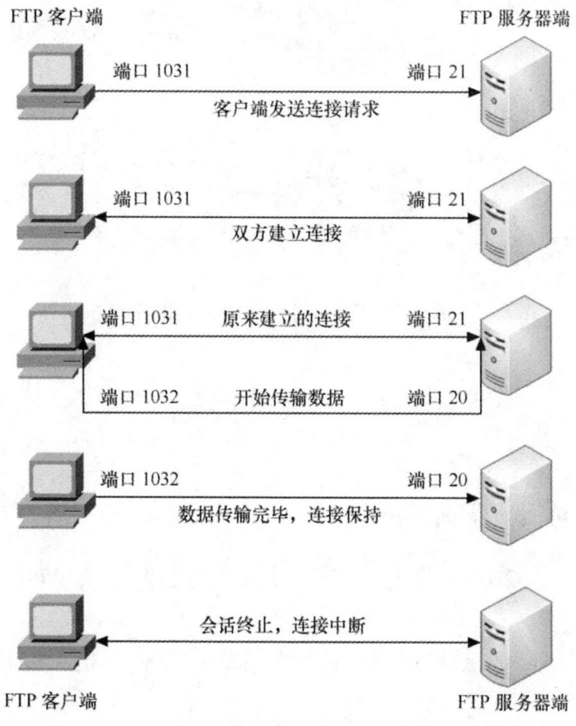

图 9-1 FTP 服务的工作过程

9.1.2 匿名用户

FTP 服务不同于 WWW，它首先要求登录到服务器上，然后再进行文件的传输，这对于很多公开提供软件下载的服务器来说十分不便，于是匿名用户访问就诞生了。通过使用一个共同的用户名 anonymous，密码不限的管理策略（一般使用用户的邮箱作为密码即可），让任何用户都可以很方便地从这些服务器上下载软件。

9.2 项目设计及准备

在架设 FTP 服务器之前，读者需要了解本任务实例部署的需求和实验环境。

1. 部署需求

在部署 FTP 服务前需要满足以下要求：

- 设置 FTP 服务器的 TCP/IP 属性，手工指定 IP 地址、子网掩码、默认网关和 DNS 服务器 IP 地址等。
- 部署域环境，域名为 long.com。

2. 部署环境

本任务所有实例被部署在一个域环境下，域名为 long.com。其中 FTP 服务器主机名为 win2012-1，其本身也是域控制器和 DNS 服务器，IP 地址为 192.168.10.1。FTP 客户机主机名为 win2012-2，其本身是域成员服务器，IP 地址为 192.168.10.2。网络拓扑图如图 9-2 所示。

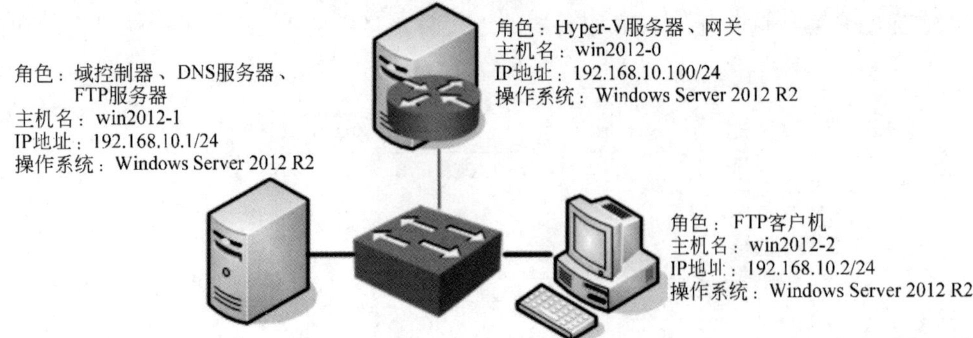

图 9-2 架设 FTP 服务器的网络拓扑图

9.3 项目实施

任务 9-1 创建和访问 FTP 站点

本任务将在计算机 win2012-1 上通过“服务器管理器”安装 Web 服务器（IIS）角色，同时安装 FTP 服务器。

在 FTP 服务器上创建一个新网站 ftp，使用户在客户端计算机上能通过 IP 地址和域名进行访问。

1. 创建使用 IP 地址访问的 FTP 站点

创建使用 IP 地址访问的 FTP 站点的具体步骤如下：

（1）准备 FTP 主目录。在 C:盘上创建文件夹 C:\ftp 作为 FTP 主目录，并在其文件夹内存放一个文件 ftile1.txt，供用户在客户端计算机上进行下载和上传测试。

（2）创建 FTP 站点。

Step 1 在“Internet Information Services（IIS）管理器”控制台树中右击服务器 win2012-1，在弹出的快捷菜单中选择“添加 FTP 站点”命令，如图 9-3 所示，弹出“添加 FTP 站点”对话框。

图 9-3 Internet Information Services（IIS）管理器——添加 FTP 站点

Step 2　在“FTP 站点名称”文本框中输入 ftp，“物理路径”为 C:\ftp，如图 9-4 所示。

图 9-4　“添加 FTP 站点”对话框

Step 3　单击“下一步”按钮，进入如图 9-5 所示的“绑定和 SSL 设置”界面，在“IP 地址”文本框中输入 192.168.10.1，“端口”为 21，在 SSL 区域选中“无 SSL”单选项。

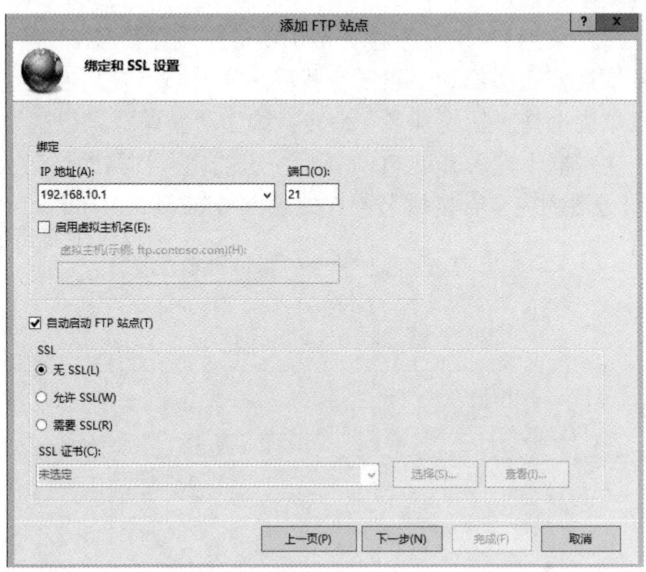

图 9-5　“绑定和 SSL 设置”界面

Step 4　单击“下一步”按钮，进入如图 9-6 所示的“身份验证和授权信息”界面。勾选相应选项。本例允许匿名访问，也允许特定用户访问。

访问 FTP 服务器主目录的最终权限由此处的权限和用户对 FTP 主目录的 NTFS 权限共同作用，哪一个严格取哪一个。

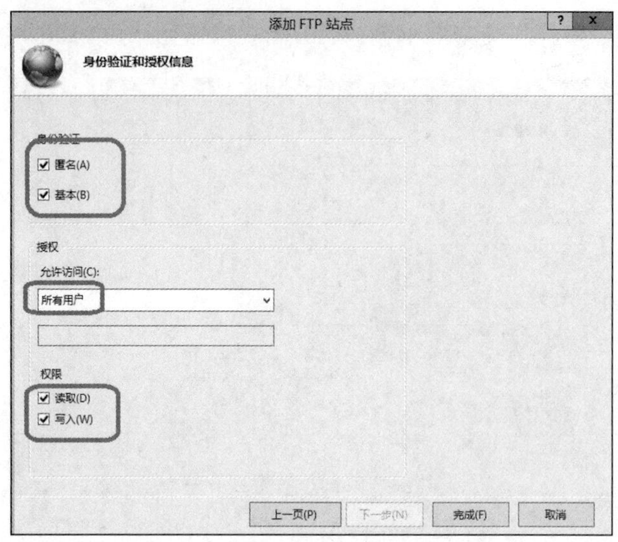

图 9-6 “身份验证和授权信息”界面

（3）测试 FTP 站点。用户在客户端计算机 win2012-2 上打开浏览器或资源管理器，输入 ftp://192.168.10.1 即可访问刚才建立的 FTP 站点。

2. 创建使用域名访问的 FTP 站点

创建使用 IP 地址访问的 FTP 站点的具体步骤如下：

（1）在 DNS 区域中创建别名。

Step 1 以管理员账户登录到 DNS 服务器 win2012-1 上，打开“DNS 管理器”控制台，在控制台树中依次展开服务器和“正向查找区域”节点，然后右击区域 long.com，在弹出的快捷菜单中选择“新建别名”命令，弹出“新建资源记录”对话框。

Step 2 在“别名”文本框中输入 ftp，在“目标主机的完全合格的域名（FQDN）”文本框中输入 FTP 服务器的完全合格域名，在此输入 win2012-1.long.com，如图 9-7 所示。

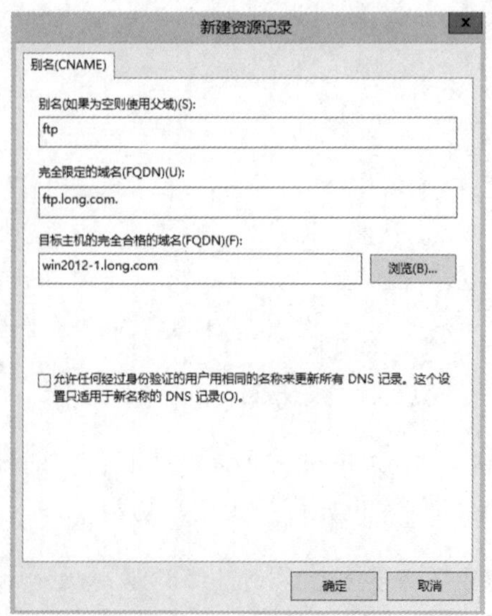

图 9-7 新建别名记录

Step 3　单击“确定”按钮，完成别名记录的创建。

（2）测试 FTP 站点。用户在客户端计算机 win2012-2 上打开资源管理器或浏览器，输入 ftp://ftp.long.com 即可访问刚才建立的 FTP 站点，如图 9-8 所示。

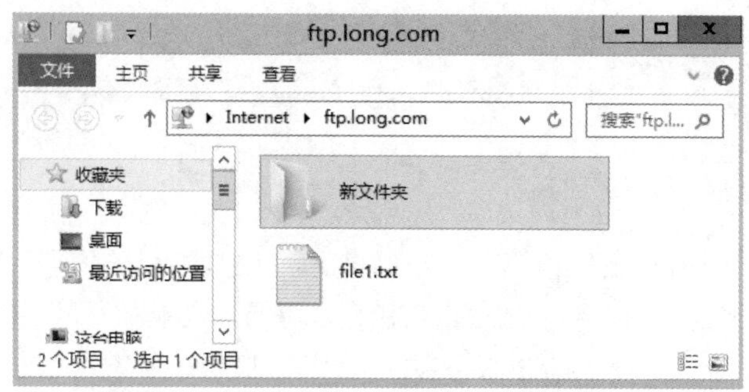

图 9-8　使用完全合格域名（FQDN）访问 FTP 站点

任务 9-2　创建虚拟目录

使用虚拟目录可以在服务器硬盘上创建多个物理目录，或者引用其他计算机上的主目录，从而为不同上传或下载服务的用户提供不同的目录，并且可以为不同的目录分别设置不同的权限，如读取、写入等。使用 FTP 虚拟目录时，由于用户不知道文件的具体存储位置，因此文件存储更加安全。

在 FTP 站点上创建虚拟目录 xunimulu 的具体步骤如下：

（1）准备虚拟目录内容。以管理员账户登录到 DNS 服务器 win2012-1 上，创建文件夹 C:\xuni 作为 FTP 虚拟目录的主目录，在该文件夹下存入一个文件 test.txt 供用户在客户端计算机上下载。

（2）创建虚拟目录。

Step 1　在“Internet Information Services（IIS）管理器”控制台树中依次展开 FTP 服务器和“FTP 站点”，右击刚才创建的站点 ftp，在弹出的快捷菜单中选择“添加虚拟目录”命令，弹出“添加虚拟目录”对话框。

Step 2　在“别名”文本框中输入 xunimulu，在“物理路径”文本框中输入 C:\xuni，如图 9-9 所示。

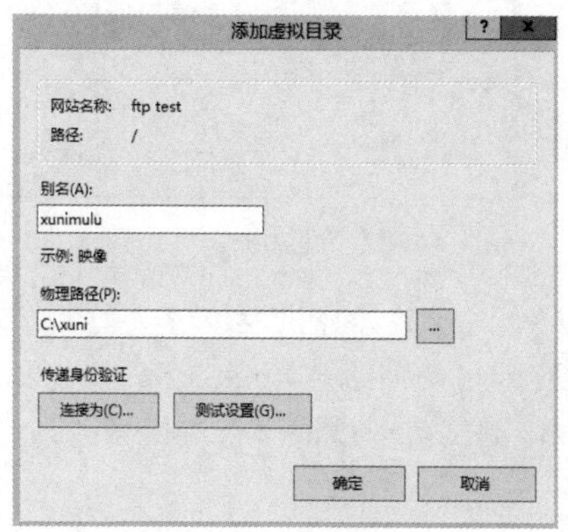

图 9-9　“添加虚拟目录”对话框

（3）测试 FTP 站点的虚拟目录。用户在客户端计算机 win2012-2 上打开文件资源管理器和浏览器，输入 ftp://ftp.long.com/xunimulu 或者 ftp://192.168.10.1/xunimulu 即可访问刚才建立的 FTP 站点的虚拟目录。

提示　在各种服务器的配置中，要时刻注意账户的 NTFS 权限，避免由于 NTFS 权限设置不当而无法完成相关配置，同时注意防火墙的影响。

任务 9-3　安全设置 FTP 服务器

FTP 服务的配置与 Web 服务相比要简单得多，主要是站点的安全性设置，包括指定不同的授权用户，如允许不同权限、不同 IP 地址的用户访问，或限制不同 IP 地址的不同用户的访问等。再就是和 Web 站点一样，FTP 服务器也要设置 FTP 站点的主目录和性能等。

1. 设置 IP 地址和端口

Step 1　在“Internet Information Services（IIS）管理器”控制台树中依次展开 FTP 服务器，选择 FTP 站点 ftp，然后单击“操作”列中的“绑定”按钮，弹出“网站绑定”对话框。

Step 2　选择 ftp 条目后单击“编辑”按钮，完成 IP 地址和端口号的更改，比如“端口”改为 2121，如图 9-10 所示。

图 9-10　“网站绑定”对话框

Step 3　测试 FTP 站点。用户在客户端计算机 win2012-2 上打开浏览器或资源管理器，输入 ftp://192.168.10.1:2121 即可访问刚才建立的 FTP 站点。

Step 4　为了后面实训的完成，测试完毕后请再将端口号改为默认，即 21。

2. 其他配置

在“Internet Information Services（IIS）管理器”控制台树中依次展开 FTP 服务器，选择

FTP 站点 ftp，可以分别进行 FTP SSL 设置、FTP 当前会话、FTP 防火墙支持、FTP 目录浏览、FTP 请求筛选、FTP 日志、FTP 身份验证、FTP 授权规则、FTP 消息、FTP 用户隔离等内容的设置或浏览，如图 9-11 所示。

图 9-11 “ftp 主页”窗口

在“操作”列中可以进行浏览、编辑权限、绑定、基本设置、查看应用程序、查看虚拟目录、重新启动 FTP 站点、启动或停止 FTP 站点、高级设置等操作。

任务 9-4 创建虚拟主机

1. 虚拟主机简介

一个 FTP 站点由一个 IP 地址和一个端口号唯一标识，改变其中任意一项均标识不同的 FTP 站点。但是在 FTP 服务器上，通过“Internet Information Services（IIS）管理器”控制台只能创建一个 FTP 站点。在实际应用环境中，有时需要在一台服务器上创建两个不同的 FTP 站点，这就涉及虚拟主机的问题。

在一台服务器上创建的两个 FTP 站点，默认只能启动其中一个站点，用户可以通过更改 IP 地址或是端口号两种方法来解决这个问题。

可以使用多个 IP 地址和多个端口来创建多个 FTP 站点。尽管使用多个 IP 地址来创建多个站点是常见并且推荐的操作，但由于在默认情况下，当使用 FTP 协议时，客户端会调用端口 21，这样情况会变得非常复杂。因此，如果要使用多个端口来创建多个 FTP 站点，需要将新端口号通知用户，以便其 FTP 客户能够找到并连接到该端口。

2. 使用相同 IP 地址、不同端口号创建两个 FTP 站点

在同一台服务器上使用相同的 IP 地址、不同的端口号（21、2121）同时创建两个 FTP 站点，具体步骤如下：

Step 1 以域管理员账户登录到 FTP 服务器 win2012-1 上，创建 C:\ftp2 文件夹作为第二个 FTP

站点的主目录，并在其文件夹内放入一些文件。

Step 2 创建第二个 FTP 站点，站点的创建可参见“任务 9-1 创建和访问 FTP 站点”的相关内容，只是在设置端口号时一定要设为 2121。

Step 3 测试 FTP 站点。用户在客户端计算机 win2012-2 上打开资源管理器或浏览器，输入 ftp://192.168.10.1:2121 即可访问刚才建立的第二个 FTP 站点。

3. 使用两个不同的 IP 地址创建两个 FTP 站点

在同一台服务器上用相同的端口号、不同的 IP 地址（192.168.10.1、192.168.10.20）同时创建两个 FTP 站点，具体步骤如下：

（1）设置 FTP 服务器网卡的两个 IP 地址。前面已在 win2012-1 上设置了两个 IP 地址：192.168.10.1、192.168.10.20，在此不再赘述。

（2）更改第二个 FTP 站点的 IP 地址和端口号。

Step 1 在“Internet Information Services（IIS）管理器”控制台树中依次展开 FTP 服务器，选择 FTP 站点 ftp2，然后单击“操作”列中的“绑定”按钮，弹出“编辑网站绑定”对话框。

Step 2 选择类型 ftp 后单击“编辑”按钮，将 IP 地址改为 192.168.10.20，端口号改为 21，如图 9-12 所示。

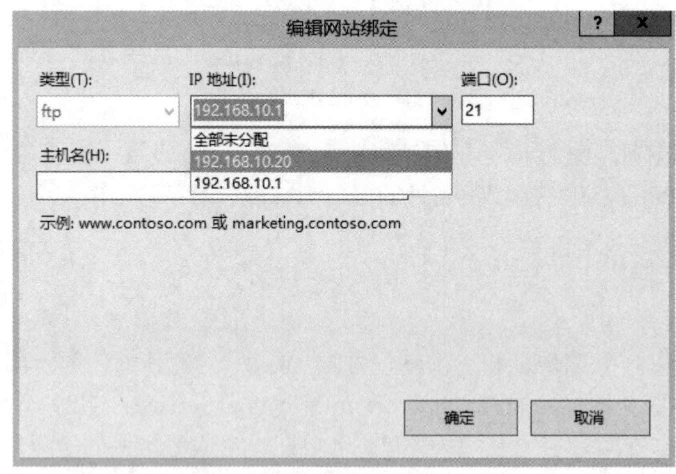

图 9-12 “编辑网站绑定”对话框

Step 3 单击“确定”按钮完成更改。

（3）测试 FTP 的第二个站点。用户在客户端计算机 win2012-2 上打开浏览器，输入 ftp://192.168.10.20 即可访问刚才建立的第二个 FTP 站点。

> **试一试** 请读者参照任务 8-5 中的“2. 使用不同的主机头名架设多个 Web 网站”的内容自行完成“使用不同的主机头名架设多个 FTP 站点”的实践。

任务 9-5 配置与使用客户端

任何一种服务器的搭建，其目的都是为了应用。FTP 服务也一样，搭建 FTP 服务器的目的就是为了方便用户上传和下载文件。当 FTP 服务器建立成功并提供 FTP 服务后，用户就可以访问了。一般主要使用两种方式来访问 FTP 站点：一是利用标准的 Web 浏览器，二是利用专门的 FTP 客户端软件，实现 FTP 站点的浏览、下载和上传文件。

1. FTP 站点的访问

根据 FTP 服务器所赋予的权限，用户可以浏览、上传或下载文件，但使用不同的访问方式，其操作方法也不相同。

（1）Web 浏览器或资源管理器的访问。Web 浏览器除了可以访问 Web 网站外，还可以用来登录 FTP 服务器。

匿名访问时的格式为：ftp://FTP 服务器地址。

非匿名访问 FTP 服务器的格式为：ftp://用户名:密码@FTP 服务器地址。

登录 FTP 站点以后，就可以像访问本地文件夹一样使用。如果要下载文件，可以先复制一个文件，然后粘贴到本地文件夹中；若要上传文件，可以先从本地文件夹中复制一个文件，然后在 FTP 站点文件夹中粘贴，即可自动上传到 FTP 服务器。如果具有“写入”权限，还可以重命名、新建或删除文件或文件夹。

（2）FTP 软件访问。大多数访问 FTP 站点的用户都会使用 FTP 软件，因为 FTP 软件不仅方便，而且和 Web 浏览器相比，它的功能更加强大。比较常用的 FTP 客户端软件有 CuteFTP、FlashFXP、LeapFTP 等。

2. 虚拟目录的访问

当利用 FTP 客户端软件连接至 FTP 站点时，所列出的文件夹中并不会显示虚拟目录。因此，如果想显示虚拟目录，必须切换到虚拟目录。

如果使用 Web 浏览器方式访问 FTP 服务器，在“地址”栏中输入地址的时候可直接在后面添加虚拟目录的名称，格式为：ftp://FTP 服务器地址/虚拟目录名称，这样就可以直接连接到 FTP 服务器的虚拟目录中。

如果使用 FlashFXP 等 FTP 软件连接 FTP 站点，可以在建立连接时，在“远程路径”文本框中输入虚拟目录的名称；如果已经连接到了 FTP 站点，要切换到 FTP 虚拟目录，可以在文件列表框中右击，在弹出的快捷菜单中选择“更改文件夹”选项，在“文件夹名称”文本框中输入要切换到的虚拟目录名称。

任务 9-6　实现 AD 环境下多用户隔离 FTP

1. 任务需求

未名公司已经搭建好域环境，业务组因业务需求，需要在服务器上存储相关业务数据，但是业务组希望各用户目录相互隔离（仅允许访问自己的目录而无法访问他人的目录），每一个业务员允许使用的 FTP 空间大小为 100MB。为此，公司决定通过 AD 中的 FTP 隔离来实现此应用。

通过建立基于域的隔离用户 FTP 站点和磁盘配额技术可以实现本任务。

2. 创建业务部 OU 及用户

Step 1 在 DC1 中新建一个名为 sales 的 OU，在 sales 中新建用户，用户名分别为 salesuser1、salesuser2、sales_master，用户密码为 P@ssw0rd，如图 9-13 所示。

Step 2 委派 sales_master 用户对 sales OU 有“读取所有用户信息”权限（sales_master 为 FTP 的服务账号），如图 9-14 所示。

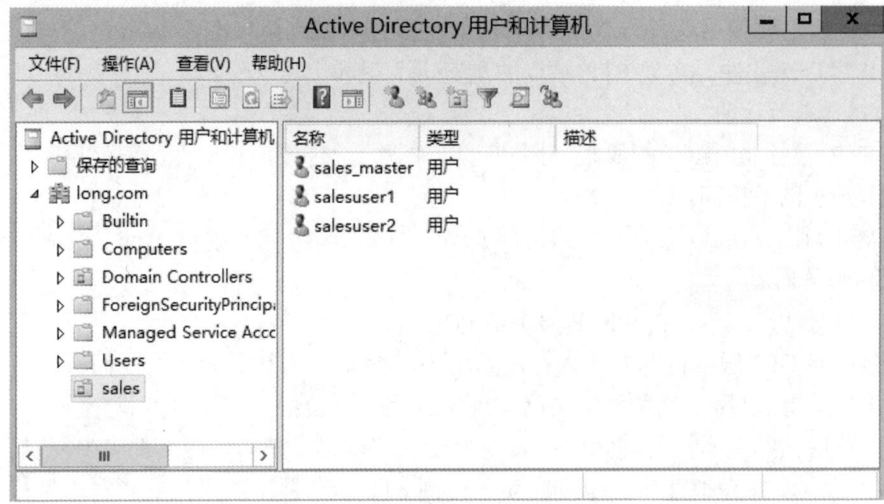

图 9-13　创建 OU 及用户

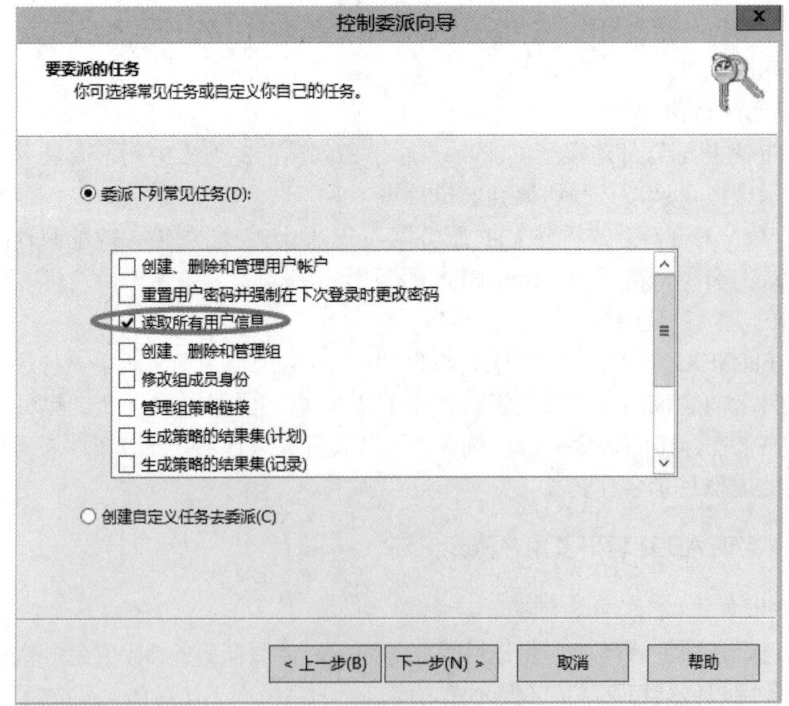

图 9-14　委派权限

3. FTP 服务器配置

Step 1 仍使用 long\administrator 登录 FTP 服务器 win2012-1（该服务器集域控制器、DNS 服务器和 FTP 服务器于一身，真实环境中可能需要单独的 FTP 服务器）。

Step 2 在“服务器管理器”窗口中单击“添加角色和功能”选项，勾选“Web 服务器（IIS）”复选框并添加相应功能，在“角色服务”栏中勾选“FTP 服务器”复选框，如图 9-15 所示。

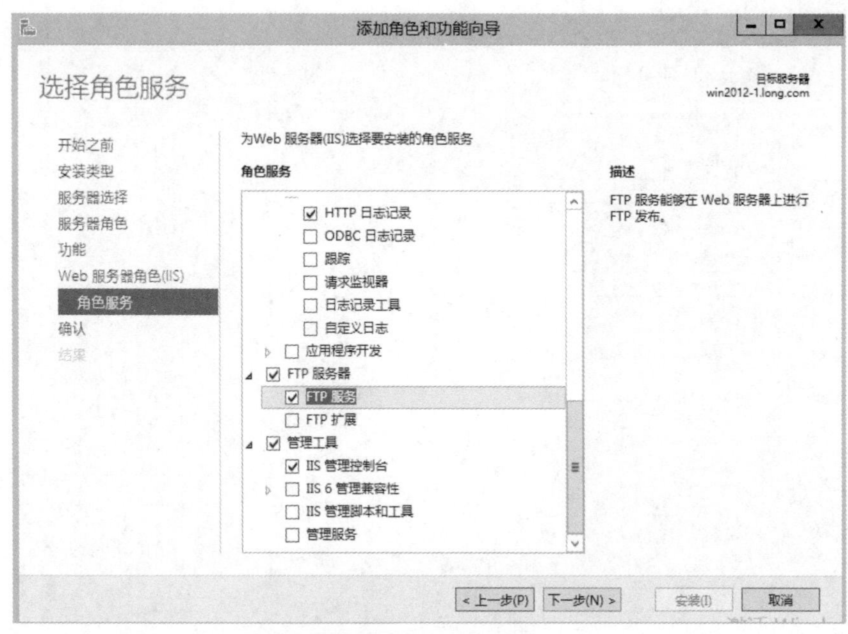

图 9-15 勾选“FTP 服务器”复选项

Step 3 在 C:盘（或其他任意盘）建立主目录 FTP_sales，在 FTP_sales 中分别建立用户名所对应的文件夹 salesuser1、salesuser2，如图 9-16 所示。为了测试方便，请事先在两个文件夹中新建一些文件或文件夹。

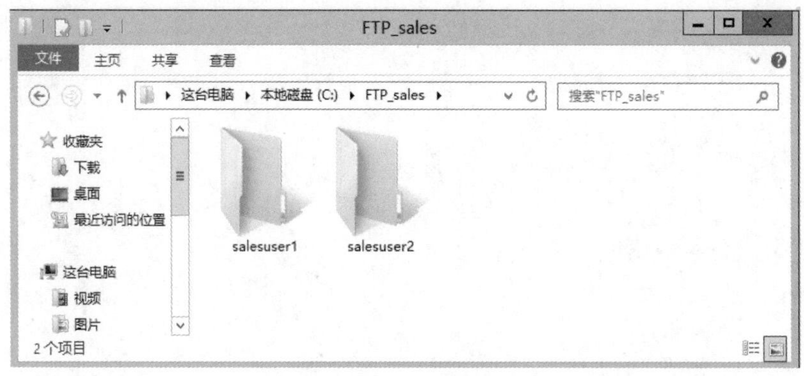

图 9-16 新建文件夹

Step 4 单击“服务器管理器”窗口中的“工具”→“Internet Information Services（IIS）管理器”选项，在打开的窗口中右击“网站”，在弹出的快捷菜单中选择“添加 FTP 站点”选项，在弹出的“添加 FTP 站点”对话框中输入“FTP 站点名称”并选择“物理路径”，如图 9-17 所示。

Step 5 在“绑定和 SSL 设置”界面中选择“绑定”区域中的“IP 地址”，在 SSL 区域中选择“无 SSL”单选项，如图 9-18 所示。

Step 6 在“身份验证和授权信息”界面的“身份验证”区域中勾选“匿名”和“基本”复选项，在“允许访问”区域中选择“所有用户”，勾选“权限”区域中的“读取”和“写入”复选项，如图 9-19 所示。

图 9-17 “添加 FTP 站点”界面

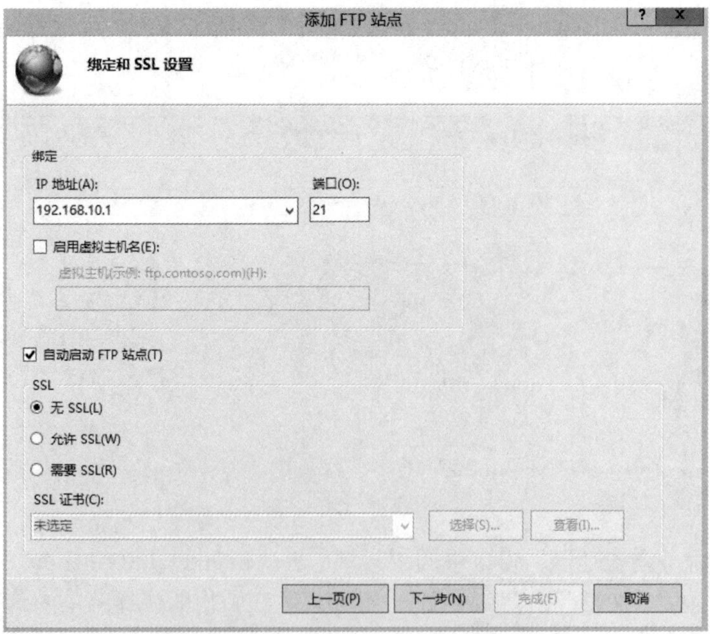

图 9-18 “绑定和 SSL 设置”界面

Step 7 在“Internet Information Services（IIS）管理器”窗口的“FTP-sales 主页”中选择“FTP 用户隔离”，如图 9-20 所示。

Step 8 在“FTP 用户隔离”窗口中选择“在 Active Directory 中配置的 FTP 主目录”单选项，单击“设置”按钮添加刚刚委派的用户，单击“操作”列中的“应用”命令，如图 9-21 所示。

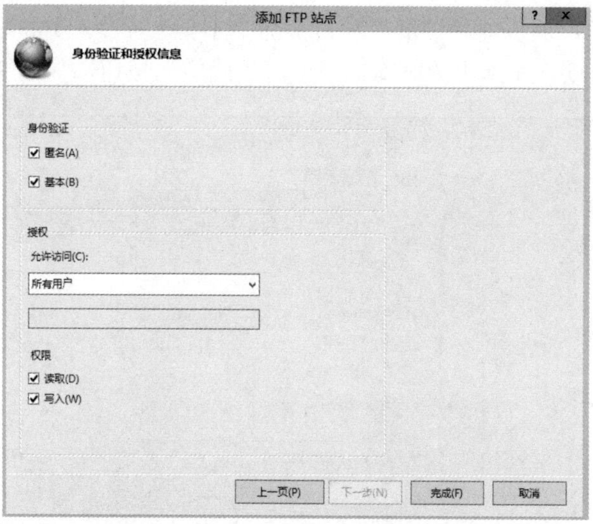

添加 FTP 站点

身份验证和授权信息

身份验证

☑ 匿名(A)

☑ 基本(B)

授权

允许访问(C):

所有用户

权限

☑ 读取(D)

☑ 写入(W)

上一页(P)　下一步(N)　完成(F)　取消

图 9-19　“身份验证和授权信息”界面

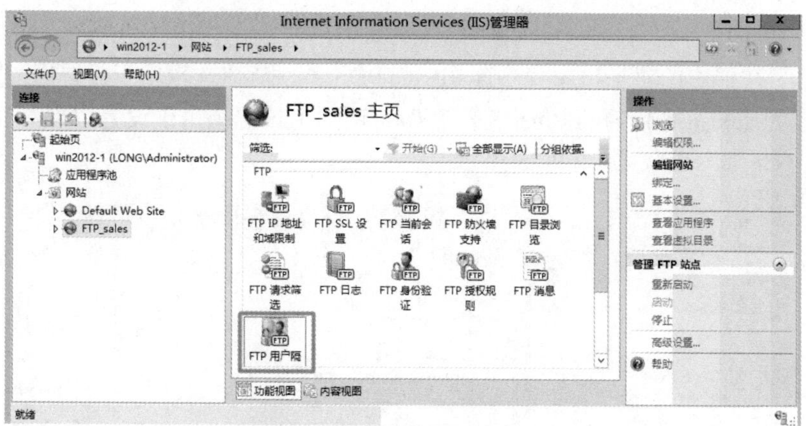

图 9-20　选择“FTP 用户隔离”

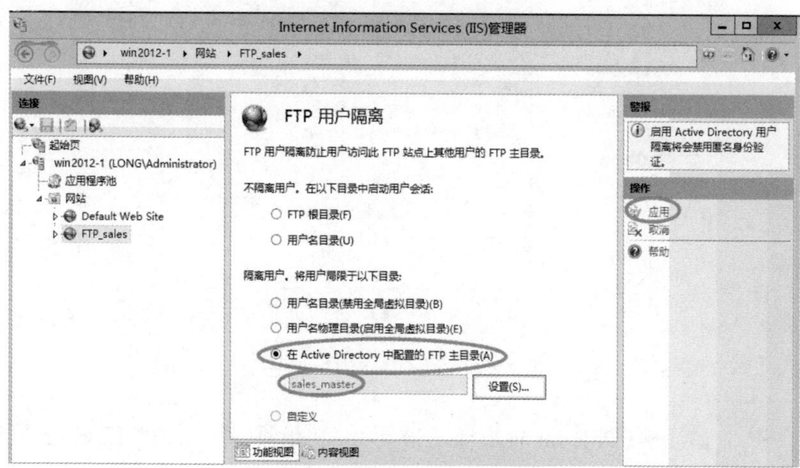

图 9-21　配置“FTP 用户隔离”

Step 9 单击 DC1 的“服务器管理器”窗口中的“工具”→“ADSI 编辑器”→“操作”→“连接到”选项，在弹出的对话框中单击“确定”按钮，如图 9-22 所示。

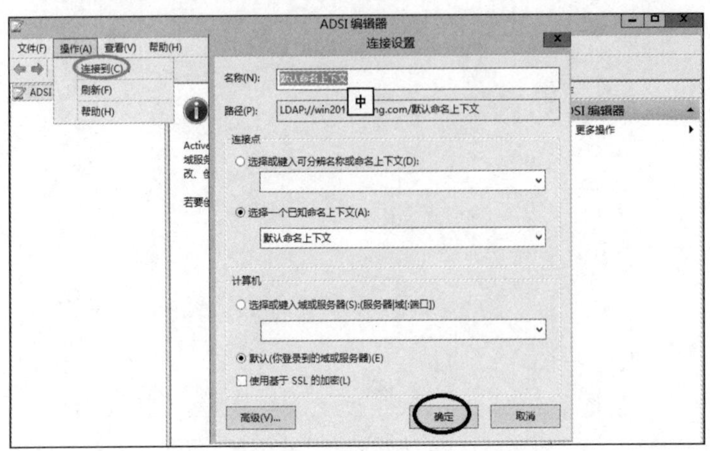

图 9-22　ADSI 编辑器的“连接设置”

Step 10 展开左子树，右击 sales OU 里的 salesuser1 用户，在弹出的快捷菜单中选择“属性”选项，在弹出的对话框中找到 msIIS-FTPDir 选项，该选项用于设置用户对应的目录，修改为 salesuser1；找到 msIIS-FTPRoot 选项，该选项用于设置用户对应的路径，修改为 C:\ftp_sales，如图 9-23 所示。

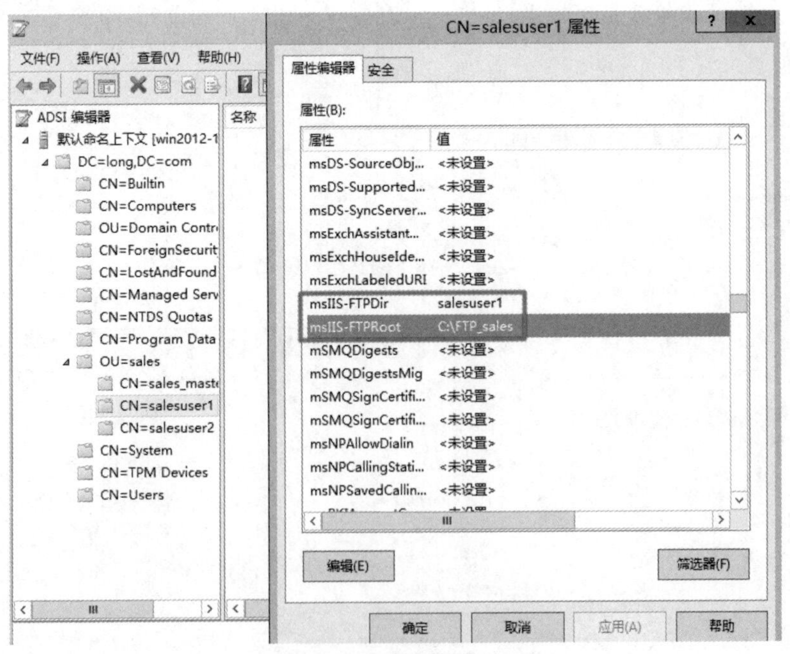

图 9-23　修改隔离用户属性

msIIS-FTPRoot 对应于用户的 FTP 根目录，msIIS-FTPDir 对应于用户的 FTP 主目录，用户的 FTP 主目录必须是 FTP 根目录的子目录。

Step 11　使用同样的方式对 salesuser2 用户进行配置。

4. 配置磁盘配额

在 DC1 上打开“这台电脑”窗口，右击 C:盘，在弹出的快捷菜单中选择“属性”选项，在弹出的“属性”对话框中选择“配额”选项卡，勾选“启用配额管理”和“拒绝将磁盘空间给超过配额限制的用户”复选项并将“将磁盘空间限制为”设置成 100MB 和“将警告等级设为”设置成 90MB，勾选“用户超出配额时记录事件”和“用户超出警告时记录事件”复选项，然后单击“应用”按钮，如图 9-24 所示。

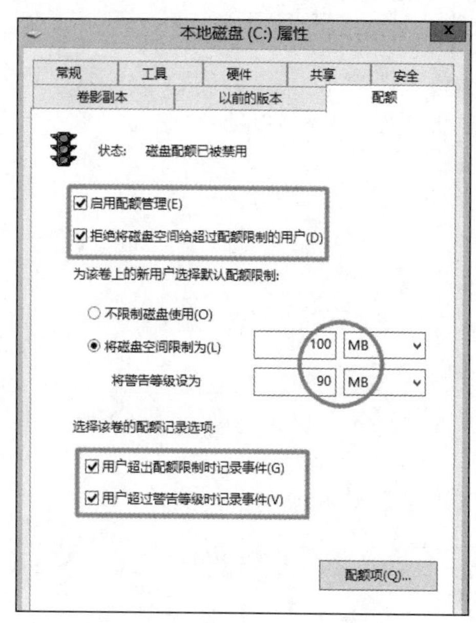

图 9-24　启用磁盘“配额”

5. 测试验证

Step 1　在 win2012-2 的资源管理器中使用 salesuser1 用户登录 FTP 服务器，如图 9-25 所示。

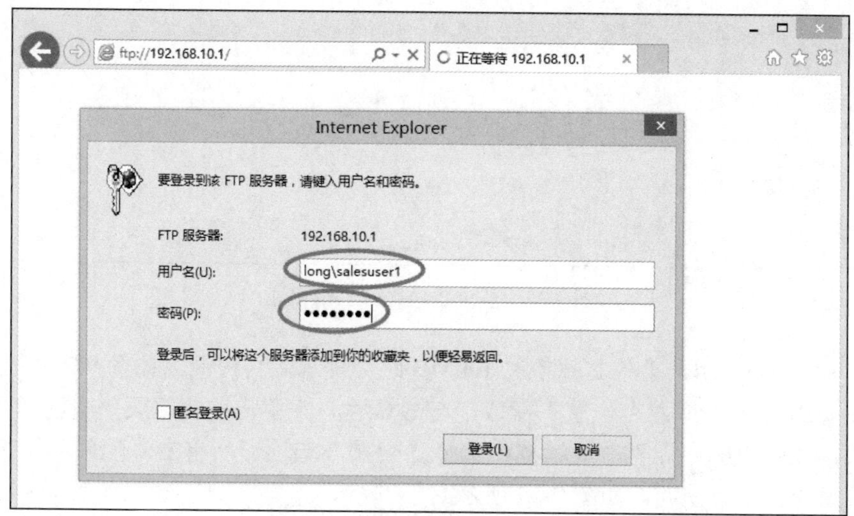

图 9-25　在客户端访问 FTP 服务器

必须使用 long\salesuser1 或 salesuser1@long.com 账号登录。为了不受防火墙的影响，建议暂时关闭所有防火墙。

Step 2 在 win2012-2 上使用 salesuser1 用户访问 FTP 并成功上传文件，如图 9-26 所示。

图 9-26　登录成功并可上传文件

Step 3 使用 salesuser2 用户访问 FTP 并成功上传文件，如图 9-27 所示。

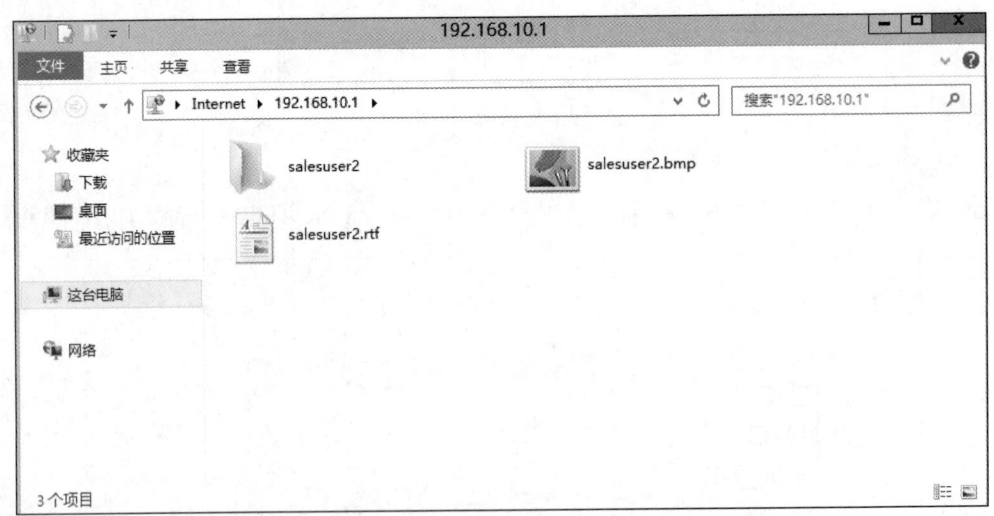

图 9-27　登录成功并可上传文件

Step 4 当 salesuser1 用户上传文件超过 100MB 时会提示上传失败，如图 9-28 所示。

Step 5 在 DC1 上打开“这台电脑”窗口，右击 C:盘，在弹出的快捷菜单中选择“属性”选项，在弹出的“属性”对话框中选择“配额”选项卡，单击“配额项”按钮可以查看用户使用的空间，如图 9-29 所示。

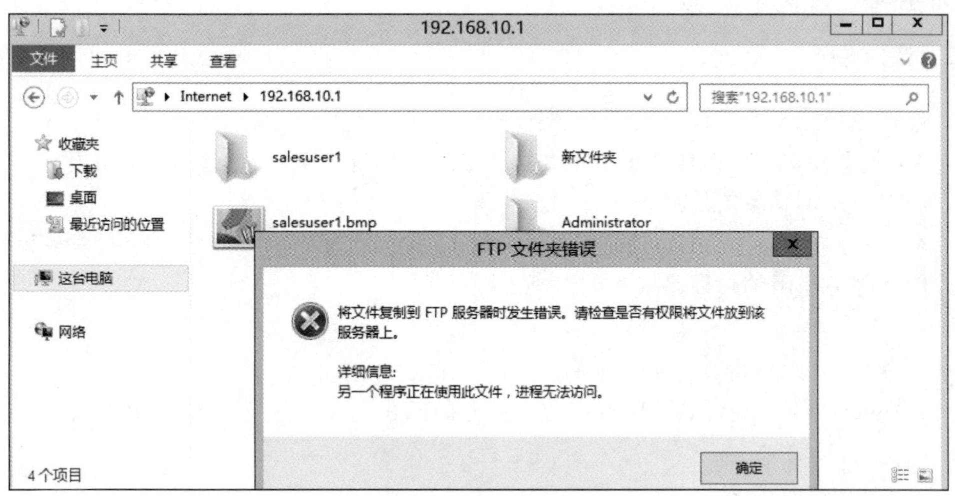

图 9-28　提示上传出错

(C:) 的配额项

配额(Q)　编辑(E)　查看(V)　帮助(H)

状态	名称	登录名	使用量	配额限制	警告等级	使用的百分比
超出限制		NT SERVICE\TrustedInstaller	4.49 GB	100 MB	100 MB	4603
超出限制		NT AUTHORITY\SYSTEM	2.41 GB	100 MB	100 MB	2474
正常		BUILTIN\Administrators	2.14 GB	无限制	无限制	暂缺
正常		NT AUTHORITY\LOCAL SERVICE	64.69 MB	100 MB	100 MB	64
正常		NT AUTHORITY\NETWORK SERVICE	85.15 MB	100 MB	100 MB	85
正常	salesuser1	salesuser1@long.com	3.07 MB	100 MB	100 MB	3

项目总数 6 个，已选 1 个。

图 9-29　查看“配额项”

9.4　习题

一、填空题

1. FTP 服务就是______服务，FTP 的英文全称是______。

2. FTP 服务通过使用一个共同的用户名______，密码不限的管理策略，让任何用户都可以很方便地从这些服务器上下载软件。

3. FTP 服务有两种工作模式：______和______。

4. FTP 命令的格式为______。

5. 打开 FTP 服务器______的命令是______，浏览其下目录列表的命令是______。如果匿名登录，在 User（ftp.long.com:(none)）处输入匿名账户______，在 Password 处输入______或直接按回车键，即可登录 FTP 站点。

6. 比较著名的 FTP 客户端软件有______、______、______等。

7. FTP 身份验证方法有两种：______和______。

二、选择题

1．虚拟主机技术不能通过（　　）架设网站。

A．计算机名　B．TCP 端口　C．IP 地址　D．主机头名

2．虚拟目录不具备的特点是（　　）。

A．便于扩展　B．增删灵活　C．易于配置　D．动态分配空间

3．FTP 服务使用的端口是（　　）。

A．21　B．23　C．25　D．53

4．从 Internet 上获得软件最常采用（　　）。

A．www　B．Telnet　C．FTP　D．DNS

三、判断题

1．若 Web 网站中的信息非常敏感，为防止中途被人截获，可采用 SSL 加密方式。（　　）

2．IIS 提供了基本服务，包括发布信息、传输文件、支持用户通信和更新这些服务所依赖的数据存储。（　　）

3．虚拟目录是一个文件夹，一定包含于主目录内。（　　）

4．FTP 的全称是 File Transfer Protocol（文件传输协议），是用于传输文件的协议。（　　）

5．当使用“用户隔离”模式时，所有用户的主目录都在单一 FTP 主目录下，每个用户均被限制在自己的主目录中，且用户名必须与相应的主目录相匹配，不允许用户浏览除自己主目录外的其他内容。（　　）

四、简答题

1．请解释非域的用户隔离和域用户隔离的主要区别是什么？

2．能否使用不存在的域用户进行多用户配置？

3．请解释磁盘配额的作用是什么？

9.5　项目拓展　配置与管理 FTP 服务器

一、项目目的

- 掌握 Web 服务器的安装方法。
- 掌握 FTP 服务器的配置方法。
- 掌握 AD 隔离用户 FTP 服务器的配置方法。

二、项目环境

本项目根据图 9-2 所示的环境来部署 FTP 服务器。

三、项目要求

根据网络拓扑图完成如下任务：

（1）安装 FTP 发布服务角色服务。

（2）创建和访问 FTP 站点。

（3）创建虚拟目录。

（4）安全设置 FTP 服务器。

（5）创建虚拟主机。

（6）配置与使用客户端。

（7）设置 AD 隔离用户 FTP 服务器：Jane 和 mike。

四、做一做

根据项目实录视频进行项目实训，检查学习效果。

第四篇　网络互联与安全

项目 10　配置与管理 VPN 服务器

项目 11　配置与管理 NAT 服务器

项目 12　配置与管理证书服务器

项目 13　安全管理 Windows Server 2012

千里之堤，毁于蚁穴。

——韩非子《韩非子·喻老》

项目 10　配置与管理 VPN 服务器

作为网络管理员，必须熟悉网络安全保护的各种策略环节以及可以采取的安全措施，这样才能合理地进行安全管理，使得网络和计算机处于安全保护的状态。

虚拟专用网（Virtual Private Network，VPN）可以让远程用户通过因特网来安全地访问公司内部网络的资源。

- 理解 VPN 的基本概念和基本原理。
- 理解远程访问 VPN 的构成和连接过程。
- 掌握配置并测试远程访问 VPN 的方法。
- 掌握 VPN 服务器网络策略的配置。

10.1　相关知识

远程访问（Remote Access）也称远程接入，通过这种技术可以将远程或移动用户连接到组织内部网络上，使远程用户可以像他们的计算机物理地连接到内部网络上一样工作。实现远程访问最常用的连接方式就是 VPN 技术。目前，互联网中的多个企业网络常常选择 VPN 技术（通过加密技术、验证技术、数据确认技术的共同应用）连接起来，就可以轻易地在 Internet 上建立一个专用网络，让远程用户通过 Internet 来安全地访问网络内部的网络资源。

VPN 是指在公共网络（通常为 Internet 中）建立一个虚拟的、专用的网络，是 Internet 与 Intranet 之间的专用通道，为企业提供一个高安全、高性能、简便易用的环境。当远程的 VPN 客户端通过 Internet 连接到 VPN 服务器时，它们之间所传送的信息会被加密，所以即使信息在 Internet 传送的过程中被拦截，也会因为信息已被加密而无法识别，因此可以确保信息的安全性。

10.1.1　VPN 的构成

（1）远程访问 VPN 服务器：用于接收并响应 VPN 客户端的连接请求并建立 VPN 连接。它可以是专用的 VPN 服务器设备，也可以是运行 VPN 服务的主机。

（2）VPN 客户端：用于发起连接 VPN 的连接请求，通常为 VPN 连接组件的主机。

（3）隧道协议：VPN 的实现依赖于隧道协议，通过隧道协议，可以将一种协议用另一种协议或相同协议封装，同时还可以提供加密、认证等安全服务。VPN 服务器和客户端必须支持相同的隧道协议，以便建立 VPN 连接。目前最常用的隧道协议有 PPTP 和 L2TP。

- PPTP（Point-to-Point Tunneling Protocol，点对点隧道协议）：是点对点协议（PPP）的扩展，能协调使用 PPP 的身份验证、压缩和加密机制。PPTP 客户端支持内置于 Windows XP 远程访问客户端。只有 IP 网络（如 Internet）才可以建立 PPTP 的 VPN。两个局域网之间若通过 PPTP 来连接，则两端直接连接到 Internet 的 VPN 服务器必须要执行 TCP/IP 通信协议，但网络内的其他计算机不一定需要支持 TCP/IP 协议，它们可执行 TCP/IP、IPX 或 NetBEUI 通信协议，因为当它们通过 VPN 服务器与远程计算机通信时，这些不同通信协议的数据包会被封装到 PPP 的数据包内，然后经过 Internet 传送，信息到达目的地后，再由远程的 VPN 服务器将其还原为 TCP/IP、IPX 或 NetBEUI 的数据包。PPTP 是利用 MPPE（Microsoft Point-to-Point Encryption）加密法来将信息加密。PPTP 的 VPN 服务器支持内置于 Windows Server 2012 家族的成员。PPTP 与 TCP/IP 协议一同安装，根据运行“路由和远程访问服务器安装向导”时所做的选择，PPTP 可以配置为 5 个或 128 个 PPTP 端口。
- L2TP（Layer Two Tunneling Protocol，第二层隧道协议）：是基于 RFC 的隧道协议，该协议是一种业内标准。L2TP 同时具有身份验证、加密与数据压缩的功能。L2TP 的验证与加密方法都是采用 IPSec。与 PPTP 类似，L2TP 也可以将 TCP/IP、IPX 或 NetBEUI 的数据包封装到 PPP 的数据包内。与 PPTP 不同，运行在 Windows Server 2012 服务器上的 L2TP 不利用 Microsoft 点对点加密（MPPE）来加密点对点协议（PPP）数据包。L2TP 依赖于加密服务的 Internet 协议安全性（IPSec）。L2TP 和 IPSec 的组合被称为 L2TP/IPSec。L2TP/IPSec 提供专用数据的封装和加密的主要虚拟专用网（VPN）服务。VPN 客户端和 VPN 服务器必须支持 L2TP 和 IPSec。L2TP 的客户端支持内置于 Windows XP 远程访问客户端，而 L2TP 的 VPN 服务器支持内置于 Windows Server 2012 家族的成员。L2TP 与 TCP/IP 协议一同安装，根据运行“路由和远程访问服务器安装向导”时所做的选择，L2TP 可以配置为 5 个或 128 个 L2TP 端口。

（4）Internet 连接：VPN 服务器和客户端必须都接入 Internet，并且能够通过 Internet 进行正常的通信。

10.1.2 VPN 的应用场合

VPN 的实现可以分为软件和硬件两种方式。Windows 服务器版的操作系统以完全基于软件的方式实现了虚拟专用网，成本非常低廉。无论身处何地，只要能连接到 Internet，就可以与企业网在 Internet 上的虚拟专用网相关联，登录到内部网络浏览或交换信息。

一般来说，VPN 使用在以下两种场合：

（1）远程客户端通过 VPN 连接到局域网。总公司（局域网）的网络已经连接到 Internet，而用户在远程拨号连接 ISP 连上 Internet 后，就可以通过 Internet 来与总公司（局域网）的 VPN 服务器建立 PPTP 或 L2TP 的 VPN，并通过 VPN 来安全地传送信息。

（2）两个局域网通过 VPN 互联。两个局域网的 VPN 服务器都连接到 Internet，并且通过 Internet 建立 PPTP 或 L2TP 的 VPN，它可以让两个网络之间安全地传送信息，不用担心在 Internet 上传送时泄密。

除了使用软件方式实现外，VPN 的实现需要建立在交换机、路由器等硬件设备上。目前，在 VPN 技术和产品方面，最具代表性的当数 Cisco 和华为 3Com。

10.1.3 VPN 的连接过程

Step 1 客户端向服务器连接 Internet 的接口发送建立 VPN 连接的请求。

Step 2 服务器接收到客户端建立连接的请求之后，将对客户端的身份进行验证。

Step 3 如果身份验证未通过，则拒绝客户端的连接请求。

Step 4 如果身份验证通过，则允许客户端建立 VPN 连接，并为客户端分配一个内部网络的 IP 地址。

Step 5 客户端将获得的 IP 地址与 VPN 连接组件绑定，并使用该地址与内部网络进行通信。

10.1.4 认识网络策略

1. 什么是网络策略

部署网络访问保护（NAP）时，将向网络策略配置中添加健康策略，以便在授权的过程中使用 NPS（网络策略服务器）执行客户端健康检查。

当处理作为 RADIUS 服务器的连接请求时，网络策略服务器对此连接请求既执行身份验证，也执行授权。在身份验证过程中，NPS 验证连接到网络的用户或计算机的身份。在授权过程中，NPS 确定是否允许用户或计算机访问网络。

若要进行此决定，NPS 使用在 NPS Microsoft 管理控制台（MMC）管理单元中配置的网络策略。NPS 还检查 Active Directory 域服务（AD DS）中账户的拨入属性以执行授权。

可以将网络策略视为规则。每个规则都具有一组条件和设置。NPS 将规则的条件与连接请求的属性进行对比。如果规则和连接请求之间出现匹配，则规则中定义的设置会应用于连接。

当在 NPS 中配置了多个网络策略时，它们是一组有序规则。NPS 根据列表中的第一个规则检查每个连接请求，然后根据第二个规则进行检查，依此类推，直到找到匹配项为止。

每个网络策略都有“策略状态”设置，使用该设置可以启用或禁用策略。如果禁用网络策略，则授权连接请求时 NPS 不评估策略。

2. 网络策略属性

每个网络策略中都有以下 4 种类别的属性：

（1）概述。使用这些属性可以指定是否启用策略、是允许还是拒绝访问策略，以及连接请求是需要特定网络连接方法还是需要网络访问服务器类型。使用概述属性还可以指定是否忽略 AD DS 中的用户账户的拨入属性。如果选择该选项，则 NPS 只使用网络策略中的设置来确定是否授权连接。

（2）条件。使用这些属性，可以指定为了匹配网络策略连接请求所必须具有的条件；如果策略中配置的条件与连接请求匹配，则 NPS 将把网络策略中指定的设置应用于连接。例如，如果将网络访问服务器 IPv4 地址（NAS IPv4 地址）指定为网络策略的条件，并且 NPS 从具有指定 IP 地址的 NAS 接收连接请求，则策略中的条件与连接请求相匹配。

（3）约束。约束是匹配连接请求所需的网络策略的附加参数。如果连接请求与约束不匹配，则 NPS 自动拒绝该请求。与 NPS 对网络策略中不匹配条件的响应不同，如果约束不匹配，则 NPS 不评估附加网络策略，只拒绝连接请求。

（4）设置。使用这些属性，可以指定在策略的所有网络策略条件都匹配时，NPS 应用于连接请求的设置。

10.2 项目设计及准备

1. 项目设计

下面将根据如图 10-1 所示的环境部署远程访问 VPN 服务器。

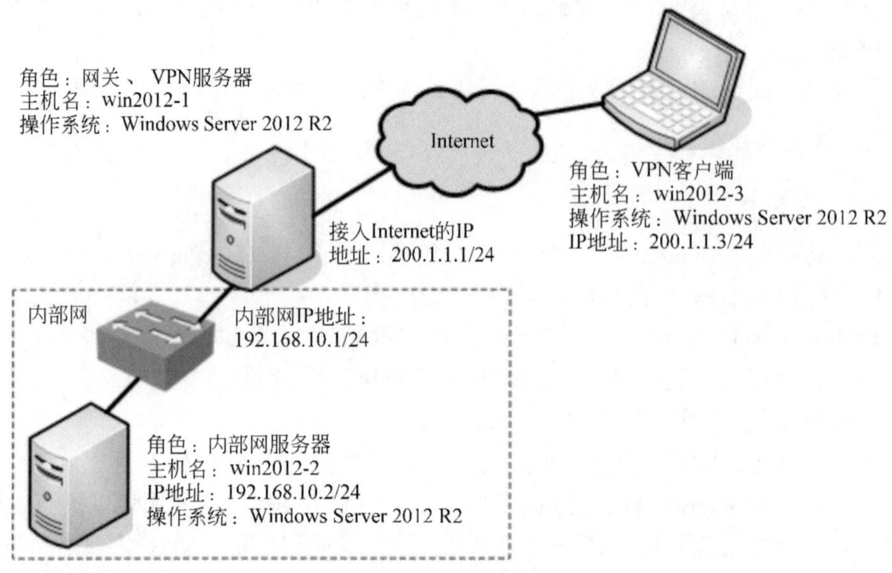

图 10-1 架设 VPN 服务器网络拓扑图

win2012-1、win2012-2、win2012-3 可以是 Hyper-V 服务器的虚拟机，也可以是 VMware 的虚拟机。

2. 项目准备

部署远程访问 VPN 服务之前应做如下准备：

（1）使用提供远程访问 VPN 服务的 Windows Server 2012 操作系统。

（2）VPN 服务器至少要有两个网络连接，IP 地址如图 10-1 所示。

（3）VPN 服务器必须与内部网络相连，因此需要配置与内部网络连接所需要的 TCP/IP 参数（私有 IP 地址），该参数可以手工指定，也可以通过内部网络中的 DHCP 服务器自动分配。本例 IP 地址为 192.168.10.1/24。

（4）VPN 服务器必须同时与 Internet 相连，因此需要建立和配置与 Internet 的连接。VPN 服务器与 Internet 的连接通常采用较快的连接方式，如专线连接。本例 IP 地址为 200.1.1.1/24。

（5）合理规划分配给 VPN 客户端的 IP 地址。VPN 客户端在请求建立 VPN 连接时，VPN 服务器需要为其分配内部网络的 IP 地址。配置的 IP 地址也必须是内部网络中不使用的 IP 地址，地址的数量根据同时建立 VPN 连接的客户端数量来确定。在本任务中部署远程访问 VPN 时，使用静态 IP 地址池为远程访问客户端分配 IP 地址，地址范围为 192.168.10.11/24～192.168.10.20/24。

（6）客户端在请求 VPN 连接时，服务器要对其进行身份验证，因此应合理规划需要建立 VPN 连接的用户账户。

10.3　项目实施

任务 10-1　架设 VPN 服务器

在架设 VPN 服务器之前，读者需要了解本节实例部署的需求和实验环境。本书使用 VMware Workstation 构建虚拟环境。

1. 为 VPN 服务器添加第二块网卡

Step 1　在 VMware Workstation 中，右击目标虚拟机（本例为 win2012-1），在弹出的快捷菜单中选择“设置”选项，弹出“win2012-1 的设置”对话框。

Step 2　单击“添加”按钮，再选择“网络适配器”选项，单击“下一步”按钮，接下来选择网络连接方式为“自定义：VMnet8”，最后单击“完成”按钮完成第二块网卡的添加，如图 10-2 所示。

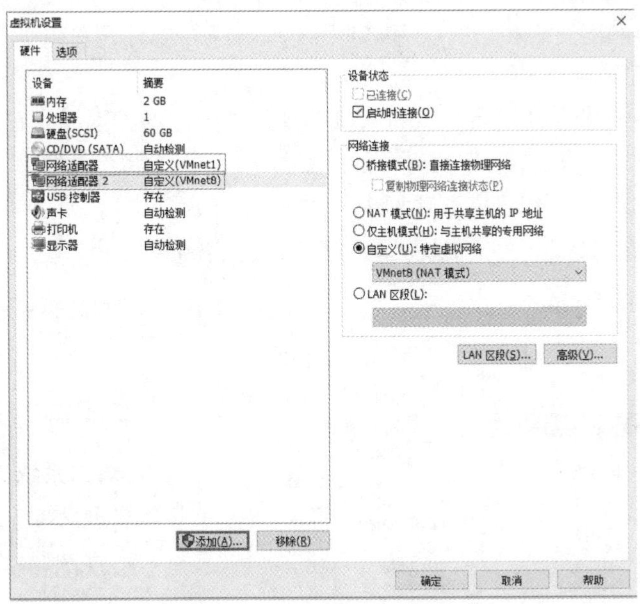

图 10-2　添加第二块网卡

Step 3　启动 win2012-1，右击“开始”按钮，在弹出的快捷菜单中选择“网络连接”选项，更改两块网卡的网络连接的名称分别为“局域网连接”和“Internet 连接”，并按图 10-1 所示分别设置两个连接的网络参数，如图 10-3 所示（或者右击右下方的网络连接，在弹出的快捷菜单中依次选择“打开网络和 Internet 共享”→“更改适配器设置”选项进行设置）。

注意　设置 win2012-2 的网络连接方式为 VMnet1（与 win2012-1 的局域网连接一致），设置 win2012-3 的网络连接方式为 VMnet8（与 win2012-1 的 Internet 连接一致）。如果设置不当，本次实训将会失败。

Step 4 同理启动 win2012-2 和 win2012-3，并按图 10-1 所示设置这两台服务器的 IP 地址等信息。设置完成后利用 ping 命令测试这 3 台虚拟机的连通情况，为后面实训做准备。

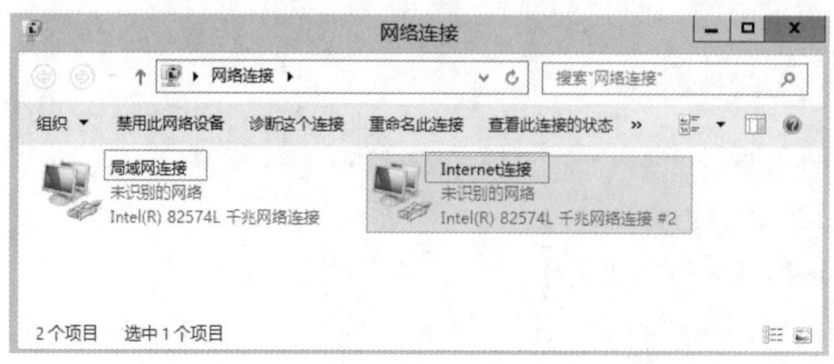

图 10-3　网络连接

2. 安装“路由和远程访问服务”角色

要配置 VPN 服务器，必须安装“路由和远程访问”服务。Windows Server 2012 中的路由和远程访问是包括在“网络策略和访问服务”角色中的，并且默认没有安装。用户可以根据自己的需要选择同时安装网络策略和访问服务中的所有服务组件或者只安装路由和远程访问服务。

路由和远程访问服务的安装步骤如下：

Step 1 以管理员身份登录服务器 win2012-1，打开“服务器管理器”窗口的“仪表板”，单击“添加角色”链接，进入如图 10-4 所示的“选择服务器角色”界面，勾选“网络策略和访问服务”和“远程访问”复选项。

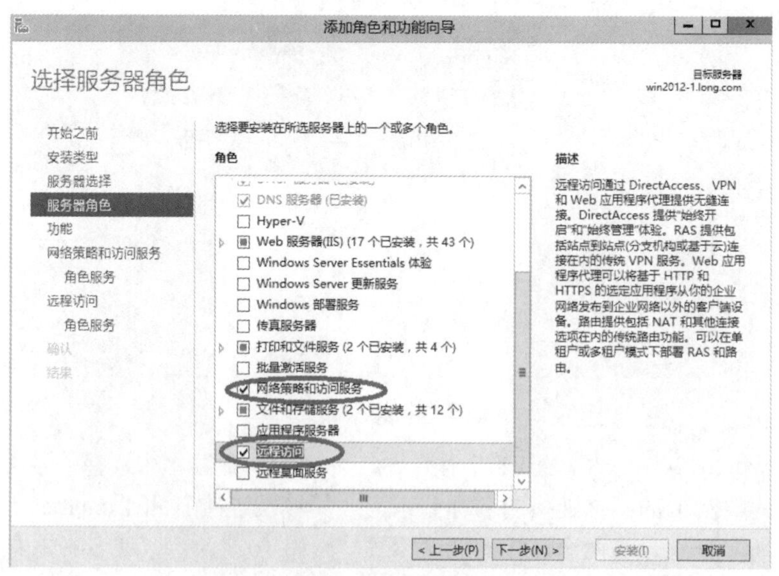

图 10-4　“选择服务器角色”界面

Step 2 连续单击“下一步”按钮，直到进入“网络策略和访问服务”的“角色服务”界面，网络策略和访问服务中包括“网络策略服务器、健康注册机构和主机凭据授权协议”角色服务，勾选“网络策略服务器”复选项。

Step 3 单击“下一步”按钮，进入“远程访问”的“角色服务”界面，全部勾选，如图 10-5 所示。

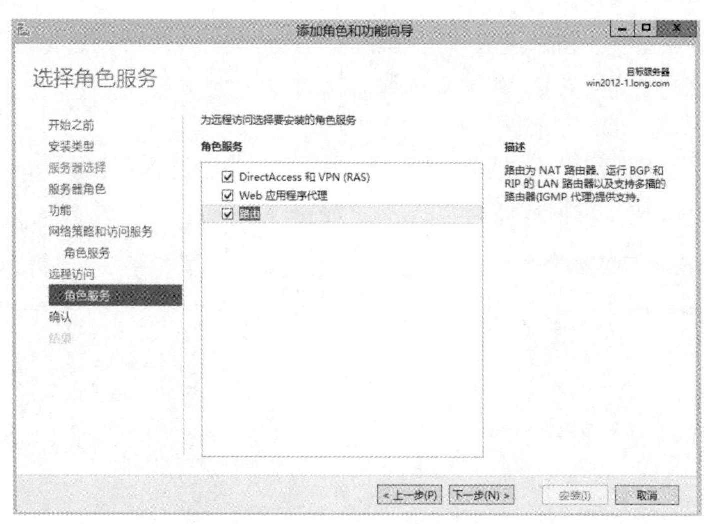

图 10-5　选择“远程访问”的“角色服务”对话框

Step 4　单击“安装”按钮即可开始安装，完成后显示“安装结果”对话框。

3. 配置并启用 VPN 服务

在已经安装“路由和远程访问”角色服务的计算机 win2012-1 上通过“路由和远程访问”控制台配置并启用路由和远程访问，具体步骤如下：

（1）打开“路由和远程访问服务器安装向导”页面。

Step 1　以域管理员账户登录到需要配置 VPN 服务的计算机 win2012-1 上，单击“开始”→“管理工具”→“路由和远程访问”选项，打开如图 10-6 所示的“路由和远程访问”控制台。

Step 2　在该控制台树上右击服务器“win2012-1（本地）”，在弹出的快捷菜单中选择“配置并启用路由和远程访问”命令，弹出“路由和远程访问服务器安装向导”对话框。

（2）选择 VPN 连接。

Step 1　单击“下一步”按钮，进入“配置”界面，在其中可以配置 NAT、VPN 和路由服务，在此选择“远程访问（拨号或 VPN）”单选项，如图 10-7 所示。

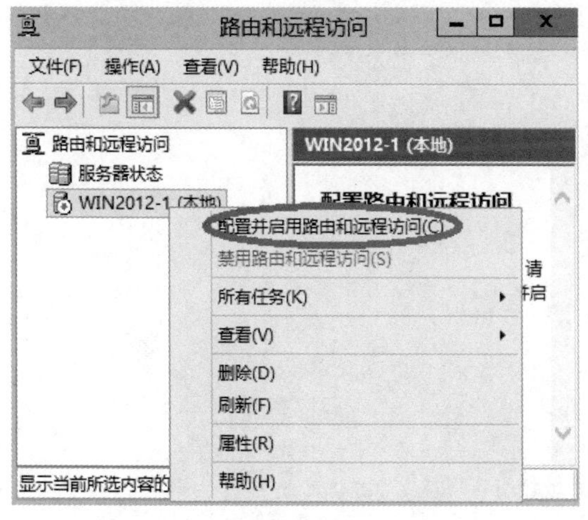

图 10-6　“路由和远程访问”控制台

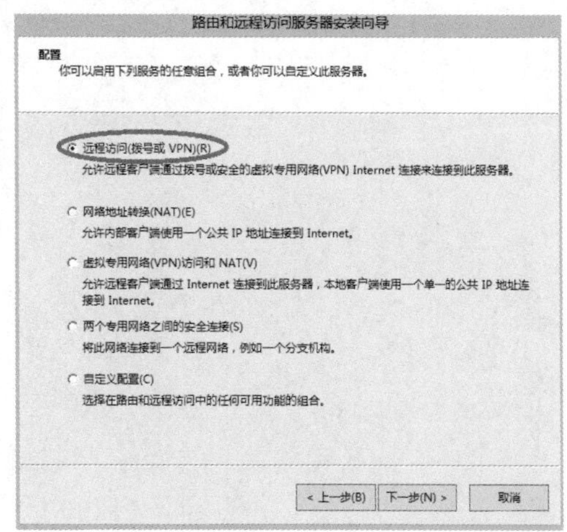

图 10-7　选择“远程访问（拨号或 VPN）”单选项

Step 2 单击“下一步”按钮，进入“远程访问”界面，在其中可以选择创建拨号或 VPN 远程访问连接，我们勾选 VPN 复选项，如图 10-8 所示。

（3）选择连接到 Internet 的网络接口。

单击“下一步”按钮，进入“VPN 连接”界面，在其中选择连接到 Internet 的网络接口，我们选择“Internet 连接”接口，如图 10-9 所示。

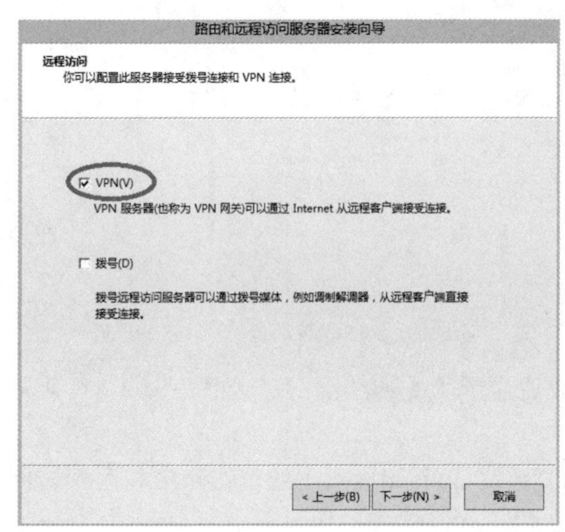

图 10-8 勾选 VPN 复选项

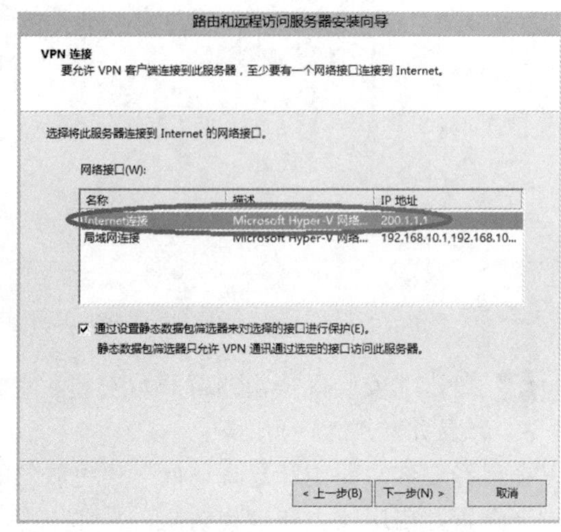

图 10-9 选择连接到 Internet 的网络接口

（4）设置 IP 地址分配。

Step 1 单击“下一步”按钮，进入“IP 地址分配”界面，在其中可以设置分配给 VPN 客户端计算机的 IP 地址是从 DHCP 服务器获取还是指定一个范围，这里选择“来自一个指定的地址范围”单选项，如图 10-10 所示。

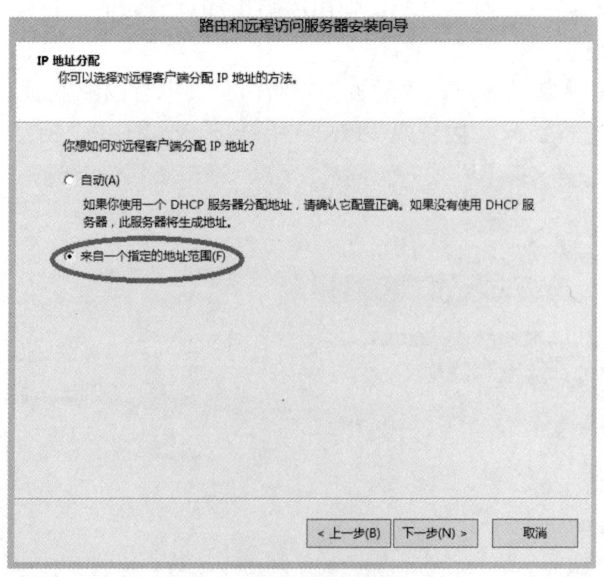

图 10-10 IP 地址分配

Step 2 单击“下一步”按钮，进入“地址范围分配”界面，在其中指定 VPN 客户端计算机的 IP 地址范围。

Step 3 单击“新建”按钮，弹出“新建 IPv4 地址范围”对话框，在“起始 IP 地址”文本框中输入 192.168.10.11，在“结束 IP 地址”文本框中输入 192.168.10.20，如图 10-11 所示，然后单击“确定”按钮。

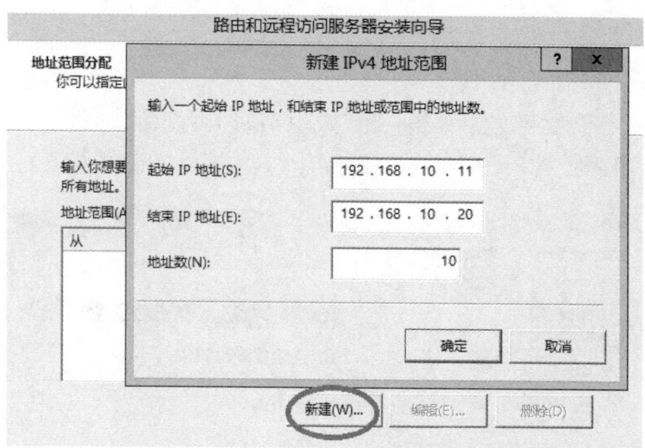

图 10-11　输入 VPN 客户端 IP 地址范围

Step 4 返回到“地址范围分配”对话框，可以看到已经指定了一段 IP 地址范围。

（5）结束 VPN 配置。

Step 1 单击“下一步”按钮，进入“管理多个远程访问服务器”界面。在其中可以指定身份验证的方法是路由和远程访问服务器还是 RADIUS 服务器，在此选择“否，使用路由和远程访问来对连接请求进行身份验证”单选项，如图 10-12 所示。

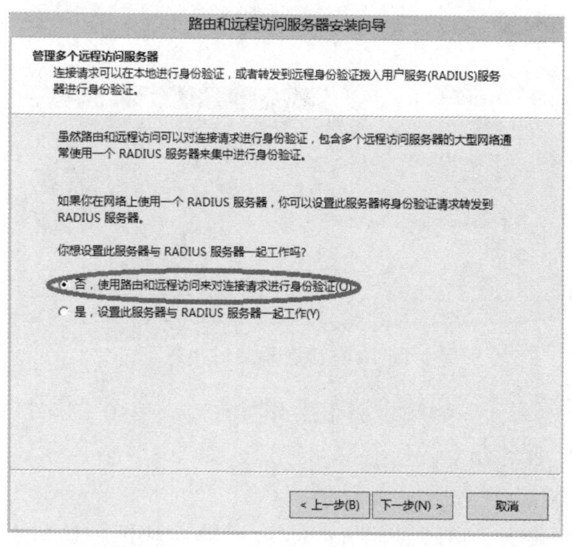

图 10-12　管理多个远程访问服务器

Step 2 单击“下一步”按钮，进入“摘要”界面，其中显示了之前步骤所设置的信息。

Step 3 单击“完成”按钮，弹出如图 10-13 所示的对话框，表示需要配置 DHCP 中继代理程序，单击“确定”按钮。

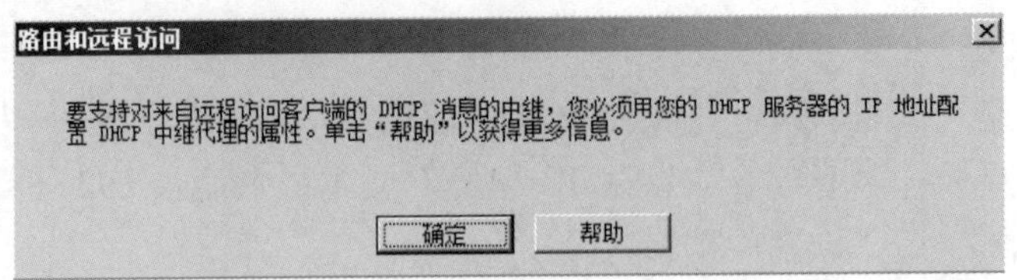

图 10-13　DHCP 中继代理信息

（6）查看 VPN 服务器状态。

Step 1　完成 VPN 服务器的创建后，返回到如图 10-14 所示的“路由和远程访问”窗口。由于目前已经启用了 VPN 服务，因此显示绿色向上标识箭头。

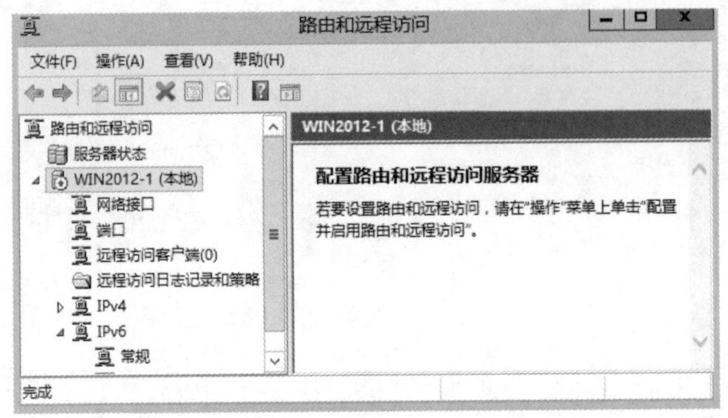

图 10-14　VPN 配置完成后的效果

Step 2　在“路由和远程访问”控制台树中展开服务器，单击“端口”，在控制台右侧界面中显示所有端口的状态为“不活动”，如图 10-15 所示。

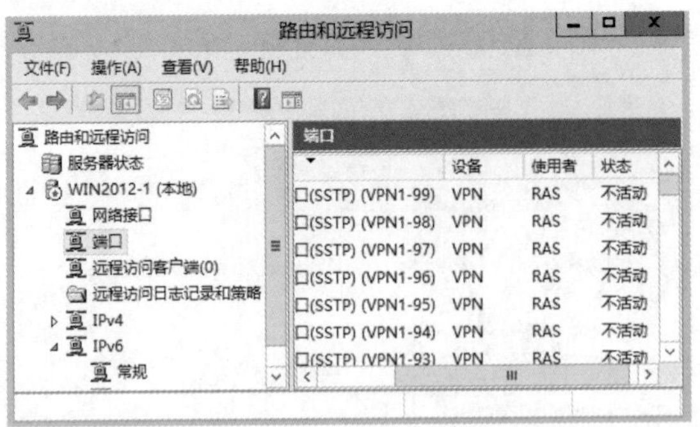

图 10-15　查看端口状态

Step 3　在“路由和远程访问”控制台树中展开服务器，单击“网络接口”，在控制台右侧界面中显示 VPN 服务器上的所有网络接口，如图 10-16 所示。

4. 停止和启动 VPN 服务

要启动或停止 VPN 服务，可以使用 net 命令、“路由和远程访问”控制台或“服务”控制台，具体操作如下：

（1）使用 net 命令。以域管理员账户登录到 VPN 服务器 win2012-1 上，在命令行提示符界面中输入命令 net stop remoteaccsee 停止 VPN 服务，输入命令 net start remoteaccess 启动 VPN 服务。

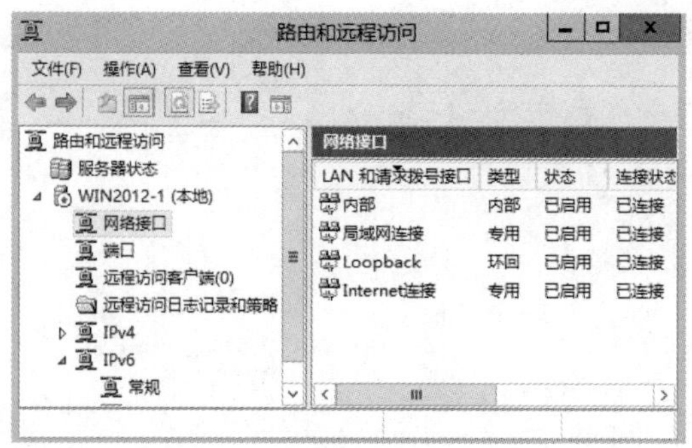

图 10-16　查看网络接口

（2）使用“路由和远程访问”控制台。在“路由和远程访问”控制台树中，右击服务器，在弹出的快捷菜单中选择“所有任务”→“停止”或“启动”命令即可停止或启动 VPN 服务。

VPN 服务停止以后，“路由和远程访问”控制台界面显示红色向下标识箭头。

（3）使用“服务”控制台。单击“开始”→“管理工具”→“服务”选项，打开“服务”控制台。找到服务 Routing and Remote Access，单击“启动”或“停止”即可启动或停止 VPN 服务，如图 10-17 所示。

图 10-17　使用“服务”控制台启动或停止 VPN 服务

5. 配置域用户账户允许 VPN 连接

在域控制器 win2012-1 上设置允许用户 Administrator@long.com 使用 VPN 连接到 VPN 服务器的具体步骤如下：

Step 1　以域管理员账户登录到域控制器 win2012-1 上，打开“Active Directory 用户和计算机”控制台。依次，弹出 long.com 和 Users 节点，右击用户 Administrator，在弹出的快捷菜单中选择“属性”选项，弹出“Administrator 属性”对话框。

Step 2　在其中选择“拨入”选项卡。在“网络访问权限”区域中选择“允许访问”单选项，如图 10-18 所示，最后单击“确定”按钮。

6. 在 VPN 端建立并测试 VPN 连接

在 VPN 端计算机 win2012-3 上建立 VPN 连接并连接到 VPN 服务器上，具体步骤如下。

（1）在客户端计算机上新建 VPN 连接。

Step 1　以本地管理员账户登录到 VPN 客户端计算机 win2012-3 上，单击“开始”→“控制面板”→“网络和 Internet”→“网络和共享中心”，打开如图 10-19 所示的“网络和共享中心”窗口。

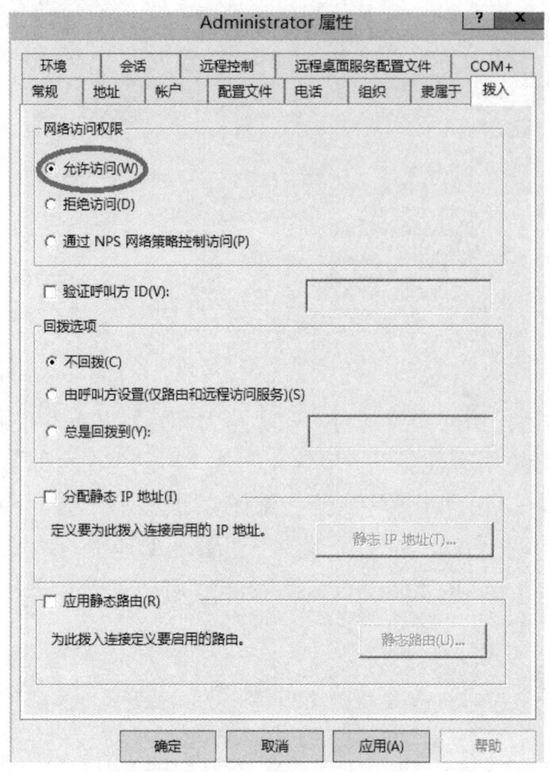

图 10-18 “Administrator 属性”对话框的“拨入”选项卡

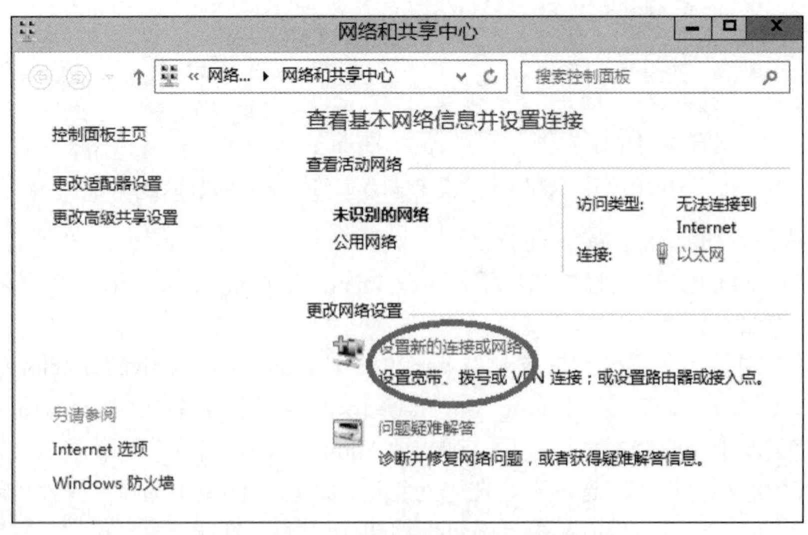

图 10-19 “网络和共享中心”窗口

Step 2 单击“设置新的连接或网络”，弹出“设置连接或网络”界面，通过该界面可以建立连接以连接到 Internet 或专用网络，在此选择“连接到工作区”，如图 10-20 所示。

Step 3 单击“下一步”按钮，进入“你希望如何连接？”界面，在其中指定使用 Internet 还是拨号方式连接到 VPN 服务器，在此单击“使用我的 Internet 连接（VPN）”，如图 10-21 所示。

图 10-20　选择“连接到工作区”

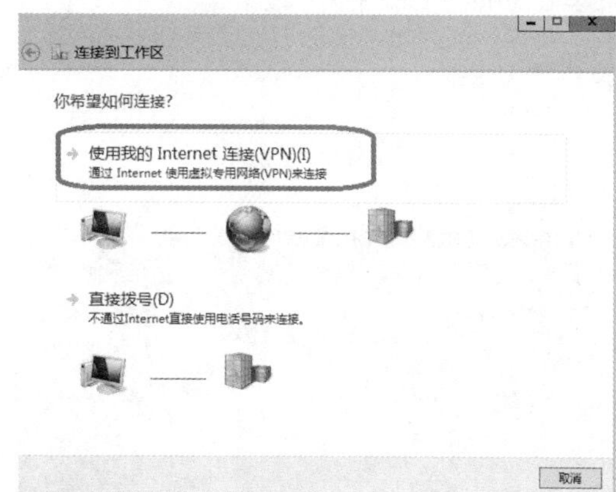

图 10-21　选择“使用我的 Internet 连接（VPN）”

Step 4　进入“您想在继续之前设置 Internet 连接吗？”界面，在其中设置 Internet 连接，由于本实例 VPN 服务器和 VPN 客户机是物理直接连接在一起的，所以单击“我将稍后设置 Internet 连接”，如图 10-22 所示。

Step 5　进入如图 10-23 所示的“键入要连接的 Internet 地址”界面，在“Internet 地址”文本框中输入 VPN 服务器的外网网卡 IP 地址为 200.1.1.1，设置“目标名称”为“VPN 连接”。

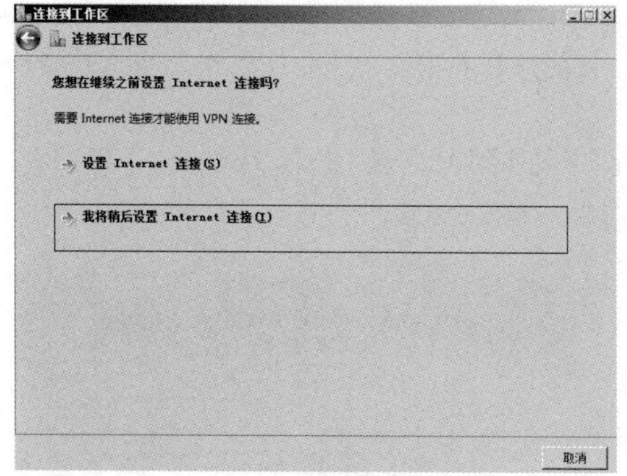

图 10-22　设置 Internet 连接

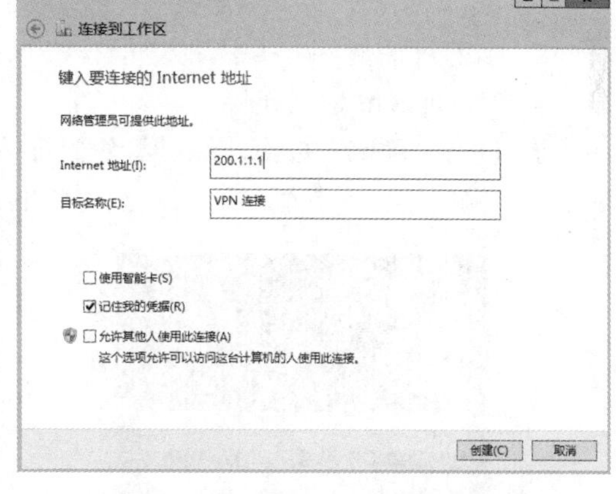

图 10-23　键入要连接的 Internet 地址

Step 6　单击“下一步”按钮，进入“键入您的用户名和密码”界面，在相应文本框中输入希望连接的用户名、密码和域，如图 10-24 所示。

Step 7　单击“创建”按钮创建 VPN 连接，进入“连接已经使用”界面，创建 VPN 连接完成。

（2）未连接到 VPN 服务器时的测试。

Step 1　以管理员身份登录服务器 win2012-3，打开 Windows PowerShell 或者在“运行”文本框中输入 cmd。

Step 2　在 win2012-3 上使用 ping 命令分别测试与 win2012-1 和 win2012-2 的连通性，如图 10-25 所示。

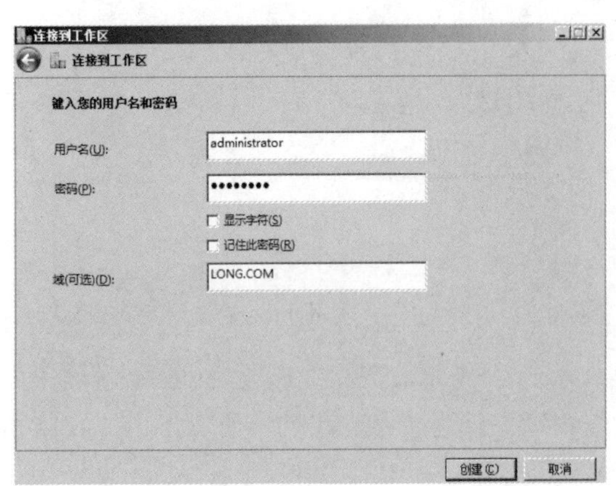

图 10-24　键入用户名和密码

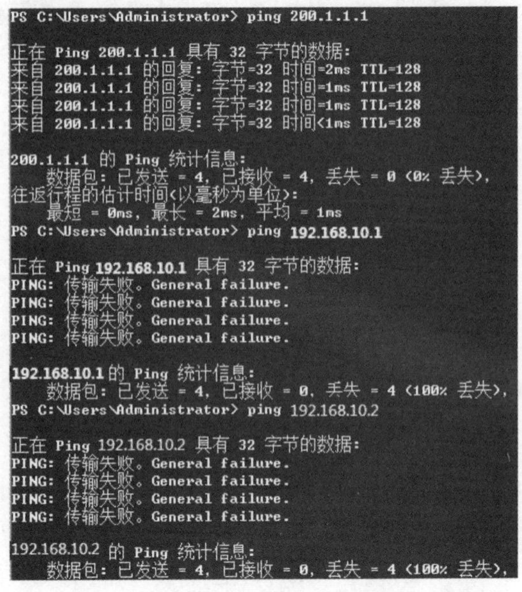

图 10-25　未连接 VPN 服务器时的测试结果

（3）连接到 VPN 服务器。

Step 1 右击“开始”按钮，在弹出的快捷菜单中选择“网络连接”选项，打开“网络连接”窗口，双击“VPN 连接”，在弹出的界面中单击“连接”按钮，弹出如图 10-26 所示的对话框。在其中输入允许 VPN 连接的账户和密码，在此使用账户 administrator@long.com 建立连接。

Step 2 单击“确定”按钮，经过身份验证后即可连接到 VPN 服务器，在如图 10-27 所示的“网络连接”界面中可以看到“VPN 连接”的状态是连接的。

图 10-26　连接 VPN

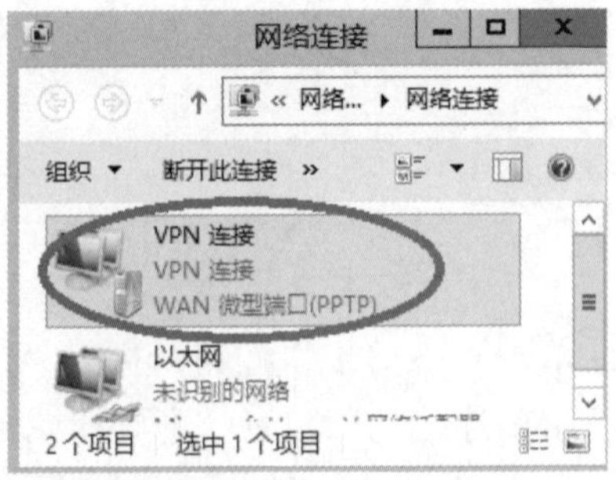

图 10-27　已经连接到 VPN 服务器

7. 验证 VPN 连接

当 VPN 客户端计算机 win2012-3 连接到 VPN 服务器 win2012-1 上之后，可以访问公司内部局域网中的共享资源，具体步骤如下：

（1）查看 VPN 客户机获取到的 IP 地址。

Step 1 在 VPN 客户端计算机 win2012-3 上打开命令提示符界面，使用命令 ipconfig /all 查看 IP 地址信息，如图 10-28 所示，可以看到 VPN 连接获得的 IP 地址为 192.168.10.13。

Step 2　先后输入命令 ping 192.168.10.1 和 ping 192.168.10.2 测试 VPN 客户端计算机、VPN 服务器以及内网计算机的连通性，如图 10-29 所示，显示能连通。

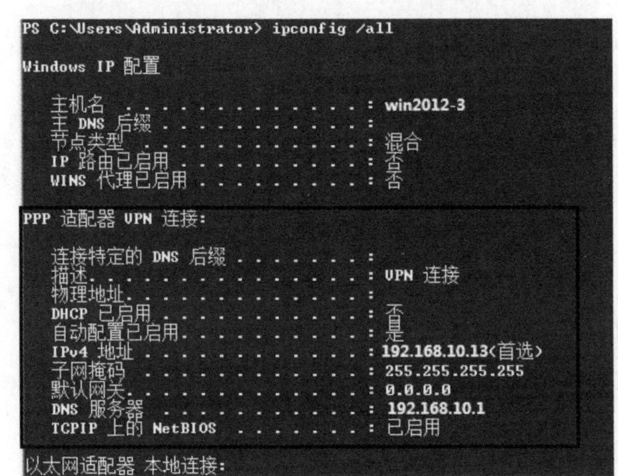

图 10-28　查看 VPN 客户机获取到的 IP 地址

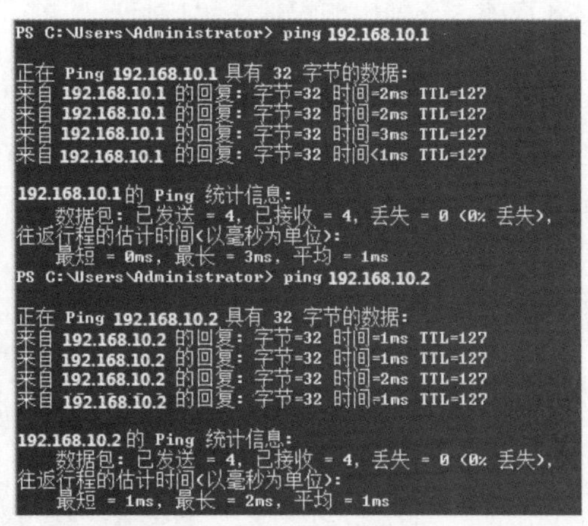

图 10-29　测试 VPN 连接

（2）在 VPN 服务器上的验证。

Step 1　以域管理员账户登录到 VPN 服务器上，在“路由和远程访问”控制台树中展开“服务器”节点，单击“远程访问客户端”，在控制台右侧窗格中显示连接时间以及连接的账户，这表明已经有一个客户端建立了 VPN 连接，如图 10-30 所示。

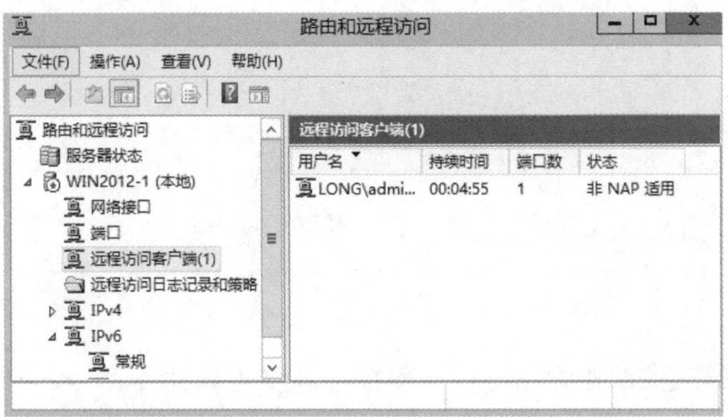

图 10-30　查看远程访问客户端

Step 2　单击“端口”，在控制台右侧窗格中可以看到其中一个端口的状态是“活动”，表明有客户端连接到 VPN 服务器。

Step 3　右击该活动端口，在弹出的快捷菜单中选择“属性”选项，弹出“端口状态”对话框，在其中显示连接时间、用户以及分配给 VPN 客户端计算机的 IP 地址。

（3）访问内部局域网的共享文件。

Step 1　以管理员账户登录到内部网服务器 win2012-2 上，在“计算机管理器”窗口中创建文件夹 C:\share 作为测试目录，在该文件夹内存入一些文件并将该文件夹共享。

Step 2　以本地管理员账户登录到 VPN 客户端计算机 win2012-3 上，单击“开始”→“运行”命令，输入内部网服务器 win2012-2 上共享文件夹的 UNC 路径\\192.168.10.2。由于已经连接到 VPN 服务器上，因此可以访问内部局域网中的共享资源。

（4）断开 VPN 连接。以域管理员账户登录到 VPN 服务器上，在“路由和远程访问”控制台树中依次展开“服务器”和“远程访问客户端”节点，在控制台右侧窗格中右击连接的远程客户端，在弹出的快捷菜单中选择“断开”选项即可断开客户端计算机的 VPN 连接。

任务 10-2　配置 VPN 服务器的网络策略

如图 10-1 所示，在 VPN 服务器 win2012-1 上创建网络策略“VPN 网络策略”，使得用户在进行 VPN 连接时使用该网络策略。

1. 新建网络策略

Step 1 以域管理员账户登录到 VPN 服务器 win2012-1 上，单击“开始”→“管理工具”→“网络策略服务器”选项，打开如图 10-31 所示的“网络策略服务器”控制台。

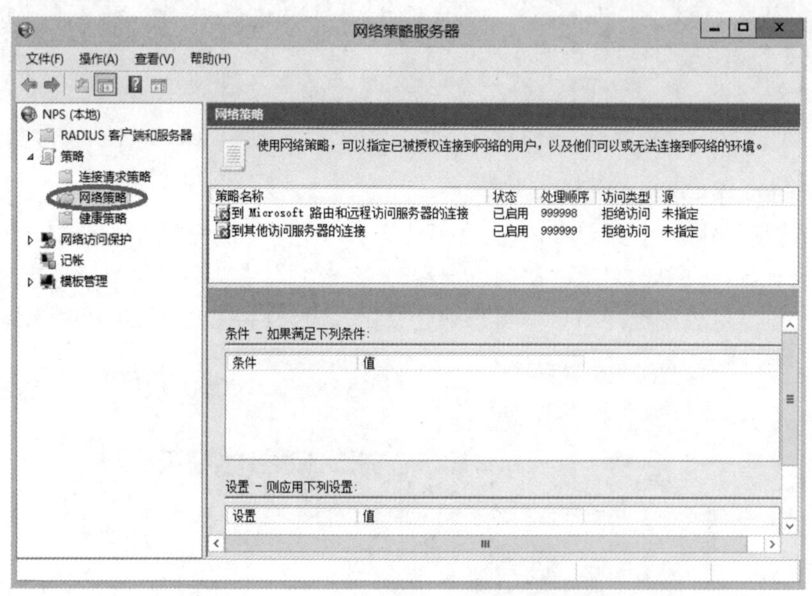

图 10-31　“网络策略服务器”控制台

Step 2 右击“网络策略”，在弹出的快捷菜单中选择“新建”命令，打开“新建网络策略”对话框，在“指定网络策略名称和连接类型”界面中指定网络策略的名称为“VPN 策略”，指定“网络访问服务器的类型”为“远程访问服务器（VPN 拨号）”，如图 10-32 所示。

2. 指定网络策略条件——日期和时间限制

Step 1 单击“下一步”按钮，弹出“指定条件”对话框，在其中设置网络策略的条件，如日期和时间、用户组等。

Step 2 单击“添加”按钮，弹出“选择条件”对话框，在其中选择要配置的条件属性，选择“日期和时间限制”选项，如图 10-33 所示，该选项表示每周允许和不允许用户连接的时间和日期。

Step 3 单击“添加”按钮，弹出“日期和时间限制”对话框，在其中设置允许建立 VPN 连接的时间和日期，如图 10-34 所示，如时间为允许所有时间可以访问，然后单击“确定”按钮。

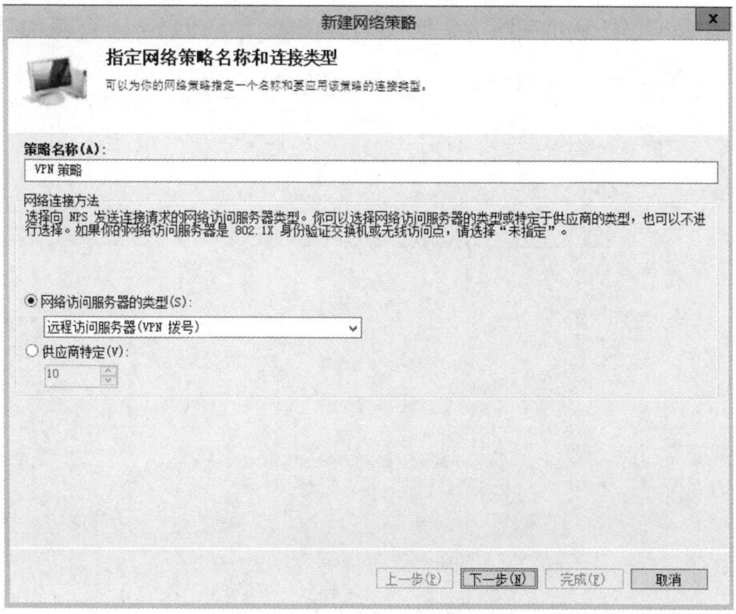

新建网络策略

指定网络策略名称和连接类型

可以为你的网络策略指定一个名称和要应用该策略的连接类型。

策略名称(A):

VPN 策略

网络连接方法

选择向 NPS 发送连接请求的网络访问服务器类型。你可以选择网络访问服务器的类型或特定于供应商的类型，也可以不进行选择。如果你的网络访问服务器是 802.1X 身份验证交换机或无线访问点，请选择“未指定”。

◉ 网络访问服务器的类型(S):

远程访问服务器(VPN 拨号)

○ 供应商特定(V):

10

上一步(P)　下一步(N)　完成(F)　取消

图 10-32　设置网络策略名称和连接类型

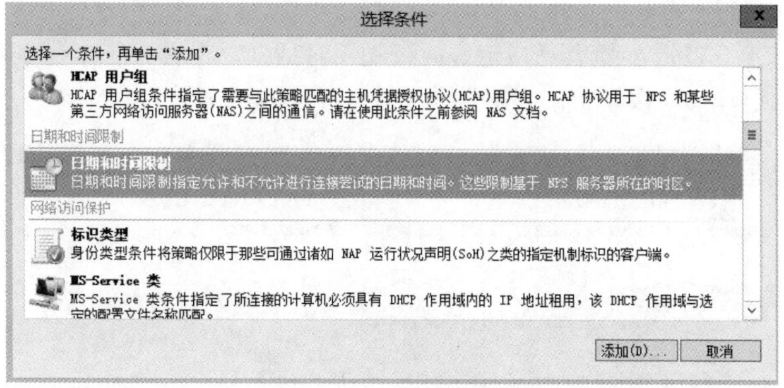

图 10-33　选择条件

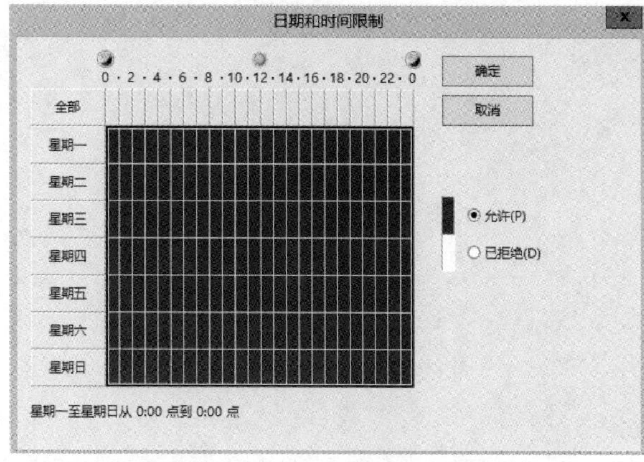

图 10-34　设置日期和时间限制

Step 4 返回如图 10-35 所示的“指定条件”对话框，从中可以看到已经添加了一条网络条件。

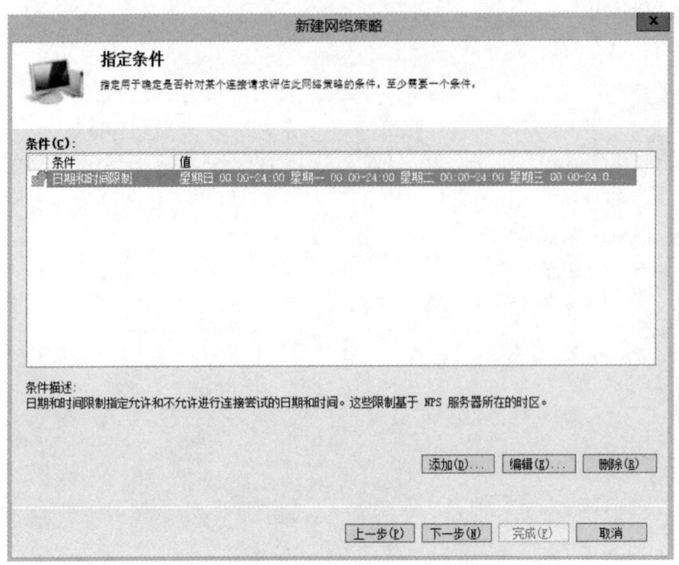

图 10-35 设置日期和时间限制后的效果

3. 授予远程访问权限

单击“下一步”按钮，弹出“指定访问权限”对话框，在其中指定连接访问权限是允许还是拒绝，在此选择“已授予访问权限”单选项，如图 10-36 所示。

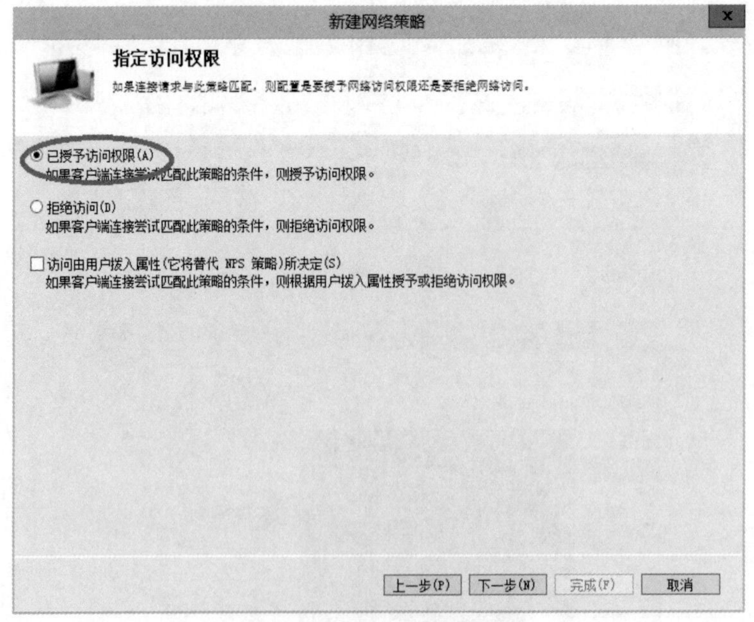

图 10-36 已授予访问权限

4. 配置身份验证方法

单击“下一步”按钮，弹出如图 10-37 所示的“配置身份验证方法”对话框，在其中指定身份验证的方法和 EAP 类型。

5. 配置约束

单击“下一步”按钮，弹出如图 10-38 所示的“配置约束”对话框，在其中配置网络策略的约束，如空闲超时、会话超时、被叫站 ID、日期和时间限制、NAS 端口类型。

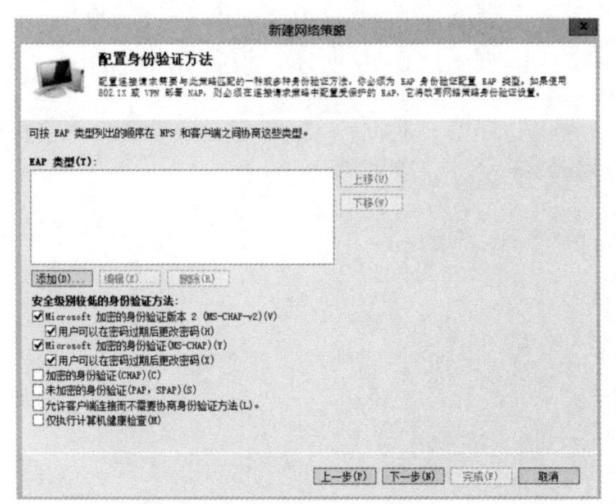

图 10-37　配置身份验证方法

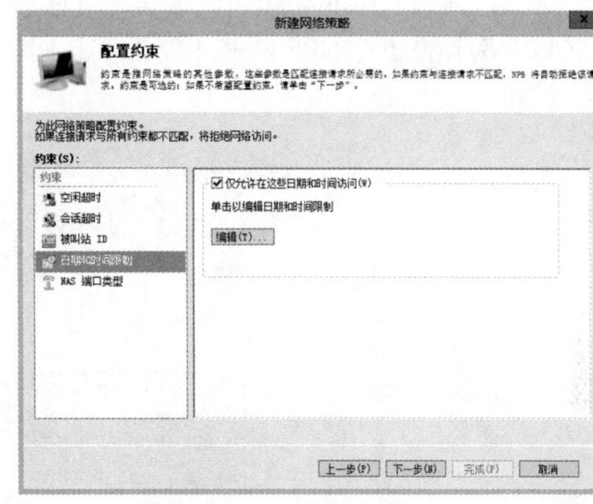

图 10-38　配置约束

6. 配置设置

单击“下一步”按钮，弹出如图 10-39 所示的“配置设置”对话框，在其中配置此网络策略的设置，如 RADIUS 属性、网站访问保护、多链路和带宽分配协议（BAP）、IP 筛选器、加密、IP 设置。

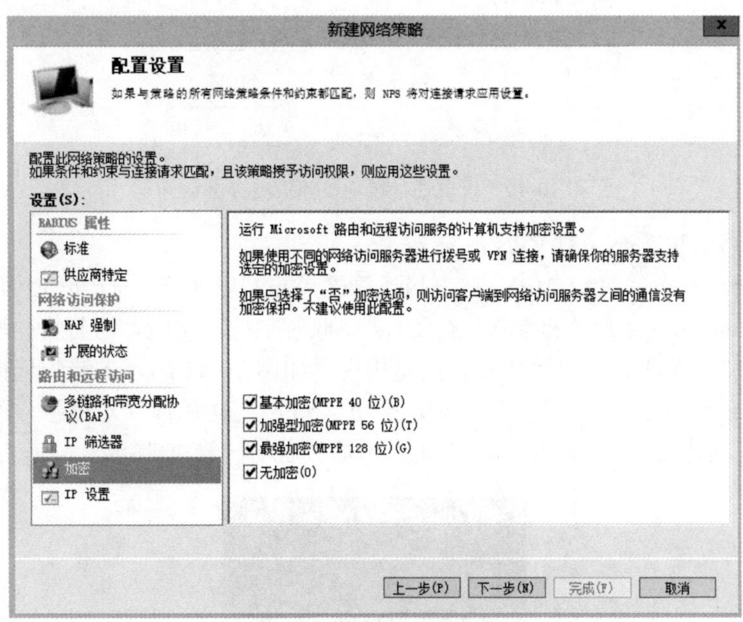

图 10-39　配置设置

7. 正在完成新建网络策略

单击“下一步”按钮，弹出“正在完成新建网络策略”对话框，单击“完成”按钮即可完成网络策略的创建。

8. 设置用户远程访问权限

以域管理员账户登录到域控制器 win2012-1 上，打开“Active Directory 用户和计算机”控制台，依次展开 long.com 和 Users 节点，右击用户 Administrator，在弹出的快捷菜单中选择“属性”选项，弹出“Administrator 属性”对话框。选择“拨入”选项卡，在“网络访问权限”选项区域中选择“通过 NPS 网络策略控制访问”单选项，如图 10-40 所示，设置完毕后单击“确定”按钮。

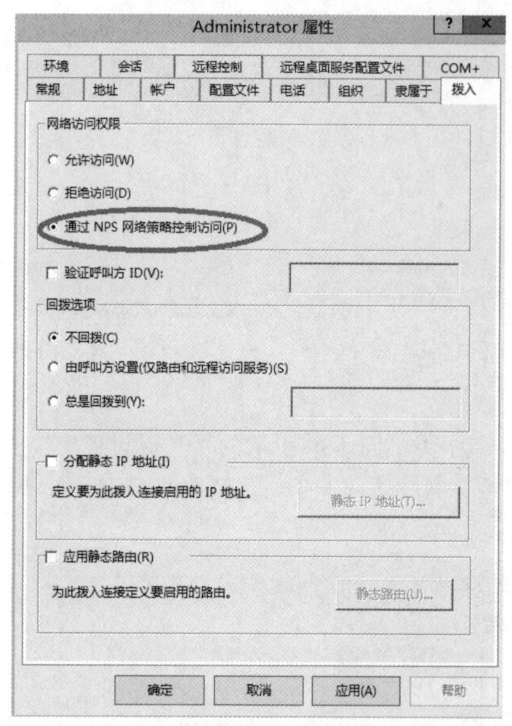

图 10-40　设置通过远程访问策略控制访问

9. 客户端测试能否连接到 VPN 服务器

以本地管理员账户登录到 VPN 客户端计算机 win2012-3 上，打开 VPN 连接，以用户 administrator@long.com 账户连接到 VPN 服务器，此时是按网络策略进行身份验证的，验证成功，连接到 VPN 服务器。如果不成功，而是出现了如图 10-41 所示的错误连接界面，请右击 VPN 连接并选择“属性”→“安全”选项，弹出“VPN 连接属性”对话框，选择“允许使用这些协议”单选项，如图 10-42 所示。完成后，重新启动计算机即可。

图 10-41　错误连接

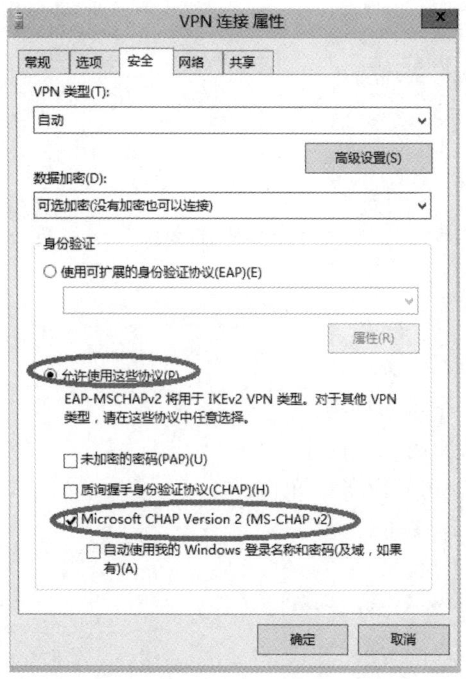

图 10-42　“VPN 连接属性”对话框

10.4　习题

一、填空题

1．VPN 是______的简称，中文是______。
2．一般来说，VPN 使用在以下两种场合：______、______。
3．VPN 使用的两种隧道协议是______和______。
4．在 Windows Server 的命令提示符下，可以使用______命令查看本机的路由表信息。
5．每个网络策略中都有以下 4 种类别的属性：______、______、______、______。

二、简答题

1．什么是专用地址和公用地址？
2．简述 VPN 的连接过程。
3．简述 VPN 的构成及应用场合。

10.5　项目拓展　配置与管理 VPN 服务器

一、项目目的

- 掌握使局域网内部的计算机连接到 Internet 的方法。

- 掌握使用 NAT 实现网络互联的方法。
- 掌握远程访问服务的实现方法。
- 掌握 VPN 的实现方法。

二、项目环境

本项目根据图 10-1 所示的环境来部署 VPN 服务器。

三、项目要求

根据网络拓扑图完成如下任务：

（1）部署架设 VPN 服务器的环境。
（2）为 VPN 服务器添加第二块网卡。
（3）安装“路由和远程访问服务”角色。
（4）配置并启用 VPN 服务。
（5）停止和启动 VPN 服务。
（6）配置域用户账户允许 VPN 连接。
（7）在 VPN 端建立并测试 VPN 连接。
（8）验证 VPN 连接。
（9）通过网络策略控制访问 VPN。

四、做一做

根据项目实录视频进行项目实训，检查学习效果。

项目 11　配置与管理 NAT 服务器

Windows Server 2012 的网络地址转换（Network Address Translation，NAT）让位于内部网络的多台计算机只需要共享一个 Public IP 地址，就可以同时连接因特网、浏览网页与收发电子邮件。

项目目标

- 了解 NAT 的基本概念和基本原理。
- 熟悉 NAT 网络地址转换的工作过程。
- 掌握配置并测试 NAT 服务器。
- 掌握外部网络主机访问内部 Web 服务器的方法。
- 了解 DHCP 分配器与 DHCP 中继代理。

11.1　相关知识

11.1.1　NAT 概述

网络地址转换器 NAT（Network Address Translator）位于使用专用地址的 Intranet 和使用公用地址的 Internet 之间。从 Intranet 传出的数据包由 NAT 将它们的专用地址转换为公用地址，从 Internet 传入的数据包由 NAT 将它们的公用地址转换为专用地址。这样在内部网络中计算机使用未注册的专用 IP 地址，而在与外部网络通信时使用注册的公用 IP 地址，大大降低了连接成本。同时 NAT 也起到将内部网络隐藏起来，保护内部网络的作用，因为对外部用户来说只有使用公用 IP 地址的 NAT 是可见的。

11.1.2　认识 NAT 的工作过程

NAT 地址转换协议的工作过程主要有以下 4 个步骤：

（1）客户机将数据包发送给运行 NAT 的计算机。

（2）NAT 将数据包中的端口号和专用的 IP 地址换成它自己的端口号和公用的 IP 地址，然后将数据包发送给外部网络的目的主机，同时记录一个跟踪信息在映像表中，以便向客户机发送回答信息。

（3）外部网络发送回答信息给 NAT。

（4）NAT 将所收到的数据包的端口号和公用 IP 地址转换为客户机的端口号和内部网络

使用的专用 IP 地址并转发给客户机。

以上步骤对网络内部的主机和网络外部的主机都是透明的，对它们来讲就如同直接通信一样，如图 11-1 所示。担当 NAT 的计算机有两块网卡、两个 IP 地址，IP1 为 192.168.0.1，IP2 为 202.162.4.1。

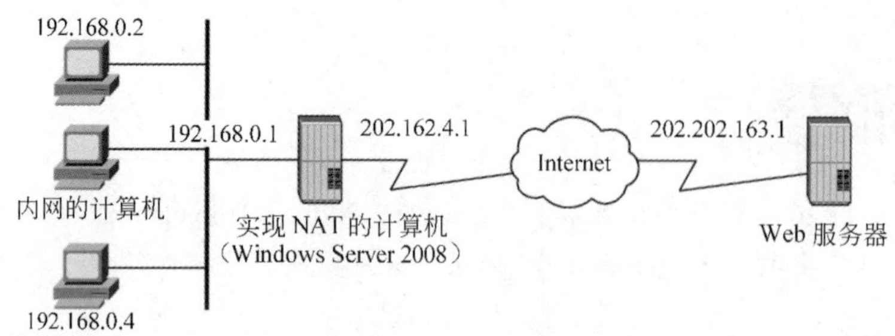

图 11-1 NAT 的工作过程

下面举例来说明。

（1）192.168.0.2 用户使用 Web 浏览器连接到位于 202.202.163.1 的 Web 服务器，则用户计算机将创建带有下列信息的 IP 数据包：

- 目标 IP 地址：202.202.163.1
- 源 IP 地址：192.168.0.2
- 目标端口：TCP 端口 80
- 源端口：TCP 端口 1350

（2）IP 数据包转发到运行 NAT 的计算机上，它将传出的数据包地址转换成下面的形式，然后用自己的 IP 地址重新打包后转发。

- 目标 IP 地址：202.202.163.1
- 源 IP 地址：202.162.4.1
- 目标端口：TCP 端口 80
- 源端口：TCP 端口 2500

（3）NAT 协议在表中保留了{192.168.0.2,TCP 1350}到{202.162.4.1,TCP 2500}的映射，以便回传。

（4）转发的 IP 数据包是通过 Internet 发送的。Web 服务器响应通过 NAT 协议发回和接收。当接收时，数据包包含下面的公用地址信息。

- 目标 IP 地址：202.162.4.1
- 源 IP 地址：202.202.163.1
- 目标端口：TCP 端口 2500
- 源端口：TCP 端口 80

（5）NAT 协议检查转换表，将公用地址映射到专用地址，并将数据包转发给位于 192.168.0.2 的计算机。转发的数据包包含以下地址信息：

- 目标 IP 地址：192.168.0.2
- 源 IP 地址：202.202.163.1
- 目标端口：TCP 端口 1350

- 源端口：TCP 端口 80

说明 对于来自 NAT 协议的传出数据包，源 IP 地址（专用地址）被映射到 ISP 分配的地址（公用地址），并且 TCP/IP 端口号也会被映射到不同的 TCP/IP 端口号。对于到 NAT 协议的传入数据包，目标 IP 地址（公用地址）被映射到源 Internet 地址（专用地址），并且 TCP/UDP 端口号被重新映射回源 TCP/UDP 端口号。

11.2 项目设计及准备

在架设 NAT 服务器之前，读者需要了解 NAT 服务器配置实例部署的需求和实训环境。

1．部署需求

在部署 NAT 服务前需要满足以下要求：

（1）设置 NAT 服务器的 TCP/IP 属性，手工指定 IP 地址、子网掩码、默认网关和 DNS 服务器 IP 地址等。

（2）部署域环境，域名为 long.com。

2．部署环境

所有实例都被部署在如图 11-2 所示的网络环境下。其中 NAT 服务器主机名为 win2012-1，该服务器连接内部局域网网卡（LAN）的 IP 地址为 192.168.10.1/24，连接外部网络网卡（WAN）的 IP 地址为 200.1.1.1/24；NAT 客户端主机名为 win2012-2，IP 地址为 192.168.10.2/24；内部 Web 服务器主机名为 Server1，IP 地址为 192.168.10.4/24；Internet 上的 Web 服务器主机名为 win2012-3，IP 地址为 200.1.1.3/24。

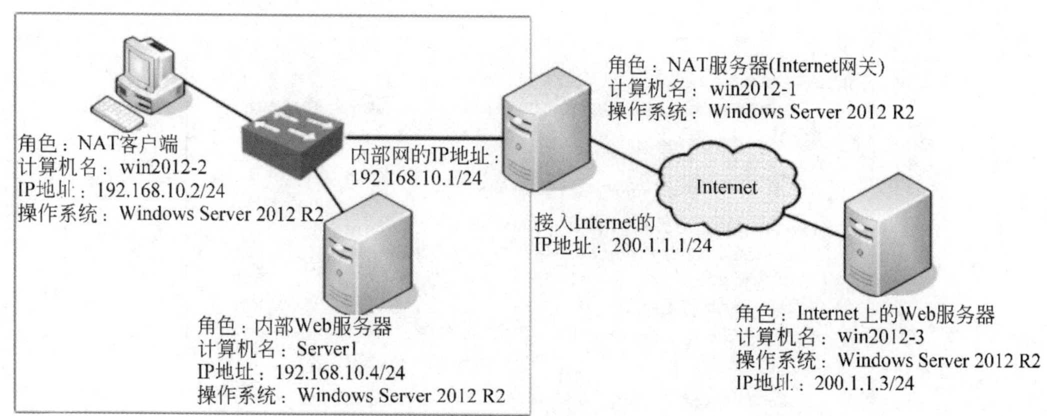

图 11-2 架设 NAT 服务器的网络拓扑图

win2012-1、win2012-2、win2012-3、Server1 可以是 Hyper-V 服务器的虚拟机，也可以是 VMware 的虚拟机。

提示 在 VMware 虚拟机中，win2012-1 的内部网卡的连接方式采用 VMnet1，win2012-1 的外部网卡的连接方式采用 VMnet8，win2012-2 和 Server1 的网络连接方式采用 VMnet1，win2012-3 的网络连接方式采用 VMnet8。

11.3 项目实施

任务 11-1 安装“路由和远程访问”服务器

1. 安装“路由和远程访问服务”角色服务

Step 1 按照图 11-1 所示的网络拓扑图配置各计算机的 IP 地址等参数。

Step 2 在计算机 win2012-1 上通过“服务器管理器”安装“路由和远程访问服务”角色服务。

2. 配置并启用 NAT 服务

在计算机 win2012-1 上通过“路由和远程访问”控制台配置并启用 NAT 服务，具体步骤如下：

Step 1 打开“路由和远程访问服务器安装向导”界面。以管理员账户登录到需要添加 NAT 服务的计算机 win2012-1 上，单击“开始”→“管理工具”→“路由和远程访问”选项，打开“路由和远程访问”控制台。右击服务器 win2012-1，在弹出的快捷菜单中选择“禁用路由和远程访问”选项（清除 VPN 实验的影响）。

Step 2 选择网络地址转换（NAT）。右击服务器 win2012-1，在弹出的快捷菜单中选择“配置并启用路由和远程访问”选项，打开“路由和远程访问服务器安装向导”界面，单击“下一步”按钮，进入“配置”界面，在其中可以配置 NAT、VPN 以及路由服务，在此选择“网络地址转换（NAT）”单选项，如图 11-3 所示。

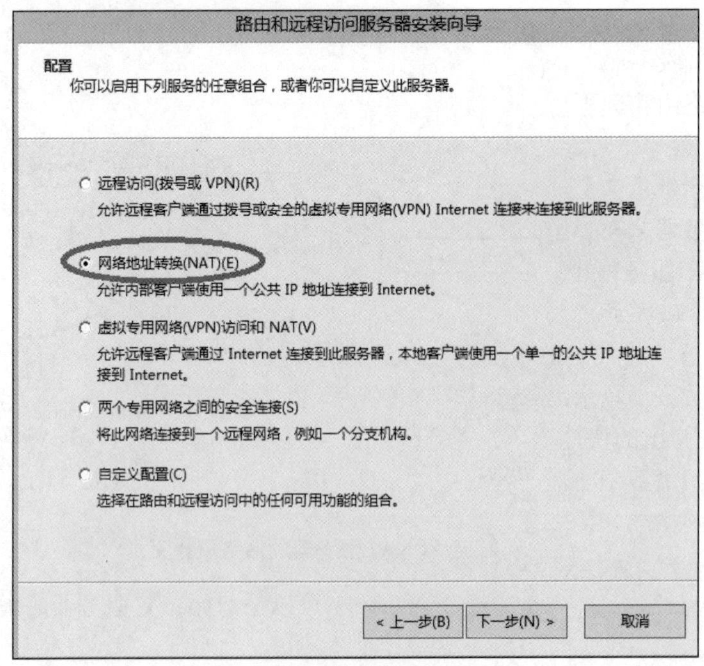

图 11-3 选择网络地址转换（NAT）

Step 3 选择连接到 Internet 的网络接口。单击“下一步”按钮，进入“NAT Internet 连接”界面，在其中指定连接到 Internet 的网络接口，即 NAT 服务器连接到外部网络的网卡，选择“使用此公共接口连接到 Internet”单选项，并选择接口为“Internet 连接”，如图 11-4 所示。

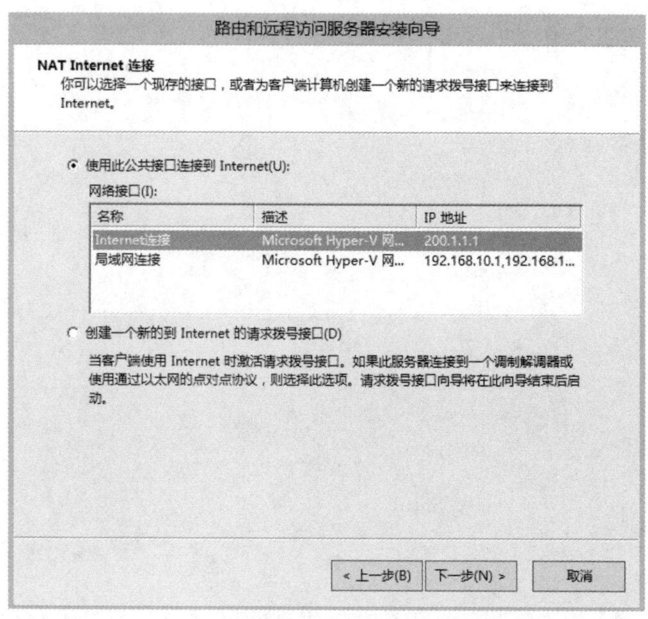

图 11-4　选择连接到 Internet 的网络接口

Step 4 结束 NAT 配置。单击“下一步”按钮，进入“正在完成路由和远程访问服务器安装向导”界面，单击“完成”按钮即可完成 NAT 服务的配置和启用。

3. 停止 NAT 服务

可以使用“路由和远程访问”控制台停止 NAT 服务，具体步骤如下：

Step 1 以管理员账户登录到 NAT 服务器上，打开“路由和远程访问”控制台，NAT 服务启用后显示绿色向上标识箭头。

Step 2 右击服务器，在弹出的快捷菜单中选择“所有任务”→“停止”命令，停止 NAT 服务。NAT 服务停止以后，显示红色向下标识箭头，表示 NAT 服务已停止。

4. 禁用 NAT 服务

要禁用 NAT 服务，可以使用“路由和远程访问”控制台，具体步骤如下：

Step 1 以管理员账户登录到 NAT 服务器上，打开“路由和远程访问”控制台，右击“服务器”，在弹出的快捷菜单中选择“禁用路由和远程访问”选项。

Step 2 弹出“禁用 NAT 服务警告信息”界面，该信息表示禁用路由和远程访问服务后要重新启用路由器，需要重新配置。禁用路由和远程访问后的控制台界面显示红色向下标识箭头。

任务 11-2　NAT 客户端计算机配置和测试

配置 NAT 客户端计算机，并测试内部网络和外部网络计算机之间的连通性。

1. 设置 NAT 客户端计算机网关地址

以管理员账户登录 NAT 客户端计算机 win2012-2，打开“Internet 协议版本 4（TCP/IPv4）

属性”对话框。设置其“默认网关”的 IP 地址为 NAT 服务器的内网网卡（LAN）的 IP 地址，在此输入 192.168.10.1，如图 11-5 所示。最后单击“确定”按钮。

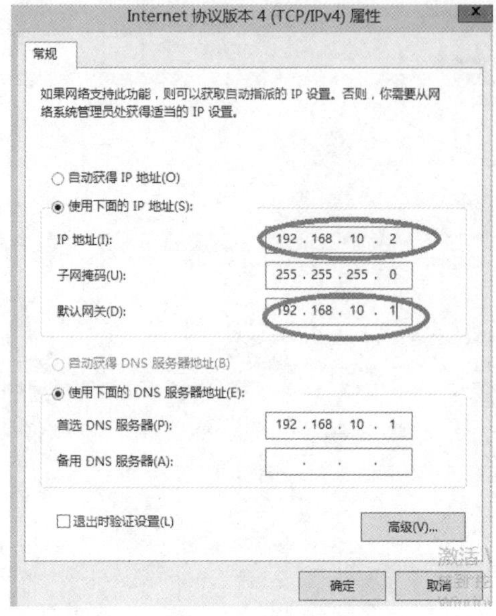

图 11-5 设置 NAT 客户端的网关地址

2. 测试内部 NAT 客户端与外部网络计算机的连通性

在 NAT 客户端计算机 win2012-2 上打开命令提示符界面，测试与 Internet 上的 Web 服务器（win2012-3）的连通性，输入命令 ping 200.1.1.3，如图 11-6 所示，显示能连通。

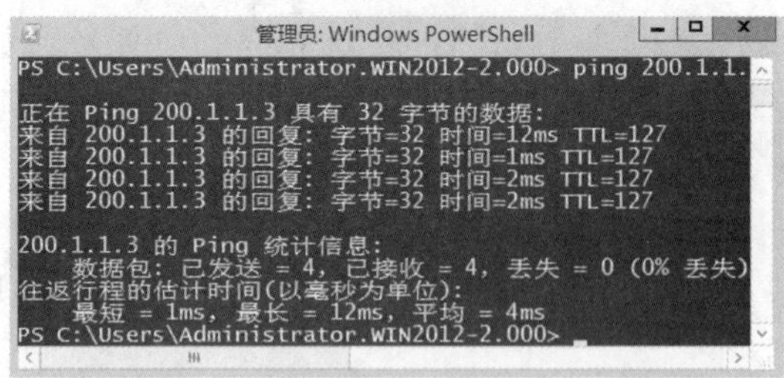

图 11-6 测试 NAT 客户端计算机与外部计算机的连通性

3. 测试外部网络计算机与 NAT 服务器、内部 NAT 客户端的连通性

以本地管理员账户登录到外部网络计算机（win2012-3）上，打开命令提示符界面，依次使用命令 ping 200.1.1.1、ping 192.168.10.1、ping 192.168.10.2、ping 192.168.10.4 测试外部计算机 win2012-3 与 NAT 服务器外网卡和内网卡以及内部网络计算机的连通性，如图 11-7 所示，除 NAT 服务器外网卡外均不能连通。

任务 11-3 外部网络主机访问内部 Web 服务器

让外部网络的计算机 win2012-3 能够访问内部 Web 服务器 Server1。

1. 在内部网络计算机 Server1 上安装 Web 服务器

在 Server1 上安装 Web 服务器，具体操作请参考“项目 10 配置与管理 Web 服务器”。

```
PS C:\Users\Administrator> ping 200.1.1.1

正在 Ping 200.1.1.1 具有 32 字节的数据:
来自 200.1.1.1 的回复: 字节=32 时间=2ms TTL=128
来自 200.1.1.1 的回复: 字节=32 时间=1ms TTL=128
来自 200.1.1.1 的回复: 字节=32 时间=1ms TTL=128
来自 200.1.1.1 的回复: 字节=32 时间<1ms TTL=128

200.1.1.1 的 Ping 统计信息:
    数据包: 已发送 = 4, 已接收 = 4, 丢失 = 0 (0% 丢失),
往返行程的估计时间(以毫秒为单位):
    最短 = 0ms, 最长 = 2ms, 平均 = 1ms
PS C:\Users\Administrator> ping 192.168.10.1

正在 Ping 192.168.10.1 具有 32 字节的数据:
PING: 传输失败。General failure.
PING: 传输失败。General failure.
PING: 传输失败。General failure.
PING: 传输失败。General failure.

192.168.10.1 的 Ping 统计信息:
    数据包: 已发送 = 4, 已接收 = 0, 丢失 = 4 (100% 丢失),
PS C:\Users\Administrator> ping 192.168.10.2

正在 Ping 192.168.10.2 具有 32 字节的数据:
PING: 传输失败。General failure.
PING: 传输失败。General failure.
PING: 传输失败。General failure.
PING: 传输失败。General failure.

192.168.10.2 的 Ping 统计信息:
    数据包: 已发送 = 4, 已接收 = 0, 丢失 = 4 (100% 丢失),
PS C:\Users\Administrator> ping 192.168.10.4

正在 Ping 192.168.10.4 具有 32 字节的数据:
PING: 传输失败。General failure.
PING: 传输失败。General failure.
PING: 传输失败。General failure.
PING: 传输失败。General failure.

192.168.10.4 的 Ping 统计信息:
    数据包: 已发送 = 4, 已接收 = 0, 丢失 = 4 (100% 丢失),
```

图 11-7　测试外部网络计算机与 NAT 服务器、内部 NAT 客户端的连通性

2. 将内部网络计算机 Server1 配置成 NAT 客户端

以管理员账户登录到 NAT 客户端计算机 Server1 上，打开“Internet 协议版本 4（TCP/IPv4）属性”对话框。设置其“默认网关”的 IP 地址为 NAT 服务器的内网网卡（LAN）的 IP 地址，在此输入 192.168.10.1。最后单击“确定”按钮。

> **注意**　使用端口映射等功能时，内部网络计算机一定要配置成 NAT 客户端。

3. 设置端口地址转换

Step 1　以管理员账户登录到 NAT 服务器上，打开“路由和远程访问”控制台，依次展开服务器 win2012-1 和 IPv4 节点，单击 NAT，在控制台右侧窗格中右击 NAT 服务器的外网网卡“Internet 连接”，在弹出的快捷菜单中选择“属性”选项，如图 11-8 所示，弹出“Internet 连接属性”对话框。

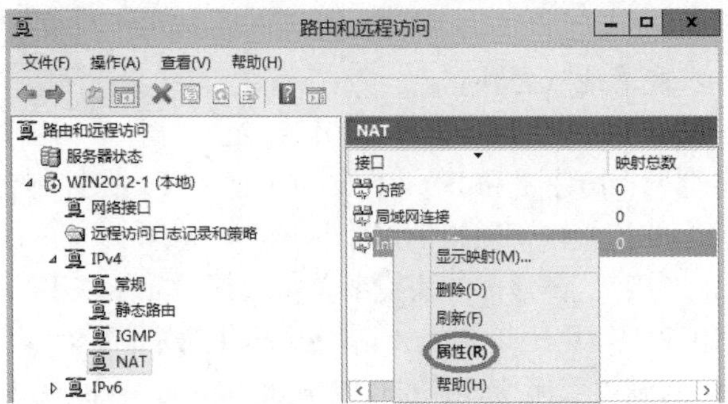

图 11-8　打开“Internet 连接属性”对话框操作

Step 2 选择“服务和端口”选项卡，在此可以设置将 Internet 用户重定向到内部网络上的服务，如图 11-9 所示。

Step 3 选择“服务”列表中的“Web 服务器（HTTP）”复选项，会打开“编辑服务”对话框，在“专用地址”文本框中输入安装 Web 服务器的内部网络计算机 IP 地址，在此输入 192.168.10.10.4，如图 11-10 所示。最后单击“确定”按钮。

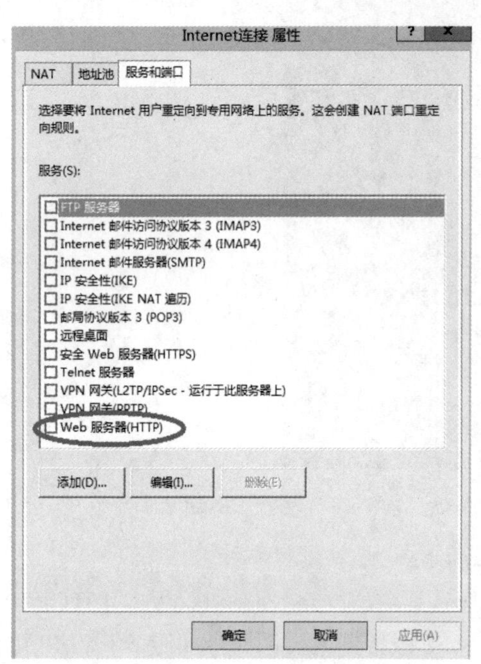

图 11-9 “服务和端口”选项卡

图 11-10 “编辑服务”对话框

Step 4 返回“服务和端口”选项卡，可以看到已经选择了“Web 服务器（HTTP）”复选项，单击“确定”按钮即可完成端口地址转换的设置。

4. 从外部网络访问内部 Web 服务器

Step 1 以管理员账户登录到外部网络的计算机 win2012-3 上。

Step 2 打开 IE 浏览器，输入 http://200.1.1.1，会打开内部计算机 Server1 上的 Web 网站。请读者试一试。

注意 200.1.1.1 是 NAT 服务器外部网卡的 IP 地址。

5. 在 NAT 服务器上查看地址转换信息

Step 1 以管理员账户登录到 NAT 服务器 win2012-1 上，打开“路由和远程访问”控制台，依次展开服务器 win2012-1 和 IPv4 节点，单击 NAT，在控制台右侧窗格中显示 NAT 服务器正在使用的连接内部网络的网络接口。

Step 2 右击“Internet 连接”，在弹出的快捷菜单中选择“显示映射”选项，打开如图 11-11 所示的“win2012-1-网络地址转换会话映射表格”对话框。该信息表示外部网络计算机 200.1.1.3 访问到内部网络计算机 192.168.10.4 的 Web 服务，NAT 服务器将 NAT 服务器外网卡 IP 地址 200.1.1.1 转换成了内部网络计算机 IP 地址 192.168.10.4。

WIN2012-1 - 网络地址转换会话映射表格

协议	方向	专用地址	专用端口	公用地址	公用端口	远程地址	远程端口	空闲时间
TCP	入站	192.168.10.4	80	200.1.1.1	80	200.1.1.3	49,362	20

图 11-11　网络地址转换会话映射表格

任务 11-4　配置筛选器

数据包筛选器用于 IP 数据包的过滤。数据包筛选器分为入站筛选器和出站筛选器，分别对应接收到的数据包和发出去的数据包。对于某一个接口而言，入站数据包指的是从此接口接收到的数据包，而不论此数据包的源 IP 地址和目的 IP 地址；出站数据包指的是从此接口发出的数据包，而不论此数据包的源 IP 地址和目的 IP 地址。

可以在入站筛选器和出站筛选器中定义 NAT 服务器只是允许筛选器中所定义的 IP 数据包或者允许除了筛选器中定义的 IP 数据包外的所有数据包，对于没有允许的数据包，NAT 服务器默认将会丢弃它。

任务 11-5　设置 NAT 客户端

前面已经实践过设置 NAT 客户端了，在此总结一下。局域网 NAT 客户端只要修改 TCP/IP 的设置即可，可以选择以下两种设置方式：

（1）自动获得 TCP/IP。

客户端会自动向 NAT 服务器或 DHCP 服务器来索取 IP 地址、默认网关、DNS 服务器的 IP 地址等信息。

（2）手工设置 TCP/IP。

手工设置 IP 地址要求客户端的 IP 地址必须与 NAT 局域网接口的 IP 地址在相同的网段内，也就是 Network ID 必须相同。默认网关必须设置为 NAT 局域网接口的 IP 地址，本例中为 192.168.10.1。首选 DNS 服务器可以设置为 NAT 局域网接口的 IP 地址或是任何一台合法的 DNS 服务器的 IP 地址。

完成后，客户端的用户只要上网、收发电子邮件、连接 FTP 服务器等，NAT 就会自动通过 PPPoE 请求拨号来连接 Internet。

任务 11-6　配置 DHCP 分配器与 DNS 代理

NAT 服务器还具备以下两个功能：

- DHCP 分配器（DHCP Allocator）：分配 IP 地址给内部的局域网客户端计算机。
- DNS 代理（DNS proxy）：替局域网内的计算机来查询 IP 地址。

1. DHCP 分配器

DHCP 分配器扮演着类似 DHCP 服务器的角色，用来给内部网络的客户端分配 IP 地址。若要修改 DHCP 分配器设置可单击 IPv4→NAT→上方的属性图标→NAT 属性界面中的“地址分配”选项卡，如图 11-12 所示。

在配置 NAT 服务器时，若系统检测到内部网络上有 DHCP 服务器，则不会自动启动 DHCP 分配器。

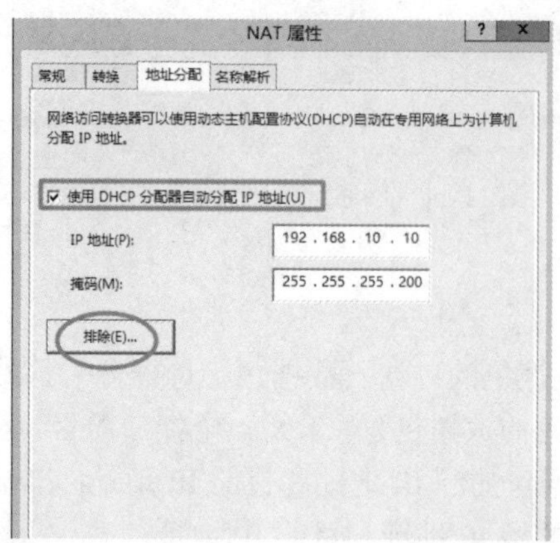

图 11-12 “NAT 属性”对话框的“地址分配”选项卡

图 11-12 中 DHCP 分配器分配给客户端的 IP 地址的网络标识符为 192.168.0.0，这个默认值是根据 NAT 服务器内网卡的 IP 地址（192.168.10.1）产生的。可以修改此默认值，不过必须与 NAT 服务器内网卡 IP 地址一致，也就是网络 ID 需要相同。

若内部网络内某些计算机的 IP 地址是手工输入的，且这些 IP 地址位于上述 IP 地址范围内，则请通过界面中的“排除”按钮来将这些 IP 地址排除，以免这些 IP 地址被发放给其他客户端计算机。

若内部网络包含多个子网或 NAT 服务器拥有多个专用网接口，由于 NAT 服务器的 DHCP 分配器只能分配一个网段的 IP 地址，因此其他网络内的计算机的 IP 地址需要手动设置或另外通过其他 DHCP 服务器来分配。

2. DNS 中继代理

当内部计算机需要查询主机的 IP 地址时，它们可以将查询请求发送到 NAT 服务器，然后由 NAT 服务器的 DNS 中继代理（DNS proxy）来替它们查询 IP 地址。可以通过图 11-13 中的“名称解析”选项卡来启动或修改 DNS 中继代理的设置，勾选“使用域名系统（DNS）的客户端”复选项，表示要启用 DNS 中继代理的功能，以后只要客户端要查询主机的 IP 地址时（这些主机可能位于因特网或内部网络），NAT 服务器都可以代替客户端来向 DNS 服务器查询。

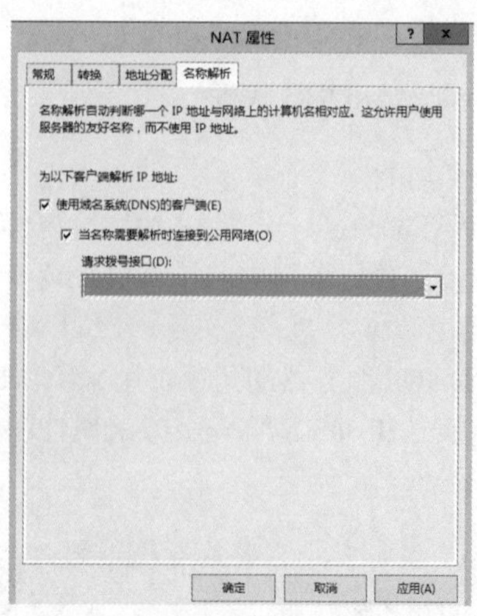

图 11-13 “NAT 属性”对话框的“名称解析”选项卡

NAT 服务器会向其 TCP/IP 配置处的首选 DNS 服务器（备用 DNS 服务器）来查询。若此 DNS 服务器位于因特网内，而且 NAT 服务器是通过 PPPoE 请求拨号来连接因特网，则勾选“当名称需要解析时连接到公用网络”复选项，以便让 NAT 服务器可以自动利用 PPPoE 请求拨号（例如 Hinet）来连接因特网。

11.4　习题

一、填空题

1．NAT 是______的简称，中文是______。

2．NAT 位于使用专用地址的______和使用公用地址的______之间。从 Intranet 传出的数据包由 NAT 将它们的______地址转换为______地址，从 Internet 传入的数据包由 NAT 将它们的______地址转换为______地址。

3．NAT 也起到将______网络隐藏起来，保护______网络的作用，因为对外部用户来说只有使用______地址的 NAT 是可见的。

4．NAT 让位于内部网络的多台计算机只需要共享一个 Public IP 地址，就可以同时连接因特网、浏览网页与收发电子邮件。

二、简答题

1．网络地址转换 NAT 的功能是什么？

2．简述地址转换的原理，即 NAT 的工作过程。

3．下列不同技术有何异同（可参考课程网站上的补充资料）？

①NAT 与路由；②NAT 与代理服务器；③NAT 与 Internet 共享

11.5　项目拓展　配置与管理 NAT 服务器

一、项目目的

- 掌握使局域网内部的计算机连接到 Internet 的方法。
- 掌握使用 NAT 实现网络互联的方法。
- 掌握远程访问服务的实现方法。

二、项目环境

本项目根据图 11-2 所示的环境来部署 NAT 服务器。

三、项目要求

根据网络拓扑图完成如下任务：

（1）部署架设 NAT 服务器的环境。

（2）安装“路由和远程访问服务”角色服务。

（3）配置并启用 NAT 服务。

（4）停止 NAT 服务。

（5）禁用 NAT 服务。

（6）NAT 客户端计算机配置和测试。

（7）外部网络主机访问内部 Web 服务器。

（8）配置筛选器。

（9）设置 NAT 客户端。

（10）配置 DHCP 分配器与 DNS 代理。

四、做一做

根据项目实录视频进行项目实训，检查学习效果。

项目 12　配置与管理证书服务器

对于大型计算机网络，数据的安全和管理的自动化历来都是人们追求的目标，特别是随着 Internet 的迅猛发展，在 Internet 上处理事务、交流信息和交易等活动越来越广泛，越来越多的重要数据要在网络上传输，网络安全问题也更加被重视。尤其是在电子商务活动中，必须保证交易双方能够互相确认身份，安全地传输敏感信息，同时还要防止被人截获、篡改，或者假冒交易等。因此，如何保证重要数据不受到恶意的损坏成为网络管理最关键的问题之一。而通过部署 PKI（Public Key Infrastructure，公开密钥基础架构），利用 PKI 提供的密钥体系来实现数字证书签发、身份认证、数据加密和数字签名等功能，可以确保电子邮件、电子商务交易、文件传送等各类数据传输的安全性。

- 了解 PKI。
- 掌握配置与管理证书的方法。
- 学习 SSL 网站证书实例。

12.1　相关知识

12.1.1　PKI 概述

用户通过网络将数据发送给接收者时，可以利用 PKI 所提供的以下 3 种功能来确保数据传输的安全性：

- 将传输的数据加密。
- 接收者计算机会验证所收到的数据是否由发件人本人所发送。
- 接收者计算机还会确认数据的完整性，也就是检查数据在传输过程中是否被篡改。

PKI 根据公钥加密系统来提供上述功能，而用户需要拥有以下的一组密钥来支持这些功能：

- 公钥：用户的公钥可以公开给其他用户。
- 私钥：用户的私钥是该用户私有的，且存储在用户的计算机内，只有他能够访问。

用户需要通过向证书颁发机构（Certification Authority，CA）申请证书的方法来拥有与使用这一组密钥。

1. 公钥加密法

数据被加密后，必须经过解密才能读取数据的内容。PKI 使用公钥加密机制来对数据进行加密与解密。发件人利用收件人的公钥将数据加密，而收件人利用自己的私钥将数据解密，例如图 12-1 所示为用户 Bob 发送一封经过加密的电子邮件给用户 Alice 的流程。

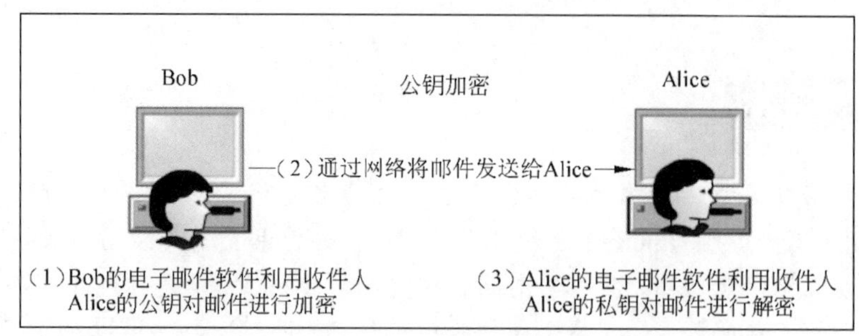

图 12-1　发送一封经过加密的电子邮件

图 12-1 中，Bob 必须先取得 Alice 的公钥，才可以利用此密钥来将电子邮件加密，而因为 Alice 的私钥只存储在她的计算机内，故只有她的计算机可以将此邮件解密，因此她可以正常读取此邮件。其他用户即使拦截这封邮件也无法读取邮件内容，因为他们没有 Alice 的私钥，无法将其解密。

公钥加密体系使用公钥来加密、私钥来解密，此方法又称为非对称式加密。另一种加密法是单密钥加密，又称为对称式加密，其加密、解密都使用同一个密钥。

2. 公钥验证

发件人可以利用公钥验证来将待发送的数据进行“数字签名”，而收件人计算机在收到数据后，便能够通过此数字签名来验证数据是否确实是由发件人本人所发出，同时还会检查数据在传输的过程中是否被篡改。

发件人是利用自己的私钥对数据进行签名，而收件人计算机会利用发件人的公钥来验证此份数据。例如图 12-2 所示为用户 Bob 发送一封经过数字签名的电子邮件给用户 Alice 的流程。

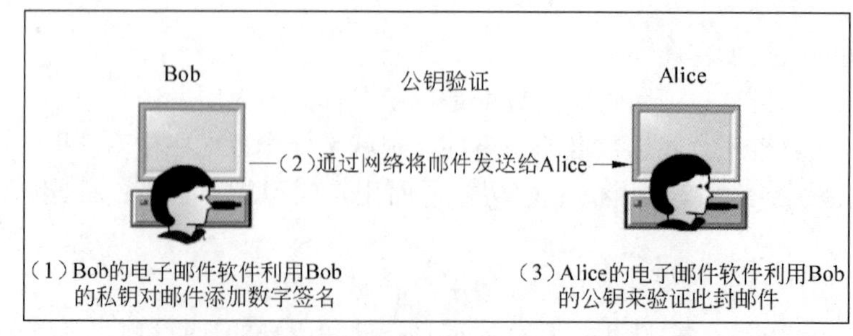

图 12-2　发送一封经过数字签名的电子邮件

由于图 12-2 中的邮件是经过 Bob 的私钥签名的，而公钥与私钥是一对，因此收件人 Alice 必须先取得发件人 Bob 的公钥后才可以利用此密钥来验证这封邮件是否是由 Bob 本人所发送过来的，并检查这封邮件是否被篡改。

数字签名验证用户身份的流程如下：

Step 1 发件人的电子邮件经过消息哈希算法的运算处理后，产生一个消息摘要，它是一个数字指纹。

Step 2 发件人的电子邮件软件利用发件人的私钥将此消息摘要加密，所使用的加密方法为公钥加密算法，加密后的结果被称为数字签名。

Step 3 发件人的电子邮件软件将原电子邮件与数字签名一并发送给收件人。

Step 4 收件人的电子邮件软件会将收到的电子邮件与数字签名分开处理：

- 电子邮件重新经过消息哈希算法的运算处理后产生一个新的消息摘要。
- 数字签名经过公钥加密算法的解密处理后，可得到发件人传来的原消息摘要。

Step 5 新消息摘要与原消息摘要应该相同，否则表示这封电子邮件被篡改或是冒用发件人身份发来的。

3. 网站安全连接

SSL（Secure Sockets Layer）是一个以 PKI 为基础的安全性通信协议，若要让网站拥有 SSL 安全连接功能，就需要为网站向 CA 申请 SSL 证书（Web 服务器证书），证书内包含公钥、证书有效期限、发放此证书的 CA、CA 的数字签名等数据。

在网站拥有 SSL 证书之后，浏览器与网站之间就可以通过 SSL 安全连接来通信了，也就是将 URL 路径中的 http 改为 https，例如若网站为 www.long.com，则浏览器是利用 https://www.long.com/来连接网站的。

我们以图 12-3 来说明浏览器与网站之间如何建立 SSL 安全连接。建立 SSL 安全连接时，会建立一个双方都同意的会话密钥，并利用此密钥来将双方所传送的数据加密、解密并确认数据是否被篡改。

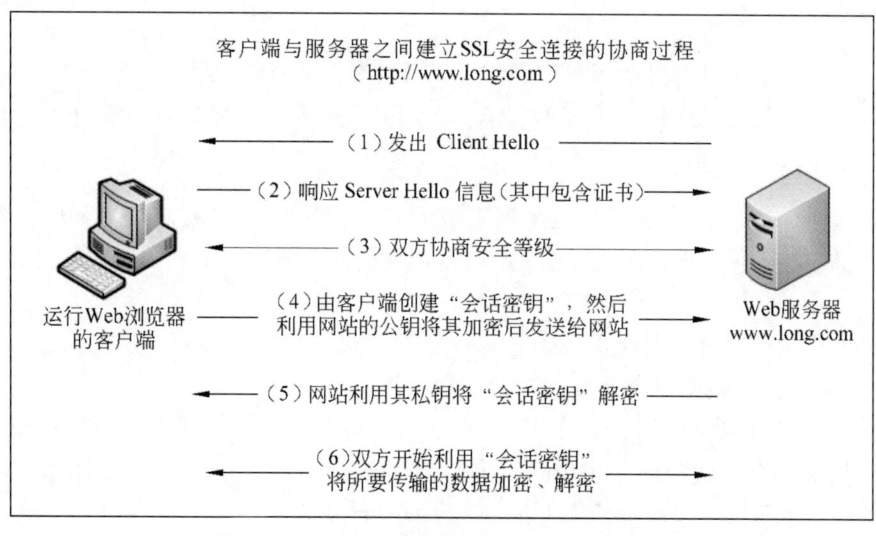

图 12-3 浏览器与网站之间建立 SSL 安全连接

Step 1 客户端浏览器利用 https://long.com 来连接网站时，客户端会先发出 Client Hello 信息给 Web 服务器。

Step 2 Web 服务器会响应 Server Hello 信息给客户端，此信息内包含网站的证书信息（内含公钥）。

Step 3 客户端浏览器与网站双方开始协商 SSL 连接的安全等级，例如选择 40 或 128 位加密密钥。位数越多，越难破解，数据越安全，但网站性能就越差。

Step 4 浏览器根据双方同意的安全等级来建立会话密钥，利用网站的公钥将会话密钥加密，将加密后的会话密钥发送给网站。

Step 5 网站利用它自己的私钥来将会话密钥解密。

Step 6 浏览器与网站双方相互之间传送的所有数据都会利用这个会话密钥进行加密与解密。

12.1.2 证书颁发机构概述与根 CA 的安装

无论是电子邮件保护还是 SSL 网站安全连接，都需要申请证书才可以使用公钥与私钥来执行数据加密与身份验证的操作。证书就好像是汽车驾驶执照一样，必须拥有汽车驾驶执照（证书）才能开车（使用密钥）。而负责发放证书的机构被称为证书颁发机构 CA。

用户或网站的公钥与私钥是如何产生的呢？在申请证书时，需要输入姓名、地址、电子邮件地址等数据，这些数据会被发送到一个称为 CSP（Cryptographic Service Provider，密码服务供应器）的程序，此程序已经被安装在申请者的计算机内或此计算机可以访问的设备内。

CSP 会自动创建一对密钥：一个公钥和一个私钥。CSP 会将私钥存储到申请者计算机的注册表中，然后将证书申请数据与公钥一并发送给 CA。CA 检查这些数据无误后，会利用自己的私钥将要发放的证书进行签名，然后发放此证书。申请者收到证书后，将证书安装到他的计算机上。

证书内包含了证书的颁发对象（用户或计算机）、证书有效期限、颁发此证书的 CA 与 CA 的数字签名（类似于汽车驾驶执照上的交通部盖章），还有申请者的姓名、地址、电子邮件地址、公钥等数据。

注意 用户计算机若安装了读卡设备，那么他可以利用智能卡来登录，不过也需要通过类似程序来申请证书，CSP 会将私钥存储到智能卡内。

1. CA 的信任

在 PKI 架构下，当用户利用某 CA 所发放的证书来发送一封经过签名的电子邮件时，收件人的计算机应该信任由此 CA 所发放的证书，否则收件人的计算机会将此电子邮件视为有问题的邮件。

又例如客户端利用浏览器连接 SSL 网站时，客户端计算机也必须信任发放 SSL 证书给此网站的 CA，否则客户端浏览器会显示警告信息。

系统默认已经自动信任一些知名商业 CA，而 Windows 8 计算机可通过单击 Internet Explorer→Alt 键→“工具”→“Internet 选项”→“内容”→“证书”→“受信任的根证书颁发机构”选项卡来查看其已经信任的 CA，如图 12-4 所示。

可以向上述商业 CA 来申请证书，例如 VeriSign，但若贵公司只是希望在各分公司、事业合作伙伴、供货商与客户之间能够安全地通过因特网传送数据，则可以不需要向上述商业 CA 申请证书，因为你可以利用 Windows Server 2012 的 Active Directory 证书服务（Active Directory Certificate Services，AD CS）。虽然名称为 Active Directory Certificate Services，但是可以不需要域环境来自行配置 CA，然后利用此 CA 来发放证书给员工、客户、供货商等，并让他们的计算机信任此 CA。

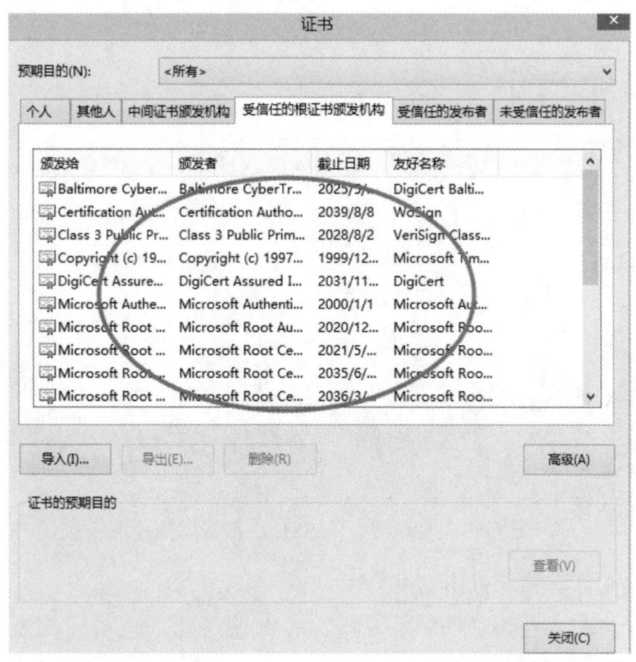

图 12-4　“受信任的根证书颁发机构”选项卡

2. AD CS 的 CA 种类

若通过 Windows Server 2012 的 AD CS 来提供 CA 服务，则可以选择将此 CA 设置为以下角色之一：

- 企业根 CA：它需要 Active Directory 域，可以将企业根 CA 安装到域控制器或成员服务器。它发放证书的对象仅限域用户，当域用户来申请证书时，企业根 CA 会从 Active Directory 中得知该用户的账户信息并以此决定该用户是否有权力来申请所需证书。企业根 CA 主要用来发放证书给从属 CA，虽然企业根 CA 还可以发放保护电子邮件安全、网站 SSL 安全连接等证书，不过应该将发放这些证书的工作交给从属 CA 来负责。
- 企业从属 CA：企业从属 CA 也需要 Active Directory 域，企业从属 CA 适合用来发放保护电子邮件安全、网站 SSL 安全连接等证书。企业从属 CA 必须向其父 CA（例如企业根 CA）取得证书之后才会正常工作。企业从属 CA 也可以发放证书给下一层的从属 CA。
- 独立根 CA：独立根 CA 类似于企业根 CA，但不需要 Active Directory 域，扮演独立根 CA 角色的计算机可以是独立服务器、成员服务器或域控制器。无论是否为域用户，都可以向独立根 CA 申请证书。
- 独立从属 CA：独立从属 CA 类似于企业从属 CA，但不需要 Active Directory 域，扮演独立从属 CA 角色的计算机可以是独立服务器、成员服务器或域控制器。无论是否为域用户，都可以向独立从属 CA 申请证书。

12.2 项目设计及准备

1. 项目设计

如图 12-5 所示，将实现网站的 SSL 连接访问。

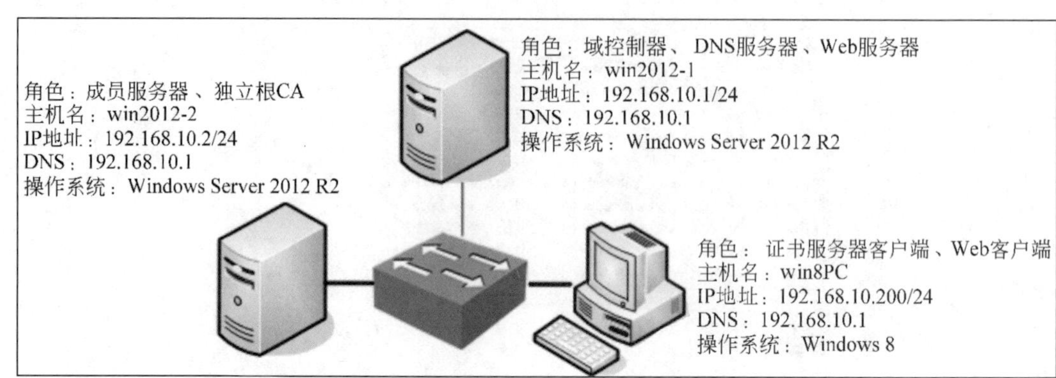

图 12-5 实现网站的 SSL 连接访问拓扑图

在部署 CA 服务前需要满足以下要求：

- Win2012-1：域控制器、DNS 服务器、Web 服务器，也可以部署企业 CA，IP 地址为 192.168.10.1/24，DNS 为 192.168.10.1。
- Win2012-2：成员服务器（独立服务器也可以），部署独立根 CA，IP 地址为 192.168.10.2/24，DNS 为 192.168.10.1。
- Win8PC：客户端（使用 Windows 8 操作系统），IP 地址为 192.168.10.200/24，DNS 为 192.168.10.1。Windows 8 计算机 Win8PC 信任独立根 CA。

win2012-1、win2012-2、win8PC 可以是 Hyper-V 服务器的虚拟机，也可以是 VMware 的虚拟机。

2. 项目准备

我们必须替网站申请 SSL 证书，网站才会具备 SSL 安全连接的能力。若网站要对 Internet 用户提供服务，请向商业 CA 申请证书，例如 VeriSign；若网站只是对内部员工、企业合作伙伴来提供服务，则可自行利用 AD CS 来配置 CA，并向此 CA 申请证书。我们将利用 AD CS 来配置 CA，并通过以下步骤来演示 SSL 网站的配置：

（1）在 win2012-2 上安装独立根 CA：long-win2012-2-CA。可以在 win2012-1 上安装企业 CA：long-win2012-1-CA。

（2）在网站计算机上创建证书申请文件。

（3）利用浏览器将证书申请文件发送给 CA，然后下载证书文件。

- 企业 CA：由于企业 CA 会自动发放证书，因此在将证书申请文件发送给 CA 后，就可以直接下载证书文件。
- 独立根 CA：独立根 CA 默认并不会自动发放证书，因此必须等 CA 管理员手动发放证书后，再利用浏览器来连接 CA 并下载证书文件。

（4）将 SSL 证书安装到 IIS 计算机，并将其绑定到网站，该网站便拥有 SSL 安全连接的能力。

（5）测试客户端浏览器与网站之间 SSL 的安全连接功能是否正常。

我们利用图 12-5 来练习 SSL 安全连接。

- 图中要启用 SSL 的网站为计算机 win2012-1 的 Web Test Site，网址为 www.long.com，请先在此计算机上安装盘好网页服务器（IIS）角色（提前做好）。
- win2012-1 扮演 DNS 服务器，请安装好 DNS 服务器角色，并在其内建立正向查找区域 long.com 和主机记录 www（IP 地址为 192.168.10.2）（提前做好）。
- 独立根 CA 安装在 win2012-2 上，名称为 long-win2012-2-CA。
- 我们要在 win8PC 计算机上利用浏览器来连接 SSL 网站。CA2 与 win8PC 计算机可以直接使用图 12-5 中的计算机，但需要另外指定首选 DNS 服务器 IP 地址 192.168.10.1。

12.3　项目实施

任务 12-1　安装证书服务并架设独立根 CA

在 win2012-2 上安装证书服务并架设独立根 CA。

1. 安装证书服务器

Step 1　请利用 Administrators 组成员的身份登录图 12-5 中的 win2012-2，安装 CA2（若要安装企业根 CA，请利用域 Enterprise Admins 组成员的身份登录 win2012-1，安装 CA）。

Step 2　打开服务器管理器→单击“仪表板”处的“添加角色和功能”选项，打开其向导窗口，连续单击“下一步”按钮，直到进入如图 12-6 所示的“选择服务器角色”界面时勾选“Active Directory 证书服务”复选项，然后在弹出的对话框中单击“添加功能”按钮（如果没有安装 Web 服务器，则在此一并安装）。

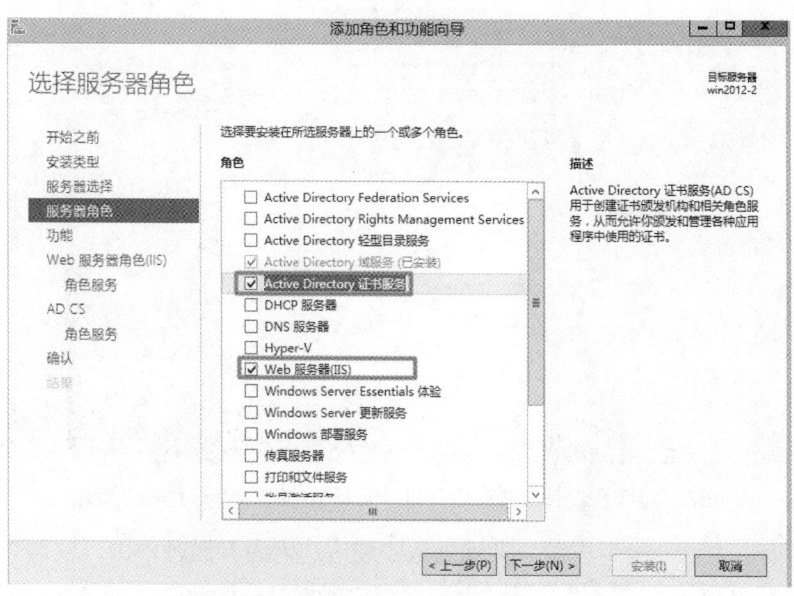

图 12-6　添加 AD CS 和 Web 服务器角色

Step 3 连续单击“下一步”按钮，直到进入图 12-7 所示的界面。

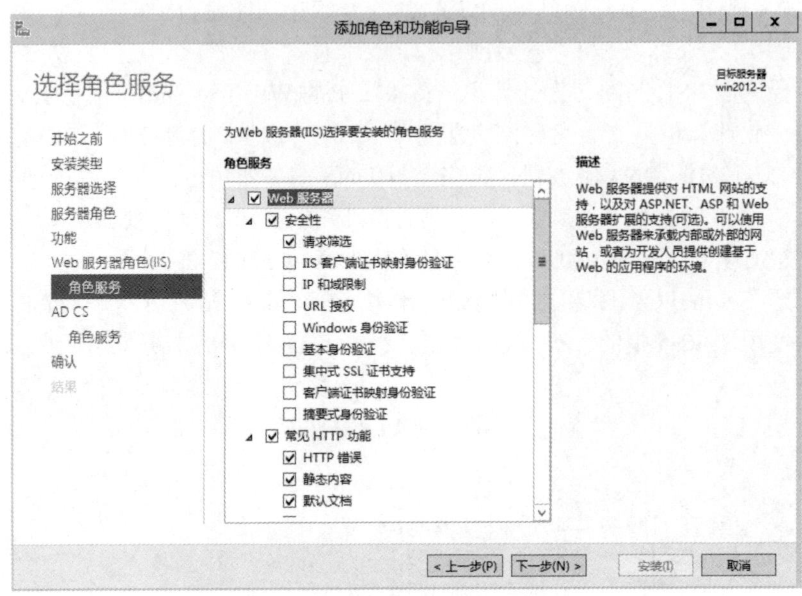

图 12-7　Web 服务器角色

Step 4 连续单击“下一步”按钮，直到进入图 12-8 所示的界面，请确保勾选了“证书颁发机构”和“证书颁发机构 Web 注册”复选项，单击“安装”按钮，它会顺便安装 IIS 网站，以便让用户利用浏览器来申请证书。

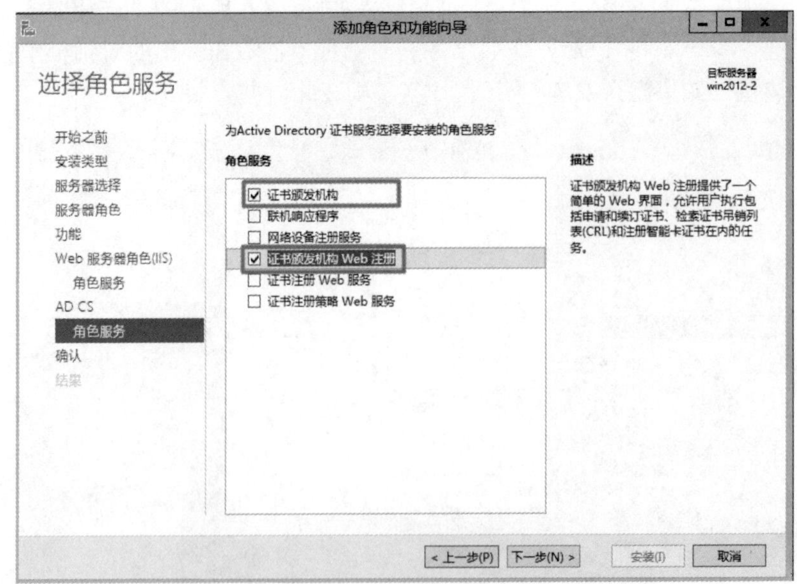

图 12-8　勾选“证书颁发机构”和“证书颁发机构 Web 注册”复选项

Step 5 连续单击“下一步”按钮，直到确认安装所选内容界面时单击“安装”按钮。

Step 6 在图 12-9 所示的“结果”对话框中单击“配置目标服务器上的 Active Directory 证书服务”，然后单击“关闭”按钮。

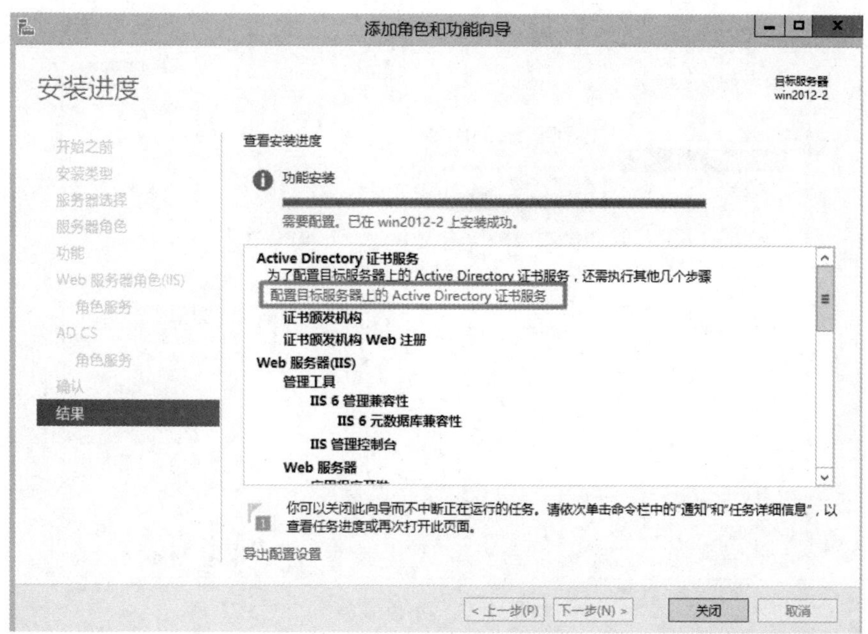

图 12-9 完成安装 AD CS

2. 架设独立根 CA

Step 1 在图 12-10 所示的界面中直接单击“下一步”按钮，开始配置 AD CS。

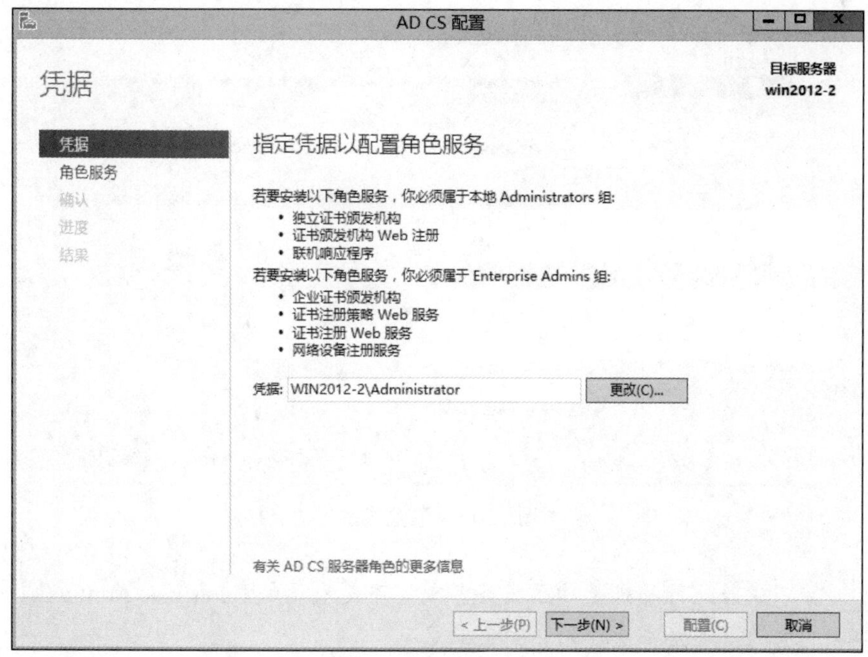

图 12-10 开始配置 AD CS

Step 2 按图 12-11 所示勾选“证书颁发机构”和“证书颁发机构 Web 注册”复选项后单击“下一步”按钮。

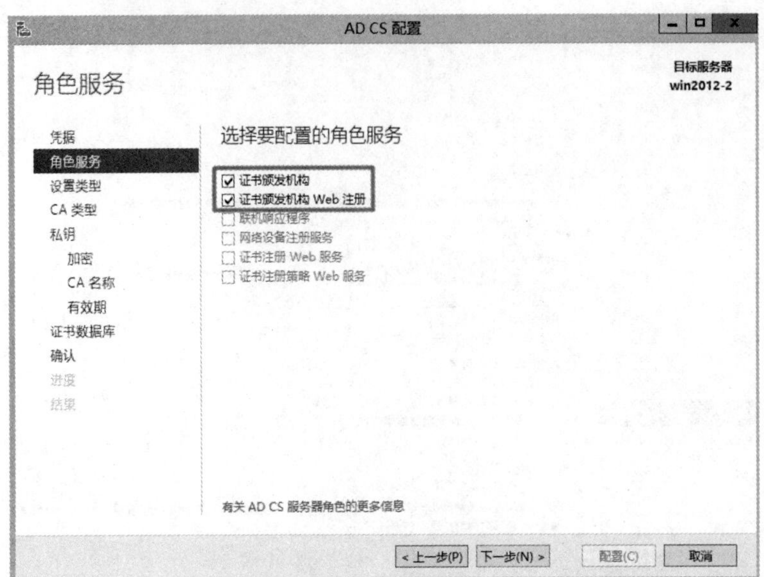

图 12-11　角色服务

Step 3　在图 12-12 所示的界面中选择 CA 的类型后单击“下一步”按钮。

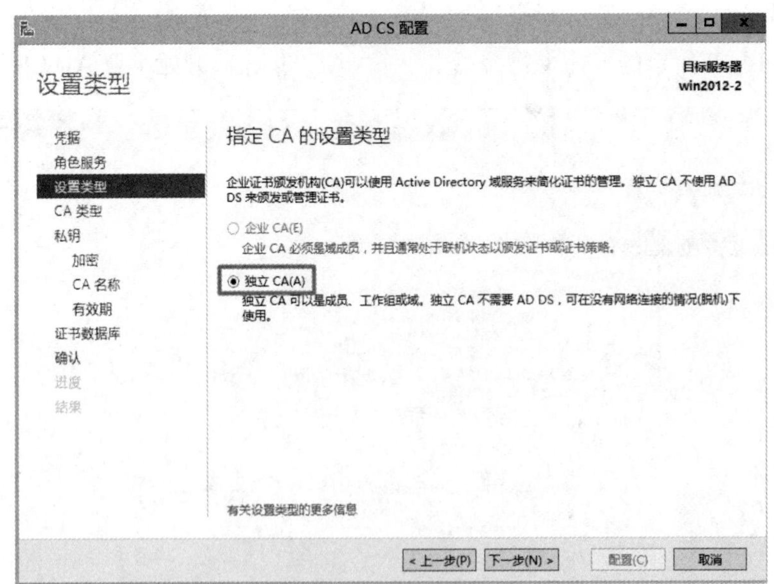

图 12-12　设置类型

若此计算机是独立服务器或您不是利用域 Enterprise Admins 成员身份登录的，则无法选择的界面企业 CA。

Step 4　在图 12-13 所示的界面中选择“根 CA”单选项后单击“下一步”按钮。

Step 5　在图 12-14 所示的界面中选择“创建新的私钥”后单击“下一步”按钮。此为 CA 的私钥，CA 必须拥有私钥后才可以给客户端发放证书。

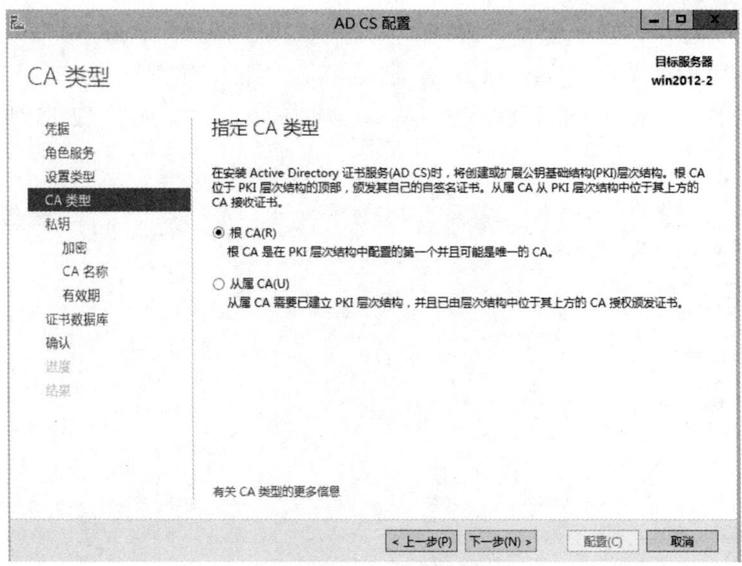

图 12-13　指定 CA 的类型

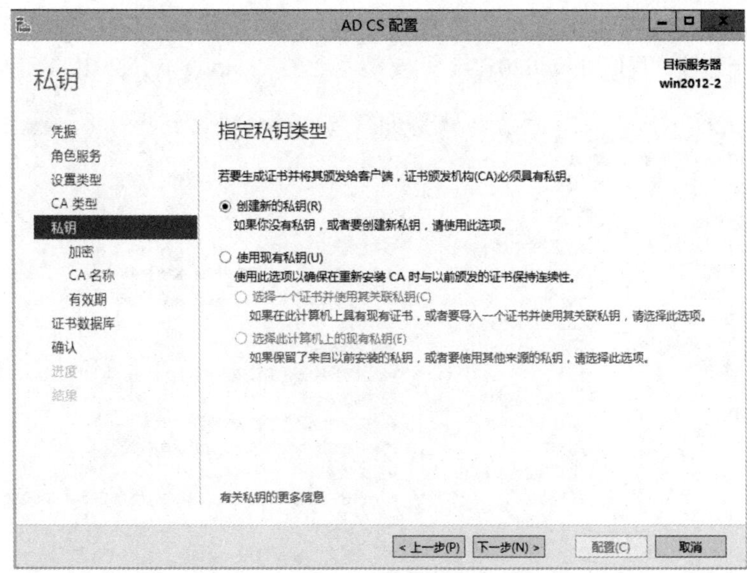

图 12-14　创建新的私钥

若你是在重新安装 CA（之前已经在这台计算机上安装过），则可以选择使用前一次安装时所创建的私钥。

Step 6　出现“指定加密选项”界面时直接单击“下一步”按钮，采用默认的建立私钥的方法。

Step 7　出现“指定 CA 名称”界面时为此 CA 设置名称（假设是 long——独立根 CA）后单击“下一步”按钮。

Step 8　在指定有效期界面中单击“下一步”按钮。CA 的有效期默认为 5 年。

Step 9　在“指定数据库位置”界面中单击“下一步”按钮以采用默认值。

Step 10 在确认界面中单击“配置”按钮，出现“结果”界面时单击“关闭”按钮。

安装完成后可通过单击 Windows 键→“开始”→“证书颁发机构”选项或单击“服务器管理器”右上方的“工具”→“证书颁发机构”选项来管理 CA，如图 12-15 所示为独立根 CA 的管理界面。

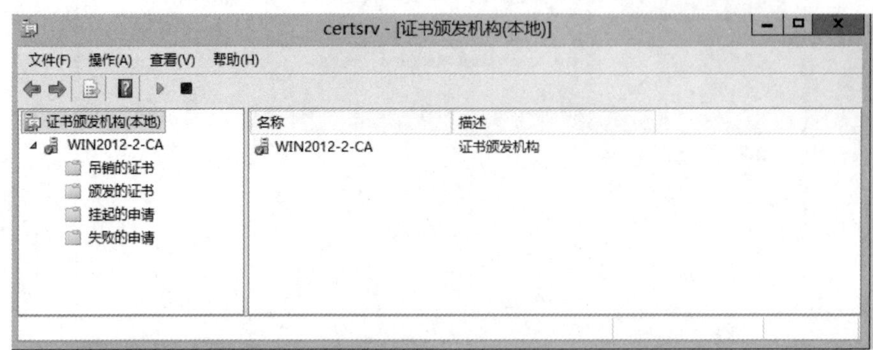

图 12-15 证书颁发机构（本地）

若是企业 CA，则它是根据证书模板（如图 12-16 所示）来发放证书的，例如图 12-16 中右方的“用户”模板内同时提供了可以用来对文件加密的证书、保护电子邮件安全的证书和验证客户端身份的证书（我们在 win2012-1 上安装企业 CA：long-WIN2012-1-CA）。

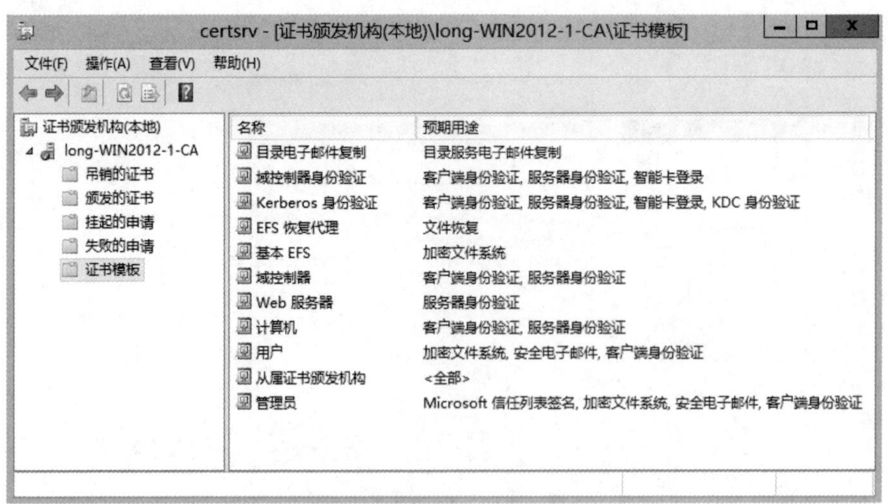

图 12-16 企业 CA——证书模板

任务 12-2 DNS 与测试网站准备

Web 网站建立在 win2012-1 上。

Step 1 在 win2012-1 上配置 DNS，新建主机记录，如图 12-17 所示。win2012-1（192.168.10.1）：www.long.com；win2012-2（192.168.10.2）：www2.long.com。

Step 2 在 win2012-1 上配置 Web 服务器，停用网站 Default Web Site，重新建立测试网站，其网址为 www.long.com（192.168.10.1），网站的主目录是 C:\Web，如图 12-18 所示。

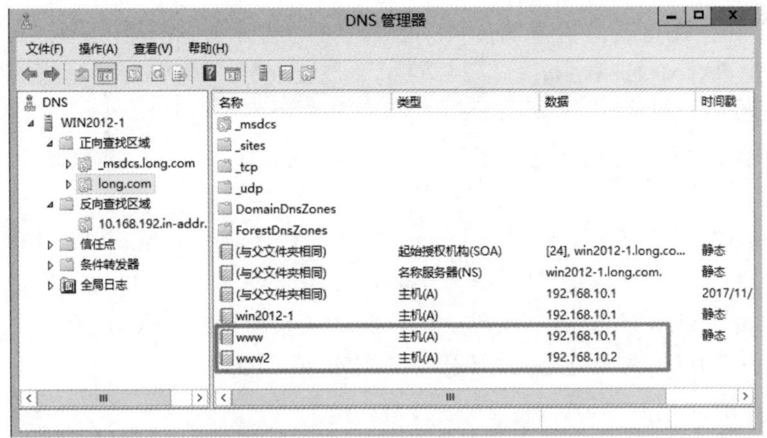

图 12-17　在 win2012-1 上配置 DNS

图 12-18　停用网站 Default Web Site

Step 3　为了测试 SSL 网站是否正常，我们将如图 12-19 所示在网站主目录（假设是 C:\Web）下利用记事本创建文件名为 index.htm 的首页文件。建议先在资源管理器内单击“查看”菜单，再勾选“扩展名”复选项，这样在建立文件时才不容易弄错扩展名，同时在图 12-19 中才可以看到文件 index.htm 的扩展名.htm。

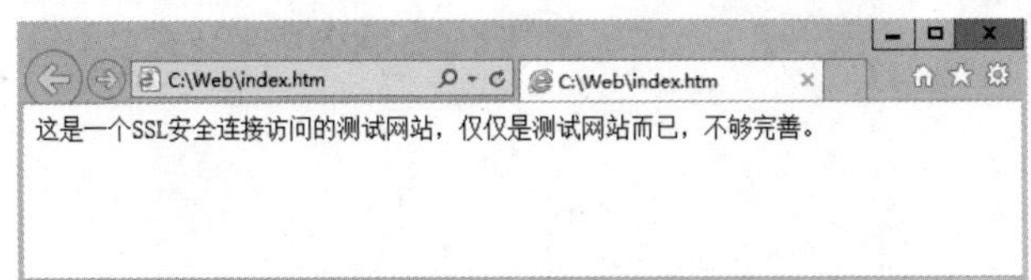

图 12-19　在主目录创建文件 index.htm

任务 12-3　让浏览器计算机 win8PC 信任 CA

网站 Web（win2012-1）与运行浏览器的计算机 win8PC 都应该信任发放 SSL 证书的 CA

（win2012-2），否则浏览器在利用 https（SSL）连接网站时会显示警告信息。

如果是企业 CA，而且网站与浏览器计算机都是域成员，则它们都会自动信任此企业 CA。然而图 12-5 中的 CA 为独立根 CA，且 win8PC 都没有加入域，故需要在这台计算机上手动执行信任 CA 的操作。以下步骤是让图 12-5 中的 Windows 8 计算机 win8PC 来信任图中的独立根 CA。

Step 1 在 win8PC 上打开 Internet Explorer，并输入 URL 路径：http://192.168.10.2/ certsrv，其中 192.168.10.2 为图 12-5 中独立根 CA 的 IP 地址，此处也可改为 CA 的 DNS 主机名（http://www2.long.com/certsrv）或 NetBIOS 计算机名称。

Step 2 在图 12-20 中单击“下载 CA 证书、证书链或 CRL”。

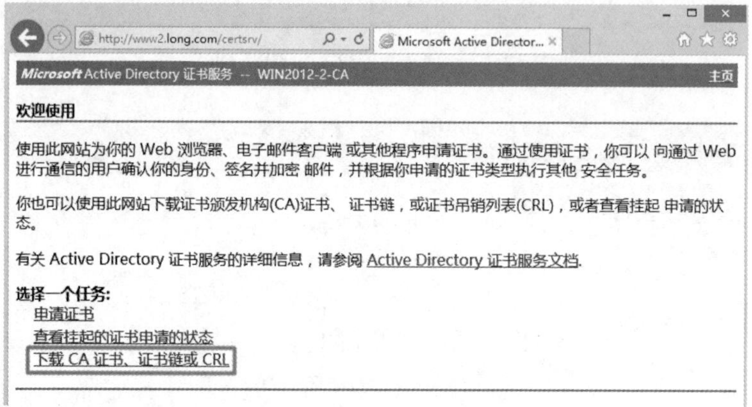

图 12-20 下载 CA 证书

如果客户端为 Windows Server 2012 计算机，请先将其 IE 增强的安全配置关闭，否则系统会阻挡其连接 CA 网站：打开“服务器管理器”窗口，单击“本地服务器”→“IE 增强的安全配置”右方的配置值，选择“管理员”区域中的“关闭”单选项，如图 12-21 所示。

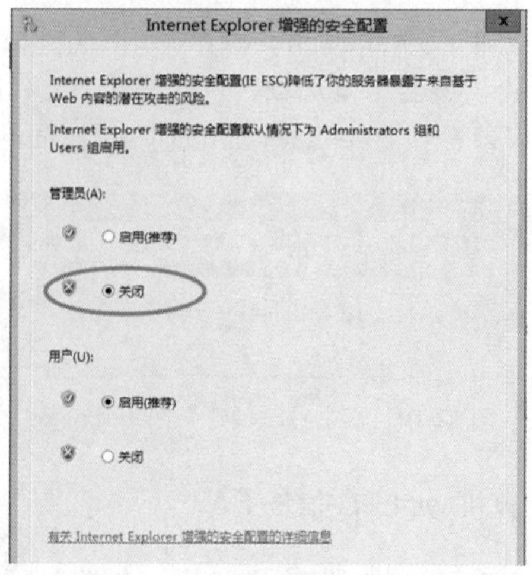

图 12-21 关闭 IE 增强的安全配置

Step 3 在图 12-22 所示的界面中单击“下载 CA 证书链”(或单击“下载 CA 证书”),然后在弹出的对话框中单击“保存”按钮右侧的向下箭头,选择“另存为”命令,将证书下载到本地 C:\cert\certnew.p7b,默认文件名为 certnew.p7b。

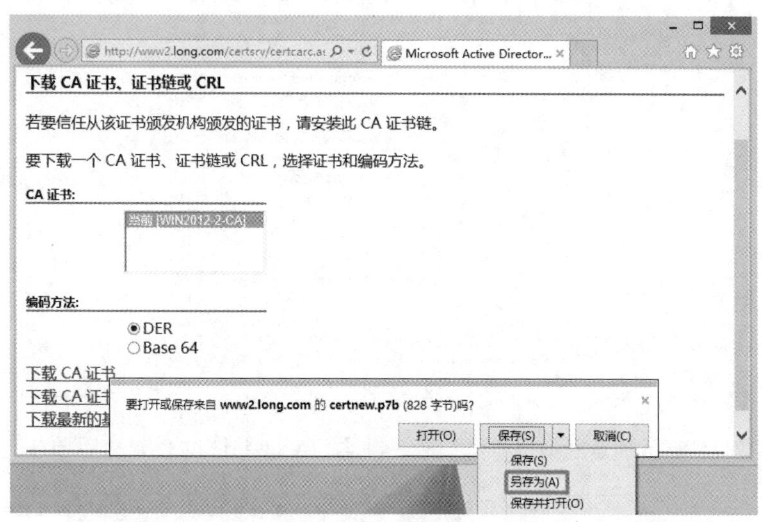

图 12-22 保存证书文件到本地

Step 4 在“运行”命令窗口中输入 mmc 后按 Enter 键,单击“文件”→“添加/删除管理单元”命令,从“可用的管理单元”列表中选择“证书”,然后单击“添加”按钮,弹出如图 12-23 所示的对话框,选择“计算机账户”单选项后依序单击“完成”和“确定”按钮。

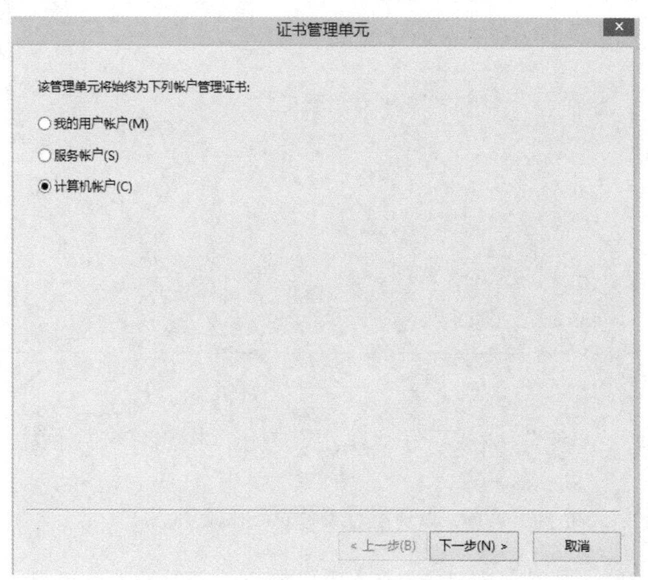

图 12-23 “证书管理单元”对话框

Step 5 打开“受信任的根证书颁发机构”窗口,右击“证书”,在弹出的快捷菜单中选择“所有任务”→“导入”命令,如图 12-24 所示。

图 12-24　证书——导入

Step 6　在图 12-25 所示的界面中选择之前下载的 CA 证书链文件，然后单击“下一步”按钮。

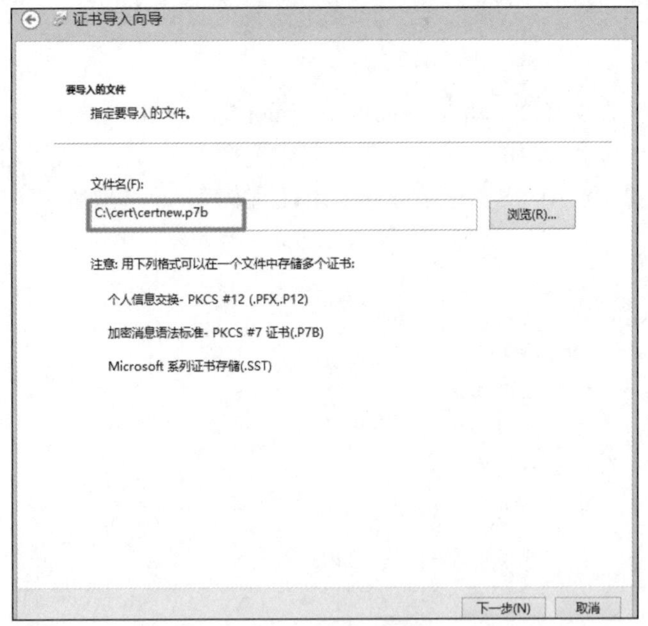

图 12-25　要导入的文件

Step 7　依序单击“下一步”“完成”和“确定”按钮，图 12-26 所示为完成后的界面。

任务 12-4　在 Web 服务器上配置证书服务

请到扮演网站 www.long.com 角色的 Web 计算机 win2012-1 上执行下面的操作。

1. 在网站上创建证书申请文件

Step 1　单击“开始”→“管理工具”→“Internet Information Services（IIS）管理器”选项。

Step 2　单击 win2012-1→“服务器证书”→“创建证书申请”，如图 12-27 所示。

图 12-26　完成后的界面

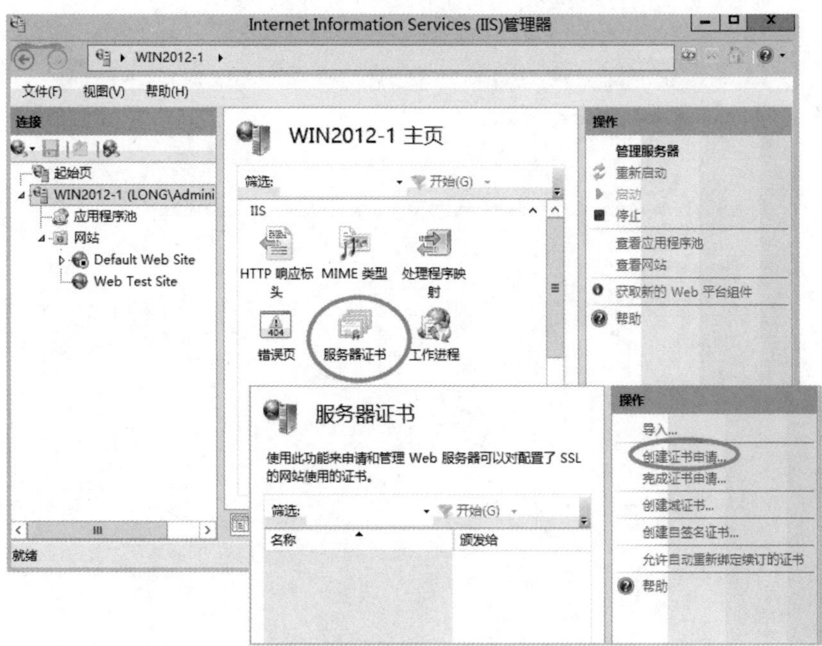

图 12-27　创建证书申请

Step 3　在图 12-28 所示的界面中输入网站的相关数据，然后单击“下一步”按钮。

因为在“通用名称”文本框中输入的网址被定义为 www.long.com，所以客户端需要使用此网址来连接 SSL 网站。

Step 4　在图 12-29 所示的界面中直接单击“下一步”按钮。图中的“位长”用来定义网站公钥的位长，位长越大，安全性越高，但效率越低。

图 12-28　申请证书——可分辨名称属性

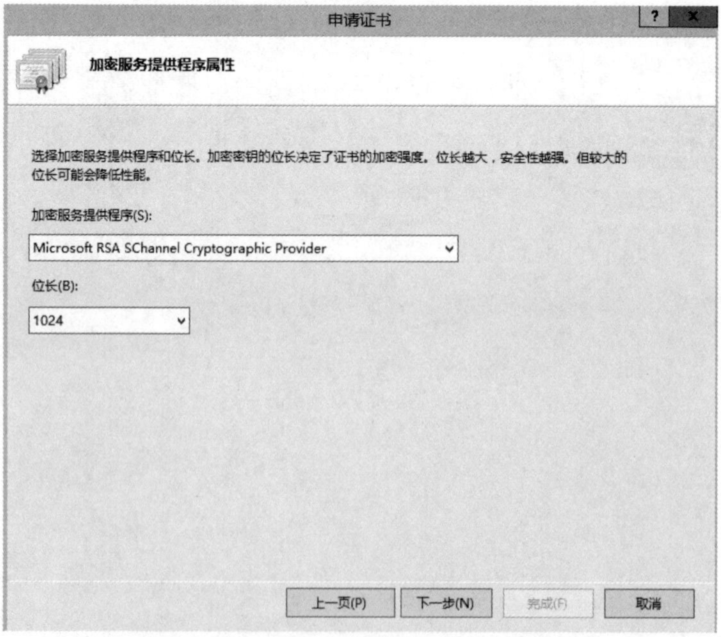

图 12-29　申请证书——加密服务提供程序属性

Step 5 在图 12-30 所示的界面中指定证书申请文件的文件名和存储位置，然后单击“完成”按钮。

2. 申请证书与下载证书

请继续在扮演网站角色的计算机 win2012-1 上执行以下操作（这是针对独立根 CA 的，但会附带说明企业 CA 的操作）：

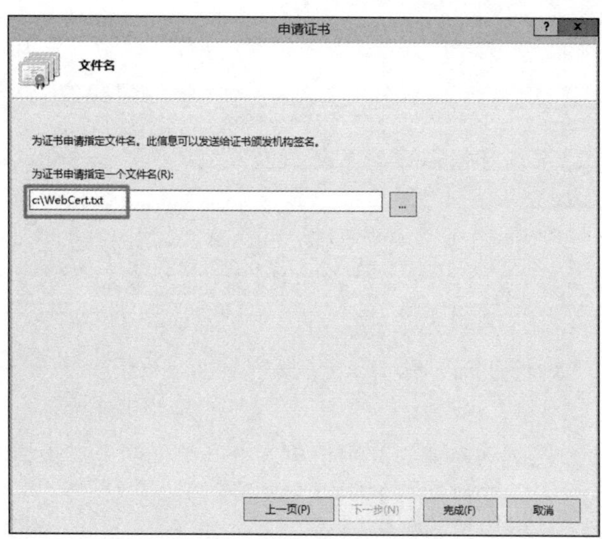

图 12-30　申请证书——文件名

Step 1　将 IE 增强的安全配置关闭，否则系统会阻挡其连接 CA 网站：打开“服务器管理器”窗口，单击“本地服务器”，再单击“IE 增强的安全配置”右方的配置值，选择“管理员”区域中的“关闭”单选项。

Step 2　打开 Internet Explorer 并输入 URL 路径：http://192.168.10.2/certsrv，其中 192.168.10.2 为图 12-5 中独立根 CA 的 IP 地址，此处也可改为 CA 的 DNS 主机名或 NetBIOS 计算机名称。

Step 3　在图 12-31 中依次选择“申请证书”和“高级证书申请”。

如果是向企业 CA 申请证书，则系统会先要求输入用户账户与密码，此时请输入域系统管理员账户（如 long\administrator）与密码。

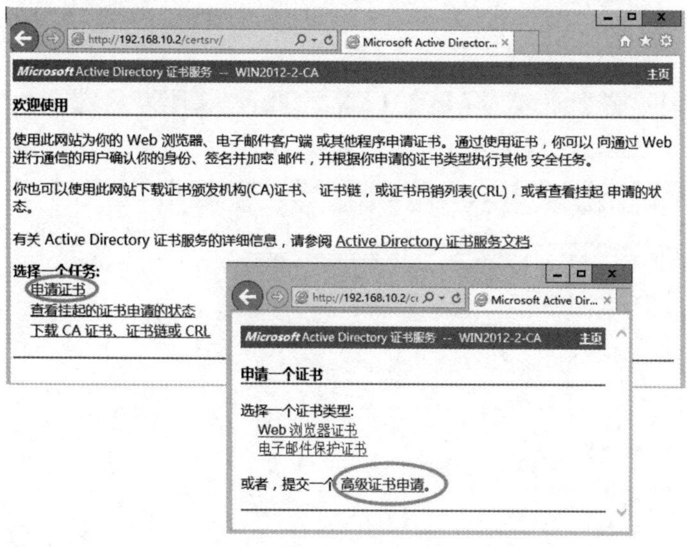

图 12-31　申请一个证书

Step 4 依照图 12-32 所示来选择。

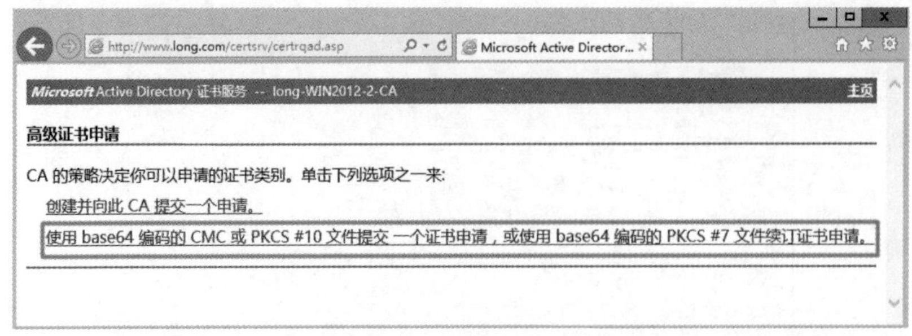

图 12-32　申请证书——高级证书申请

Step 5 在开始下一个步骤之前，请先利用记事本打开前面的证书申请文件 C:\WebCert.txt。然后如图 12-33 所示复制整个文件的内容。

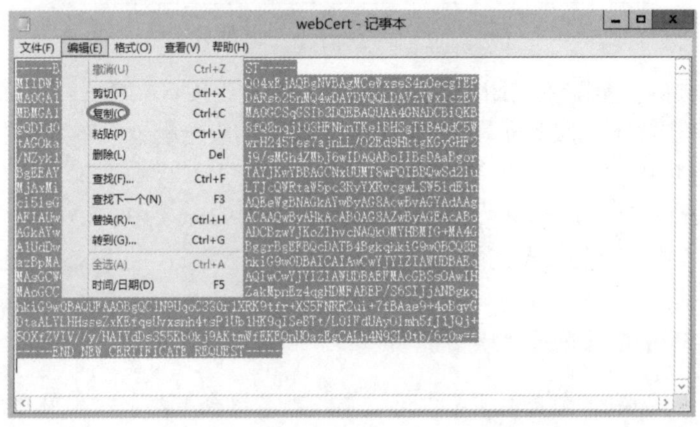

图 12-33　复制整个证书文件的内容

Step 6 将复制下来的内容粘贴到图 12-34 所示界面中的“Base-64 编码的证书申请”文本框内，然后单击“提交”按钮。

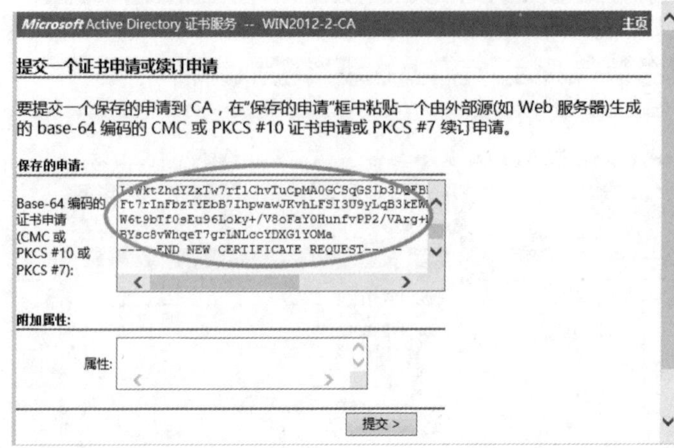

图 12-34　提交一个证书申请或续订申请

如果是企业 CA：将复制下来的内容粘贴到图 12-35 中的“Base-64 编码的证书申请”文本框内，在“证书模板”下拉列表中选择“Web 服务器”后单击“提交”按钮，然后直接跳到 Step 10。

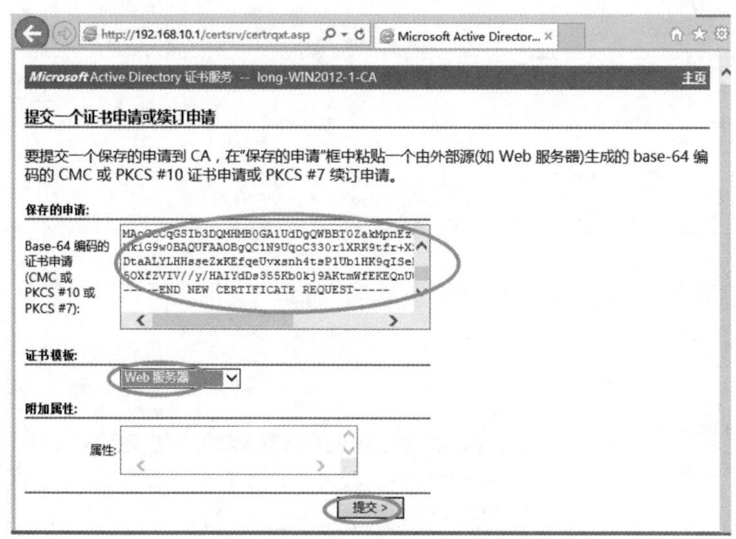

图 12-35　提交一个证书申请或续订申请（企业 CA）

Step 7 因为独立根 CA 默认并不会自动颁发证书，所以请依照图 12-36 所示的要求，等 CA 系统管理员发放此证书后再来连接 CA 和下载证书。该证书 ID 为 2。

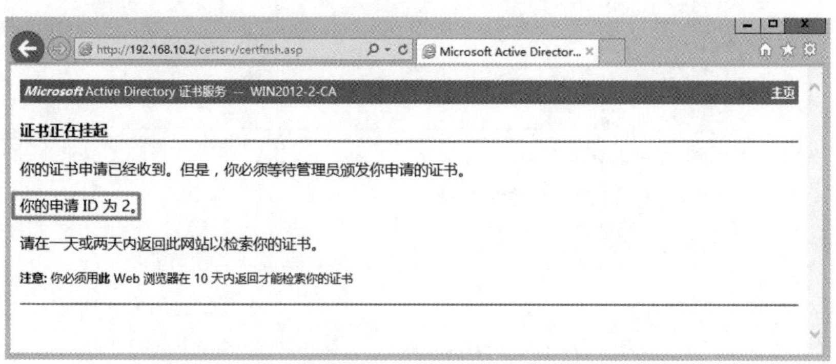

图 12-36　等待 CA 系统管理员发放此证书

Step 8 到 CA 计算机（win2012-2）上按 Windows 键切换到“开始”菜单，选择“管理工具”→“证书颁发机构”→“挂起的请求”选项，选中图 12-37 所示的证书请求并右击，在弹出的快捷菜单中选择“所有任务”→“颁发”选项。颁发完成后，该证书由“挂起的请求”移到“颁发的证书”界面中。

Step 9 回到网站计算机（win2012-2）上，打开网页浏览器，连接到 CA 网页（如 http://192.168.10.2/certsrv）并按如图 12-38 所示进行选择。

Step 10 在图 12-39 所示的界面中选择“下载证书”后单击“保存”按钮将证书保存到本地，默认的文件名为 certnew.cer。

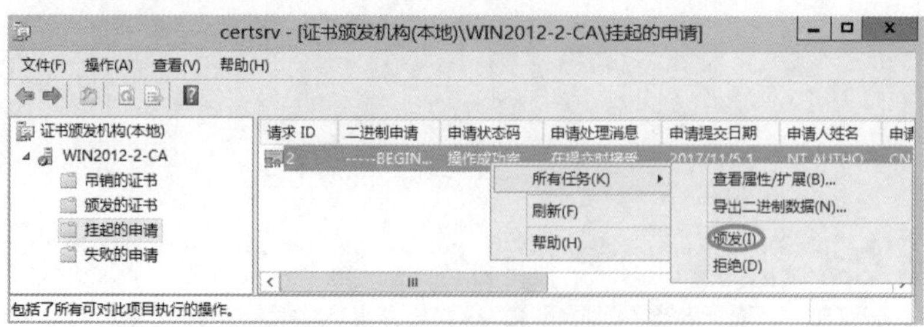

图 12-37　CA 系统管理员发放此证书

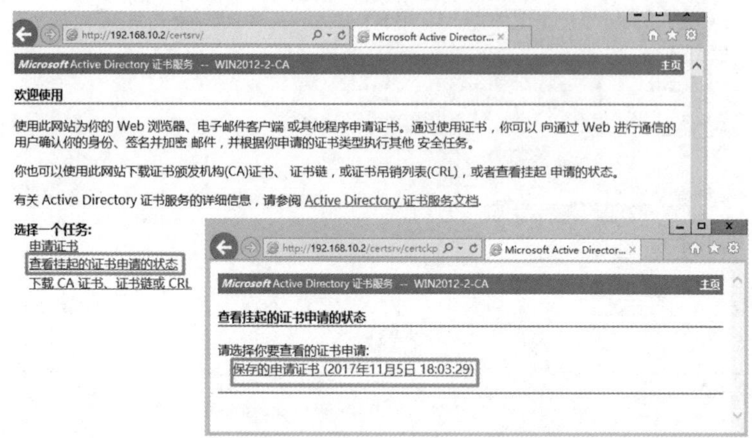

图 12-38　查看挂起的证书申请的状态

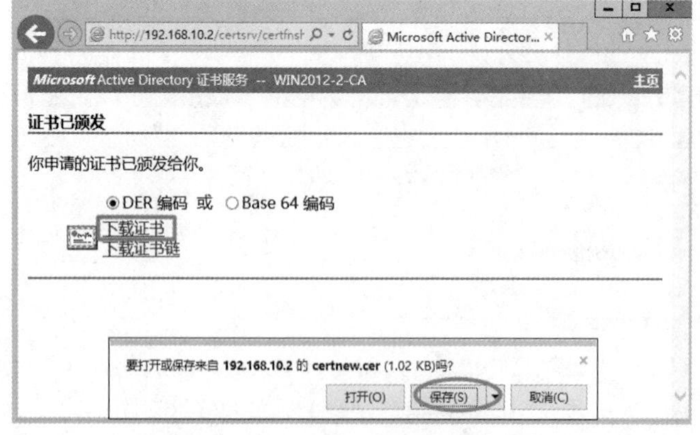

图 12-39　下载证书并保存在本地

该证书默认保存在用户的 downloads 文件夹下，比如 C:\users\administrator\downloads\certnew.cer。如果使用“另存为”命令则可以更改此默认文件夹。

3. 安装证书

利用以下步骤来将从 CA 下载的证书安装到 IIS 计算机（win2012-1）上。

Step 1　如图 12-40 所示单击 win2012-1→“服务器证书”→“完成证书申请”。

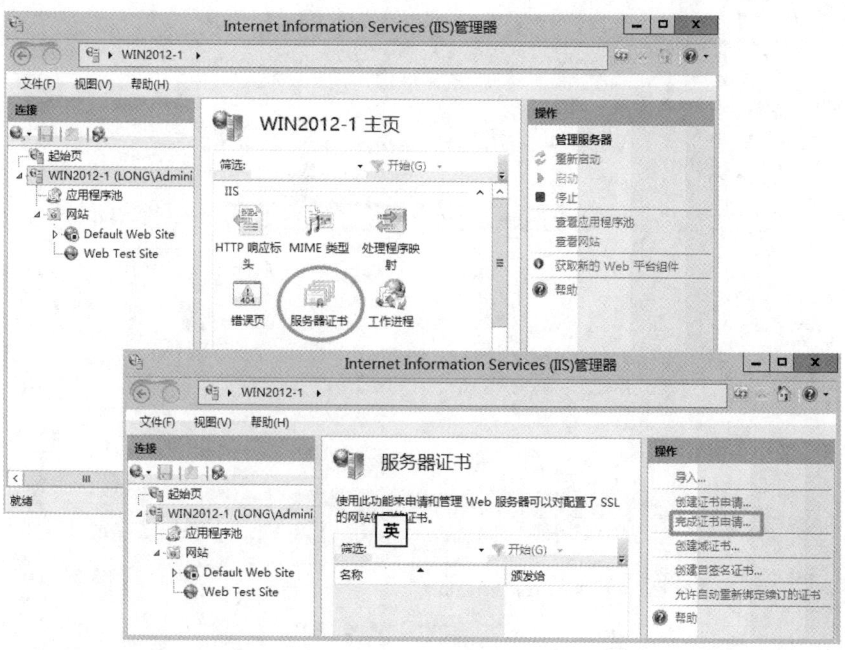

图 12-40 完成证书申请

Step 2 在图 12-41 所示的对话框中选择前面下载的证书文件，为其设置好记的名称（如 Web Test Site Certificate）。将证书存储到“个人”证书存储区，单击“确定”按钮。

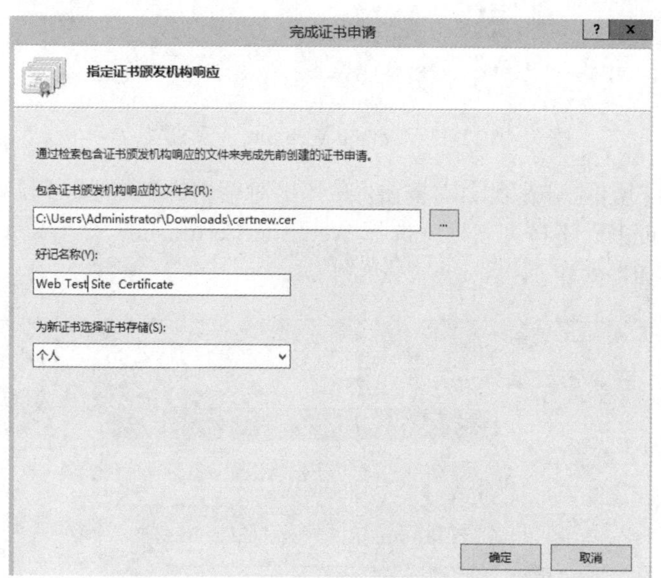

图 12-41 “指定证书颁发机构响应”界面

图 12-42 所示为完成后的界面。

4. 绑定 https 通信协议

Step 1 https 通信协议绑定到 Web Site，请如图 12-43 所示单击 Web Test Site，在右方的“操作”列中单击“绑定”。

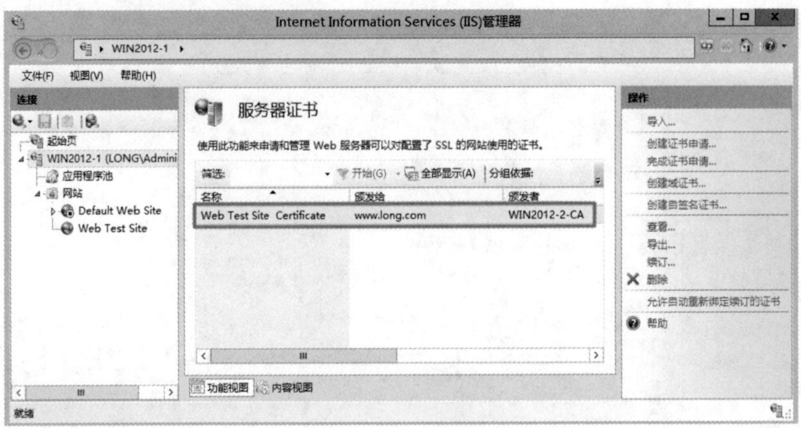

图 12-42　完成后的界面

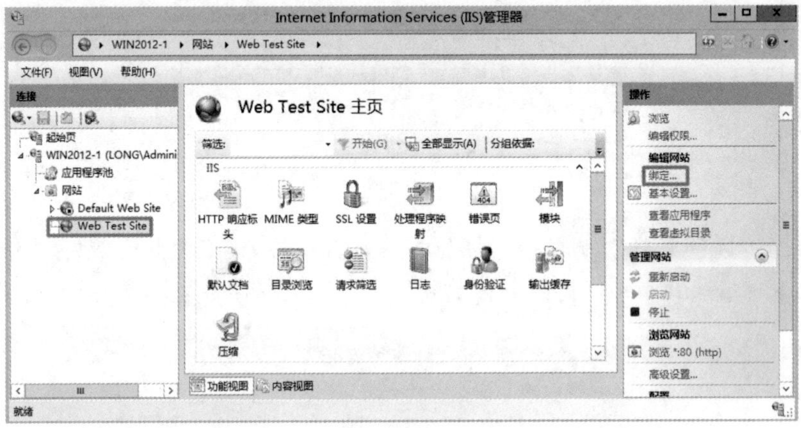

图 12-43　Default Web Site 主页设置

Step 2　如图 12-44 所示单击“添加”按钮，在弹出对话框的“类型”下拉列表框中选择 https，在“SSL 证书”下拉列表框中选择 Web Site Certificate，然后单击“确定”按钮，再单击“关闭”按钮。

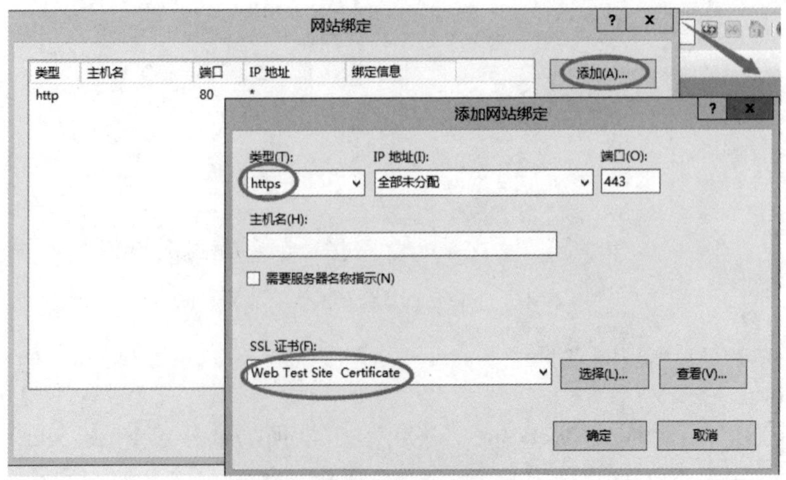

图 12-44　添加网站绑定

图 12-45 所示为完成后的界面。

图 12-45　完成后的界面

任务 12-5　测试 SSL 安全连接

Step 1　利用图 12-5 中的 win8PC 计算机来尝试与 SSL 网站建立 SSL 安全连接：开启桌面版 Internet Explorer，然后利用一般连接方式 http://192.168.10.1 来连接网站，此时应该会看到如图 12-46 所示的界面。

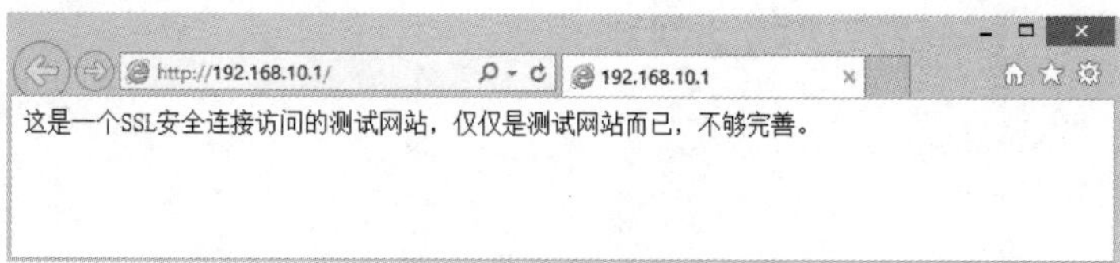

图 12-46　测试网站正常运行

Step 2　利用 SSL 安全连接方式 https://192.168.10.1 来连接网站，此时应该会看到如图 12-47 所示的警告界面，表示这台 win8PC 计算机并未信任发放 SSL 证书的 CA，此时仍然可以单击下方的"继续浏览此网站（不推荐）"来打开网页或者先执行信任的操作后再来测试。

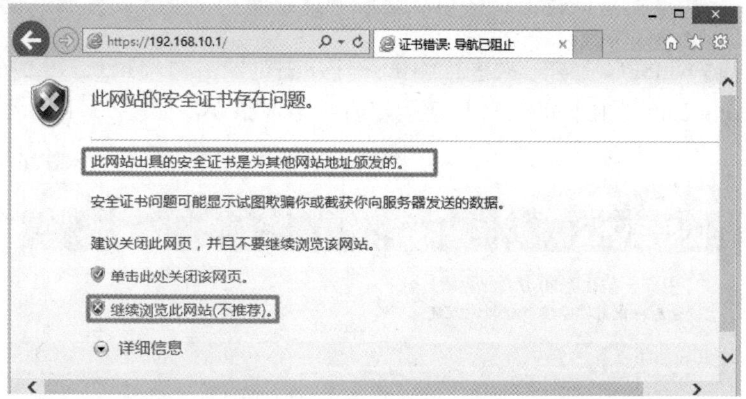

图 12-47　利用 SSL 安全连接方式 https://192.168.10.2 连接网站

> **注意** 如果你确定所有的设置都正确，但是在这台 Windows 8 计算机的浏览器界面中却没有出现应该有的结果时，请将 Internet 临时文件删除后再试试看：按 Alt 键，单击“工具”→“Internet 选项”命令，在“浏览历史记录”处单击“删除”按钮，确认“Internet 临时文件”选项已勾选后单击“删除”按钮，或者按 Ctrl+F5 组合键要求它不要读取临时文件，而是直接连接网站。

Step 3 系统默认并未强制客户端需要利用 https 的 SSL 方式来连接网站，因此也可以通过 http 方式来连接。若要强制，可以针对整个网站、单一文件夹或单一文件来设置，以整个网站为例，设置方法为：如图 12-48 所示单击网站 Web Test Site，再单击“SSL 设置”选项，勾选“要求 SSL”复选项后单击“应用”按钮。

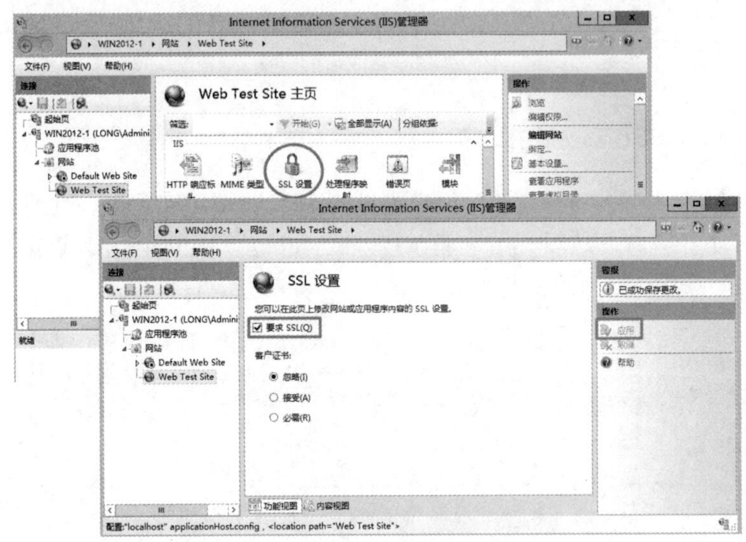

图 12-48　整个网站的 SSL 设置

> **注意** 如果仅对某个文件夹设置，那么就选中要设置的文件夹而不是整个 Web Site。针对单一文件设置：单击文件所在的文件夹，再单击“内容视图”→“切换至功能视图”选项，接着通过中间的“SSL 设置”来设置。

Step 4 在客户端 win8PC 上再一次进行测试。打开浏览器，输入 http://192.168.10.1 或 http://www.long.com，由于需要 SSL 连接，所以出现错误，如图 12-49 所示。

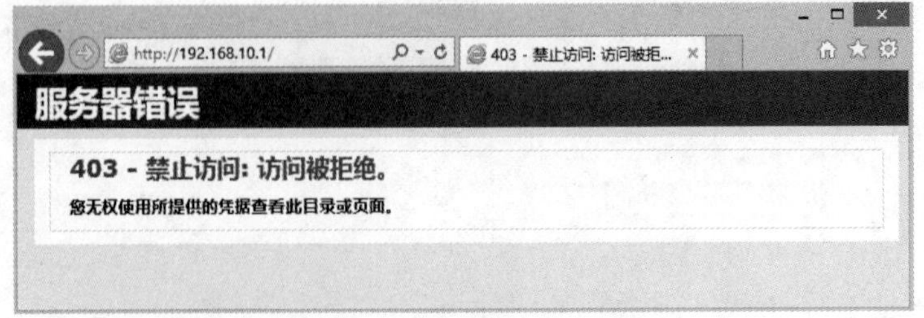

图 12-49　非 SSL 连接被禁止访问

Step 5 打开浏览器，输入 https://192.168.10.1。此时应该会看到如图 12-47 所示的警告界面，表示这台 win8PC 计算机并未信任发放 SSL 证书的 CA，此时仍然可以单击下方的“继续浏览此网站（不推荐）”来打开网页，如图 12-50 所示。但是读者请注意，在打开网站的同时，也出现“证书”错误信息“不匹配的地址”。因为在前面我们设置的通用名称是 www.long.com，不是 192.168.10.1。

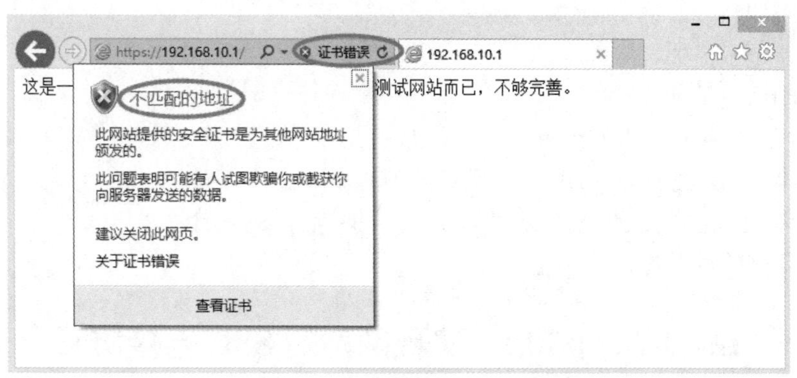

图 12-50　证书错误：不匹配的地址

Step 6 在浏览器地址栏中输入 https://www.long.com，正常运行，如图 12-51 所示。

图 12-51　成功访问 SSL 网站

12.4　习题

一、填空题

1．数字签名通常利用公钥加密方法实现，其中发送者签名使用的密钥为发送者的________。

2．身份验证机构的________可以确保证书信息的真实性，用户的________可以保证数字信息传输的完整性，用户的________可以保证数字信息的不可否认性。

3．认证中心颁发的数字证书均遵循________标准。

4．PKI 的中文名称是________，英文全称是________。

5．________专门负责数字证书的发放和管理，以保证数字证书的真实可靠，也称________。

6．Windows Server 2012 支持两类认证中心：________和________，每类 CA 中都包含根 CA 和从属 CA。

7．申请独立 CA 证书时，只能通过________方式。

8．独立 CA 在收到申请信息后，不能自动核准与发放证书，需要________证书，然后客户端才能安装证书。

9. 并不是所有被吊销的证书都可以解除吊销，只有在吊销时选择的“理由码”为________的证书才可以被解除吊销。

二、简答题

1. 对称密钥和非对称密钥的特点各是什么？
2. 什么是电子证书？
3. 证书的用途是什么？
4. 企业根 CA 和独立根 CA 有什么不同？
5. 安装 Windows Server 2012 认证服务的核心步骤是什么？
6. 证书与 IIS 结合实现 Web 站点的安全性的核心步骤是什么？
7. 简述证书的颁发过程和吊销过程。

12.5 项目拓展 实现网站的 SSL 连接访问

一、项目目的

- 掌握企业 CA 的安装与证书申请方法。
- 掌握数字证书的管理方法及技巧。

二、项目环境

本项目需要计算机两台，DNS 域为 long.com。一台安装 Windows Server 2012 R2 企业版，用作 CA 服务器、DNS 服务器和 Web 服务器，IP 地址为 192.168.10.2/24，DNS 为 192.168.10.2，计算机名为 win2012-2。一台安装 Windows 8 作为客户端进行测试，IP 地址为 192.168.10.200，DNS 为 192.168.10.2，计算机名为 win8PC；或者一台计算机安装多个虚拟机。

另外需要 Windows Server 2012 R2 安装光盘或其镜像和 Windows 8 安装光盘或其镜像文件。

三、项目要求

在默认情况下，IIS 使用 HTTP 协议以明文形式传输数据，没有采取任何加密措施，用户的重要数据很容易被窃取，如何才能保护局域网中的这些重要数据呢？我们可以利用 CA 证书使用 SSL 增强 IIS 服务器的通信安全。

SSL 网站不同于一般的 Web 站点，它使用的是 HTTPS 协议，而不是普通的 HTTP 协议。因此它的 URL（统一资源定位器）格式为“https://网站域名”。下面是具体实现方法。

1. 在 Win2012-2 网络中安装证书服务

安装独立根 CA，设置证书的有效期限为 5 年，指定证书数据库和证书数据库日志采用默认位置。

2. 在 Win2012-2 中利用 IIS 创建 Web 站点

利用 IIS 创建一个 Web 站点。具体方法详见“项目 8 配置与管理 Web 服务器”的相关内容，在此不再赘述。注意创建 www.long.com（192.168.10.2）的主机记录。

3. 让浏览器计算机 win8PC 信任 CA

参见任务 12-3。

4. 服务端（Web 站点）安装证书

（1）在网站上创建证书申请文件。

设置参数如下：

- 此网站使用的方法是“新建证书”，并且立即请求证书。
- 新证书的名称是 smile，加密密钥的位长是 512。
- 单位信息：组织名 jn（济南）和部门名称 xxx（信息系）。
- 站点的公用名称：www.long.com。
- 证书的地理信息：中国，山东省，济南市。

（2）安装证书。

（3）绑定 https 通信协议。

5. 进行安全通信（即验证实验结果）

（1）利用普通的 HTTP 进行浏览，将会得到错误信息“该网页必须通过安全频道查看。”

（2）利用 HTTPS 进行浏览，系统将通过 IE 浏览器提示客户 Web 站点的安全证书问题，单击“确定”按钮可以浏览到站点。

客户端将向 Web 站点提供自己从 CA 申请的证书，此后客户端（IE 浏览器）和 Web 站点之间的通信就被加密了。

四、做一做

根据项目实录视频进行项目实训，检查学习效果。

项目 13　安全管理 Windows Server 2012

作为网络管理员，必须熟悉网络安全保护的各种策略环节以及可以采取的安全措施，这样才能合理地进行安全管理，使得网络和计算机处于安全保护的状态。

- 掌握设置本地安全策略的方法。
- 掌握 NTFS 权限配置的方法。
- 掌握利用 NTFS 权限管理数据。

13.1　相关知识

文件和文件夹是计算机系统组织数据的集合单位。Windows Server 2012 提供了强大的文件管理功能，其 NTFS 文件系统具有高安全性能，用户可以十分方便地在计算机或网络上处理、使用、组织、共享和保护文件及文件夹。

文件系统是指文件命名、存储和组织的总体结构，运行 Windows Server 2012 的计算机的磁盘分区可以使用 3 种类型的文件系统：FAT16、FAT32 和 NTFS。

13.1.1　FAT 文件系统

FAT（File Allocation Table）指的是文件分配表，包括 FAT16 和 FAT32 两种。FAT 是一种适合小卷集、对系统安全性要求不高、需要双重引导的用户的文件系统。

在推出 FAT32 文件系统之前，通常个人计算机使用的文件系统是 FAT16，如 MS-DOS、Windows 95 等系统。FAT16 支持的最大分区是 2^{16}（即 65536）个簇，每簇 64 个扇区，每扇区 512 字节，所以最大支持分区为 2.147GB。FAT16 最大的缺点就是簇的大小是和分区有关的，这样当外存中存放较多小文件时会浪费大量的空间。FAT32 是 FAT16 的派生文件系统，支持大到 2TB（2048GB）的磁盘分区。它使用的簇比 FAT16 小，从而有效地节约了磁盘空间。

FAT 文件系统是一种最初用于小型磁盘和简单文件夹结构的简单文件系统。它向后兼容，最大的优点是适用于所有的 Windows 操作系统。另外，FAT 文件系统在容量较小的卷上使用比较好，因为 FAT 启动只占用非常小的容量。FAT 在容量低于 512 MB 的卷上工作最好，当卷容量超过 1.024 GB 时，效率就显得很低。对于 400～500 MB 的卷，FAT 文件系统相对于 NTFS 文件系统来说是个比较好的选择。不过对于使用 Windows Server 2012 的用户来说，FAT 文件系统则不能满足系统的要求。

13.1.2　NTFS 文件系统

NTFS（New Technology File System）是 Windows Server 2012 推荐使用的高性能文件系统。它支持许多新的文件安全、存储和容错功能，而这些功能也正是 FAT 文件系统所缺少的。

NTFS 是从 Windows NT 开始使用的文件系统，它是一个特别为网络和磁盘配额、文件加密等管理安全特性设计的磁盘格式。NTFS 文件系统包括文件服务器和高端个人计算机所需的安全特性，它还支持对关键数据以及十分重要数据的访问控制和私有权限。除了可以赋予计算机中的共享文件夹以特定权限外，NTFS 文件和文件夹无论共享与否都可以赋予权限，NTFS 是唯一允许为单个文件指定权限的文件系统。但是，当用户从 NTFS 卷移动或复制文件到 FAT 卷时，NTFS 文件系统权限和其他特有属性将会丢失。

NTFS 文件系统设计简单但功能强大，从本质上讲，卷中的一切都是文件，文件中的一切都是属性。从数据属性到安全属性，再到文件名属性，NTFS 卷中的每个扇区都分配给了某个文件，甚至文件系统的超数据（描述文件系统自身的信息）也是文件的一部分。

如果安装 Windows Server 2012 系统时采用了 FAT 文件系统，那么用户也可以在安装完毕之后，使用命令 convert.exe 把 FAT 分区转化为 NTFS 分区。

```
Convert    D:/FS:NTFS
```

上面的命令是将 D:盘转换成 NTFS 格式。无论是在运行安装程序中还是在运行安装程序之后，相对于重新格式化磁盘来说，这种转换不会使用户的文件受到损害。但由于 Windows 95/98 系统不支持 NTFS 文件系统，所以在要配置双重启动系统时，即在同一台计算机上同时安装 Windows Server 2012 和其他操作系统（如 Windows 98），则可能无法从计算机上的另一个操作系统访问 NTFS 分区上的文件。

13.2　项目设计及准备

本项目所有实例都部署在图 13-1 所示的环境下。其中 win2012-0 是物理主机，可以是安装了 VMware 的服务器，也可以是 Hyper-V 服务器，win2012-1 和 win2012-2 是 VMware（或者 Hyper-V 服务器）的两台虚拟机。在 win2012-1 与 win2012-2 上可以测试资源共享情况，而资源访问权限的控制（NTFS）、加密文件系统与压缩、分布式文件系统等在 win2012-1 上实施并测试。

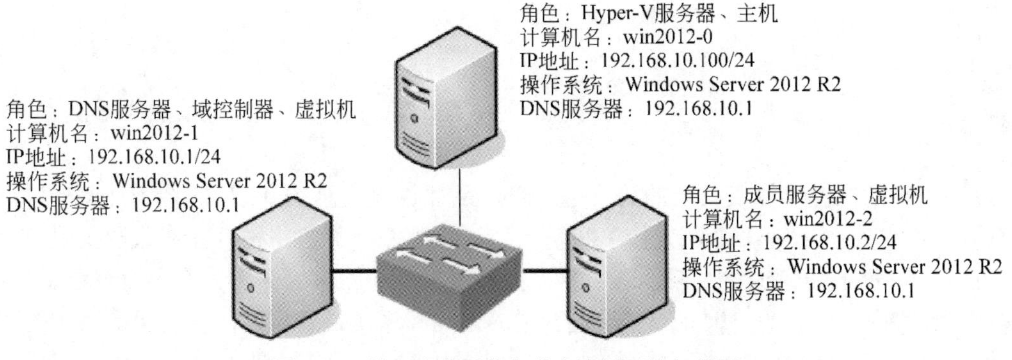

图 13-1　管理文件系统与共享资源网络拓扑图

13.3 项目实施

任务 13-1 配置账户策略

Windows Server 2012 中，允许管理员对本地安全进行设置，从而达到提高系统安全性的目的。Windows Server 2012 对登录本地计算机的用户都定义了一些安全设置。所谓本地计算机是指用户登录执行 Windows Server 2012 的计算机，在没有活动目录集中管理的情况下，本地管理员必须为计算机进行本地安全设置，例如限制用户如何设置密码、通过账户策略设置账户安全性、通过锁定账户策略避免他人登录计算机、指派用户权限等。将这些安全设置分组管理，就组成了 Windows Server 2012 的本地安全策略。

系统管理员可以通过本地安全原则确保执行的 Windows Server 2012 计算机的安全。例如通过判断账户的密码长度和复杂性是否符合要求，系统管理员可以设置允许哪些用户登录本地计算机，以及从网络访问这台计算机的资源，进而控制用户对本地计算机资源和共享资源的访问。

Windows Server 2012 在“管理工具”窗口提供了“本地安全策略”控制台，可以集中管理本地计算机的安全设置原则。使用管理员账户登录本地计算机，即可打开“本地安全策略”窗口，如图 13-2 所示（以 win2012-2 为例）。

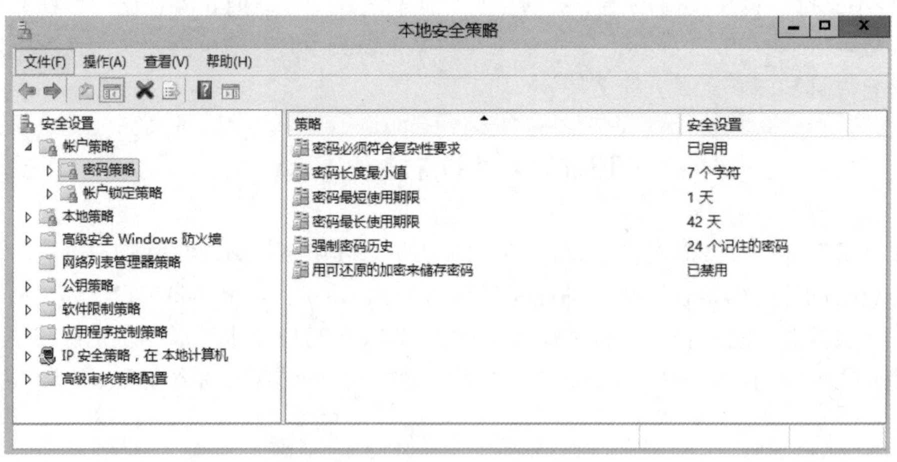

图 13-2 “本地安全策略”窗口

任务 13-1 至任务 13-3 的所有实例均部署在 win2012-2 服务器上。

用户密码是保证计算机安全的第一道屏障，是计算机安全的基础。如果用户账户特别是管理员账户没有设置密码，或者设置的密码非常简单，那么计算机将很容易被非授权用户登录，进而访问计算机资源或更改系统配置。目前互联网上的攻击很多都是因为密码设置过于简单或根本没有设置密码造成的，因此应该设置合适的密码和密码设置原则，从而保证系统的安全。

Windows Server 2012 的密码原则主要包括以下 4 项：密码复杂性要求、密码长度最小值、密码使用期限和强制密码历史等。

（1）启用“密码复杂性要求”。对于工作组环境的 Windows 系统，默认密码没有设置复杂性要求，用户可以使用空密码或简单密码，如 123、abc 等，这样黑客很容易通过一些扫描工具得到系统管理员的密码。对于域环境的 Windows Server 2012，默认启用密码复杂性要求。要使本地计算机启用密码复杂性要求，只要在“本地安全策略”窗口中选择“账户策略”下的“密码策略”选项，双击右窗格中的“密码必须符合复杂性要求”图标打开其属性对话框，选择“已启用”单选项，如图 13-3 所示。

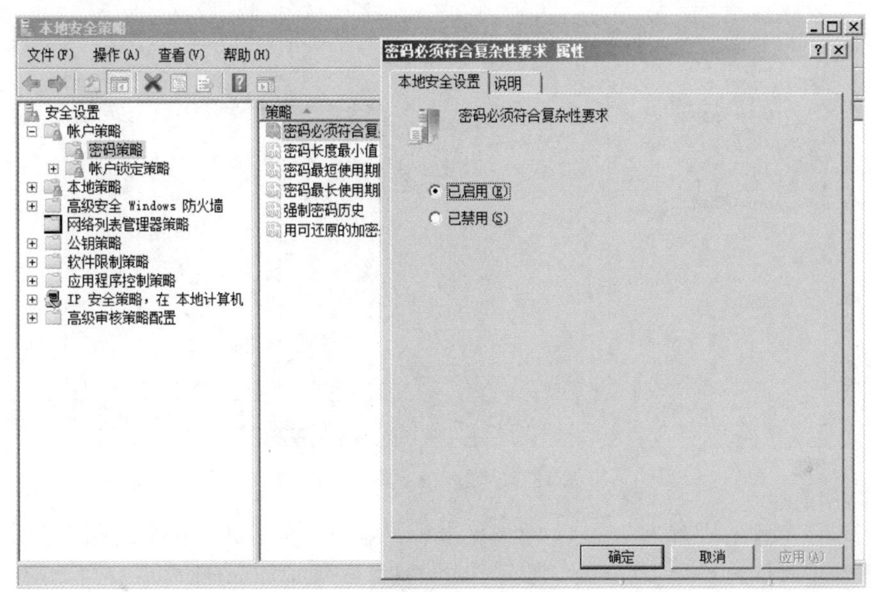

图 13-3 启用密码复杂性要求

启用密码复杂性要求后，所有用户设置的密码必须包含字母、数字和标点符号等才能符合要求。例如，密码 ab%&3D80 符合要求，而密码 asdfgh 不符合要求。

（2）设置“密码长度最小值”。默认密码长度最小值为 0 个字符。在设置密码复杂性要求之前，系统允许用户不设置密码。但为了系统的安全，最好设置最小密码长度为 6 或者更长。在“本地安全策略”窗口中，选择“账户策略”下的“密码策略”选项，双击右侧窗格中的“密码长度最小值”选项，在打开的对话框中输入密码最小长度。

（3）设置“密码使用期限”。默认的密码最长有效期为 42 天，用户账户的密码必须在 42 天之后修改，也就是说，密码会在 42 天之后过期。默认的密码最短有效期为 0 天，即用户账户的密码可以立即修改。与前面类似，可以修改默认密码的最长有效期和最短有效期。

（4）设置“强制密码历史”。默认强制密码历史为 0 个。如果将强制密码历史改为 3 个，则系统会记住最后 3 个用户设置过的密码。当用户修改密码时，如果为最后 3 个密码之一，系统将拒绝用户的要求，这样可以防止用户重复使用相同的字符来组成密码。与前面类似，可以修改强制密码历史设置。

任务 13-2 配置“账户锁定策略”

在默认情况下，Windows Server 2012 没有对账户锁定进行设置。此时，对黑客的攻击没有任何限制，黑客可以通过自动登录工具和密码猜解字典进行攻击，甚至可以进行暴力模式的攻击。因此，为了保证系统的安全，最好设置账户锁定策略。账户锁定原则包括如下设置：账户锁定阈值、账户锁定时间和重设账户锁定计算机的时间间隔。

账户锁定阈值默认为“0 次无效登录”，可以设置为 5 次或更多次数以确保系统安全，如图 13-4 所示。

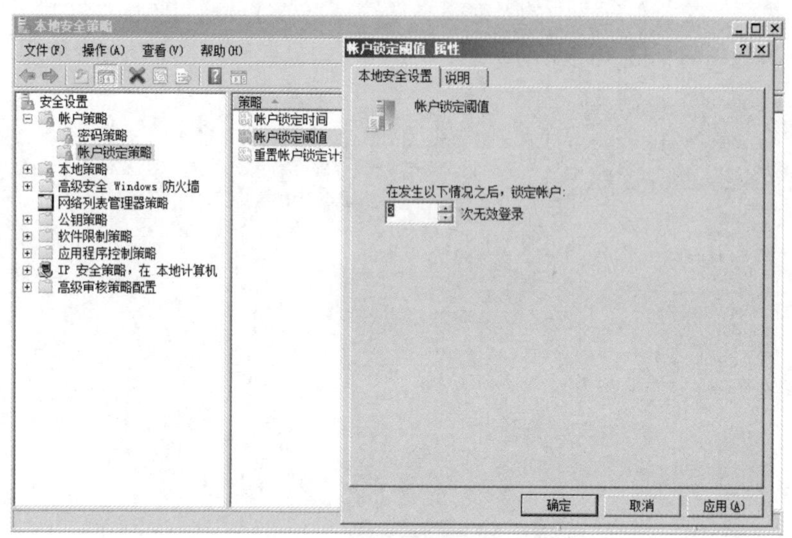

图 13-4　账户锁定阈值设置

如果账户锁定阈值设置为 0 次，则不可以设置账户锁定时间。在修改账户锁定阈值后，如果将账户锁定时间设置为 30 分钟，那么当账户被系统锁定 30 分钟之后会自动解锁。这个值的设置可以延迟它们继续尝试登录系统。如果账户锁定时间设定为 0 分钟，则表示账户将被自动锁定，直到系统管理员解除锁定。

复位账户锁定计数器设置在登录尝试失败计数器被复位为 0（0 次失败登录尝试）之前，尝试登录失败之后所需的分钟数，有效范围为 1～99999 分钟。如果定义了账户锁定阈值，则该复位时间必须小于或等于账户锁定时间。

任务 13-3　配置“本地策略”

1. 配置“用户权限分配”

Windows Server 2012 将计算机管理各项任务设置为默认的权限，例如从本地登录系统、更改系统时间、从网络连接到该计算机、关闭系统等。系统管理员在新增用户账户和组账户后，如果需要指派这些账户管理计算机的某项任务，可以将这些账户加入内置组，但这种方式不够灵活。系统管理员可以单独为用户或组指派权限，这种方式提供了更好的灵活性。

用户权限的分配在“本地安全策略”窗口中的“本地策略”下设置。下面举例来说明如何配置用户权限。

（1）设置“从网络访问此计算机”。从网络访问这台计算机是指允许哪些用户及组通过网络连接到该计算机，默认为 Administrators、Backup Operators、Users 和 Everyone 组，如图 13-5 所示。由于允许 Everyone 组通过网络连接到此计算机，所以网络中的所有用户默认都可以访问这台计算机。从安全角度考虑，建议将 Everyone 组删除，这样当网络用户连接到这台计算机时，就需要输入用户名和密码，而不是直接连接访问。

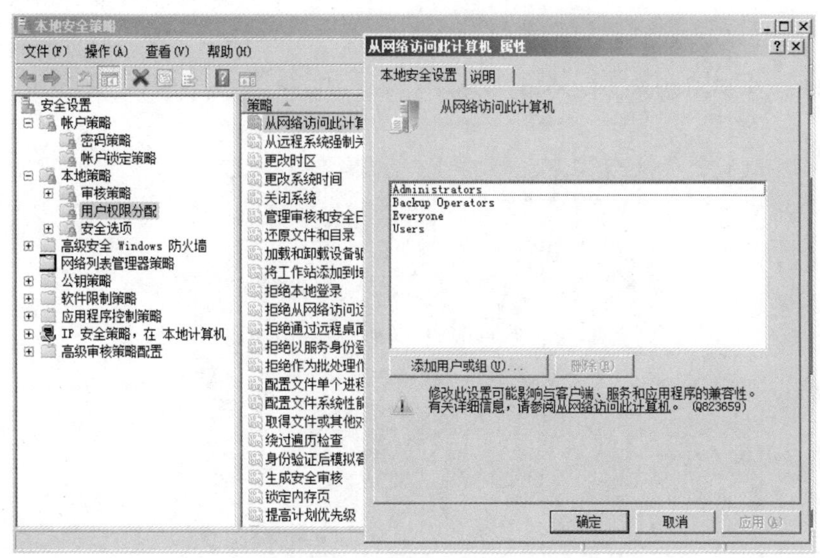

图 13-5　设置从网络访问此计算机

与该设置相反的是“拒绝从网络访问这台计算机”，该安全设置决定哪些用户被明确禁止通过网络访问计算机。如果某用户账户同时符合此项设置和“从网络访问此计算机”，那么禁止访问优先于允许访问。

（2）设置“允许本地登录”。在本地登录是指允许哪些用户可以交互式地登录此计算机，默认为 Administrators、Backup Operators、Users，如图 13-6 所示。另一个安全设置是“拒绝本地登录”，默认用户或组为空。同样，如果某用户既属于“在本地登录”，又属于“拒绝本地登录”，那么该用户将无法在本地登录计算机。

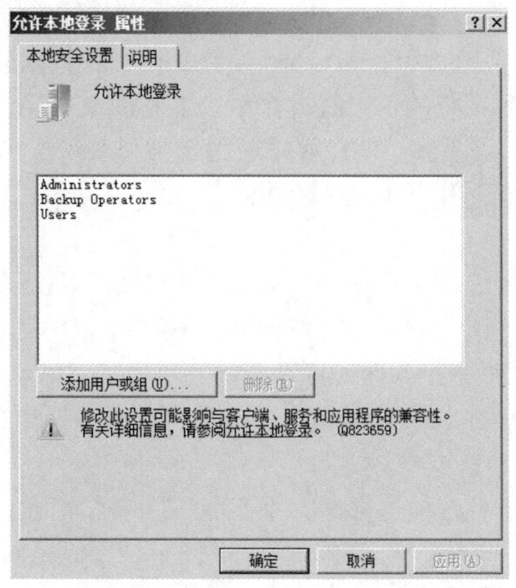

图 13-6　允许本地登录

（3）设置“关闭系统”。关闭系统是指允许哪些本地登录计算机的用户可以关闭操作系统。默认能够关闭系统的是 Administrators、Backup Operators 和 Users。

如果在以上各种属性中单击“说明”选项卡，计算机会显示帮助信息。图 13-7 所示为“关闭系统属性”对话框中的“说明”选项卡。

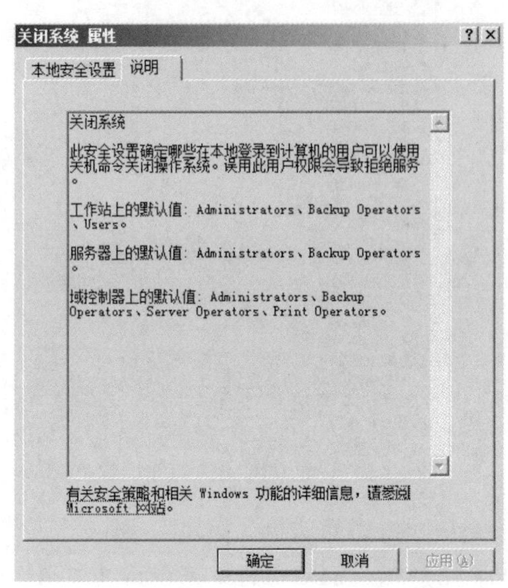

图 13-7 “说明”选项卡

默认 Users 组用户可以从本地登录计算机，但是不在“关闭系统”成员列表中，所以 Users 组用户能从本地登录计算机，但是登录后无法关闭计算机。这样可避免普通权限用户误操作导致关闭计算机而影响关键业务系统的正常运行。例如属于 Users 组的用户 user1 本地登录到系统，当用户执行“开始”→“关机”命令时，只能使用“注销”功能，而不能使用“关机”和“重新启动”等功能，也不可以执行 shutdown.exe 命令关闭计算机。

在“用户权限分配”树中，管理员还可以设置其他各种权限的分配。需要指出的是，这里讲的用户权限是指登录到系统的用户有权在系统上完成某些操作。如果用户没有相应的权限，则执行这些操作的尝试是被禁止的。权限适用于整个系统，它不同于针对对象（如文件、文件夹等）的权限，后者只适用于具体的对象。

2. 认识审核

审核提供了一种在 Windows Server 2012 中跟踪所有事件从而监视系统访问的方法。它是保证系统安全的一个重要工具。审核允许跟踪特定的事件，具体地说，审核允许跟踪特定事件的成败。例如，可以通过审核登录来跟踪谁登录成功以及谁（以及何时）登录失败，还可以审核对给定文件夹或文件对象的访问，跟踪是谁在使用这些文件夹和文件以及对它们进行了什么操作。这些事件都可以记录在安全日志中。

虽然可以审核每一个事件，但这样做并不实际，因为如果设置或使用不当，它会使服务器超载。不提倡打开所有的审核，也不建议完全关闭审核，而是要有选择地审核关键的用户、关键的文件、关键的事件和服务。

Windows Server 2012 允许设置的审核策略包括如下几项：

- 审核策略更改：跟踪用户权限或审核策略的改变。
- 审核登录事件：跟踪用户登录、注销任务或本地系统账户的远程登录服务。
- 审核对象访问：跟踪对象何时被访问以及访问的类型。例如跟踪对文件夹、文件、打印机等的使用。利用对象的属性（如文件夹或文件的“安全”选项卡）可配置对指定事件的审核。
- 审核过程跟踪：跟踪诸如程序启动、复制、进程退出等事件。
- 审核目录服务访问：跟踪对 Active Directory 对象的访问。
- 审核特权使用：跟踪用户何时使用了不应有的权限。
- 审核系统事件：跟踪重新启动、启动或关机等的系统事件，或影响系统安全或安全日志的事件。
- 审核账户登录事件：跟踪用户账户的登录和退出。
- 审核账户管理：跟踪某个用户账户或组是何时建立、修改和删除的，是何时改名、启用或禁止的，其密码是何时设置或修改的。

3. 配置“审核策略”

为了节省系统资源，默认情况下，Windows Server 2012 的独立服务器或成员服务器的本地审核策略并没有打开，而域控制器则打开了策略更改、登录事件、目录服务访问、系统事件、账户登录事件和账户管理的域控制器审核策略。

下面以独立服务器 win2012-3 审核策略的配置过程为例介绍其配置方法。

Step 1 执行“开始”→“程序”→“控制面板”→“管理工具”→“本地安全策略”命令，依次选择“安全设置”→“本地策略”→“审核策略”选项，打开如图 13-8 所示的窗口。

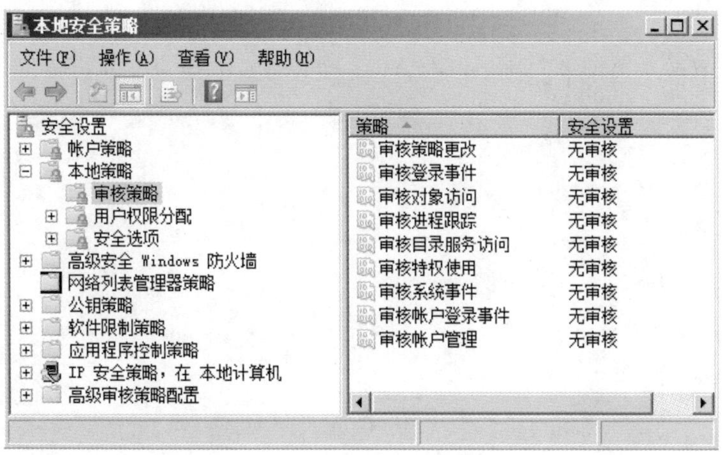

图 13-8　本地安全策略——审核

Step 2 在右侧窗格中双击某个策略，可以显示出其设置。例如双击“审核登录事件”，将打开“审核登录事件属性”对话框。可以审核成功登录事件，也可以审核失败登录事件，以便跟踪非授权使用系统的企图。

Step 3 选择“成功”复选项或“失败”复选项或两者都选，然后单击“确定”按钮，完成配置。这样每次用户的登录或注销事件都能在事件查看器的“安全性”中看到审核的记录。如果要审核对给定文件夹或文件对象的访问，可通过如下方法设置：

- 打开“Windows 资源管理器”窗口，右击文件夹（如“C:\Windows”文件夹）或文件，在弹出的快捷菜单中选择“属性”选项，打开其属性对话框。
- 选择“安全”选项卡，如图 13-9 所示，然后单击“高级”按钮，打开“Windows 的高级安全设置”对话框。

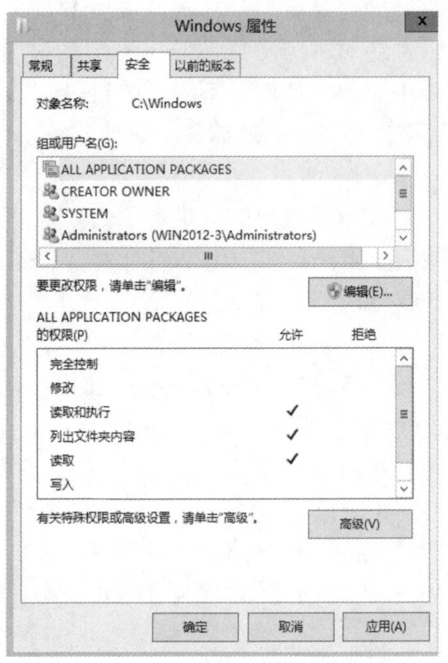

图 13-9　Windows 文件夹“安全”选项卡

- 选择“审核”选项卡，显示审核属性，如图 13-10 所示，然后单击“添加”按钮。

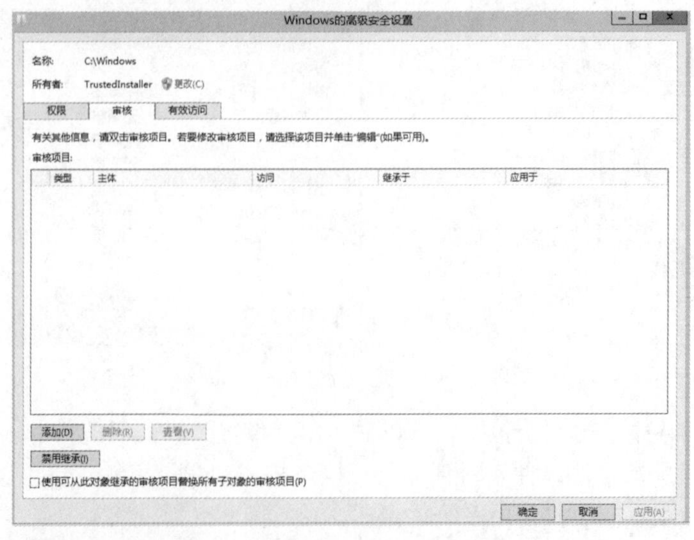

图 13-10　“Windows 的高级安全设置”对话框的“审核”选项卡

Step 4　在“Windows 的审核项目”对话框中单击“选择主体”按钮，在弹出的对话框中选择要审核的用户、计算机或组，输入要选择的对象名称，如 Administrators，如图 13-11 所示，单击“确定”按钮。

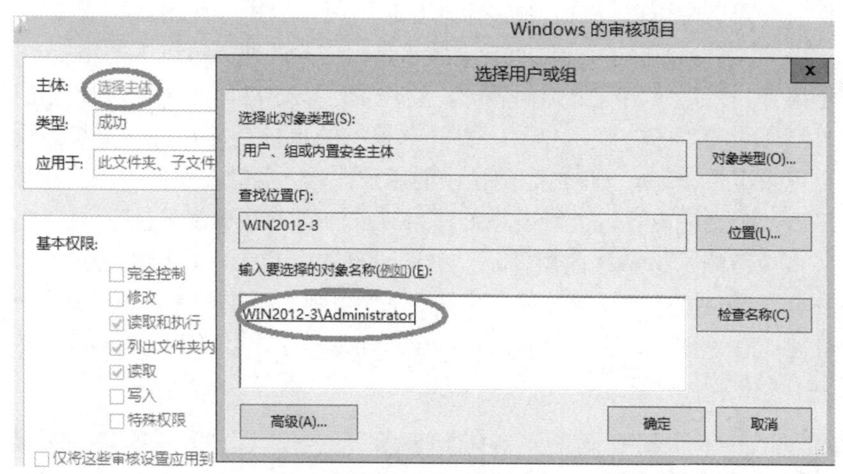

图 13-11　选择用户、计算机或组

Step 5　系统打开“审核项目”对话框，“高级权限”选项区域中列出了被选中对象的可审核的事件，包括“完全控制”“读取属性”“写入属性”“删除”等 14 项事件，如图 13-12 所示（也可单击“显示基本权限”来更改权限范围）。

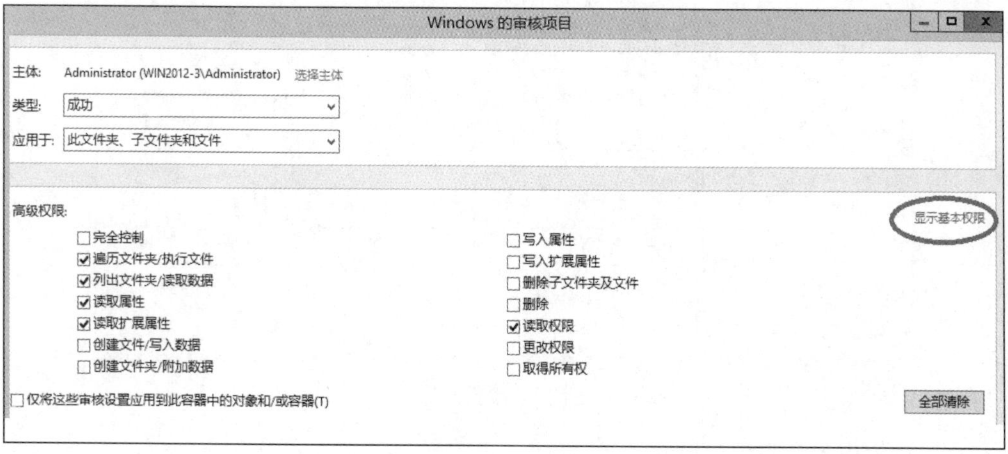

图 13-12　Windows 文件夹的审核项目

Step 6　定义完对象的审核策略后，单击“确定”按钮关闭对象的属性对话框，审核立即开始生效。

在“本地安全策略”窗口中还可以设置“安全选项”，包括“设置关机选项”“设置交互登录”“设置账户状态”等内容，请读者自己做一做。

4. 查看安全记录

审核策略配置好后，相应的审核记录都将记录在安全日志文件中，日志文件名为

SecEvent.Evt，位于%Systemroot%\System32\config 目录下。用户可以设置安全日志文件的大小，方法是打开“事件查看器”窗口，在左窗格中右击“安全性”图标，在弹出的快捷菜单中选择“属性”选项，打开“安全性属性”对话框，在“日志大小”选项区域中进行调整。

在“事件查看器”中可以查看到很多事件日志，包括应用程序日志、安全日志、Setup 日志、系统日志、转发事件日志等。通过查看这些事件日志，管理员可以了解系统和网络的情况，也能跟踪安全事件。当系统出现故障问题时，管理员可以通过日志记录进行查错或恢复系统。

安全事件用于记录关于审核的结果。打开计算机的审核功能后，计算机或用户的行为会触发系统安全记录事件。例如管理员删除域中的用户账户，会触发系统写入目录服务访问策略事件记录；修改一个文件内容，会触发系统写入对象访问策略事件记录。

只要做了审核策略，被审核的事件都会被记录到安全记录中，可以通过“事件查看器”查到每一条安全记录。执行“开始”→“程序”→“控制面板”→“管理工具”→“事件查看器”命令或者在“命令行”对话框中输入 eventvwr.msc，打开“事件查看器”窗口，查看安全记录，如图 13-13 所示。

图 13-13　事件查看器

安全记录的内容包括：

- 类型：包括审核成功或失败。
- 日期：事件发生的日期。
- 时间：事件发生的时间。
- 来源：事件种类，安全事件为 Security。
- 分类：审核策略，例如登录/注销、目录服务访问、账户登录等。
- 事件：指定事件标识符，标明事件 ID，为整数值。
- 用户：触发事件的用户名称。
- 计算机：指定事件发生的计算机名称，一般是本地计算机名称。

事件 ID 可以用来识别登录事件，系统使用的多为默认的事件 ID，一般值都小于 1024B。常见的事件 ID 如表 13-1 所示。

表 13-1 常用的事件 ID 及描述

事件 ID	描述
528	用户已成功登录计算机
529	登录失败。尝试以不明的用户名称或已知用户名称与错误密码登录
530	登录失败。尝试在允许的时间之外登录
531	登录失败。尝试使用已禁用的账户登录
532	登录失败。尝试使用过期的账户登录
533	登录失败。不允许登录此计算机的用户尝试登录
534	登录失败。尝试以不允许的类型登录
535	登录失败。特定账户的密码已经过期
536	登录失败。NetLogon 服务不在使用中
537	登录失败。登录尝试因为其他原因而失败
538	用户的注销程序已完成
539	登录失败。尝试登录时账户已锁定
540	用户已成功登录网络
542	数据信道已终止
543	主要模式已终止
544	主要模式验证失败。因为对方并未提供有效的验证或签章未经确认
545	主要模式验证失败。因为 Kerberos 失败或密码无效
548	登录失败。来自受信任域的安全标识符（SID）与客户端的账户域 SID 不符合
549	登录失败。所有对应到不受信任的 SID 都会在跨树系的验证时被筛选掉
550	通知信息，指出可能遭拒绝服务的攻击事件
551	用户已启动注销程序
552	用户在认证成功登录计算机的同时又使用不同的用户身份登录
682	用户重新连接到中断连接的终端服务器会话
683	用户没有注销，但中断与终端服务器会话的连接

任务 13-4 认识 NTFS 权限

利用 NTFS 权限可以控制用户账号和组对文件夹和个别文件的访问。

NTFS 权限只适用于 NTFS 磁盘分区。NTFS 权限不能用于由 FAT 或者 FAT32 文件系统格式化的磁盘分区。

Windows Server 2012 只为用 NTFS 进行格式化的磁盘分区提供 NTFS 权限。为了保护 NTFS 磁盘分区上的文件和文件夹，要为需要访问该资源的每一个用户账号授予 NTFS 权限。用户必须获得明确的授权才能访问资源。用户账号如果没有被组授予权限，它就不能访问相应的文件或者文件夹。不管用户是访问文件还是访问文件夹，也不管这些文件或文件夹是在计算机上还是在网络上，NTFS 的安全性功能都有效。

对于 NTFS 磁盘分区上的每一个文件和文件夹，NTFS 都存储一个远程访问控制列表（ACL）。ACL 中包含那些被授权访问该文件或者文件夹的所有用户账号、组和计算机，还包含它们被授予的访问类型。为了让一个用户访问某个文件或者文件夹，针对用户账号、组或者该用户所属的计算机，ACL 中必须包含一个相对应的元素，这样的元素叫作访问控制元素（ACE）。为了让用户能够访问文件或者文件夹，ACE 必须具有用户所请求的访问类型。如果 ACL 中没有相应的 ACE 存在，Windows Server 2012 就拒绝该用户访问相应的资源。

1. NTFS 权限的类型

可以利用 NTFS 权限指定哪些用户、组和计算机能够访问文件和文件夹。NTFS 权限也指明哪些用户、组和计算机能够操作文件或者文件夹中的内容。

（1）NTFS 文件夹权限。可以通过授予文件夹权限来控制对文件夹和包含在这些文件夹中的文件和子文件夹的访问。表 13-2 列出了可以授予的标准 NTFS 文件夹权限和各个权限提供的访问类型。

表 13-2 标准 NTFS 文件夹权限列表

NTFS 文件夹权限	允许访问类型
读取（Read）	查看文件夹中的文件和子文件夹，查看文件夹属性、拥有人和权限
写入（Write）	在文件夹内创建新的文件和子文件夹，修改文件夹属性，查看文件夹的拥有人和权限
列出文件夹内容（List Folder Contents）	查看文件夹中的文件和子文件夹的名称
读取和运行（Read & Execute）	遍历文件夹，执行“读取”权限和“列出文件夹内容”权限的动作
修改（Modify）	删除文件夹，执行“写入”权限和“读取和运行”权限的动作
完全控制（Full Control）	改变权限成为拥有人，删除子文件夹和文件，以及执行允许所有其他 NTFS 文件夹权限进行的动作

“只读”“隐藏”“归档”和“系统文件”等都是文件夹属性，不是 NTFS 权限。

（2）NTFS 文件权限。可以通过授予文件权限来控制对文件的访问。表 13-3 列出了可以授予的标准 NTFS 文件权限和各个权限提供给用户的访问类型。

表 13-3 标准 NTFS 文件权限列表

NTFS 文件权限	允许访问类型
读取（Read）	读文件，查看文件属性、拥有人和权限
写入（Write）	覆盖写入文件，修改文件属性，查看文件拥有人和权限
读取和运行（Read & Execute）	运行应用程序，执行由“读取”权限进行的动作
修改（Modify）	修改和删除文件，执行由“写入”权限和“读取和运行”权限进行的动作
完全控制（Full Control）	改变权限成为拥有人，执行允许所有其他 NTFS 文件权限进行的动作

无论有什么权限保护文件，被准许对文件夹进行“完全控制”的组或用户都可以删除该文件夹内的任何文件。尽管“列出文件夹内容”和“读取和运行”看起来有相同的特殊权限，但这些权限在继承时却有所不同。“列出文件夹内容”可以被文件夹继承而不能被文件继承，并且它只在查看文件夹权限时才会显示；“读取和运行”可以被文件和文件夹继承，并且在查看文件和文件夹权限时始终出现。

2. 多重 NTFS 权限

如果将针对某个文件或者文件夹的权限授予个别用户账号，又授予某个组，而该用户是该组的一个成员，那么该用户就对同样的资源有了多个权限。关于 NTFS 如何组合多个权限，存在一些规则和优先权。除此之外，在复制或者移动文件和文件夹时，对权限也会产生影响。

（1）权限是累积的。一个用户对某个资源的有效权限是授予这一用户账号的 NTFS 权限与授予该用户所属组的 NTFS 权限的组合。例如如果用户 Long 对文件夹 Folder 有“读取”权限，该用户 Long 是某个组 Sales 的成员，而 Sales 组对该文件夹 Folder 有“写入”权限，那么该用户 Long 对该文件夹 Folder 就有“读取”和“写入”两种权限。

（2）文件权限超越文件夹权限。NTFS 的文件权限超越 NTFS 的文件夹权限。例如某个用户对某个文件有“修改”权限，那么即使他对于包含该文件的文件夹只有“读取”权限，他仍然能够修改该文件。

（3）拒绝权限超越其他权限。可以拒绝某用户账号或者组对特定文件或者文件夹的访问，为此，将“拒绝”权限授予该用户账号或者组即可。这样，即使某个用户作为某个组的成员具有访问该文件或文件夹的权限，但是因为将“拒绝”权限授予该用户，所以该用户具有的任何其他权限也被阻止了。因此，对于权限的累积规则来说，“拒绝”权限是一个例外。应该避免使用“拒绝”权限，因为允许用户和组进行某种访问比明确拒绝他们进行某种访问更容易做到。应该巧妙地构造组和组织文件夹中的资源，使各种各样的“允许”权限就足以满足需要，从而可避免使用“拒绝”权限。

例如，用户 Long 同时属于 Sales 组和 Manager 组，文件 File1 和 File2 是文件夹 Folder 下面的两个文件。其中，Long 拥有对 Folder 的“读取”权限，Sales 拥有对 Folder 的“读取”和“写入”权限，Manager 则被禁止对 File2 的写操作。那么 Long 的最终权限是什么？

由于使用了“拒绝”权限，用户 Long 拥有对 Folder 和 File1 的“读取”和“写入”权限，但对 File2 只有“读取”权限。

在 Windows Server 2012 中，用户不具有某种访问权限和明确地拒绝用户的访问权限，这二者之间是有区别的。“拒绝”权限是通过在 ACL 中添加一个针对特定文件或者文件夹的拒绝元素而实现的。这就意味着管理员还有另一种拒绝访问的手段，而不仅仅是不允许某个用户访问文件或文件夹。

3. 共享文件夹权限与 NTFS 文件系统权限的组合

如何快速有效地控制对 NTFS 磁盘分区上网络资源的访问呢？答案就是利用默认的共享

文件夹权限共享文件夹，然后通过授予 NTFS 权限控制对这些文件夹的访问。当共享的文件夹位于 NTFS 格式的磁盘分区上时，该共享文件夹的权限与 NTFS 权限进行组合，用以保护文件资源。

要为共享文件夹 share1 设置 NTFS 权限，可在 win2012-2 上的共享文件夹的属性对话框中选择“共享权限”选项卡，如图 13-14 所示。

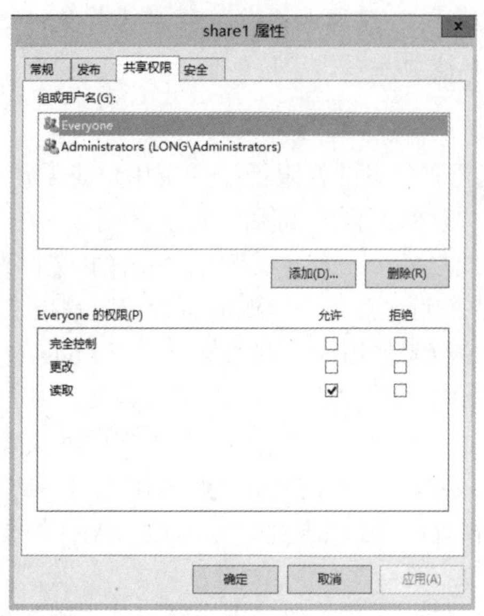

图 13-14 “share1 属性”对话框的“共享权限”选项卡

共享文件夹权限具有以下特点：

- 共享文件夹权限只适用于文件夹，而不适用于单独的文件，并且只能为整个共享文件夹设置共享权限，而不能对共享文件夹中的文件或子文件夹进行设置。所以，共享文件夹不如 NTFS 文件系统权限详细。
- 共享文件夹权限并不对直接登录到计算机上的用户起作用，只适用于通过网络连接该文件夹的用户，即共享权限对直接登录到服务器上的用户是无效的。
- 在 FAT/FAT32 系统卷上，共享文件夹权限是保证网络资源被安全访问的唯一方法。原因很简单，就是 NTFS 权限不适用于 FAT/FAT32 卷。
- 默认的共享文件夹权限是读取，并被指定给 Everyone 组。

共享权限分为读取、修改和完全控制。不同权限以及对用户访问能力的控制如表 13-4 所示。

表 13-4 共享文件夹权限列表

权限	允许用户完成的操作
读取	显示文件夹名称、文件名称、文件数据和属性，运行应用程序文件，改变共享文件夹内的文件夹
修改	创建文件夹，向文件夹中添加文件，修改文件中的数据，向文件中追加数据，修改文件属性，删除文件夹和文件，执行“读取”权限所允许的操作
完全控制	修改文件权限，获得文件的所有权，执行“修改”和“读取”权限所允许的所有任务。默认情况下，Everyone 组具有该权限

当管理员对 NTFS 权限和共享文件夹的权限进行组合时，结果是组合的 NTFS 权限或者是组合的共享文件夹权限，哪个范围更窄取哪个。

当在 NTFS 卷上为共享文件夹授予权限时，应遵循如下规则：

- 可以对共享文件夹中的文件和子文件夹应用 NTFS 权限。可以对共享文件夹中包含的每个文件和子文件夹应用不同的 NTFS 权限。
- 除共享文件夹权限外，用户必须有该共享文件夹包含的文件和子文件夹的 NTFS 权限，才能访问那些文件和子文件夹。
- 在 NTFS 卷上必须要求 NTFS 权限。默认 Everyone 组具有"完全控制"权限。

任务 13-5 继承与阻止 NTFS 权限

1. 使用权限的继承性

默认情况下，授予父文件夹的任何权限也将应用于包含在该文件夹中的子文件夹和文件。当授予访问某个文件夹的 NTFS 权限时，就将授予该文件夹的 NTFS 权限授予了该文件夹中任何现有的文件和子文件夹，以及在该文件夹中创建的任何新文件和新的子文件夹。

如果想让文件夹或者文件具有不同于它们父文件夹的权限，那么必须阻止权限的继承。

2. 阻止权限的继承

阻止权限的继承，也就是阻止子文件夹和文件从父文件夹继承权限。为了阻止权限的继承，要删除继承来的权限，只保留被明确授予的权限。

被阻止从父文件夹继承权限的子文件夹现在就成为新的父文件夹。包含在这一新的父文件夹中的子文件夹和文件将继承授予它们的父文件夹的权限。

若要禁止权限继承，以 test2 文件夹为例，打开该文件夹的"属性"对话框，单击"安全"选项卡，单击"高级"→"权限"按钮，出现如图 13-15 所示的"高级安全设置"对话框。选中某个要阻止继承的权限，单击"禁用继承"按钮，在弹出的"阻止继承"对话框中单击"将已继承的权限转换为此对象的显式权限"或"从此对象中删除所有已继承的权限"。

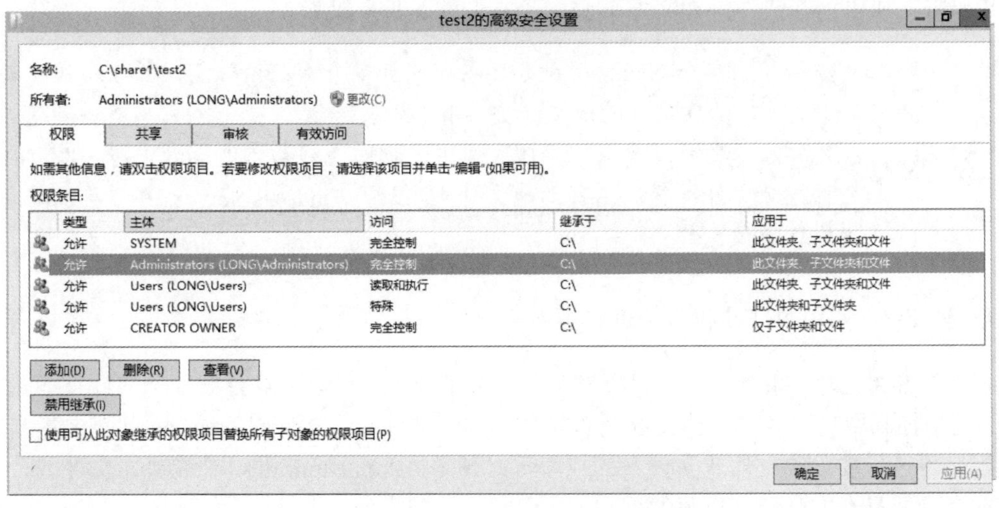

图 13-15 test2 的高级安全设置

任务 13-6 复制和移动文件和文件夹

1. 复制文件和文件夹

当从一个文件夹向另一个文件夹复制文件或者文件夹时，或者从一个磁盘分区向另一个磁盘分区复制文件或者文件夹时，这些文件或者文件夹具有的权限可能发生变化。复制文件或者文件夹对 NTFS 权限产生以下效果：

（1）当在单个 NTFS 磁盘分区内或在不同的 NTFS 磁盘分区之间复制文件夹或者文件时，文件夹或者文件的复件将继承目的地文件夹的权限。

（2）当将文件或者文件夹复制到非 NTFS 磁盘分区（如文件分配表 FAT 格式的磁盘分区）时，因为非 NTFS 磁盘分区不支持 NTFS 权限，所以这些文件夹或文件就丢失了它们的 NTFS 权限。

注意 为了在单个 NTFS 磁盘分区之内或者在 NTFS 磁盘分区之间复制文件和文件夹，必须对源文件夹具有“读取”权限，并且对目的地文件夹具有“写入”权限。

2. 移动文件和文件夹

当移动某个文件或者文件夹的位置时，针对这些文件或者文件夹的权限可能发生变化，这主要依赖于目的地文件夹的权限情况。移动文件或者文件夹对 NTFS 权限产生以下效果：

（1）当在单个 NTFS 磁盘分区内移动文件夹或者文件时，该文件夹或者文件保留它原来的权限。

（2）当在 NTFS 磁盘分区之间移动文件夹或者文件时，该文件夹或者文件将继承目的地文件夹的权限。当在 NTFS 磁盘分区之间移动文件夹或者文件时，实际是将文件夹或者文件复制到新的位置，然后从原来的位置删除它。

（3）当将文件或者文件夹移动到非 NTFS 磁盘分区时，因为非 NTFS 磁盘分区不支持 NTFS 权限，所以这些文件夹和文件就丢失了它们的 NTFS 权限。

注意 为了在单个 NTFS 磁盘分区之内或者多个 NTFS 磁盘分区之间移动文件和文件夹，必须对目的地文件夹具有“写入”权限，并且对源文件夹具有“修改”权限。之所以要求“修改”权限，是因为移动文件或者文件夹时，在将文件或者文件夹复制到目的地文件夹之后，Windows Server 2012 将从源文件夹中删除该文件。

任务 13-7 利用 NTFS 权限管理数据

在 NTFS 磁盘中，系统会自动设置默认的权限值，并且这些权限会被其子文件夹和文件所继承。为了控制用户对某个文件夹以及该文件夹中的文件和子文件夹的访问，就需要指定文件夹权限。不过，要设置文件或文件夹的权限，必须是 Administrators 组的成员、文件或者文件夹的拥有者、具有完全控制权限的用户。

1. 授予标准 NTFS 权限

授予标准 NTFS 权限包括授予 NTFS 文件夹权限和 NTFS 文件权限。

（1）NTFS 文件夹权限。

Step 1 打开“Windows 资源管理器”窗口，右击要设置权限的文件夹，如 network，在弹出的快捷菜单中选择“属性”选项，打开“network 属性”对话框，选择“安全”选项卡，如图 13-16 所示。

Step 2 默认已经有一些权限设置，这些设置是从父文件夹（或磁盘）继承来的。例如在 Administrator 用户的权限中，灰色阴影对钩的权限就是继承的权限。

Step 3 如果要给其他用户指派权限，可单击“编辑”按钮，打开如图 13-17 所示的“network 的权限”对话框。

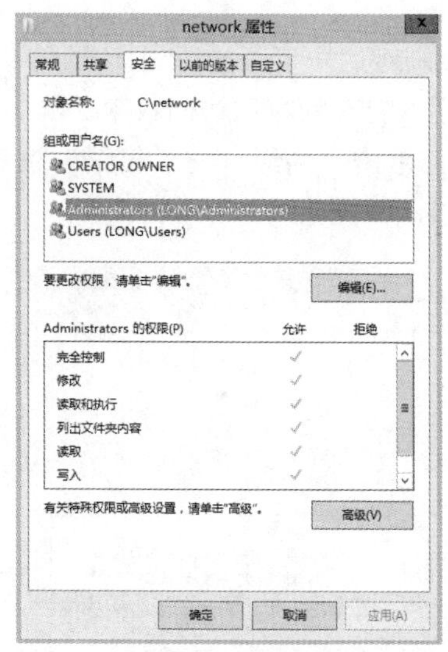

图 13-16　“network 属性”对话框

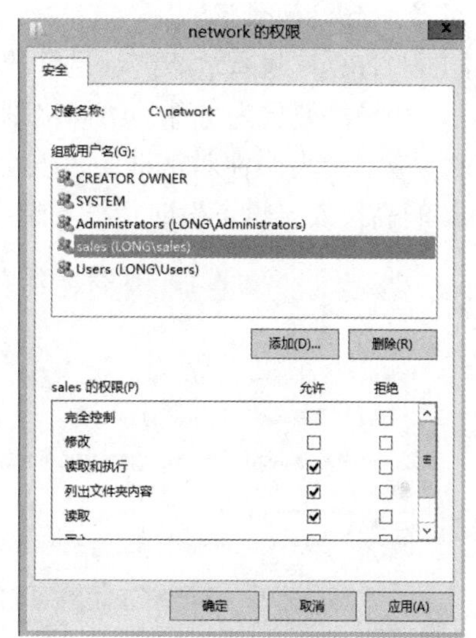

图 13-17　“network 的权限”对话框

Step 4 单击“添加”→“高级”→“立即查找”按钮，从本地计算机上添加拥有对该文件夹访问和控制权限的用户或用户组，如图 13-18 所示。

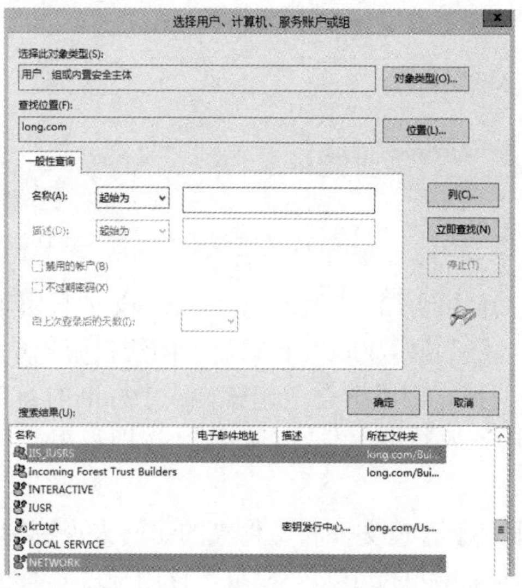

图 13-18　“选择用户、计算机、服务账户或组”对话框

Step 5 单击“确定”按钮，拥有对该文件夹访问和控制权限的用户或用户组就被添加到了“组或用户名”列表框中。由于新添加用户 sales 的权限不是从父项继承的，因此他们所有的权限都可以被修改。

Step 6 如果不想继承上一层的权限，可参照“任务 13-5 继承与阻止 NTFS 权限”的内容进行修改，这里不再赘述。

（2）NTFS 文件权限。文件权限的设置与文件夹权限的设置类似。要想对 NTFS 文件指派权限，直接在文件上右击，在弹出的快捷菜单中选择“属性”选项，再选择“安全”选项卡，可为该文件设置相应权限。

2. 授予特殊访问权限

标准的 NTFS 权限通常能提供足够的能力，用以控制对用户资源的访问，以保护用户的资源。但是，如果需要更为特殊的访问级别，则可以使用 NTFS 的特殊访问权限。

在文件或文件夹属性对话框的“安全”选项卡中，单击“高级”→“权限”按钮，打开“network 的高级安全设置”对话框，选中 sales 用户项，如图 13-19 所示。

图 13-19 “network 的高级安全设置”对话框

单击“编辑”按钮，打开如图 13-20 所示的“network 的权限项目”对话框，可以更精确地设置 sales 用户的权限。“显示基本权限”和“显示高级权限”单击后交替出现。

有 14 项特殊访问权限，把它们组合在一起就构成了标准的 NTFS 权限。例如标准的“读取”权限包含“列出文件夹/读取数据”“读取属性”“读取权限”及“读取扩展属性”等特殊访问权限。

其中两个特殊访问权限对于管理文件和文件夹的访问来说特别有用。

（1）更改权限。如果为某用户授予这一权限，该用户就具有了针对文件或者文件夹修改权限的能力。

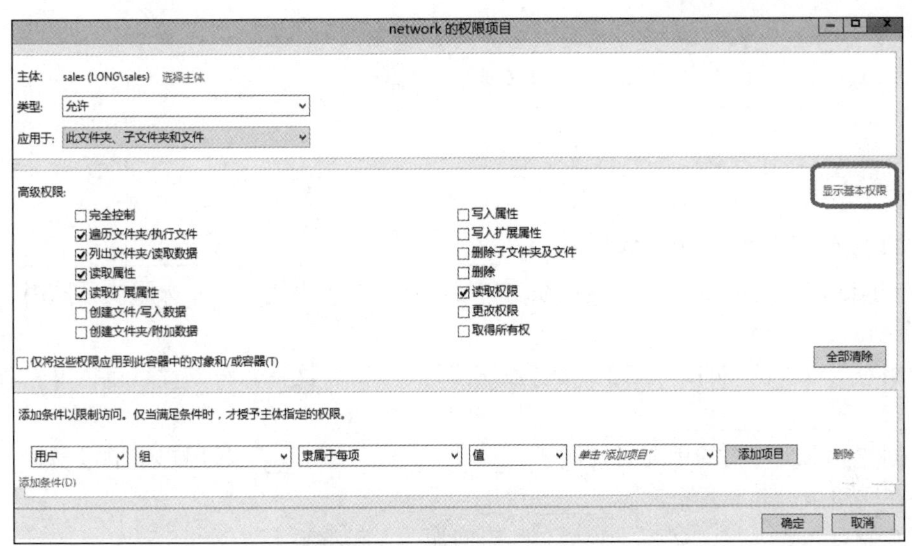

图 13-20 “权限项目”对话框

可以将针对某个文件或者文件夹修改权限的能力授予其他管理员和用户，但是不授予他们对该文件或者文件夹的“完全控制”权限。通过这种方式，这些管理员或者用户不能删除或者写入该文件或者文件夹，但是可以为该文件或者文件夹授权。

为了将修改权限的能力授予管理员，应将针对该文件或者文件夹的“更改权限”的权限授予 Administrators 组。

（2）取得所有权。如果为某用户授予这一权限，该用户就具有了取得文件和文件夹的所有权的能力。

可以将文件和文件夹的拥有权从一个用户账号或者组转移到另一个用户账号或者组。也可以将“所有者”权限给予某个人。而作为管理员，也可以取得某个文件或者文件夹的所有权。

对于取得某个文件或者文件夹的所有权来说，需要应用下述规则：

- 当前的拥有者或者具有“完全控制”权限的任何用户，可以将“完全控制”这一标准权限或者“取得所有权”这一特殊访问权限授予另一个用户账号或者组。这样，该用户账号或者该组的成员就能取得所有权。
- Administrators 组的成员可以取得某个文件或者文件夹的所有权，而不管为该文件夹或者文件授予了怎样的权限。如果某个管理员取得了所有权，则 Administrators 组也取得了所有权。因而该管理员组的任何成员都可以修改针对该文件或者文件夹的权限，并且可以将“取得所有权”这一权限授予另一个用户账号或者组。例如如果某个雇员离开了原来的公司，某个管理员即可取得该雇员的文件的所有权，将“取得所有权”这一权限授予另一个雇员，然后这一雇员就取得了前一雇员的文件的所有权。

为了成为某个文件或者文件夹的拥有者，具有“取得所有权”这一权限的某个用户或者组的成员必须明确地获得该文件或者文件夹的所有权，不能自动将某个文件或者文件夹的所有权授予任何一个人。文件的拥有者、管理员组的成员或者任何一个具有“完全控制”权限的人都可以将“取得所有权”权限授予某个用户账号或者组，这样就使他们获得了所有权。

13.4 习题

一、填空题

1. 可供设置的标准 NTFS 文件权限有______、______、______、______、______、______。

2. Windows Server 2012 系统通过在 NTFS 文件系统下设置______来限制不同用户对文件的访问级别。

3. 相对于以前的 FAT、FAT32 文件系统来说，NTFS 文件系统的优点包括可以对文件设置______、______、______、______。

4. 创建共享文件夹的用户必须属于______、______、______等用户组的成员。

5. 在网络中可共享的资源有______和______。

6. 要设置隐藏共享，需要在共享名的后面加______符号。

7. 共享权限分为______、______和______3 种。

二、判断题

1. 在 NTFS 文件系统下，可以对文件设置权限，而 FAT 和 FAT32 文件系统只能对文件夹设置共享权限，不能对文件设置权限。（　）

2. 通常在管理系统中的文件时，要由管理员给不同用户设置访问权限，普通用户不能设置或更改权限。（　）

3. NTFS 文件压缩必须在 NTFS 文件系统下进行，离开 NTFS 文件系统时文件将不再压缩。（　）

4. 磁盘配额的设置不能限制管理员账号。（　）

5. 将已加密的文件复制到其他计算机后，以管理员账号登录就可以打开了。（　）

6. 文件加密后，除加密者本人和管理员账号外，其他用户无法打开此文件。（　）

7. 对于加密的文件不可执行压缩操作。（　）

三、简答题

1. 什么是本地安全策略？

2. 如何设置本地安全策略？

3. 提高 Windows Server 2012 的安全可以从哪些方面着手？

13.5 项目拓展　安全管理 Windows Server 2012

一、项目目的

- 掌握设置本地安全策略的方法。
- 学会使用安全模板、安全配置和分析。
- 学会使用组策略管理域和计算机。

二、项目环境

本项目所有实例都部署在图 13-21 所示的环境下。其中，win2012-1 和 win2012-2 是 Hyper-V 服务器的两台虚拟机，win2012-1 是域 long.com 的域控制器，win2012-2 是域 long.com 的成员服务器。在 win2012-2 上进行本地安全策略和 NTFS 权限设置。

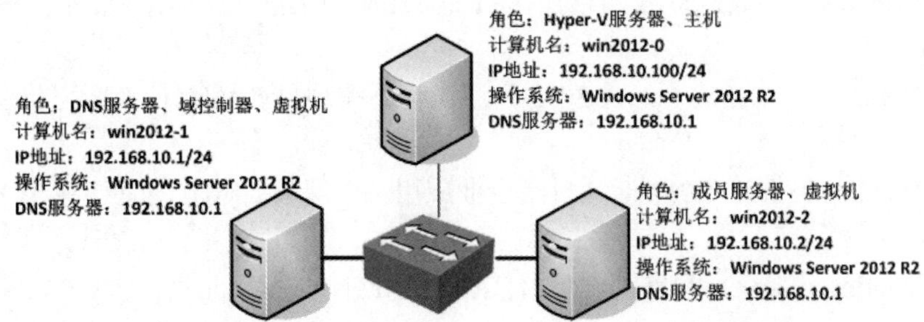

图 13-21　安全管理 Windows Server 2012 网络拓扑图

三、项目要求

根据网络拓扑图完成如下任务：

（1）设置本地安全策略。
（2）配置账户策略。
（3）配置“账户锁定策略”。
（4）配置“本地策略”。
（5）设置 NTFS 权限。
（6）认识 NTFS 权限。
（7）继承与阻止 NTFS 权限。
（8）复制和移动文件和文件夹。
（9）利用 NTFS 权限管理数据。

四、做一做

根据项目实录视频进行项目实训，检查学习效果。

参考文献

[1] 杨云．Windows Server 2012 网络操作系统企业应用案例详解[M]．北京：清华大学出版社，2019.

[2] 杨云，汪辉进．Windows Server 2012 网络操作系统项目教程[M]．4 版．北京：人民邮电出版社，2016.

[3] 杨云．Windows Server 2012 活动目录企业应用（微课版）[M]．北京：人民邮电出版社，2018.

[4] 杨云．Windows Server 配置管理项目实训教程[M]．2 版．北京：中国水利水电出版社，2014.

[5] 戴有炜．Windows Server 2012 R2 Active Directory 配置指南[M]．北京：清华大学出版社，2014.

[6] 戴有炜．Windows Server 2012 R2 网络管理与架站[M]．北京：清华大学出版社，2016.

[7] 戴有炜．Windows Server 2012 R2 系统配置指南[M]．北京：清华大学出版社，2016.

[8] 微软公司．Windows Server 2008 活动目录服务的实现与管理[M]．北京：人民邮电出版社，2010.

[9] 韩立刚，韩立辉．掌控 Windows Server 2008 活动目录[M]．北京：清华大学出版社，2010.

[10] support.microsoft.com.